Monographien zur Feuerungstechnik
Band 10

Vom Laboratoriumspraktikum zur praktischen Wärmetechnik

Eine Art Lehrbuch für technisches Experimentieren
Beobachten und Denken in der Energienutzung

Von

C. Blacher

Dr. h. c., Ingenieur-Chemiker
ord. Prof. an der lettländischen Universität

*

Mit 89 Abbildungen im Text und auf 1 Tafel
sowie 25 Tabellen

Springer-Verlag Berlin Heidelberg GmbH
1928

ISBN 978-3-662-35412-4   ISBN 978-3-662-36240-2 (eBook)
DOI 10.1007/978-3-662-36240-2

DEM ANDENKEN

PROFESSOR DR. OTTO N. WITTS

GEWIDMET

Vorwort.

Das Buch ist dem Andenken Dr. Otto N. Witts gewidmet. Otto N. Witt war Professor der chemischen Technologie an der Technischen Hochschule Berlin-Charlottenburg. Er war bekanntlich eine markante, außerordentlich originelle, zielbewußte, in sich geschlossene Persönlichkeit. Das spürte ein jeder, der mit ihm in Berührung kam.

Aus der Einleitung des Buches ist zu ersehen, daß mich das Thema der praktischen Beschäftigung im Laboratorium als Vorbereitung für die Tätigkeit im Betriebe seit meiner Studienzeit interessierte. Wenn aber dieses Interesse sich stärker aktiviert hat und so lange wirksam geblieben ist, so ist es in erster Linie Otto N. Witts Einfluß zu verdanken, der sich bestimmt für diese Idee einsetzte. Als ich ihm, als dem damaligen Schriftleiter der Zeitschrift „Die chemische Industrie‘‘, eine Arbeit über das Laboratoriumspraktikum ankündigte, erhielt ich einen Brief vom 26. März 1898, in welchem mir Otto N. Witt schrieb, daß er über die Aufnahme meiner Abhandlung nichts sagen könne, bevor er sie nicht gesehen hätte. Dann fügte er hinzu: „Auch ist mir das Thema der Arbeit insofern sympathisch, als ich selbst mich vielfach damit beschäftigt habe, die technischen Verfahren durch Konstruktion geeigneter Apparate im kleinen Maßstabe anschaulich zu machen.‘‘ Über diesbezügliche Veröffentlichungen Witts ist mir nichts bekannt geworden. Meine ersten dieses Gebiet betreffenden Veröffentlichungen stammen aus den Jahren 1898—99. Später habe ich einmal, wann, weiß ich nicht mehr genau, Professor Dr. Witt gelegentlich in Berlin aufgesucht und aus einem Gespräch gesehen, daß das Interesse für dieses Thema nach wie vor in ihm lebendig war. Daß er sich bis zuletzt dafür interessiert hat, zeigt mir folgender Umstand. Im Mai 1914 erhielt ich von Dr. A. Steger, Professor der chemischen Technologie an der Technischen Hochschule in Delft, einen Brief, in welchem er um Auskunft über meine Arbeiten bat, welche sich auf die Schaffung einer

Laboratoriumsapparatur für praktische Übungen bezog. Auf diesbezügliche Anfrage hatte Professor Dr. Otto N. Witt ihn an mich gewiesen. Daraus ersehe ich, daß bis zum Jahre 1914 bemerkenswerte Arbeiten und Bemühungen in diesem Gebiet nicht zu verzeichnen gewesen sind.

Wir vereinbarten mit Professor Steger eine Zusammenkunft im Sommer 1914. Auf dem Wege nach Holland wurde ich vom Kriegsausbruch überrascht.

Bekanntlich ist Professor Witt während des Krieges verstorben, so daß ich keine Möglichkeit gehabt habe, zu erfahren, ob in ihm die ihn sympathisch berührende Idee irgendwelche konkrete Pläne ausgelöst hat.

Wie weit die von mir unternommenen Arbeiten und Untersuchungen Zukunftswert haben, kann ich natürlich nicht beurteilen.

Die nicht aufhörenden Diskussionen über die Ausbildung der technischen Chemiker und den chemisch-technischen Unterricht deuten jedoch darauf, daß hier das letzte Wort noch nicht gesprochen worden ist. Im Sommer 1926 hatte ich in Deutschland Gelegenheit, mit verschiedenen Vertretern der chemischen Fakultäten an Universitäten und technischen Hochschulen zu sprechen und hatte den ganz bestimmten Eindruck, daß dort das Feld für pädagogische Tätigkeit noch frei war. Ich versuchte auch, da meine Arbeiten bereits weiter fortgeschritten waren, zu erfahren, ob gerade die von mir gewählten Methoden den Bedürfnissen entsprechen könnten. Soweit es aus einzelnen unverbindlichen vorübergehenden Gesprächen möglich war, etwas zu entnehmen, hatte ich wohl im allgemeinen einen günstigen Eindruck. Ich hatte das Gefühl, daß ein fester, allgemein anerkannter Plan nicht vorhanden war. Man schwankte zwischen zeichnerischen Übungen, wirtschaftlichen Statistiken, Maschinenlaboratorien, chemisch-technischen Analysen, ohne genügend festen Boden unter den Füßen zu haben. Besonders in den Universitäten wurde über den Mangel an Mitteln geklagt.

Ich glaube nun in dem vorliegenden Büchlein ein konkretes Programm geben zu können, das auch an das Budget der Hochschule keine zu großen Anforderungen stellt. Die leichte Realisierbarkeit meiner Vorschläge liegt ja wohl auf der Hand. Der Inhalt des Praktikums hat sich aus den chemisch-technischen Übungen heraus entwickelt, die weitere Richtung habe ich aber zur Energiewirtschaft eingeschlagen, weil ich den Eindruck hatte, daß sich hier das Praktikum tiefer ausschürfen läßt und des weiteren auch ins Interesse der anderen technischen Abteilungen, wie: Maschinen-Ingenieure, Elektro-Ingenieure usw. rückt. In dieser Form glaube ich auch, daß das Praktikum durchaus auch in den Universitäten am Platz sein könnte.

Ich habe mich bemüht, den Charakter der Entwicklung des angehenden denkenden und beobachtenden Ingenieurs im Buche zum beredten Ausdruck zu bringen. Hier möchte ich aber auf einen Punkt ganz besonders aufmerksam machen, der für das Verständnis sehr wesentlich ist. Es könnte vielleicht bei oberflächlicher Betrachtung nicht genügend konsequent und ausreichend erscheinen, daß man von einem immerhin primitiven Laboratoriumsversuch gleich auf die große komplizierte Praxis hinüberspringt. Gewiß könnte man diesen Entwicklungsprozeß methodischer ausbauen und den Ingenieuren sozusagen Schritt für Schritt, Stufe für Stufe sich vertiefen lassen. Ich denke mir jedoch die Beschäftigung mit dem Praktikum und das daran anknüpfende Studium, sagen wir richtiger Selbststudium, derart, daß das, was vielleicht aus begreiflichen Gründen an Äußerlichem nicht geboten werden kann, durch innere Arbeit ersetzt werden soll. Das Erfassen des Wesens der Prozesse und der in ihnen waltenden Naturgesetze sollen den pädagogischen Schwerpunkt bilden. Durchschnittliche, im vorübergehenden plätschernde Studentenarbeit kann ich hier nicht brauchen. Ich wende mich hier an die tiefste und intensivste Tätigkeit des mit Leib und Seele seinem Fach ergebenen aufstrebenden Studierenden.

„Eine Art Lehrbuch" habe ich mein Werkchen bezeichnet, um dem Urteil nicht vorzugreifen. Ob es als Lehrbuch anerkannt werden wird, weiß ich nicht. Ich hoffe es wohl. Die Hoffnung entnehme ich jahrzehntelanger Beobachtung in eigener pädagogischer Hochschultätigkeit. Der ganze Aufbau des Stoffes ist der Idee eines Lehrbuches angepaßt, die Auswahl der praktischen Beispiele und Abbildungen von diesem Gesichtspunkt aus getroffen, und schließlich, um noch eine gewisse, dem ganzen Charakter des Büchleins entsprechende Steigerung anzubringen, alles an Tabellen und praktischen Daten hineingenommen, was ihm den Charakter eines ersten praktischen, in Hochschule und Betrieb unentbehrlichen Nachschlagebuches gibt. Darin kommt der Grundgedanke des Überganges vom Laboratoriumspraktikum zur praktischen Wärmetechnik und Energienutzung besonders zum Ausdruck.

Das in Betracht kommende Gebiet ist von ungeheurem Umfang. Es konnte daher von einer vollwertigen Würdigung der von der Industrie für die Energiewirtschaft geschaffenen Apparatur nicht im entferntesten die Rede sein. Ich mußte die Wahl nach gedrängt pädagogischen Gesichtspunkten treffen. Es kann daher so manches fehlen, was praktisch wertvoller ist als das vom pädagogischen Standpunkt aus gewählte. Hier bitte ich nun um gütige Nachsicht der interessierten Kreise, wie denn überhaupt ich darauf rechne, daß man an diesen neuen Versuch kritisch, aber wohlwollend herangehen wird.

Möge jedoch der Name Otto N. Witt dem Büchlein als gutes Omen vorangehen. Verehrung und Dankbarkeit haben ihn mir in die Feder diktiert. Er war der erste der großen deutschen führenden wissenschaftlichen Praktiker, der mir, einem jungen angehenden wissenschaftlichen Ingenieur, damals gegenübertrat.

Die ersten Vorarbeiten wurden von meinen Diplomanden und meinen Assistenten begonnen. Von letzteren nenne ich die Herren Duglas und Kissa. Von ersteren sind mir die Namen z. T. entfallen, die Berichte im Kriege verlorengegangen. Nach dem Kriege nahmen die Arbeit die Diplomanden Herr Waldstein und Herr Hentzelt auf. Durchgearbeitet wurden die Aufgaben zuletzt von meinem Assistenten Herrn Rubuls und meinem Sohn, stud. mech. E. Blacher. Letzterer hat auch die meisten Neuzeichnungen entworfen und ist mir bei den Korrekturen behilflich gewesen. Allen diesen meinen Mitarbeitern und denen, die, ohne genannt zu sein, mich unterstützt haben, sage ich auch hier meinen besten Dank. Dieser Dank bezieht sich auch auf alle Firmen, die mir durch Überlassung von Druckstöcken und Zeichnungen entgegengekommen sind.

Schließlich ist es mir noch eine angenehme Pflicht, dem Verlage meine herzliche Erkenntlichkeit auszudrücken, der in kulantester Weise, ohne eine wohlwollende Kritik zurückzuhalten, meinen Wünschen nach Ausgestaltung stets in weitestem Maße entgegengekommen ist.

Riga-Waldpark, September 1927.   C. Blacher.

Inhaltsangabe.

Einleitung.

I. Grundbegriffe der Wärmetechnik.

Einführung.

2. Wassermotor.
Vorbemerkungen.

Folgerungen und anschließende Betrachtungen.

3. Die Umwandlung von elektrischer Energie in mechanische.
Vorbemerkungen.

Folgerungen und anschließende Betrachtungen.

4. Die Umwandlung der chemischen (potentiellen) Energie der Brennstoffe in mechanische Energie.
Einführung.

A. Heißluft- und Verbrennungsmotoren.

B. Die Dampfkraftanlage.

Das Entropiemaximum und der Kältetod. Dampfdiagramme nach Mollier. Dampfmaschinenkreisprozeß und Carnotscher Kreisprozeß. Wirkungsgrade des Dampfkraftprozesses. Erhöhung des Wirkungsgrades in der Praxis. Die praktischen Wirkungsgrade. Beziehung des Indikatordiagramms zur Praxis. Dampfturbinen 243

IV. Betriebsorganismus und Energiewirtschaft.

1. Der Betriebsorganismus.

Lebensfähigkeit eines industriellen Organismus. Abhängigkeit von wirtschaftlichen und politischen Momenten. Beziehung zum Kapital. Valutafragen. Technische Grundsätze der Energiewirtschaft. Forderung der Gleichmäßigkeit und Kontinuität für alle industriellen Prozesse gleich wichtig. Anwendung auf Dampfkraftbetrieb. Schaubilder der Energieverteilung. Bedeutung der Energiewirtschaft in der Kesselanlage. Ihre Beziehung zur Kraftwirtschaft. Unterbau der Wärmewirtschaft unter die Kraftwirtschaft. Dampfspeicher. Ihre allgemeine und spezielle Bedeutung. Beispiele. Erzielung der Betriebsgleichmäßigkeit durch Anschluß an ein Überlandnetz. Regulierung des Betriebes durch Automaten 264

2. Betriebsüberwachung.

Einführung.

Bedeutung wissenschaftlicher Versuche im Betriebe. Übergangsaufgaben und ihre Bedeutung 281

Vorbemerkungen.

Charakter der wissenschaftlichen Betriebsversuche. Ihre Beziehung zur Praxis. Verdampfungsversuch als Beispiel. Regeln für Abnahmeversuche an Dampfanlagen 282

Übergangsaufgabe. Bestimmung der Wärmebilanz eines Lokomobilkessels wie auch der Energiebilanz der mit ihr verbundenen elektrischen Anlage 291

Folgerungen und anschließende Betrachtungen.

Beschreibung eines erweiterten Versuches an einer Dampfkesselanlage. Vorschlag einer anschaulichen tabellarischen Darstellung der Resultate. Betriebswirtschaftliche Auswertung der Versuchsergebnisse. Bilanzbilder- und Energiestrombilder. Betriebsüberwachung durch registrierende Apparate. Beispiel einer vereinfachten Methode: Feuerüberwachung nach Hamburger Methode durch Aspiratoranalyse und Heizerprämien. Psychischer Nutzeffekt der menschlichen Arbeit. Überwachung des Verbrennungsprozesses durch registrierende Apparate. Überwachung des Wertstromes durch verwaltungstechnische Maßnahmen. Selbstkosten. Intellektuelle und intuitive Tätigkeit des Betriebsführers 295

Schlußwort.

Verzeichnis der Tabellen.

Das Verzeichnis der Abbildungen befindet sich am Schlusse des Buches.

Einleitung.

Theorie und Praxis. Vorbereitung für die Praxis bereits in der Hochschule. Unzulänglichkeit der Versuchsbetriebe an den Hochschulen. Volontärpraktikum der Studenten. Eigene Erfahrungen. Psychologie des Erfassens der „Praxis". Folgerungen daraus für den Hochschulunterricht. Bedeutung der einzelnen pädagogischen Elemente: Vorlesungen, zeichnerische Übungen, Laboratoriumspraktika. Ausgestaltung des chemisch-technischen Praktikums zu einem energetischen Praktikum als Betriebsvorbereitung. Forderung der geringsten Zeitbeanspruchung für das Praktikum. Charakter des neuen Praktikums.

„Theorie" und „Praxis" sind Schlagworte, welche gerne einander gegenübergestellt werden, etwa in der Art, daß man sagt: „Das mag in der Theorie richtig sein, taugt aber nichts für die Praxis[1]." Dies ist fraglos ein schwerer Vorwurf, den man oft der Theorie mit mehr oder weniger Berechtigung macht. Der Schwere dieses Vorwurfs muß sich ein Techniker besonders bewußt werden, wenn er bedenkt, daß nicht das Theoretisieren, sondern erst die praktische Betätigung volkswirtschaftlich und staatlich ausschlaggebend ist.

Unter den Technikern mit Hochschulbildung gibt es fraglos Typen, die man als praktisch unbrauchbar bezeichnen kann. Offenbar spielt hier die Veranlagung eine große Rolle. Immerhin kann auch die Hochschule nicht von dem Vorwurf freigesprochen werden, daß sie nicht genügend Gewicht auf die Vorbereitung für die Praxis legt und der Entstehung solcher Vorwürfe Vorschub leistet. Das mag verzeihlich sein. Es sprechen gewisse Bequemlichkeitsgründe hier mit. Die Hochschule sitzt nämlich naturgemäß dicht an der Quelle der Theorie, während sie die Beziehungen zur lebendigen Praxis sich mühevoll immer von neuem suchen und herstellen muß. Sie darf nun aber bei diesen einfachen Bemühungen nicht stehenbleiben, die Hauptsache scheint mir vielmehr gerade die Art und Weise zu sein, wie sie diese Beziehungen päda-

---

[1] So lautet auch der Titel einer Abhandlung von Kant in den Schriften „Zur Ethik und Politik", Philosophische Bibliothek von Meiner, Leipzig, Bd. 47 I. Es heißt genauer „Über den Gemeinspruch: Das mag usw." Kant behandelt diese Frage vom Gesichtspunkt der Moral, des Staatsrechts und des Völkerrechts aus.

gogisch verwertet, und was als Niederschlag im Hochschul-
programm fixiert übrigbleibt. Das Nächstliegende wäre, dafür
zu sorgen, daß die Studierenden sich während ihrer Lernzeit
praktisch dienstlich oder als Volontäre betätigen.

Das wird auch heute noch empfohlen und an vielen Stellen
mit Erfolg durchgeführt. Ferner müßte man — so schien es
bei flüchtiger Betrachtung — an das Einrichten kleiner Versuchsbetriebe an den Hochschulen selbst denken[2]). Eine
derartige Methode ist jedoch später als undurchführbar fallen-
gelassen worden und hat sich nur an Speziallehranstalten:
Webereischulen, Lehrbrauereien u. ähnl., erhalten, und zwar
aus dem Grunde, weil die Hochschule kaum imstande ist,
einen Dauerbetrieb nach allen Regeln der Kunst durchzuführen, geschweige denn mehrere Betriebe — was der Vollständigkeit halber erforderlich wäre, hat man sich einmal
zu diesem Prinzip bekannt. Aber auch die praktische Betätigung der Studenten in der Industrie hat ihre Schatten-
seiten und ist kaum allgemein durchführbar. Viele Betriebe
und vor allem die chemischen nehmen ungern Volontäre, die
oft als störend und lästig empfunden werden. Ferner müssen
die Studierenden ihre Ferien opfern, was auch nicht ganz
unbedenklich ist. Auch kann kaum auf eine vollwertige
Durchführung einer ausreichenden und intensiven Didaktik
dortselbst gerechnet werden.

Aus welchen psychologischen Gründen, weiß ich selbst
nicht genau, jedenfalls hat mich dieses Problem von Anbeginn
an interessiert. Meine Antrittsvorlesung behandelte ein der-
artiges pädagogisches Thema, verschiedene Veröffentlichungen
setzten die dort ausgesprochenen Ideen fort (Literaturan-
hang 1), und ein russisches Handbuch der Feuerungstechnik
war gleichfalls auf denselben aufgebaut (L. 2).

Ich stütze mich auf eigene Erfahrung bzw. die Eindrücke, die ich bei den ersten Besuchen der Betriebe als
Studierender empfangen habe. Diese Eindrücke waren folgenden Charakters: Die komplizierte Apparatur der Betriebspraxis kommt einem zunächst auf den ersten Blick als etwas
Unentwirrbares vor; läßt man sich jedoch durch die überaus
reichhaltigen, vom betriebspraktischen Gesichtspunkt aus

---

[2]) In den russischen Hochschulen waren vor ca. 30 Jahren solche
Kleinbetriebe eingerichtet worden, die aber alle wieder eingegangen
sind — der beste Beweis dafür, daß sie an einer Universitas nicht
lebensfähig sind. Ich trat damals gegen diese Lehrmethode auf, was
mir von maßgebenden Persönlichkeiten sehr übelgenommen wurde.

wichtigen, vom prinzipiellen Standpunkt jedoch nebensächlichen Einzelheiten nicht irremachen und sucht auf die Grundidee durchzudringen, auf welcher die Konstruktion aufgebaut ist, so tauchen alte Bekannte auf, die man im Laboratorium der Hochschule, auf seinem Schreibtisch und anderswo gesehen und kennengelernt hat: die Apparatur der chemischen und physikalischen Laboratorien, Grundgesetze, Formeln und Skizzen u. dgl. m., also alles das, was der sog. „Praktiker" als Theorie bezeichnet. Von hier aus wird einem auch die komplizierteste Betriebsapparatur wie· mit einem Schlage verständlich, und zwanglos reihen sich in das Gesamtbild alle die vielen verwirrenden Nebensächlichkeiten ein, in deren Sinn man leicht schon durch das Ausfragen des am Apparat beschäftigten niederen Personals eindringen kann.

Diesen an mir selbst beobachteten psychologischen Vorgang des Erfassens der Praxis glaubte ich nun folgendermaßen pädagogisch verwerten zu können, niemals dabei den einen Gesichtspunkt aus dem Auge lassend, daß man möglichst sparsam mit der Zeit der Studierenden und zugleich damit mit den Mitteln der Hochschule umgehen müsse. Von hier aus betrachtet, fallen alle Versuche, Fabriksbetriebe im großen und mittleren Maßstabe nachzuahmen, von vornherein fort und ergibt sich wie von selbst das Bestreben, den gewöhnlichen einfachen und schnellen Laboratoriumsbetrieb der chemischen Abteilungen zu verwerten. Als bestes Vorbild stellen sich dabei die chemisch-technischen Laboratorien dar, wo neuerdings immer mehr die Tendenz zutage tritt, dem Studierenden die Apparatur fertig hinzustellen, so daß er in ganz kurzer Zeit die erforderlichen Prozesse an ihr durchführen kann. Spinnt man diesen Gedanken weiter, so kommt man zu dem endgültigen Schluß, daß ein der Betriebspraxis sich stark näherndes chemisch-technisches Praktikum aus dem bisher üblichen sich sehr wohl ausgestalten ließe, wenn man in diesem Praktikum die Grundprozesse der Industrie im gewöhnlichen Laboratoriumsmaßstabe durchführen würde.

Die pädagogischen Hilfsmittel der Hochschule erschöpfen sich nicht in dem Laboratoriumsunterricht. Wie steht es um andere Mittel? Die Hochschulpädagogik geht auf dreierlei Wegen vor. Sie wirkt unter Benutzung von Vorlesungen, zeichnerischen Übungen und Laboratorien, seien es chemische oder Maschinenlaboratorien. Welcher von den drei Formen des Lehrens der wichtigste Teil zufällt, darüber ist man, wie es scheint, im allgemeinen durchaus noch nicht im klaren. Angeführt werden in den Programmen in erster Linie die Vorlesungen. Über den Wert der Vorlesungen für praktische Fächer an technischen Hochschulen ist man jedoch z. Z. sehr verschiedener Ansicht, hört man doch sogar Meinungen, daß sie eigentlich unnütz sind[3]). Die zeichnerischen Übungen können hier nur als Übung in der Konstruktion und im konstruktiven Denken aufgefaßt werden. Nicht mehr. Man denke doch nur daran, wie ein in der Hochschule ausgeführter Fabrikentwurf — um ein möglichst deutliches Beispiel zu nehmen — ohne Kostenanschlag, ohne Beziehungen mit der Mutter Erde, sozusagen in der Luft hängt und mit der wahren Praxis in keinem lebendigen Zusammenhang steht.

Eine unzweideutig ausgeprägte Sonderstellung nehmen dagegen die Laboratoriumsübungen ein. Ist es doch heute undenkbar, etwas in der Chemie zu leisten, ohne das Chemische Laboratorium absolviert zu haben. Dagegen gibt es zahlreiche Autodidakten, welche ohne zeichnerische Übungen und ohne Vorlesungen nur auf Grund des Materials, das sie in eigenen Händen gehabt und behandelt haben, also auf Grund eigener handlich-realer Übung, gut bezahlte, also volkswirtschaftlich wertvolle Arbeit in den Fabriken leisten.

Auf Grund dieser in obigem auseinandergesetzten Ideen veröffentlichte ich die erwähnten Vorschläge, wo derartige Übungsaufgaben beschrieben waren, legte in meinem russischen Handbuch der Feuerungstechnik fast jedem Einzelkapitel ein solches Experiment zugrunde und gestaltete neuerdings dieses besondere Praktikum noch weiter aus, um meinen an der Hochschule abgehaltenen Vorlesungen über die wirtschaftlichen und technischen Grundlagen der chemischen Industrie mehr Leben und Blut zu verleihen.

Die weitere intensivste pädagogische Ausschlachtung — mir scheint hier dieser Ausdruck nicht zu stark — ergibt sich von selbst. Sie muß in der Richtung zur großen technischen Praxis gehen. Ich deute hier nur an: Erläuterungen, wie die Prozesse im großen gehen, die Vorteile und Nachteile der Einzelkonstruktionen, ihre Einwirkung auf den Nutzeffekt

---

[3]) Irre ich mich nicht, so hat Wilh. Ostwald etwas Ähnliches in einem seiner Werke ausgesprochen. Jedenfalls zeigt die pädagogische Erfahrung der Technischen Hochschulen, daß das Kollegschwänzen die Erwerbung gründlicher Kenntnisse nicht immer verhindert, daß aber ein Sichherumdrücken um die praktischen Übungsfächer böse Lücken zeitigt.

und Preis (Kataloge und Prospekte von Firmen und Wandtafeln) und vieles andere. Auch eine eventuelle Praxis in einem Maschinenlaboratorium wird daran anschließend bedeutend erleichtert. Danach bringen auch Exkursionen auf Fabriken oder dauernder Aufenthalt als Volontär dem Studierenden mehr ein, da sie die Aufgabe haben, das bisher erworbene nur gewissermaßen zu krönen.

In den nun folgenden Kapiteln ist dieses pädagogische Material in Anwendung auf das praktische Studium der Wärme- und Energietechnik niedergelegt, so weit es von mir und meinen Mitarbeitern durchgebildet worden war. Es stellt vielleicht kein geschlossenes Ganzes dar, sondern vereinzelte Kapitel. Ich glaube aber doch, daß diese in sich geschlossen sind und auch den Beweis erbringen können, daß die Anlehnung an die Praxis erreicht ist.

Bevor ich nun zu den Übungsaufgaben übergehe, will ich noch einiges aus dem vorher Gesagten mehr hervorheben.

Da möchte ich denn hier auf einen Punkt zurückkommen, der fast selbstverständlich zu sein scheint und doch eine besondere Betonung verlangt. Er betrifft mehr die äußere Seite der Frage: den praktischen Ablauf der Laboratoriumsarbeit in den Übungen. Es kann nun nicht energisch genug darauf hingewiesen werden, daß sie unter keinen Umständen das Programm der Hochschule belasten bzw. dem Studierenden Zeit rauben dürfen. Tun sie es doch, so sind sie, wie aus Vorhergehendem zu ersehen, in der Grundidee verfehlt. Daraus ergibt sich folgender Unterrichtsmodus: Die Aufgabe der Studierenden kann nicht bestehen im zeitraubenden Aufbau neuer Apparate — wenigstens in bezug auf den Teil, der als obligatorisch in das Programm aufgenommen ist —, es muß vielmehr alles, benutzen wir hier einen passenden Ausdruck: betriebsfertig dastehen. Die Aufgabe des Praktikanten bestände demnach in erster Linie darin, den vor seinen Augen sich abspielenden Prozeß wissenschaftlich zu erfassen und daraus für die Arbeit im großen und auf die Betriebspraxis selbst Schlüsse zu ziehen. Auch sind solche Übungen nicht mit viel Kosten und Schwierigkeiten verknüpft, im Gegensatz zum Betrieb im großen, zumal der Studierende den Prozeß wohl selbst, aber unter Aufsicht des Assistenten leitet. Wie gesagt, man muß dem Studierenden möglichst wenig Zeit wegnehmen. Will er sie jedoch selbst anwenden, dann könnte er Nebenaufgaben durchführen, wie sie in vorliegendem Buche eingestreut sind.

Noch ein Moment verlangt ausreichende Klärung. Ich sagte vorhin, daß mich dieses Thema seit langem interessiert hat. Es könnte aber danach zweifelhaft sein, ob es jetzt noch akut ist. Nun, mir scheint, daß die Frage der Ausbildung des Ingenieurs in der Richtung zur Betriebspraxis durchaus noch nicht endgültig geklärt ist. Jedenfalls verstummen nicht die Klagen der Betriebsleiter über ungenügende Vorbereitung der jungen Ingenieure. Einige flüchtige Hinweise mögen genügen.

Ein vor Jahresfrist erschienener Aufsatz von Dr. Goldschmidt über die Not der jungen Chemiker (L. 3a) löste eine Diskussion aus, welche gerade den Mangel in der wärmewirtschaftlichen Ausbildung der jungen Ingenieure hervorhob. Sehr bezeichnend ist der Umstand, daß auf der Sitzung der Fachgruppe für Unterricht und Wirtschaft auf der 64. Versammlung des Vereins Deutscher Ingenieure (1925) Professor Prünz den Wunsch aussprach, die Studenten mögen das **Sehen und Hören** lernen (L. 3b). Das ist es doch wohl gerade, was durch das in Vorschlag gebrachte Praktikum geübt werden soll, wovon sich, wie ich hoffe, die Leser überzeugen werden. Auch heutzutage hören die Klagen nicht auf.

So ist die Frage der Ausbildung der Chemiker im allgemeinen und der genügenden Vorbereitung der industriellen Chemiker im besonderen 1926 auf der Kieler Tagung des Vereins Deutscher Chemiker ausführlich behandelt worden (L. 3c). Im Januar 1927 hielt Prof. Wolf J. Müller seine Antrittsvorlesung an der Wiener Technischen Hochschule „Über die Unterrichtsprobleme in Chemie und Chemischer Technologie im Hinblick auf die Anforderungen der Industrie" (L. 3d). Die Ausführungen von Buchner und Kertes auf genannter Tagung und die Müllerschen laufen auf ein Betonen und ein ev. Absondern und Unterstreichen der allgemeinen technologischen Seite des chemischen Unterrichts heraus. Etwas in gewisser Hinsicht diesen Vorschlägen Entgegenkommendes wurde schon an dem ehemaligen Rigaschen Polytechnischen Institut eingeführt und an der Lettländischen Universität weiter ausgestaltet. Näheres bringe ich darüber an anderer Stelle (L. 1i). Ich glaube aber, daß das hier beschriebene Praktikum auch in diese Ideen hineinpaßt und sie vielleicht sogar in einfacher Form zu einem großen Teil realisiert.

I. Grundbegriffe der Wärmetechnik.

Einführung.

Energienutzung. Absolute und technische Masse.

Die Grundlage jeder Wärme- und Kraftwirtschaft ist die
Energieausnutzung. Der Grad der Ausnutzung muß
natürlich zahlenmäßig gefaßt werden und als Ausnutzungs-
koeffizient bzw. Nutzeffekt oder auch als Energiebilanz
in Erscheinung treten. Die Energiebilanz stellt man dort auf,
wo sich der Begriff des Nutzeffekts nicht eindeutig genug
fassen läßt. Wenn z. B. im Martin-Prozeß nicht nur der
Brennstoff, sondern auch ein Teil der im Roheisen befindlichen Bestandteile (Kohlenstoff, Silicium) gleichfalls als
Energie- und Wärmelieferer auftreten, indem sie sich mit
Sauerstoff verbinden, so ist es Sache der Vereinbarung, auf
welche Ausgangsenergie der Nutzeffektsbegriff bezogen werden soll. In jedem Fall kommen im Betriebe zahlenmäßig
ausgedrückte Werte in Betracht, und zwar Werte als Ausdruck der verschiedensten Energieformen: Kalorien für die
Wärmeenergie, Ampere, Volt, Watt für die Elektrizität,
Pferdestärken für die mechanische Energie, die dann weiter
miteinander in Einklang zu bringen sind. Es gilt mithin, die
verschiedenen Begriffe richtig anzuwenden und die Einheiten der verschiedenen Energien richtig zueinander
in Beziehung zu setzen. Hierin vollständig zu Hause zu sein,
ist das erste Erfordernis, das man an einen angehenden
Ingenieur stellen muß. Aber genau ebenso beschlagen muß
man auf diesem Gebiet sozusagen in unserem Kleinbetriebe
sein, wenn man besonders an die Auswirkung der hier beschriebenen Laboratoriumsversuche geht. Um hier dem Studierenden die Orientierung zu erleichtern, bringe ich eine die
Maßsysteme wiedergebende Tabelle, welche auch die Grundlage alles Messens[4]), das absolute Maßsystem, berücksichtigt.

---

[4]) Die in der Tab. I wiedergegebenen physikalisch-technischen
Meßgrundlagen sind in neuester Zeit bekanntlich als „relativ" erkannt
worden. Die Unsicherheit, die dadurch entstehen könnte, ist jedoch

Tabelle I.
Absolute und technische Maße.

Absolute Maße	Technische und praktische Maße
Länge (l), **Fläche** (l^2), **Raum** (l^3). 1 cm = 0,01 des in Paris (bei 0°) aufbewahrten Normalmetermaßes aus Platin = $1 \cdot 10^{-9}$ des Erdquadranten.	1 m = 100 cm. 1 km = 1000 m. 1 mm = 0,001 m.
Maße (m). 1 g = 0,001 des Pariser-Normal-Platinstücks von 1 kg = fast genau das Gewicht von 1 ccm Wasser bei 4° C und 760 mm Hg-Säule.	1 kg = 1000 g. 1 Tonne (t) = 1000 kg. (Für praktische Zwecke ist Masse = Gewicht bei 760 mm Hg.)[1]
Zeit (t). 1 sek = $^1/_{86400}$ des mittleren Tages.	1 st = 3600 sek.
Geschwindigkeit ($v = l \cdot t^{-1}$). Einheit = Wegstrecke in der Sekunde bei gleichmäßiger Bewegung.	1 m je Sek.
Beschleunigung ($p = l \cdot t^{-1}/t = l \cdot t^{-2}$). Einheit = erzeugt beim Inbewegungsetzen der Masse 1 in 1 sek die Geschw.: $v = 1$. Schwerkraftbeschleunigung $= 981$ cm $\cdot$ s^{-2}.	
Kraft ($P = m \cdot p = l \cdot m \cdot t^{-2}$). 1 Dyn erteilt der Masse 1 die Beschleunigung 1 (also 1 cm s^{-2}). Gewichtswirkung des Dyn auf der Erde auf die Masse von 1 g: Erdbeschleunigung = 981. Mithin kommen an 1 g in 1 sek zur Wirkung 981 Dyn. Also ist 1 Dyn = $^1/_{981}$ g = 1,02 mg.	1 kg. (Masse und Kraft der Einfachheit wegen gleichgesetzt.)[1]
Arbeit ($A = P \cdot l = l^2 \cdot m \cdot t^{-2}$). 1 Erg = Wirkung 1 Dyns auf der Strecke $l = 1$ cm.	1 Joule = $1 \cdot 10^7$ Erg = 1 Watt-sek. 1 Wattstunde = 3600 Wattsek. 1 Kilowattstunde = 1000 Wattstunden. 1 Wattsek = 0,102 m-kg[2]. 1 m-kg = 1/0,102 Wattsek. 1 Liter-Atmosphäre = 10,3 m-kg[3].
(Wärme) = Arbeit.	1 15°-Kalorie[4] = 1 g-kal = 0,4269 kg-m. 1 kg-kal = 1000 g-kal = 426,9 (427) kg-m (Mech. Wärmeäquivalent).

Absolute Maße	Technische und praktische Maße
$\text{Leistung}\,(A_s = A/\text{sek} = 1^2 \cdot m \cdot t^{-3})$. 1 Erg je Sekunde.	1 Watt $= 1 \cdot 10^7$ Erg/sek. 1 Kilowatt $= 1000$ W. 1 m-kg-sek $= 0{,}102$ W. 75 m-kg-sek $= 1$ PS. PS $=$ Pferdekraft. 1 PS $= 0{,}736$ kW[2]).

[1]) Wenn ich mit einem Kilogrammgewicht auf einen Berg steige oder sogar in einem Flugzeuge hochgehe, so behalte ich in der Hand mein Kilogramm. Was habe ich dabei behalten? Das Gewicht oder die Masse? Diese Fragen sind, scheint's mir, der geeignete Ausgangspunkt für eine Betrachtung über das Wesen von Masse und Gewicht. Hinter Masse versteht man offenbar die Realität der Materie. Sie kann nur durch Umsetzungen (Relativitätstheorie) verändert werden, nicht aber durch Ortsveränderungen. Das Gewicht ist jedoch eine Kraftwirkung, die durch die Beschleunigung erkannt wird; letztere ist von der Stärke der Gravitationskraft, also von der Entfernung vom Erdzentrum abhängig. Das Gewicht verändert sich mithin beim Hochsteigen, es wird geringer. Die Hand wird die Gewichtsverringerung nicht merken, sobald wir aber mit dem Gewicht eine maschinell-mechanische Wirkung ausüben wollten, würde die Einbuße in Erscheinung treten. Man kann unter Zulassung einer gewissen Gedankenlosigkeit beim Operieren in gleicher Höhe (760 mm Hg) Masse gleich Gewicht setzen. Wird man sich dieser Gedankenlosigkeit bewußt, so muß man bei genaueren Deduktionen angeben, ob man das Massen-Kilogramm oder das Gewichts-Kilogramm meint. Das wäre z. B. für ein Hochsteigen nötig.

Für gewöhnliche technische Verhältnisse setzt man Masse und Kraft gleich und operiert schlechthin mit dem Begriff 1 Kilogramm.

[2]) 1 Dyn $= 1{,}02$ mg. — 1 Erg $= 1$ Dyn $\cdot$ 1 cm $= 1{,}02$ mg $\cdot$ 1 cm. Mithin sind

$\quad 1{,}02$ kg $\cdot$ 1 m $= 1{,}02$ m-kg $= 1\,000\,000 \cdot 100$ Erg $= 10 \cdot 1$ Wattsek.

(1 Wattsek $= 0{,}102$ m-kg. Über Watt und Volt-Ampere s. S. 233.) Danach ergibt sich: 1 m-kg-sek $= 10 : 1{,}02 = 9{,}8$ Watt und $\quad$ 75 m-kg-sek $= 1$ PS $= 9{,}8 \cdot 75 : 1000 = 0{,}763$ kW.

[3]) 1 Liter-Atmosphäre ist diejenige Arbeit, welche verbraucht wird, wenn man in einem Zylinder von 1 qdm Querschnitt einen gewichtslosen Kolben mit gleichzeitiger Überwindung des sog. normalen Luftdruckes von 760 mm Quecksilbersäule ($=$ 1 Atm) 1 dm hoch hebt, wobei vom Kolben das Volumen von 1 l geschaffen wird. Diese Arbeitsgröße läßt sich auf Meterkilogramm zurückführen.

Der Druck, den 1 Atm $= 760$ mm Hg ausübt, beträgt 1,03 kg auf 1 qcm, mithin 103 kg auf 1 qdm. Legt der Kolben einen Weg von 1 m zurück, so wird die gleiche Arbeit bereits bei einem Gegendruck bzw. einer Belastung von 10,3 kg geleistet. Mithin ist die Liter-Atmosphäre in ihrer Wirkung bzw. in ihrer Arbeitsgröße $= 10{,}3$ m/kg. Siehe auch unten S. 226.

[4]) 1 15°-Kalorie ist diejenige Wärmemenge, welche 1 Gramm Wasser von 14,5 auf 15,5° erwärmt. Für technische Zwecke ist die Zimmertemperatur-Kalorie (18° C) genau genug.

1. Heizwert der Brennstoffe.

Vorbemerkungen.

Die Energievorräte und Energiequellen der Natur. Der Heizwert der
Brennstoffe und seine Bedeutung.

Die in der Natur enthaltenen Energievorräte stehen uns in
verschiedener Form zur Verfügung (L. 4, 9d). In uraltenZeiten
nutzte man zunächst die Wind- und Wasserkraft aus. Erst
später lernte man, auch brennbare Substanzen zur Erzeugung
von Energie, d. h. Wärme und auch Kraft, heranziehen. Dann
kam die Periode der großen technischen Entwicklung, wo
besonders nach Auffindung der Steinkohlenvorräte die Brennstoffe als die wichtigsten Energielieferer auftraten, und wo
man es lernte, Wärme in mechanische und elektrische Energie
zu verwandeln. Die wenn noch weit in der Ferne drohende
Erschöpfung der Steinkohlenlager (L. 5) hat die direkten
Quellen kinetischer Energie, wie Wasser-, Windkraft und die
Gezeiten, wieder in den Vordergrund des Interesses gerückt.
Immerhin nehmen die Brennstoffe den ersten Platz als
Energielieferer ein, und daher ist als erste wärmetechnische
Aufgabe die Bestimmung des Heizwertes der Brennstoffe
anzusprechen. Natürlich können wir hier nicht auseinander-
setzen, wie man diese Bestimmung an den verschiedenen
Formen der Brennstoffe, d. h. an festen, flüssigen und gas-
förmigen Brennstoffen, durchführt, darüber orientieren spe-

---

so geringfügig, daß sie bei gewöhnlichen physikalischen Messungen
und erst recht in der Technik unberücksichtigt bleiben kann. Die
Meßgrundlagen wanken zugleich mit dem Wanken unserer natur-
philosophischen Weltanschauung, indem beim tieferen Eindringen der
Erkenntnis in das Wesen der Natur die Grenzen zwischen Energie
und Masse sich zu verwischen beginnen und einem sozusagen beim
Messen die Maßstäbe verschwimmen. Es gibt kein absolutes Sehen,
sondern nur ein Erkennen durch die Sinne unter Vermittelung des
Lichtes, das eine sehr große, aber immerhin begrenzte Geschwindigkeit der Fortpflanzung besitzt. Ihr Verhältnis zu unserer Eigen-
bewegung ist noch nicht aufgeklärt. Es wird aber dadurch alles Sehen
und Messen relativ.

Es ergibt sich daraus, daß auch unsere Erkenntniswerkzeuge auf
diese Weise unter die Lupe der philosophischen Kritik geraten. Die
oft diametral entgegengesetzten Ansichten über die Berechtigung der
Relativitätstheorie platzen scharf aufeinander. Bis jetzt ist noch
keine Einigung erzielt worden. Man kommt nämlich zu Erwägungen,
welche nicht begrifflich faßbar, sondern nur mathematisch ableitbar
werden.

Zum Glück stört diese eventuelle Relativität unsere Arbeit, wie
gesagt, nicht.

zielle Lehrbücher (L. 6). Für unsere Übungsaufgabe wählen wir denjenigen Brennstoff, auf dem die ganze Laboratoriumsarbeit aufgebaut ist, der uns jederzeit zur Verfügung steht: das Leuchtgas. In der Grundidee bleiben sich jedoch alle Heizwertbestimmungen gleich.

Will man einen festen Brennstoff untersuchen, so verbrennt man in dem entsprechenden Apparat, dem sog. Kalorimeter, ein bestimmtes Gewicht. Ebenso kann man es mit flüssigem Brennstoff machen. Bei gasförmigen Brennstoffen muß man jedoch kontinuierlich arbeitende Brenner benutzen und ein entsprechendes Quantum Leuchtgas, das durch Gasmesser abgemessen wird, verbrennen. Dasselbe kann natürlich auch mit flüssigem Brennstoff gemacht werden, wobei, wie auch beim festen Brennstoff, das verbrannte Quantum durch Abwiegen festgestellt werden muß. Natürlich ist in jedem Falle eine vollkommene Verbrennung des Kohlenstoffs und Wasserstoffs zu Kohlensäure und Wasser, unabhängig vom Luftüberschuß, Grundbedingung. Diese vollkommene Verbrennung wird, wie nicht schwer einzusehen, bei Anwendung von Brennern sowohl bei flüssigen als gasförmigen Brennstoffen leicht erreicht. Schwieriger ist es schon bei festen Brennstoffen, wo die bei der Entzündung auftretenden Produkte der trockenen Destillation leicht unverbrannt entweichen, ein Teil der potentiellen Energie also verlorengehen kann.

Um dies zu verhindern, verbrennt man festen Brennstoff unter einem Druck von ca. 20 Atm in Sauerstoff in der sog. kalorimetrischen Bombe, was einwandfreie Resultate liefert. Die entwickelte Wärme wird im Wasser aufgefangen und gemessen.

Der Heizwert ist diejenige Anzahl von Gramm-Kalorien, welche beim vollständigen Verbrennen von 1 g (1 l) Brennstoff frei wird.

Gehen wir nun zu der Bestimmung des Heizwertes des Leuchtgases über.

Erste Aufgabe.

Bestimmung des Heizwertes von Leuchtgas.

Die genauesten und zuverlässigsten Resultate erhält man mit dem bekannten Junkerschen Kalorimeter (unten Abb. 3). Für das in Rede stehende Praktikum würde aber ein einfacherer und billigerer Apparat ausreichen. Vor dem Kriege benutzte ich zu diesem Zweck das Gaskalorimeter von Ferd. Fischer, welches jetzt leider nicht mehr hergestellt wird. Der Zufall spielte mir den verhältnismäßig sehr einfachen Apparat von Graefe in die Hände, der sich zur Not auch als brauchbar erwies. Er ist in Abb. 1 beschrieben.

Der Versuch selbst wird derart ausgeführt, daß man das Leuchtgas durch einen Gasmesser in einen im Kalorimeter befindlichen Brenner leitet und die Flamme so einstellt, daß in der Minute etwa $^1/_2$ l Gas verbrennt. Am besten benutzt man einen Gasmesser von Julius Pintsch. Er ist so konstruiert, daß bei einer Umdrehung 1,67 l Gas durch den Apparat geht. Man liest einerseits die Zahl der Umdrehungen ab, wobei Temperatur und Druck wie auch Baro

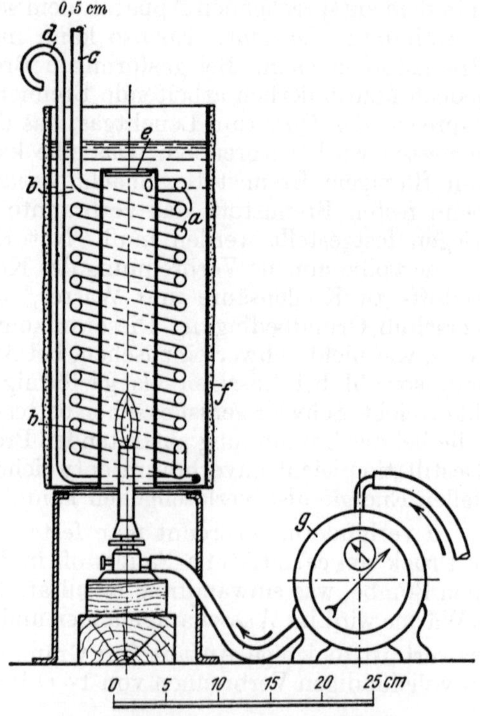

Abb. 1. Kalorimeter von Graefe.

Die Verbrennungsprodukte des Brenners steigen im Innenzylinder hoch, durch das Schlangenrohr zuerst in den Windungen *a* hinab, dann in den Windungen *b* hinauf. Um Wärmestauung zu verhindern, saugt man am besten bei *c* die Verbrennungsprodukte ab. *d* ist eine Rührvorrichtung, die im Wasser auf- und abbewegt werden kann, *e* ein Beobachtungsglas, *f* Filzisolierung, *g* ist eine Gasuhr.

meterstand gleichfalls angeschrieben werden müssen, um die Gasmenge auf $0°$ und normalen Barometerstand zu reduzieren, und mißt andererseits die Temperaturerhöhung des im Kalorimeter befindlichen Wasserquantums.

Die eigentliche Bestimmung nimmt man nun derart vor, daß man unter beständigem Rühren des Kalorimeterwassers den Zeitpunkt abwartet, wo die Temperatur sich konstant eingestellt hat bzw. regelmäßig fällt oder steigt. Man notiert darauf die Stellung des Gas zeigers, setzt den Brenner in das Kalorimeter, aus dessen Verbrennungskammer man am besten die Verbrennungsprodukte durch eine Saugpumpe langsam absaugt. Die Thermometeranzeigen notiert man die ganze Zeit über.

Nachdem das Gas etwa 10 Minuten gebrannt hat, nimmt man den Brenner heraus, notiert gleichzeitig die Stellung des Gaszeigers und setzt das Anschreiben der Temperaturen unter beständigem Rühren so lange fort, bis sich wieder ein gleichmäßiges Fallen oder Steigen der Temperatur einstellt.' Den Wärmeaustausch des Kalorimeters mit der Umgebung berücksichtigt man am besten folgendermaßen:

Das gleichmäßige, durch den Wärmewechsel mit der umgebenden Luft veranlaßte Fallen oder Steigen der Temperatur des Wassers muß offenbar die ganze Zeit über, während welcher das Thermometer ungefähr die gleiche Temperaturhöhe anzeigt, d. h. vom Beginn des Versuches an, dieselbe geblieben sein. Man braucht also nur die Minuten zurückzuzählen, welche von Beginn des Versuches bis zur letzten Notierung verstrichen sind, sie mit der mittleren Temperaturänderung je Minute zu multiplizieren und die erhaltene Zahl zum letzten Wert zuzuzählen bzw. abzuziehen. Schnellt die Temperatur in einigen Minuten herauf, wie bei der Verbrennung in der kalorimetrischen Bombe, so ist die mittlere Temperaturdifferenz der letzten Werte ohne weiteres zu benutzen und mit der Zahl der Minuten zu multiplizieren. Steigt die Temperatur wie in vorliegendem Falle allmählich an, so ist die Temperaturabnahme, wie im Beispiel gezeigt werden wird, einem mittleren Werte anzupassen.

Es seien folgende Resultate erhalten worden:

Zeit	Temperatur	Zeit	Temperatur	
12.55	20,60°		Brenner heraus	
12.56	20,60	1.09	24,60°	
12.57	20,60	1.10	24,57	
12.58	Brenner einst.	1.11	24,54	
12.59	21,00	1.12	24,51	
1.00	21,30	1.13	24,47	
1.01	21,70	1.14	24,43	
1.02	22,10	1.15	24,40	je 0,03°
1.03	22,70	1.16	24,37	
1.04	23,00	1.17	24,34	
1.05	23,42	1.18	24,31	
1.06	23,75			
1.07	24,20			
1.08	24,60			

Zahl der Umdrehungen der Gasuhr 2,73.

Barometerstand 757 mm.

Das Gas stand unter dem Druck von 3 mm Wasser $= {}^3/_{13}$ = 0,23 mm Hg.

Gastemperatur 19,5°.

Wassergewicht 4000 g.

Wasserwert des Kalorimeters 180 g.

Die Anfangstemperatur des Wassers: 20,60°.

Bei 24,5° fiel die Temperatur je Minute um 0,03° bei einer Temperaturdifferenz von Kalorimeterwasser zur Umgebung von 24,4 − 20,6°

$= 3{,}8°$; bei einer mittleren Differenz von etwa $\left[\dfrac{24{,}6-20{,}6}{2}\right]=2°$ wäre sie um $\dfrac{0{,}03\cdot 2}{3{,}8}=0{,}016°$ in der Minute gefallen.

Nehmen wir als letzte Ablesung um 1.15 : $24{,}4°$, so wären vom Steigen der Temperatur an 17 Minuten verstrichen, und der Temperaturverlust wäre $0{,}016\cdot 17=0{,}27°$. Ohne Abkühlung wäre also die Endtemperatur des Wassers $24{,}40+0{,}27=24{,}67°$ gewesen.

Die Temperaturerhöhung des Wassers betrug mithin
$$24{,}67-20{,}60=4{,}07°.$$

Da nicht allein das Wasser, sondern auch das Kalorimetergefäß selbst Wärme aufnimmt, ermittelt man den sog. Wasserwert der Apparatur, d. h. diejenige Wassermenge, welche dieselbe Kalorienzahl pro Grad aufnimmt wie das Kalorimeter. Zu dem Zweck verbrennt man eine chemische Verbindung von bekanntem Wärmewert, woraus der Wasserwert ohne weiteres sich durch eine umgekehrte Rechnung ergibt. Im gegebenen Fall betrug der Wasserwert des Kalorimeters 180 g. Da der Gasmesser 2,73 Umdrehungen gemacht hat, so sind im ganzen verbraucht worden $2{,}73\cdot 1{,}67=4{,}35\,1$ Gas.

Unter Benutzung der für Barometerstand, Gasdruck und Gastemperatur ermittelten Zahlen erhält man folgendes reduziertes Gasvolumen:

$$v=\frac{v_0\,p_0}{p\,(1+\alpha t)}=\frac{4{,}35\cdot 757{,}2}{760\left(1+\dfrac{19{,}5}{273}\right)}=4{,}044\,1.$$

Durch Multiplikation der Summe, die aus Wasserinhalt des Kalorimeters + Wasserwert des Kalorimeters besteht, mit der Temperatursteigerung des Wassers gleich 4,07 ergibt sich die je 1 l Gas aufgenommene Wärme zu

$$\frac{4180\cdot 4{,}07}{4{,}044}=4210 \text{ Kal.}$$

Das ist der Heizwert des Leuchtgases, welcher in g-kal je 1 l oder kg-kal je 1 cbm ausgedrückt werden kann.

Folgerungen und anschließende Betrachtungen.

Praktische Kalorimetrie. Bombe und Gaskalorimeter. Oberer und unterer Heizwert. Verbandsformeln. Klassifizierung der Brennstoffe. Brennstofftabellen. Technische Probenahme. Normalien. Brennstoffkaufvertrag, Durchschnittsprobe und Analyse.

Die durch den Wärmeverlust an die umgebende Luft erforderlich werdende Korrektur betrug etwa 5% des Wärmewerts, was nicht sehr günstig ist. Daraus ersieht man, wie wichtig es ist, vollkommenere und auch besser isolierte Apparate zu benutzen, um genauere Werte zu erhalten. Für sehr genaue wissenschaftliche Untersuchungen stellt man das Wassergefäß in ein zweites äußeres Wassergefäß, dessen Inhalt, durch entsprechende Heizvorrichtung bedient, mit der Temperatursteigerung mitgeht (adiabatisches Kalorimeter).

Der Vollständigkeit halber bringe ich hier die mit der erforderlichen Erklärung versehenen Abbildungen einer ka-

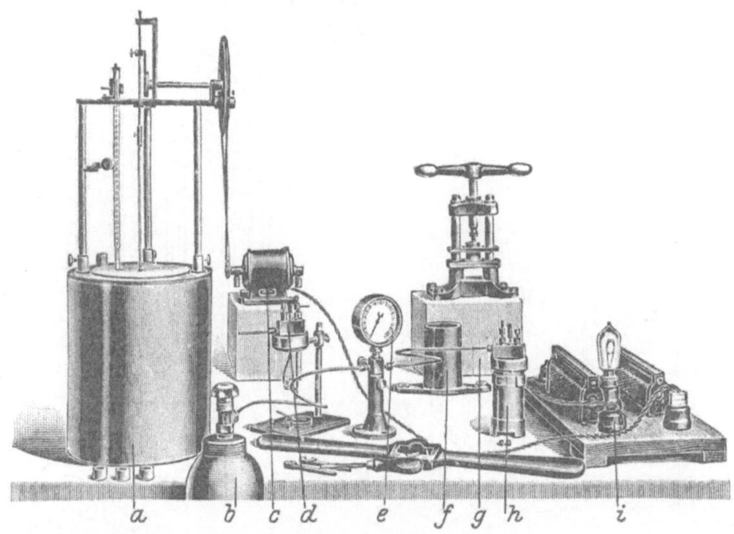

Abb. 2.   Verbrennungsbombe nach Kroecker mit Kalorimeter.

In den Deckel d der Kalorimeterbombe h wird, wie auf der Abb. zu sehen, ein Schamotte-schälchen eingehängt, und zwar einesteils an einem Rohr rechts, durch welches Sauerstoff in die Bombe gelassen wird, und andererseits an einem Platinhaken links, dessen Ende iso-liert durch den Deckel geht. Auf diese Weise erhält man zwei Pole für elektrischen Anschluß. Die zu untersuchende Kohlenprobe wird in der Brikettpresse g zu einem Brikett geformt, in welches ein Nickelindraht eingepreßt wird. Man legt das Brikett in das Schamotteschäl-chen und befestigt die Drahtenden am Rohr und am Haken, so daß ein elektrischer Strom durch den Draht geschickt werden kann. Darauf schraubt man den Deckel auf die Bombe h, stellt das ganze in einen Halter f, schraubt mit dem auf dem Tisch liegenden Schlüssel den Deckel fest und läßt, wie auf der Abb. zu sehen, aus dem Sauerstoffgefäß b Sauerstoff in die Bombe bis zu 20 Atm. Druck (Manometer e). Bevor man das Bombenventil schließt, verdrängt man die in der Bombe enthaltene Luft durch Sauerstoff. Darauf schließt man die beiden Pole des Bombendeckels unter Einschaltung eines Widerstandes i an die Licht-leitung, stellt die Bombe ins Kalorimetergefäß a, das mit Wasser gefüllt ist, und verfährt im übrigen wie bei der Bestimmung des Wärmewertes des Leuchtgases beschrieben. Zur Entzündung des Brennstoffes bringt man durch Einschalten des Stromes den Nickelindraht zum Glühen. Der kleine Elektromotor c betätigt ein Rührwerk. Die Abb. ist nach Fr. H ugershoff-Leipzig.

lorimetrischen Bombe (Abb. 2) und des Junkers-schen Gaskalorimeters (Abb. 3).

Der im beschriebenen Versuch erhaltene Wert stellt den sog. oberen Heizwert des Leuchtgases dar. Die Ansichten sind darüber geteilt, ob er der Betriebspraxis entspricht.

Sämtlicher freier oder in Form von chemischen Verbindungen im Gase enthaltener Wasserstoff gibt nämlich beim Verbrennen Wasser, welches aus den Feuerungen als Wasserdampf durch

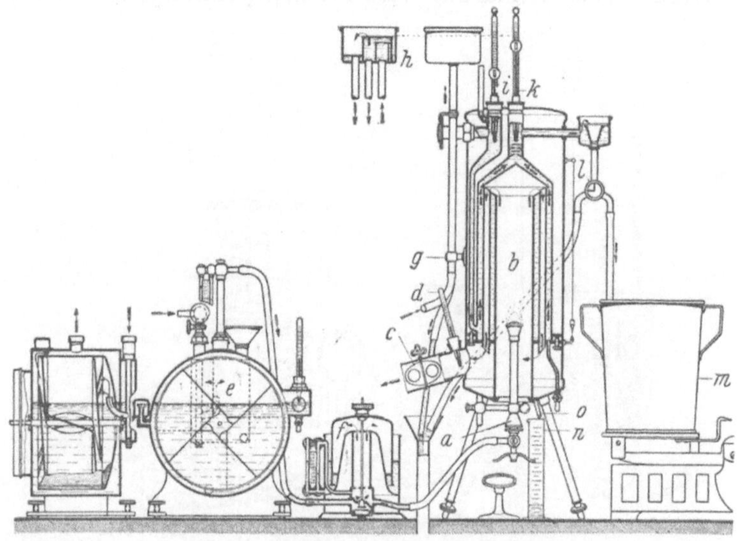

Abb. 3.   Gaskalorimeter nach Junkers.

Das im Brenner *a* verbrennende Gas steigt im Kalorimeter *b* im mittleren Zylinder hinauf, durch die Röhren hinunter und tritt bei *c* aus. Thermometer *d* zeigt an, ob die Verbrennungsprodukte nicht mit höheren Temperaturen als die der Umgebung entweichen. Das dem Gashahn entnommene Gas wird in dem Gasmesser *e* gemessen und der Gasdruck im Brenner durch den Druckregler *f* konstant gehalten. Durch Rohr *g* des Kalorimeters steigt das zu erwärmende Wasser zum Überlaufgefäß *h*, welches einen gleichmäßigen Einflußdruck für das Wasser schafft, wodurch auch die durchfließende Menge konstant gehalten wird. Thermometer *i* und *k* geben die Temperaturerhöhung des Wassers. Nachdem der Beharrungszustand erreicht ist, läßt man durch Umstellen des Hahnes *l* das erwärmte Wasser in das Gefäß *m* fließen, wo ein bestimmtes Gewicht abgewogen werden kann. Aus der Menge des verbrannten Gases und dem Gewicht des in dieser Zeit durch den Apparat geflossenen Wassers und dessen Temperaturerhöhung ermittelt man den Wärmewert des Leuchtgases. Für die Bestimmung der Ausstrahlung kann dieselbe Methode angewandt werden, wie in der Aufgabe beschrieben. Für die Berechnung des unteren Wärmewertes benutzt man die Anzeigen des Meßzylinders *n*, in welchen das während der Verbrennung entstandene Wasser durch *o* abgeflossen ist. Bei vollständig gleichmäßig verlaufendem Prozeß ist natürlich die Temperaturerhöhung proportional dem Wärmewert des Gases. Diese Tatsache bildet den Ausgangspunkt für die Konstruktion registrierender Gas- oder Flüssigkeitskalorimeter. Die Abb. ist nach Junkers & Co., Dessau.

den Schornstein entweicht, während er beim Verbrennen im Kalorimeter kondensiert. Beim Entweichen nimmt er indes seiner verhältnismäßig hohen Verdampfungswärme wegen (man rechnet rund 600 Kal. pro Kilogramm) viel Wärme mit. Das sind also Wärmeverluste, welche bei den im Kalorimeter erhaltenen Zahlen keine Berücksichtigung finden. Es läßt sich jedoch sehr leicht eine entsprechende Korrektur anbringen, wenn man für das im Kalorimeter gebildete Wasser, das sich durch Abwiegen der Verbrennungskammer bestimmen oder auch aus der Gasanalyse berechnen läßt, die entsprechende Dampfwärme in Abzug bringt. Leider ließ sich beim benutzten Kalorimeter die Menge des niedergeschlagenen Wassers nicht bestimmen. Nimmt man jedoch die Gaszusammensetzung etwa wie folgt an:

			Von 1 l Gas:
H_2	49	v/o	0,49 l Wasserdampf
CH_4	34	,,	$0,34 \cdot 2 = 0,64$ l ,,
CO	8	,,	
Schwere Kohlenwasserstoffe (C_6H_6)	4	,,	$0,04 \cdot 3 = 0,12$ l ,,
CO_2	4	,,	
N	4	,,	

$$\overline{\hspace{3cm}}$$
1,25 l Wasserdampf,

so gibt es, wie aus der nach Molekeln vorgenommenen Berechnung zu ersehen, 1,25 l oder $1,25 \cdot 0,805 = $ rund 1 g Wasser auf 1 l Gas. Nach in der Rigaer Gasanstalt ausgeführten Bestimmungen geben 30 l Gas im Junkersschen Kalorimeter 26 g Wasser, 1 l $= 0,87$ g. Die Annahme kommt also der Wahrheit nahe, da das Rigaer Gas wohl etwas ärmer an schweren Kohlenwasserstoffen sein dürfte. Die Anstalt arbeitet mit Autokarburierung.

Der sog. untere Heizwert wird demnach betragen:
$$4210 - 600 \cdot 0,87 = 3680 \text{ Kal.}$$

Natürlich muß auch diejenige Wärmemenge für die Bestimmung dieses unteren Heizwertes abgezogen werden, welche das im Brennstoff enthaltene Wasser mitnimmt, wenn es in Dampfform entweicht. Im Kalorimeter kondensiert auch dieses.

Bekanntlich läßt sich der Heizwert fester Brennstoffe aus der Elementaranalyse nach der Formel von Dulong berechnen, wenn man es mit Steinkohle oder Braunkohle zu zu tun hat. Für andere Brennstoffe ist die Formel nicht brauchbar. Diese Dulongsche Formel läßt sich nun sowohl für den oberen als auch für den unteren Heizwert aufstellen. Die beiden vom Verein deutscher Ingenieure aufgestellten Formeln lauten folgendermaßen:

$$H_o = 8140\, C + 34200\, (H - O/8) + 2500\, S \quad \ldots \ldots \quad (1)$$
$$H_u = 8140\, C + 28800\, (H - O/8) + 2500\, S - 600\, W, \quad (1a),$$

wo C, H, O und S den Gehalt an den betreffenden Elementen und W den Wassergehalt in 1 kg Brennstoff bedeuten. Die

Zahlen zeigen diejenige Wärmemenge, welche von 1 kg des betreffenden Elementarbestandteils bei vollständiger Verbrennung entwickelt wird. Sie betragen für Kohlenstoff 8140 Kal., für Wasserstoff 34200 Kal., für Schwefel 2500 Kal. Dabei verbrennt der Wasserstoff zu flüssigem Wasser. Beim Verbrennen von C zu CO werden nur 2440 Kal. frei.

Die Berücksichtigung der Dampfverluste findet in der zweiten Formel darin ihren Ausdruck, daß man für den Wasserstoff anstatt des Heizwertes 34200 die Zahl 28800 nimmt, d. h. $9 \cdot 600 = 5400$ abzieht und für jede Gewichtseinheit im Brennstoff enthaltenen Wassers 600 Kal. wegnimmt. Auf Anführung von Rechnungsbeispielen verzichte ich ihrer großen Einfachheit wegen. Es läßt sich nun wohl denken, daß die Technik einmal so weit sein wird, daß sie die Verbrennungsprodukte unter Benutzung von künstlichem Zug bis weit unter 100° abkühlt, um möglichst alle in den Rauchgasen enthaltene Wärme zurückzugewinnen, auch die latente Wärme des Wasserdampfes. In diesem Falle würde die Benutzung des oberen Heizwertes eine Selbstverständlichkeit sein. Der Ausführung dieser Idee sind vorläufig noch hinderlich: hohe Anlagekosten für künstlichen Zug und für große Heizflächen, und Anfressungen der eisernen Konstruktionsteile und der Heizflächen (Ekonomiser) durch das Kondenswasser und, bei Steinkohlenfeuerung, durch die in ihm sich lösende schweflige Säure. Welch einen Vorteil solch eine Methode hätte, werden wir später sehen. Es würden dann eben die Verluste durch den Luftüberschuß ganz in Wegfall kommen (Vgl. übrigens unten S. 285).

Der Heizwert der Brennstoffe spielt bei ihrer praktischen Wertschätzung und auch der damit zusammenhängenden Klassifizierung eine große Rolle. Da wir oft auf die Brennstofftypen zu sprechen kommen werden, bringe ich hier einiges über die Klassifizierung der Brennstoffe, wobei ich auf manche meiner eigenen Vorschläge zurückkomme, nicht etwa deshalb, weil sie die besten sind, sondern weil sie aus pädagogischen Erwägungen heraus entstanden, die ja hier gerade an erster Stelle stehen sollen (Näheres in L. 7).

Zunächst bringe ich die bekannte Tabelle von Gruner in der Form, welche ihr Simmersbach gegeben hat (Tab. II). Dann füge ich eine von mir zusammengestellte Tabelle der Brennstofftypen an (Tab. III). Der dort befindliche Begriff der „Kohlenwasserstoffe in den flüchtigen Bestandteilen" ist wie folgt entstanden: Nimmt man im Sinne der

Tabelle II.
Klassifizierung der Steinkohle (nach Gruner).

Kohlenart und Klasse	Elementare Zusammen-setzung			$\dfrac{O + N}{H}$	Koks-ausbeute	Koksaussehen	Spez. Gewicht	Verdampfungs-vermögen von 1 kg reiner Kohle bei 112° und Wasser von 0°
	C%	H%	$\dfrac{O + N}{\%}$					
I. trockene Steinkohle mit langer Flamme (Flammkohle)	75—80	5,5—4,5	19,5—15,0	4—3	55—60	pulverförmig, höchst zusammengefrittet	1,25	6,7—7,5
II. fette Steinkohle mit langer Flamme (Gaskohle)	80—85	5,8—5,0	14,2—10,0	3—2	60—68	geschmolzen, starkzerklüftet	1,28—1,3	7,6—8,3
III. eigentliche fette Kohle (Schmiedekohle)	84—89	5,0—5,5	11,0—5,5	2—1	68—74	geschmolzen, b. mittelmäßig kompakt	1,3	8,4—9,2
IV. fette Steinkohle m. kurzer Flamme (Kokskohle)	88—91	5,5—4,5	6,5—5,5	1	74—82	geschmolzen, sehr kompakt, wenig zerkl.	1,3—1,35	9,2—10,0
V. magere oder anthrazitische Steinkohle	90—93	4,5—4,0	5,5—3,0	1	82—90	gefrittet oder pulverförmig	1,35—1,4	9,0—9,5

3*

Tabelle
Brennstofftypen

	Anthrazit, Wales Pembrokschire a. d. Loverflötz	Cardiff, Wales, englische Normalkohle, kurzflammig, rauchfrei	Aitkens Navigation, aus Fifeshire, fett, kurzflam. m. Cardiffcharakt.	South Yorkshire Association. Aldvark Main, fett, zieml. langflamm.	New-Castle Davison large steam coal, fett, langflammig	Watson-Hartley, steam coal aus Schottl., trocken, ziemlich langfl.	Dombrower Kohle aus Polen (ehem. russ.) trocken, langfl.
Organische Substanz des Brennstoffs (wasser- und aschefrei)[1]							
Kohlenstoff	95,1	91,4	86,9	82,6	83,4	80,6	78,7
Wasserstoff	3,0	4,9	5,0	5,5	5,5	5,2	4,9
Sauerstoff	0,8	1,0	} 7,5	9,1	9,0	12,1	13,4
Stickstoff	0,5	1,4		1,0	1,0	1,1	1,2
Schwefel	0,6	1,3	0,6	1,8	1,4	1,0	2,8
Flüchtige Bestandteile	4,0	11,9	24,3	35,1	38,0	39,0	39,0
Kohlenwasserstoffgehalt in den flüchtigen Bestandteilen . . . . %	—	90,0	72,0	70,9	73,6	65,0	60,2
Korrig.[2] { Kohlenwasserst. in den flüchtigen Bestandteilen . . %	—	85,5	68,7	70,0	72,4	66,5	59,8
Heizwert, kalorimetrisch	8730	9060	8550	8275	8209	7900	7520
Lufttrockner Brennstoff							
Asche	1	2,9	4,3	3,8	3,0	5,2	4,7
Hygroskopisches Wasser	—	0,7	4,6	2,5	5,8	10,5	12,0
Unterer Heizwert	8490	8483	7513	7466	7245	6360	6050
Spezifisches Gewicht	1,36	1,3	1,3	1,26	1,26	—	—
Temperaturmaximum der Entgasung	—	475	475	440	440	440	440

[1]) Unter organischer Substanz ist hier Rohbrennstoff abzüglich Wasser und Asche verstanden, der Pyritschwefel ist nicht abgezogen.

[2]) Die Korrektur besteht darin, daß nicht, wie für die Werte der darüber befindlichen Reihe, nur der Sauerstoffgehalt in Rechnung

III.
(nach C. Blacher).

	Braunkohle I aus Böhmen, Venus-Tiefbau	Braunkohle II	Braunkohle III von Foligno, Oberitalien	Torf I, schwarzer, aus Irinowka bei Petersburg	Torf II vom Schwegermoor	Torf III von Postadown (England)	Torf IV, hell, vom städt. Revaler Schweinsberger Moor	Holz, Birke, ungeflößt	Zellulose (Watte)	Cannel coal, Plidderie engl., sehr fett und langflammig	Boghead-Kohle, austral. Shale Boghead, sehr fett und langflammig, bituminös	Naphtharückstände
C	72,0	65,5	59,4	66,0	60,5	55,9	52,0	49,0	44,0	82,8	83,2	87
H	5,9	5,6	5,4	7,7	7,5	6,8	6,0	6,1	6,3	7,3	10,0	13
O	}22,4	22,9	}34,6	24,1	30,0	36,1	41,0	}44,3	49,7	7,8	5,8	—
N		1,2		0,8	1,6	1,2	1,0		—	1,3	}1,0	—
S	0,5	4,8	0,3	—	0,1	—	—	—	—	0,7		—
fl. B.	50,9	56,0	57,9	—	65,7	69,0	75,0	87,8	91,4	55,6	82,4	100
Kw	52,5	53,9	35,8	—	48,6	41,0	38,6	43,3	38,8	84,9	92,1	100
Kw	51,7	52,4	37,5	—	46,5	39,6	37,5	43,4	38,7	84,7	91,2	100
H_0	6880	—	5371	—	5550	—	5000	4404	4097	8890	9945	10,500
Asche	3,4	19,7	16,0	—	1,2	1,1	—	0,4	0,5	5,7	15,8	—
W_h	23,7	33,3	26,7	—	48,5	19,0	—	12,5	7,7	1,8	0,3	—
H_u	4873	2720	3240	—	—	—	—	—	—	7900	7930	9870
Sp. G.	—	—	—	—	—	—	—	—	—	—	—	—
Tm	—	—	—	—	—	—	—	—	—	400	—	—

gesetzt wurde, sondern der Sauerstoff- und Stickstoffgehalt abzüglich des im Koks verbliebenen Sauerstoffs, den Sauerstoffgehalt des Koks zu 1% angenommen.

Dulongschen Formel (siehe oben) an, daß sämtlicher Sauerstoff im Brennstoff in Form von Wasser enthalten ist, daß er eventuell auch in dieser Form in die flüchtigen Bestandteile gelangt sein konnte, so bleiben offenbar nach Abzug des aus dem Sauerstoff entstandenen Wassers nur Kohlenwasserstoffe nach und ist danach in ihnen der Kohlenwasserstoffgehalt der flüchtigen Bestandteile leicht zu berechnen.

Dieser Begriff ist streng genommen kein realer, sondern ein für die Klassifizierung geschaffener Hilfsbegriff.

Tabelle IV.
Wertziffer für verschiedene Brennstoffe (nach Aufhäuser).

Die hauptsächlichsten Brennstoffe nach der Größe $\left(H - \dfrac{O}{8}\right) : \dfrac{C}{12}$ geordnet	Zusammensetzung in %		Wertziffer Äquivalentverhältnis $\left(H - \dfrac{O}{8}\right) : \dfrac{C}{12}$
	Kohlenstoff C	„disponibler" Wasserstoff $H - \dfrac{O}{8}$	
Gas aus einer Gasflammkohle . .	20,0	4,3	2,6
Benzin	85,0	15,0	2,12
Petroleum	85,0	14,0	1,97
Gasöl	86,0	13,0	1,81
Rohes Erdöl (Kalifornien) . . .	83,6	11,5	1,65
Xylol C_8H_{10}	90,6	9,4	1,25
Benzol C_6H_8	92,3	7,7	1,00
Steinkohlenteeröl	87,0	6,9	0,95
Dünnteer (Vertikalofenteer) . . .	88,0	6,4	0,87
Naphthalin $C_{10}H_6$	93,8	6,2	0,80
Dickteer (nach Abzug von 30% freien Kohlenstoffs)	62,5	4,1	0,79
Westfälische Gasflammkohle . .	85,0	4,3	0,60
Westfälische Fettkohle	88,0	4,1	0,56
Braunkohle	64,0	2,2	0,41
Torf	62,0	2,0	0,38
Anthrazit	94,0	2,6	0,33
Holz	50,0	0,5	0,12
Reiner Holzstoff (Zellulose) $C_{610}HO_5$	44,4	0,0	0,00
Zechenkoks	96,0	0,0	0,00

Ich füge hier noch die Aufhäusersche Einteilung der Brennstoffe nach der sog. Wertziffer (Tab. IV) an (L. 8), da sie sowohl neue Gesichtspunkte bringt, als auch später bei anderer Gelegenheit uns zu Nutzen kommen wird.

Wenn man nun die in Tab. III enthaltenen Typen nach analytischen Gesichtspunkten ordnet, so erhält man ein einfaches Schaubild (Abb. 4), das eine gewisse praktische Systematik nicht verkennen läßt. Wählt man nun als Index die Doppelzahl; flüchtige Bestandteile—Prozentgehalt der Kohlen-

fl. B. %-Gehalt der flüchtigen Bestandteile in der org. Substanz.
Kw %-Gehalt der Kohlenwasserstoffe in den fl. Bestandteilen.
Tm Temperaturmaximum der Ausscheidung der fl. Bestandteile.
Rw Wärmetönung der Zersetzungsreaktion (Reaktionswärme).
Ho Oberer Heizwert der org. Substanz.
Wh %-Gehalt des lufttrocknen Brennstoffs an hygr. Wasser.
Sp. G. Spezifisches Gewicht des Brennstoffs.

Anm. Die eingeklammerten Zahlen bedeuten, daß die betr. Werte nicht aus derselben Probe erhalten worden sind.

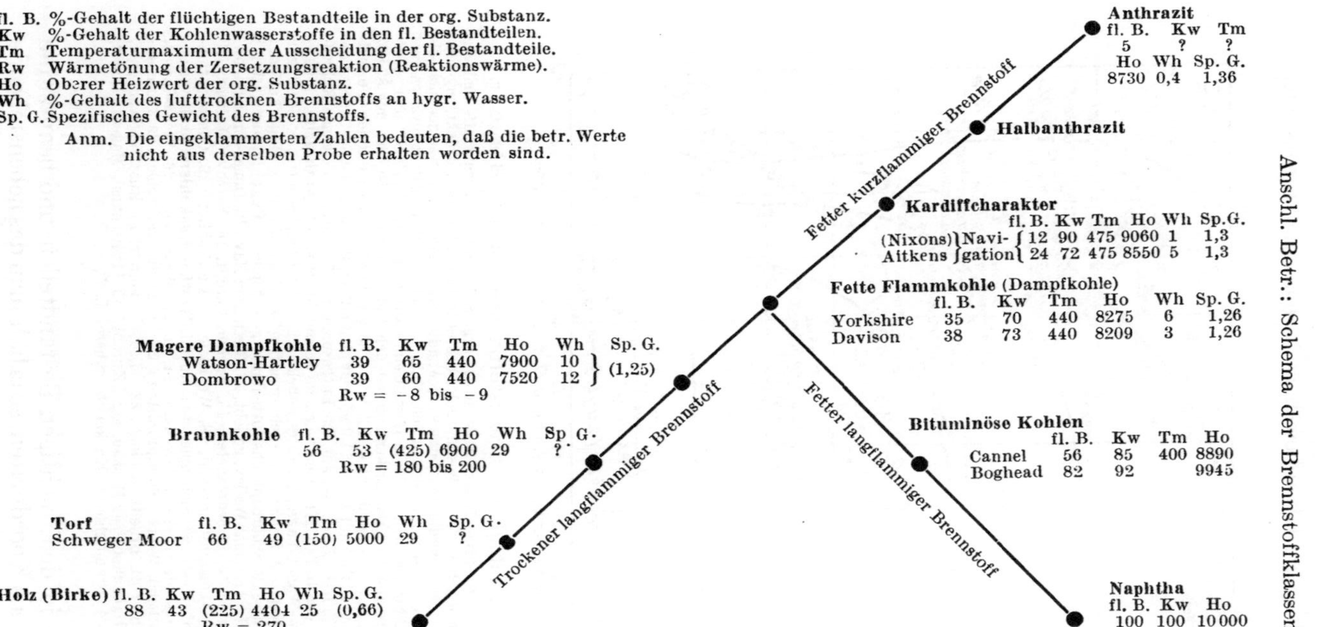

Abb. 4. Schema einer Klassifizierung der Brennstoffe nach C. Blacher (1913).

Die analytisch ermittelbaren Zahlenwerte erweisen sich als für die Brennstoffe und ihre systematische Einreihung charakteristisch. Die flüchtigen Bestandteile sind beim Anthrazit äußerst niedrig und steigen systematisch in der Richtung zu den langflammigen Brennstoffen, indem sie die höchsten Werte einerseits beim Holz, andererseits bei der Naphtha erreichen. Die höchsten Werte für den Kohlenwasserstoffgehalt der flüchtigen Bestandteile weist die Naphtha als stärkster Repräsentant der fetten langflammigen Brennstoffe auf. Diese Zahl steigt auch auf den Abzweig „Fetter kurzflammiger Brennstoff“, verliert sich jedoch dort, da die Bestimmung der flüchtigen Bestandteile immer unsicherer wird. Es ist nicht ausgeschlossen, daß links oben gleichfalls ein charakteristischer Brennstoff, trockner Anthrazit, stehen könnte. Dieselbe Folgerichtigkeit läßt sich bei den übrigen Zahlen verfolgen bis auf den Heizwert, der durch verschiedene Faktoren verschieden beeinflußt wird.

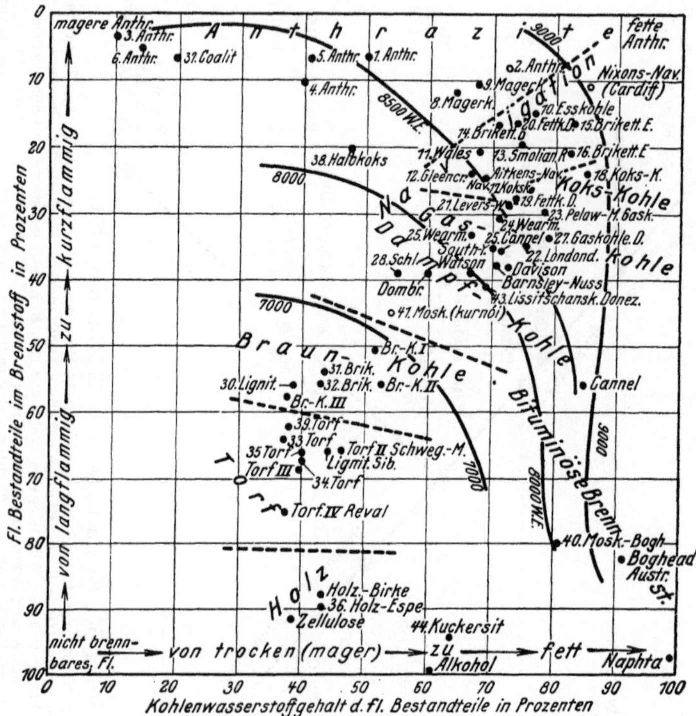

Abb. 5.   Schaubild der Brennstoffklassen nach C. Blacher.

Die Werte: *fl. B.* = flüchtige Bestandteile in der org. Substanz des Brennstoffs und *Kw* = Kohlenwasserstoffgehalt der fl. Bestandteile, beides in Prozenten ausgedrückt, ergeben, für den Aufbau eines Koordinatensystems verwandt, ein Schaubild, in welches sich die Brennstoffe einreihen lassen. Aus diesem Schaubild läßt sich der den Ordinatenwerten entsprechende Charakter des Brennstoffs in Gestalt eines aus zwei Zahlen: „*fl. B.*" und „*Kw*" bestehenden Index ablesen. Das Birkenholz hat den Index 87,8/43,4, ist also mit 87,8% langflammig bzw. gasgebend und mit 43,4% fett. Die Kardiffer Navigationskohle (Normalkohle der englischen Flotte) mit Index 11,9/85,8 ist bloß mit 11,9% langflammig, dagegen die Flamme mit 85,5% fett. Beides ist auf den Entgasungsprozeß bezogen. Folgende Kohlensorten sind außer den in Tab. III enthaltenen im Schaubild verwandt: **Anthrazite:** 1. Cawdor-Wales, 2. New-Walley-Large, 3. Wales unbekannt, 4. Longrigg. Schottl., 5. Schottisch für Sauggas, 6. Desgl., 7. Kohlscheid, rhein.-westfl. gewaschene Nüsse. — **Magerkohlen:** 8. Gottessegen, Nuß 4, 9. Schürbank-Charlottenburg, gew. Nüsse. — **Eßkohle, Navigation:** 10. Eßkohle, Westf., 11. Canal-Walley, gesiebt, 12. Gleencraig-Nav., 13. Donez-Smoljaninow. — **Steink.-Briketts:** 14. Siebenplaneten, 15. Anchor, Cardiff, 16. Merthyr „Lokomotiv" **Kokskohlen:** 17. Dunston-Gariesfeld, 18. Weardale. — **Fettkohlen:** 19. Consolidation-Stückkohle, Rheinl.-Westf., 20. Siebenplaneten, Rheinl.-Westf. — **Gaskohlen:** 21. Leverson-Wallsend, 22. Londonderry, 23. Pelaw-Main, 24. u. 25. Wearmouth, 26. Stella-Cannel, 27. Königsgrube, Rheinl.-Westf. — **Dampfkohlen:** 28. Brade, Stückk., Schles., 29. Barnslay-Nuß. — **Braunkohle:** 31. Brikett „Union", 32. „Ilse". — Ferner: 40. Russ. Bogheadkohle, Moskau, 41. Russ. Dampfkohle, 42. Moskau, sog. „Kurnoi", 43. Lissitschansk, Magerk., Donez, 44. Estl. Brandschiefer, Kuckersit (näheres L. 7).

wasserstoffe in den flüchtigen Bestandteilen, und benutzt die Indexzahlen als Koordinaten, so erhält man das nebenstehende

Schaubild (Abb. 5), welches ich für europäische Brennstoffsorten entworfen habe. Ein ähnliches Schaubild hat Parr für die amerikanischen Kohlensorten veröffentlicht (Abb. 6). Er benutzt nur im Gegensatz zu mir die Koordinaten: Heizwert—flüchtige Bestandteile. Also auch hier kommt der Heizwert zu seiner Geltung. Übrigens ist nicht schwer zu sehen, daß die beiden Schaubilder sinngemäß einander gleich sind.

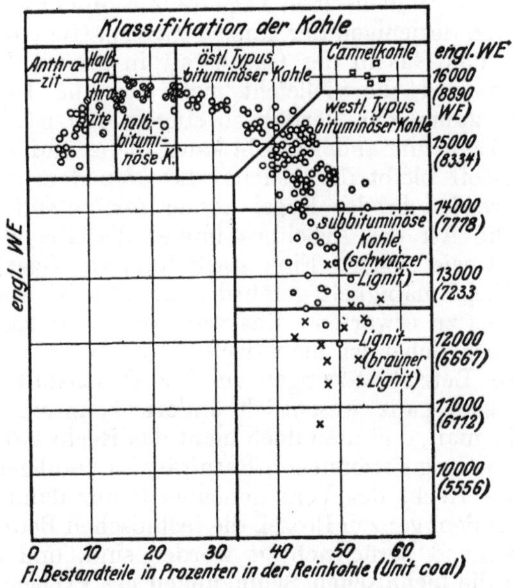

Abb. 6. Klassifikation der amerikanischen Kohle nach Parr.

Die Gesamtanordnung der Kohlentypen entspricht dem in Abb. 5 beschriebenen Bilde. Dreht man diese Abb. 6 um 90° im Sinne des Uhrzeigers, so fallen die Schaubilder so gut wie zusammen. Aus dieser Tatsache erübrigt sich jede weitere Erklärung. *Btu* bedeutet British termal units. *WE* ist eine allgemeine Bezeichnung für Wärmeeinheiten, also kg-cal oder g-kal.

Ich habe in der Einleitung darauf aufmerksam gemacht, daß sich an jede Übungsaufgabe Betrachtungen anschließen lassen, welche mitten in das Wesen der Betriebspraxis hineinführen. Das gilt auch hier.

Wenn man sich nämlich tiefer in den Sinn einer solchen Bestimmung, also in diesem Falle der Bestimmung des Heizwertes des Leuchtgases, hineindenkt, so muß man sich doch wohl in erster Linie die Frage vorlegen, welchen Zweck diese ganze Bestimmung hat. Auf die Frage: Was habe ich nach

Durchführung solch einer Bestimmung gewonnen ? kann doch wohl die Antwort nur lauten: Ich weiß doch im Grunde genommen auf diese Weise nur den Heizwert derjenigen geringen Gaspartie, welche ich eben in meinem Brenner verbrannt habe. Damit ist aber eben bei weitem nicht gesagt, daß es zugleich — ich übertreibe hier absichtlich — der Heizwert des (rigaschen) Leuchtgases überhaupt ist. Man könnte ja wohl mit ziemlicher Sicherheit annehmen, daß an demselben Tage die Zusammensetzung der kleinen Probe derjenigen der ganzen Tagespartie entsprechen könnte, da das Gas in der Gasanstalt in großen Behältern aufgefangen wird, die vielleicht mehr als eine Tagesration aufnehmen, zumal der Betrieb so eingefahren ist, daß sich von einem Tage zum andern wohl kaum etwas ändern dürfte: Der Brennstoff bleibt der gleiche, die Öfen derselben Konstruktion werden in der Regel immer fortlaufend benutzt, und daß die Art des Arbeitens immer dieselbe bleibt, ist auch so gut wie sicher. Eine stark forcierte Gasabnahme, die diese Gleichmäßigkeit gefährden könnte, ist auch nicht ohne weiteres zu erwarten. Das wäre ja soweit ganz schön und gut, aber sicher ist man doch nicht davor, daß durch unerwartete Betriebsstörungen in der Gasanstalt die Bedingungen sich ganz wesentlich ändern könnten. Aus all diesem sieht man, daß man doch nicht das Recht hat, die aus einer Bestimmung gewonnenen Resultate zu verallgemeinern, und daß das Recht des Verallgemeinerns nur dann zulässig ist, wenn bei dem ganzen Prozeß die technischen Bedingungen dementsprechend berücksichtigt worden sind, und zwar im besonderen die **technischen Bedingungen der Probenahme.**

Bevor wir auf diese eingehen, muß jedoch noch ein Punkt hier berührt werden. Für das Leuchtgas als Brennstoff ist freilich dieses nicht so wichtig, wohl aber für die Brennstoffe im allgemeinen. Das Leuchtgas bietet uns nur ein willkommenes Beispiel. In technischen Sachen kann man nicht gewissenhaft und gründlich genug sein. Durch die Bestimmung im Laboratorium erfährt man ja im Grunde genommen mehr den Heizwert des Gases in der Zusammensetzung, in welcher es aus den Gashähnen strömt, und nicht denjenigen des erzeugten Leuchtgases. Im Winter braucht das nämlich nicht übereinzustimmen, da sich auf dem Wege zur Verbrauchsstelle in den Röhren viel Wärme gebendes Naphthalin ausscheiden kann. Also, gesetzt den Fall, daß der Verbraucher sich mit dem Erzeuger auf eine peinlich genaue

Lieferung von Gas und Bezahlung nach Heizwert einigt, muß gesagt sein, wo dieser Heizwert zu bestimmen ist, auf der Gasanstalt oder an der Verbrauchsstelle. Andernfalls ergeben sich bei der Abwickelung unüberwindliche Schwierigkeiten. Für das Leuchtgas ist dies, wie gesagt, nicht so wichtig, desto mehr für die festen Brennstoffe.

In allen praktischen Sachen gibt es nämlich keine Instanz, welche unappellabel entscheiden kann, was das absolut Richtige wäre. Daher ist es, wie die Praxis gezeigt hat, erforderlich, für die Ausführung der technischen Prozesse Normalien auszuarbeiten und bei Abmachungen mit nicht mißzuverstehender Klarheit die Bedingung festzustellen. Nicht auf das absolut Richtige, sondern auf die klare Vereinbarung kommt es in der Praxis an. Es dürfte vielleicht überflüssig sein, darauf hinzuweisen, daß absolute Stellungnahmen in diesen praktischen Fragen überhaupt undurchführbar sind[5]). Ein Beispiel: Bei trockenem Wetter wird eine Fuhre Koks von einem Stapel abgeladen und zum Verbrauch abgeführt. Auf dem Wege verregnet der Koks, dadurch fällt er in seinem Heizwert. Wer hat den Schaden zu tragen? Man kann ja darauf antworten, daß der Koks in geschlossenen Wagen transportiert werden müßte, diese Vorrichtungen sind aber nicht überall vorhanden, z. B. in Riga nicht. Ort und Zeit der Probenahme sind danach auch durchaus nicht gleichgültig.

Ist nun erstere Frage eine Frage der Vereinbarung, so ist die Probenahme eine technische Frage, die unbedingt zweckmäßig erledigt werden muß, und wo man ohne Normung nicht auskommt (Näheres in L. 9).

---

[5]) Ob es überhaupt absolute Stellungnahmen gibt, ist eine philosophisch stark umstrittene Frage. Als Beispiel führe ich eine mir durch die Umstände leichter bekanntgewordene deutsch-baltische Arbeit des hiesigen Philosophen K. Stavenhagen an, die dieses Problem vom religionsphilosophischen Standpunkt behandelt: „Absolute Stellungnahmen. Eine ontologische Untersuchung über das Wesen der Religion." Verlag Philos. Akademie, Erlangen. Nun müßte man·doch meinen, daß die exakte Wissenschaft nur auf absolute Grundlagen ausgeht. Wie in Anm. 4, S. 23, angedeutet, ist sie es aber gerade, die bei diesem ihrem Beginnen in große, heißumstrittene Schwierigkeiten geraten ist. Die physikalischen Experimente wollen nicht recht in absolutem Sinne klappen, sobald wir mit unserem einfachen Verstande die Vorgänge zu begreifen suchen. Nur die höhere Mathematik windet sich da durch. Daß wir also in schwierigen praktischen Fragen uns auf etwas Absolutes nicht stützen können, ist danach wohl verständlich. Hier greifen wirtschaftliche Kalkulation und Vereinbarung ein,

Es kommt also darauf an, daß die z. B. für die ausschlaggebenden Heizwertbestimmungen entnommene Probe von rund einem Gramm (bei gasförmigen Brennstoffen rund einem Liter) in ihrer Zusammensetzung und ihren Zuständen genau der großen Partie an Brennmaterial entspricht, welche in Betracht kommt, also der in einem Verdampfungsversuche verheizten Partie oder einem gekauften und gelieferten Quantum u. dgl. Es muß also die ins Laboratorium eingelieferte Probe im wahren Sinne eine Durchschnittsprobe sein. Eine derartige Durchschnittsprobe ist bei mischbaren Stoffen, wie Flüssigkeiten und Gasen, leichter zu entnehmen als bei festen Stoffen, wo eine intensive Durchmischung in den ganzen Prozeß der Probenahme eingeschaltet werden muß.

Im Verlauf der Herstellung der Durchschnittsprobe geht es über eine nicht zu umgehende Operation. Das ist der Transport der Probe in unfertigem Zustande aus dem Betriebe ins Laboratorium, denn die Herstellung der Probe wird im großen begonnen und im Laboratorium im kleinen zu Ende gebracht. Es ist daher selbstverständlich, daß dieser Transport in hermetisch verschlossenem und womöglich mit Siegel versehenem Gefäß vor sich gehen muß, da man absolut sicher davor geschützt sein muß, daß auf diesem Wege, mutwillig oder zufällig, etwas geschehen kann, was den Heizwert in der einen oder andern Richtung verändern würde. Durch Hineingießen von Wasser kann dieser Wert hinuntergedrückt werden, durch freiwilliges Verdunsten von Wasser heraufgehen. Letzteres geschieht, wenn die nicht hermetisch verschlossene Probe längere Zeit in einem wärmeren Raum steht. Absichtliches Hinzufügen von mineralischen oder hochwertigen Bestandteilen ist leider auch nicht ausgeschlossen.

Bei bis ins Unendliche, praktisch jedoch Unmögliche getriebener Durchmischung wird natürlich die Zusammensetzung der im Laboratorium untersuchten Probe absolut genau der großen Brennstoffpartie entsprechen, d. h. je weniger man mischt, desto bedeutender werden die Fehler sein. Das richtige Verhältnis zwischen Fehlergrenzen und Intensität der Mischungsoperationen kann natürlich nicht dem Belieben des einzelnen überlassen, sondern muß durch Normen festgelegt werden, wobei im Laboratorium selbst, wo immerhin noch größere Stücke hingelangen, die Mischoperationen mit derselben Gewissenhaftigkeit fortgesetzt werden müssen. Aus dem Gesagten heraus wird der Sinn der unten angeführten Regeln verständlich. Eigentliche feste

Normen gibt es hier nicht. Der Verein Deutscher Ingenieure, der Verein von Gas- und Wasserfachmännern, der Verein der schweizerischen Dampfkesselbesitzer und das deutsche Materialprüfungsamt empfehlen folgende Vorschriften:

„Von jeder auf den Lagerplatz gebrachten Karre wird eine Schaufel, beim Abladen eines Wagens jede zwanzigste oder dreißigste Schaufel, beiseite in Körbe oder mit Deckel versehene Kisten geworfen, wobei darauf zu achten ist, daß das Verhältnis von Stücken- und Kleinkohle in der Probe dem der Lieferung möglichst entspricht. Diese Rohprobe im Gewicht von ungefähr 250 kg wird auf einer festen reinen Unterlage (Beton, Steinfliesen) ausgebreitet und bis zur Ei- oder Walnußgröße kleingestampft. Die so zerkleinerten Kohlen werden durch wiederholtes Umschaufeln gemischt, quadratisch zu einer Schicht von 8 bis 10 cm Höhe ausgebreitet und durch die beiden Diagonalen in vier Teile geteilt. Die Kohlen in zwei gegenüberliegenden Dreiecken werden beseitigt, der Rest noch weiter zerkleinert, etwa auf Haselnußgröße, gemischt und abermals zu einem Viereck ausgebreitet, das in gleicher Weise behandelt wird. So wird fortgefahren, bis eine Probemenge von 1 bis 10 kg, je nach der Lieferung, übrigbleibt, welche in luftdicht verschlossenen Gefäßen oder, wenn es auf die ursprüngliche bzw. Grubenfeuchtigkeit nicht ankommt, in Holzkisten zur Untersuchung verschickt wird. Es kann auch eine besondere kleine Feuchtigkeitsprobe luftdicht zur Versendung gelangen.

Von einem schon abgeladenen Kohlehaufen muß man an verschiedenen Stellen und von allen Seiten, auch von innen und unten, Proben wegnehmen und sie vereinigen, bis eine entsprechende Menge beisammen ist.

Die bis 10 kg enthaltenden Proben werden sofort nach der Ankunft gewogen, soweit es noch nötig ist, zerkleinert und in einem stets auf Zimmertemperatur (18 bis 20°C) gehaltenen Raum, dessen Luft halb mit Wasserdampf gesättigt — lufttrocken — ist, auf eine Blech- oder Papierunterlage ausgebreitet. Die Gewichtsabnahme bis zur Gewichtskonstanz gegen den ursprünglichen Zustand zeigt den Wasserverlust bis zur Lufttrockenheit an, auch Gruben- oder grobe Feuchtigkeit, zuweilen Nässe genannt. Dieser Wassergehalt ist für die Beurteilung des Wärmewerts eines Brennstoffs von großer Wichtigkeit, da er die Menge der brennbaren Bestandteile der Kohle vermindert und zur Verdampfung Wärme verbraucht.

Die lufttrocken gemachte Kohle wird in einer Kugel- oder Walzenmühle, falls solche nicht vorhanden, in einem großen eisernen Mörser auf Grießfeinheit zerkleinert, die oben angegebene Diagonalteilung angewandt, alsdann weiter gemahlen oder gepulvert und geteilt, bis eine Durchschnittsprobe von etwa 100 g übrigbleibt, die durch ein Sieb von 900 Maschen auf 1 qcm geht.

Kleinere Mengen (bis zu 1 kg) können gleich bis auf Staubfeinheit gepulvert werden. Die Probe wird dann in dünner Schicht kreisförmig ausgebreitet und die zur Untersuchung nötige Durchschnittsprobe von etwa 100 g von vier verschiedenen Punkten der Peripherie sowie aus der Mitte zu gleichen Teilen entnommen.

Die Durchschnittsprobe wird dann noch 4 bis 5 Stunden in dem Raum, dessen Luft halb mit Wasserdampf gesättigt ist, ausgebreitet und ist nunmehr zur chemischen Untersuchung genügend vorbereitet.

Die Kohlen werden ausschließlich in lufttrockenem Zustande untersucht, da sonst ein genaues Abwägen der zur Analyse nötigen Mengen unmöglich wäre."

Die Thermochemische Versuchsanstalt von Dr. Aufhäuser, Hamburg, faßt die Regeln für Bemusterung in 8 Punkte zusammen, die ich hier wiedergebe. Man sieht auch daraus, auf was alles hier zu achten ist.

„1. Der Wert jeder Kohlenuntersuchung hängt in erster Linie von der Zuverlässigkeit der Bemusterung ab. Dazu ist vor allem erforderlich, daß man sich eine gründliche Übersicht über das Verhältnis der Stückgrößen in der zu bemusternden Kohlenmenge verschafft.

2. Sofern es möglich ist, die Kohlen während der ganzen Zeit der Entladung aus Waggons oder Schiffen oder während des Transportes vom Lagerplatz zum Kesselhaus zu bemustern, nimmt man in bestimmter Zählfolge von jedem Greifer, Lori, Karren, Korb usw. oder vom Transportband je eine Schaufel.

Im anderen Falle sind Schiffsladungen oder Waggons erst dann zu bemustern, wenn die Entladung soweit fortgeschritten ist, daß sich Böschungsflächen gebildet haben, welche das Verhältnis der Stückgrößen gut erkennen lassen. Man verfährt dann ebenso wie bei einem Kohlenhaufen: Man entnimmt mit der Schaufel Proben an vorher bestimmten Stellen, die sich in systematischen Linien über die ganze Ausdehnung und Form des Kohlenhaufens erstrecken.

3. Bei der Entnahme mit der Schaufel muß die Kohle immer angerissen werden, d. h. es dürfen keine Oberflächenmuster entnommen werden. Der Inhalt jeder einzelnen Schaufel soll das Verhältnis der Stückgrößen an der betreffenden Stelle getreulich wiedergeben. Bei Stückkohlen oder stückreichen Förderkohlen arbeite man mit dem Hammer und nehme Bruchstücke von großen Stücken, aber nicht diese als ganze.

4. Die so entnommene große Probe wird gesammelt, am besten in einer mit Deckel versehenen und mit Blech ausgeschlagenen Kiste, zum mindesten aber auf sauberer Unterlage an einem vor Staub, Regen und Sonnenbestrahlung geschützten Ort. Die Menge der Probe soll 0,5% bis 0,25% der zu bemusternden Kohlenmenge betragen, wenigstens aber 200 kg. Man merke sich dazu, daß am einfachsten gewaschene Nußkohlen zu bemustern sind, schwieriger schon Feinkohlen jeder Art und am schwersten Förderkohlen. Auf Unreinheiten, wie Schiefer usw., ist besonders zu achten, um auch diese im richtigen Verhältnis in die Probe zu bekommen.

Hat man sehr große Kohlenmengen zu bemustern — über 500 Tonnen —, so ist es zumal bei Förderkohlen immer genauer und sicherer, die Probenahme zu unterteilen, bei Schiffen nach Laderäumen, bei Eisenbahnladungen nach der Zahl der Waggons, bei Lagermengen nach Ausdehnung und Form der Kohlenhaufen.

5. Um aus der so entnommenen großen Sammelprobe die reduzierte Probe für das Laboratorium zu erhalten, verfährt man in folgender Weise: Die Kohle wird auf sauberer harter Unterlage bis auf Walnußgröße zerkleinert, mit der bereits vorhandenen Feinkohle gut durchgemischt und quadratisch ausgebreitet, nachdem

man zuvor die Randpartien scharf weggenommen und über das Quadrat gleichmäßig verteilt hat. Man teilt sodann durch die Diagonalen.

Zwei einander gegenüberliegende Teile, beispielsweise a und c, werden zur Seite geworfen. Die verbleibenden Teile b und d dagegen werden wiederum zerkleinert, diesmal auf Haselnußgröße, gut gemischt und dann in gleicher Weise wie oben beschrieben durch quadratische Teilung reduziert.

Man fährt mit Zerkleinern, Mischen und Teilen fort, bis eine Menge von etwa 5 kg übrigbleibt.

6. Briketts. Man zerschlägt eine Anzahl von Briketts und nimmt von jedem ein nicht zu kleines Stück, wobei man darauf zu achten hat, daß diese Bruchstücke sich gleichmäßig auf äußere und innere Partien der ganzen Briketts verteilen. Mit diesen Bruchstücken verfährt man dann in derselben Weise wie bei den Kohlen. Erst zum Schluß fügt man der fertigen Durchschnittsprobe einige ganze Briketts bei, welche aber nur zur Feststellung des durchschnittlichen Gewichts, der Größe und Form und des Stempels dienen.

7. Koks. Bei Bemusterung von Stückkoks und Brechkoks hat man besonders auf die verhältnismäßige Beimengung von Grus und Abrieb zu achten und ebenso auf sorgfältige Zerkleinerung.

8. Verpackung. Sofern die Durchschnittsprobe nicht unmittelbar zur Aufbereitung und eventuellen Vortrocknung in das Laboratorium gelangt, sollen für den Transport der Kohlenproben nur luftdicht schließende Gefäße verwendet werden. Als solche kommen in Betracht durch Verlötung oder behelfsmäßig durch Isolierband abgedichtete Blechbüchsen, ferner Glasflaschen, aber nur mit sehr gut schließenden Stopfen, oder Glasgefäße mit Gummidichtung (Konservengläser). Bei feuchten Steinkohlen sowie bei allen Braunkohlen- und Torfproben ist wegen des Feuchtigkeitsverlustes auf luftdichte Verpackung besonders zu achten. In entscheidenden Fällen empfiehlt es sich, neben der Durchschnittsprobe eigene (kleinere) Feuchtigkeitsproben zu entnehmen[6].‘‘

Die Ermittelung des Heizwertes spielt noch in ein anderes praktisches Gebiet bestimmend hinein. Das ist die Festsetzung des Lieferungspreises für Brennstoffe (L. 9). Es geht natürlich nicht an, den Brennstoffpreis dem Kalorienpreis gleichzusetzen, bzw. ihn ganz durch den letzteren zu ersetzen, da außerdem Form und sonstige andere Eigenschaften des Brennstoffs, wie fest oder flüssig, backend oder nichtbackend, schlackend oder nichtschlackend, einen ganz bedeutenden Einfluß auf den Effekt der Verbrennung aus-

---

[6] In Riga ist auf meine Anregung (L. 2 u. 13) der Modus eingeführt, daß man zunächst eine grob zerkleinerte Probe von ca. 50 kg auf einem auf 3 Seiten mit Rand versehenen Brett einige Tage in einem für Unbefugte unzugänglichen trockenen Raume stehen läßt. Danach ist anzunehmen, daß nur hygroskopisches Wasser nachgeblieben ist. Dieses Verfahren nähert sich also den erstangeführten Regeln.

üben können. Immerhin spielt der Wärmewert insofern eine Rolle, als eine Korrektur nach ihm vorgenommen werden kann, falls der Wärmewert des gelieferten Brennstoffes über oder unter dem kontraktlich festgestellten liegt. Schwieriger ist die Korrektur, falls der Brennstoff nicht ausschließlich zur Wärmeerzeugung ausgenutzt wird, also z. B. zur Darstellung von Leucht- und Generatorgas, zu Schmiedezwecken u. dgl. m. Schlackende und backende Kohle macht z. B. den Generatorbetrieb überhaupt schwieriger, und in der Schmiede verlangt man in erster Linie, daß die Kohle im Feuer eine teigige Konsistenz zeige. Auch da hilft man sich durch rein praktische Normungen und Abmachungen. Auch hier bringe ich einige Hinweise (L. 9e und 9g).

Die analytisch ermittelten Zahlen dienen als unmittelbare Abrechnungsunterlage gemäß den im Kaufvertrag vorgesehenen Bedingungen. Daher bedeuten manche analytisch gefaßte Zehntelprozente, unabhängig davon, ob sie tatsächlich der Genauigkeitsgrenze der analytischen Arbeit entsprechen oder nicht, oft sehr große in Geldwert ausgedrückte Summen. Der Analytiker muß also prinzipiell auf das gewissenhafteste vorgehen. Für die Genauigkeit der Methode ist er natürlich nicht verantwortlich. Freilich müssen ihm, wie bereits oben erwähnt, durch den Kaufvertrag bzw. die Lieferungsbedingungen unzweideutige Unterlagen gegeben werden, oder aber die analytischen Normen müssen von einwandfrei wissenschaftlicher Stelle aus festgelegt sein und internationale oder staatliche Geltung haben. Nur einige Beispiele: Die Bedingungen, unter welchen im Laboratorium eine lufttrockene Probe hergestellt werden soll, sind überhaupt noch nicht allgemein normiert, die Feuchtigkeit der Raumluft spielt jedoch dort die Hauptrolle. Man trifft neuerdings Hinweise, daß die Raumluft 50% feucht sein müsse. Das ist aber auch nicht leicht einzuhalten, abgesehen davon, daß das Gleichgewicht zwischen hygr. Wasser der Substanz und der Luftfeuchtigkeit nicht einseitig ist (Hysteresis). Der Gesamtschwefelgehalt fällt je nach anzuwendender Methode (Eschka, Parr usw.) sehr verschieden aus. Es muß also gesagt sein, welch eine Methode man den Abmachungen zugrunde legt.

Wie wir oben gesehen haben, kann man den oberen und den unteren Heizwert eines Brennstoffes ermitteln. Dieser kann wieder bezogen werden auf Kohle in verschiedenem Zustande: feucht, lufttrocken, wasserfrei u. dgl. Auch die andern Werte ändern sich mit dem Objekt, auf welches man die

Zahlen bezieht. Tab. V zeigt, wie verschiedenartig die Analysenresultate gedeutet und ausgerechnet werden können. Daher muß in den Lieferungsbedingungen angegeben sein, auf welchen Zustand die analytischen Daten zu beziehen sind. So muß z. B. genau gesagt sein, welcher von den acht Werten für den Heizwert der Brennstoffe als Grundlage angenommen ist. Ist das nicht geschehen, so kann es nach der Lieferung unauflösbare Zwistigkeiten geben.

Tabelle V.

Zusammenstellung aller zu einer chemischen Brennstoffanalyse gehörenden Zahlen (außer der Elementaranalyse).

	Im Zustand der Probenahme	Lufttrocken	Wasserfrei	Reinbrennstoff (asche- und wasserfrei)
Lagerfeuchtigkeit . . . .%	3,6	—	—	—
Hygroskopisches Wasser .%	8,4	8,8	—	—
Gesamtwassergehalt . . .%	12,0	8,8	—	—
Asche . . . .%	6,7	7,7	7,61	—
Flüchtiger Schwefel . . .%	0,35	0,36	0,40	0,43
Nichtflüchtiger Schwefel .%	0,45	0,47	0,51	0,55
Gesamtschwefel . . . . .%	0,80	0,83	0,91	0,98
Flüchtige Bestandteile (ohne Wasser) . . . . .%	28,5	29,5	32,3	35,0
Oberer Heizwert, Kalorien	6230	6457	7081	7841
Unterer „ „	5918	6158	6811	7543

Anmerkung. Wenn die Lagerfeuchtigkeit außerhalb des Laboratoriums bestimmt, dem Analytiker jedoch nicht mitgeteilt worden ist, so bezieht das Laboratorium die Analyse nicht auf den Zustand der Probenahme, sondern schreibt: „in eingesandtem Zustande". Die entsprechende Umrechnung macht der Einsender oder auf Wunsch das Laboratorium, falls ihm die prozentuale Einbuße einer großen Probe an Gewicht beim Stehen in trockenem Raume angegeben worden ist (s. die Tabelle). Eine Nachprüfung im Laboratorium, ob die Probe wirklich lufttrocken ist, wird immerhin nötig sein.

Allgemein angenommene Normen existieren für Brennstoffkaufverträge noch nicht, von internationalen Abmachungen gar nicht zu reden. Es seien jedoch zum Schluß einige Andeutungen gebracht, um einen Begriff davon zu geben, wie solche Kaufkontrakte aussehen. Mehr in den allgemeinen, richtiger finanziellen, und weniger in den technischen Teil des Vertrages gehört auch die auf die Qualitätsgarantie bezügliche, oben bereits erwähnte Frage hinein, was zu geschehen hat, bzw. wie der Konsument zu entschädigen ist, wenn der Brennstoff geringwertiger ist, als vertraglich ausbedungen. Das muß im Vertrag unbedingt gesagt sein, da es hier keine absoluten Stellungnahmen gibt und daher die nachträgliche Feststellung der Entschädigung juridisch und wirtschaftlich außerordentlich schwierig ist.

In den amerikanischen Bedingungen sind zuerst Normalzahlen festgesetzt und danach Abzüge für Abweichungen angegeben worden. Bei einer Norm von 20% für die fl. Bestandteile werden z. B. bei einem Gehalt von 20 bis 20,5% 2 c pro 1000 kg vom Preise (4,368 Dollar) abgezogen; weiter heißt es: Bei einem Gehalt von 20,5 bis 21,0% an flüchtigen Bestandteilen erfolgt ein Abzug von 4 c, bei 21,0 bis 21,5% von 6 c pro Tonne, und so wachsen die Cents für jeden weiteren halben Prozent auf 8, 10, 12 c usw. Die Abzüge für den Aschengehalt zeigen gleichfalls, für jedes halbe Prozent mehr als die kontraktmäßigen 9%, dieselben Zahlen; für Schwefel für ein jedes $^1/_4$% mehr als die vorgesehenen 1,5% einen Abzug von 3, 5, 7, 12, 19 c usw. Prämien und Abzüge für überschüssige oder mangelnde Kalorien sind meist genau proportional genommen. In den englischen Bedingungen ist noch derjenige Fehlbetrag oder Überschuß festgesetzt, welcher ein Zurückweisen der Lieferung nach sich ziehen kann. In den Bedingungen der lettländischen Eisenbahnen ist ein Qualitätskoeffizient eingeführt, der aus 2 mal Schwefel + 1 mal Asche berechnet wird. Wenn derselbe über eine gewisse Norm, z. B. 10, geht, werden Abzüge gemacht. Bei den vom Rheinisch-Westfälischen Kohlensyndikat festgesetzten Regeln für die Probenahme ist auch zugleich genau gesagt, nach welcher Methode und wie die Laboratoriumsanalyse auszuführen ist, was durchaus als zweckentsprechend und nachahmenswert angesehen werden muß.

Das Angeführte möge nachgewiesen haben, wie Brennstoffkaufvertrag, Durchschnittsprobe und Analyse untrennbar zusammenhängen.

Erst nachdem wir gelernt haben, den Energieinhalt des Brennstoffes zu bestimmen, können wir unter Benutzung entsprechender Energiemessungen feststellen, wieviel von der von uns teuer bezahlten Brennstoffenergie wirklich ihrer Bestimmung gemäß ausgenutzt wird.

2. Energiebilanzen.

A. Nutzeffekt.

Vorbemerkungen.

Begriff des Nutzeffektes. Versuchsbedingungen. Beharrungszustand.

Es erübrigt sich, darauf hinzuweisen, welche wirtschaftliche Bedeutung der Bestimmung des Nutzeffektes in der Praxis zukommt. In der Laboratoriumspraxis spielt der Nutzeffekt in wirtschaftlicher Hinsicht fast gar keine Rolle. Trotzdem sind die Begriffe im großen wie im kleinen prinzipiell dieselben und die Manipulationen und Operationen so weit im Wesen ähnlich, daß man praktisch sehr wichtige Schlüsse ziehen kann.

Gehen wir zum Versuch der Bestimmung des Nutzeffektes selbst über, den wir zunächst an einem Laboratoriumskochkessel (Wasserbad) ausführen wollen.

Der Begriff des Nutzeffekts entspricht dem Verhältnis der ausgenutzten Energie zu der angewandten Energie, beides ausgedrückt in denselben Einheiten, das Ergebnis in Hundert- oder Bruchteilen.

Wir müssen also derart experimentieren, daß die beiden Energieformen auch sozusagen in ihren richtigen Betriebsbeziehungen zueinander gemessen werden. Also z. B. alles bezogen auf einen bestimmten Zeitabschnitt. Diese Bedingungen sind im Laboratoriumsexperiment, wo keine oder nur eine sehr geringe Akkumulierung von Energie stattfinden kann, leichter durchzuführen als im Großbetriebe. Um die richtige Zeitabgrenzung leichter zu erreichen, müssen wir den Versuch beginnen, wenn der Prozeß sich im sog. Beharrungszustande befindet, also wenn das Leuchtgas gleichmäßig ausströmt und brennt und das Wasser entsprechend verdampft. Wir haben in diesem Falle nur die Angaben des Gasmessers und das Gewicht des Wassers zur Anfangs- und Schlußzeit festzustellen. Daraus erhält man als verbrauchte Energie das Produkt aus verbranntem Leuchtgasvolumen (bezogen auf 0° und 760 mm Barometerstand) und Heizwert und als ausgenutzte Energie das Produkt aus verdampftem Wassergewicht und der dem jeweiligen Barometerdruck entsprechenden Verdampfungswärme, die z. B. aus der Tab. XXII entnommen werden kann. Im übrigen gelten für die Versuche in der Praxis wie für das Laboratoriumsexperiment dieselben grundlegenden Betrachtungen.

4*

Zweite Aufgabe.

Die Bestimmung des Nutzeffektes eines Laboratoriums-Kochkessels.

Wir bestimmen zunächst den Nutzeffekt beim Wasserwärmen und darauf beim Sieden.

In ein gewöhnliches gußeisernes oder kupfernes Wasserbad wird eine bestimmte Wassermenge hineingewogen, das zu verbrennende Leuchtgas wird durch den in der Aufgabe 1 beschriebenen Gasmesser in einen Bunsenbrenner geleitet, dessen Flamme möglichst hochgeschraubt ist (Abb. 7). Man notiert Zeit, Wassertemperatur und die Stellung des Gaszeigers und stellt den Brenner unter das Bad. Es sei die Aufgabe gegeben, Wasser zu wärmen. Nachdem das Wasser sich bis auf 60 bis 70° erwärmt hat, wiederholt man die Ablesung.

Bei einem Versuch wurden die unten angegebenen Zahlen erhalten. Die Berechnung ist sehr einfach.

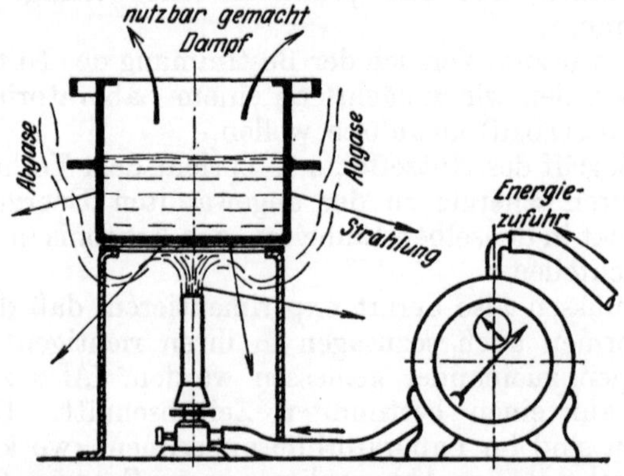

Abb. 7. Die Bestimmung des Nutzeffektes eines Kessels zur Anwär·mung von Wasser bzw. zur Erzeugung von Dampf (Luftbefeuchtung).

Die Menge der verbrauchten Energie erhält man, wenn man die in der Gasuhr gemessenen Liter Leuchtgas mit dem Heizwert des Leuchtgases multipliziert. Die ausgenutzte Energie entspricht den vom Wasser aufgenommenen Kalorien bzw. den mit dem Dampf entweichenden. Die Verluste bestehen in Wärme, welche von den heißen Abgasen mitgenommen wird, wie auch in der direkt von dem Kessel abgestrahlten Energie. Stellt man die Brennermündung zu nah an die Heizfläche, so kann es auch Verluste durch unvollkommene Verbrennung geben.

Wassergewicht: 1 kg, Anfangstemperatur: 17°.

Endtemperatur: 65°, verdampft: 10 g.

Gasverbrauch: 12 Umdrehungen zu 1,67 l = 20 l. Heizwert 3680 g kal.

Barometerstand 767 mm, Gasdruck 11 mm Wassersäule, Raumtemperatur 21°.

Zur Wasseranwärmung verbraucht: $65 - 17 = 46°$, mithin 46000 g kal., zur Verdampfung: $10 \cdot 537 = 5370$ kal., im ganzen ausgenutzt 51370 kal.

Reduziertes Gasvolumen

$$\frac{20 \cdot 768}{760 \, (1 + 21/273)} = 18{,}75 \ l.$$

Energieverbrauch $18{,}75 \cdot 3680 = 69\,000$ g kal.,

mithin Nutzeffekt $\dfrac{51\,370 \cdot 100}{69\,000} = 73{,}0\%$.

Ebenso einfach gestalten sich die Berechnungen und der ganze Versuch, wenn man das Wasser sieden läßt, um etwa für die Luftbefeuchtung Wasserdampf zu erzeugen[7]).

Um das Verdampfen des Wassers während des Anwärmens bis zur Siedetemperatur zu umgehen, gießt man bis zum Sieden erhitztes Wasser in den abtarierten Eindampfkessel. Nach dem Versuch stellt man den Fehlbetrag an Wasser fest.

Wassertemperatur nach dem Abwiegen: 98°. Die fehlenden 2° vernachlässigt man.

Während des Versuchs verdampften: 40 g.

Gasverbrauch: 16,7 l unter den Bedingungen des vorhergehenden Versuchs.

Ausgenutzte Energie: $537 \cdot 40 = 21\,480$ g kal.

Reduziertes Gasvolumen: $\dfrac{16{,}7 \cdot 768}{760\,(1 + 21/273)} = 15{,}6$ l.

Energieverbrauch: $15{,}6 \cdot 3680 = 57\,400$ kal.

Nutzeffekt: $\dfrac{21\,480 \cdot 100}{57\,400} = 37{,}5\%$.

Folgerungen und anschließende Betrachtungen.

Bestimmung des Nutzeffektes in der Praxis. Nutzeffektsbestimmung an einem Dampfkessel. Versuchsbedingungen. Vollkommenheit gleichmäßig und ununterbrochen ablaufender technischer Prozesse. Beharrungszustand bei Beginn und Schluß des Versuchs. Rostfehler. Psychologische und technische Meßfehler. Zuverlässigkeit der Meßapparatur. Gewissenhaftigkeit. Nachteile übergroßer Genauigkeit.

In erster Linie fällt es auf, daß beim Verdampfen der Nutzeffekt ein viel niedrigerer war. Auf der Feuerseite waren die Bedingungen offenbar dieselben. Es müssen also im zweiten Fall auf der Wasserseite ungünstigere Wärmeübergangsverhältnisse obgewaltet haben, die wir erst beim Studium der Gesetze des Wärmeübergangs (unten S. 106) einzuschätzen lernen werden.

Bevor wir nun auf die im großen vorzunehmenden Nutzeffektsbestimmungen auch von diesen Versuchen ausgehend

---

[7]) Hier eine kleine energiewirtschaftliche Abschweifung. Es könnte hier der berechtigte Einwand erhoben werden, daß man in diesem Falle von einer wirklich nutzbar gemachten Energie nicht reden könne. Fraglos braucht man große Wärmemengen, wenn man Wasserdampf erzeugen will. Ich muß trotzdem zugeben, daß das Beispiel etwas an den Haaren herbeigezogen ist. Tatsächlich verfährt man neuerdings in der Praxis so, daß man in die zu befeuchtende Luft hinein Wasser zerstäubt, dadurch wird aber die Luft abgekühlt und muß daher höher vorgewärmt werden. Um den entsprechenden Wärmeaufwand kommt man also auch so nicht herum.

unsere Schlüsse ziehen, möge noch darauf hingewiesen werden, daß hier die erhaltenen Resultate vollständig eindeutig sind. Im Verlauf des Zeitabschnitts, in welchem wir den Versuch ausführten, hat unser Laboratoriumsapparat tatsächlich mit dem ermittelten Nutzeffekt gearbeitet. Damit ist natürlich nicht gesagt, daß dieser Apparat immer und zu jeder Zeit so arbeiten wird. Das ist eine Frage, die einem im Laboratorium gewiß keine Sorgen macht, in der Betriebspraxis jedoch, wie wir sehen werden, von grundlegender Bedeutung ist. Ausgehend von den im Laboratorium gemachten Erfahrungen und den sich an sie anschließenden Erwägungen wird uns nun die Nutzeffektsbestimmung im großen leichter verständlich sein.

Während es uns im Laboratorium darauf ankam — und hier findet wieder einmal der autonome Charakter der exakten Wissenschaften seinen Ausdruck —, in erster Linie den Nutzeffekt zu bestimmen, und alles übrige uns weiter nicht interessierte, so ist in der großen Praxis eine Nutzeffektsbestimmung im Grunde genommen nur Mittel zum Zweck. Einige flüchtige Hinweise mögen diese vorläufige Feststellung stützen (L. 13). Nehmen wir einmal an, wir hätten einen Dampfkessel mit von Hand bedienter Feuerung, dann ist natürlich der Nutzeffekt von der Erfahrung und Kunstfertigkeit des Heizers abhängig. Wenn ich nun — ich übertreibe wieder einmal der Klarheit wegen — den besten überhaupt erreichbaren Heizer für den Verdampfungsversuch nehme, so habe ich doch eigentlich im Grunde genommen selbst nichts von diesem Versuch, denn daß ausgesucht ich und niemand anders stets mit dem besten Heizer arbeiten wird, ist ja wohl nicht anzunehmen; und wieviel mein Heizer, oder sagen wir ein guter Durchschnittsheizer, schlechter heizen wird als der bekannte beste Heizer, weiß ich selbst nicht und kann es mir auch niemand anders sagen. Worauf kommt es also heraus? Ich muß offenbar die Bedingungen bei dem Versuch, nennen wir ihn vorläufig Garantieversuch, derart wählen, daß sie meinem Betrieb möglichst entsprechen, oder vielleicht richtiger, ich wähle sie so, daß ich erfahre, was die Anlage bei einem durchschnittlich guten Heizer geben kann. Denn ebensowenig wie die Leistungsfähigkeit des besten Heizers interessiert mich das Maximum, das die Anlage überhaupt hergeben kann. Auch hier sieht man, daß diese Bedingungen Gegenstand der Vereinbarung zwischen Lieferanten von Dampfkesselanlagen und Konsumenten sein müssen. Es kommt eben auf die richtige Einigung in der Wahl eines geeigneten Heizers an, wobei natürlich auf Wunsch, je nach den Betriebsbedingungen, die Versuche besonders ausgestaltet werden können, wie etwa: für schwachen und angestrengten Betrieb, für gleichmäßige und wechselnde Belastung u. dgl. Dort, wo mechanische und vom Heizer unabhängige Feuerungssysteme angewandt werden (siehe Abb. 15) liegen die Verhältnisse einfacher.

Doch weit schwieriger ist es, hier die technischen Bedingungen so zu wählen, daß auch wirklich technisch einwandfreie Ergebnisse erhalten werden.

Bei dieser Gelegenheit, wo wir zum ersten Male mit der großen Praxis näher in Berührung kommen, muß ich nun unter einer gewissen Abschweifung ein Prinzip bestimmter herausstellen, das ich schon im vorhergehenden gestreift habe. Ich habe schon an anderer Stelle (L. 1e) die pädagogische Bedeutung dieses Prinzips genauer auseinandergesetzt und will hier nur das Wesentliche wiedergeben: es scheint mir nämlich pädagogisch wertvoll und betriebstechnisch nicht unberechtigt zu sein, wenn man annimmt, **daß ein technischer Prozeß desto vollkommener ist, je gleichmäßiger und ununterbrochener er abläuft;** und daß mithin es verständlich wird, daß im technischen Schaffen das Bestreben vorliegen muß, die Prozesse möglichst kontinuierlich und gleichmäßig zu gestalten.

Auch für unsere augenblicklichen Betrachtungen wird uns dieses Prinzip das Verständnis bedeutend erleichtern. Schon bei der Behandlung der vorhergehenden Aufgabe wurde darauf hingewiesen, daß man Beginn und Abschluß des Versuches im sog. Beharrungszustande vornehmen muß. Haben wir einen gleichmäßigen und ununterbrochen verlaufenden Prozeß, so ist eben der Beharrungszustand von selbst gegeben. Ins Praktische übertragen, ergibt sich nun z. B. folgendes: Wenn wir den Kesselversuch bei fallender Belastung beginnen, so entstehen leicht unzulässige Bedingungen. Denn offenbar wird nach Beginn des Versuches nicht nur die im Brennstoff ausgeschiedene Wärme zur Wasserverdampfung benutzt, sondern auch die von der vorhergehenden Überlastung in dem Mauerwerk aufgespeicherte Energie abgegeben. Dieser Teil der verbrauchten Energie rutscht also sozusagen ungemessen durch, d. h. die betreffenden Zahlenangaben sind zu gering. Schließen wir nun noch bei steigender Belastung ab, so hinkt die Wärmespeicherung im Mauerwerk nach, wir müßten also noch mehr Wärme verbrauchen, um es auf die Anfangstemperatur zu bringen. Unsere Zahlenangaben sind wieder einmal zu klein, wir haben also einen doppelten Fehler zugelassen.

Besser könnte es schon sein, wenn man nun einmal schwankenden Betrieb hat, daß man am Anfang und am Ende des Versuchs mit gleichmäßig fallender Beanspruchung arbeitet. Da aber diese Gleichmäßigkeit in der Praxis schwer zu erreichen ist, so ist die Berücksichtigung und Einstellung desselben Beharrungszustandes am Anfang und zum Schluß das prinzipiell Richtigere.

Es müssen also Anfangs- und Endzustand beim Versuch möglichst gleichmäßig und einander gleich sein, statisch und dynamisch. Vermeidet man die falsche Akkumulierung von Wärme — der Dampfdruck im Kessel muß natürlich auch am Anfang und am Ende gleich sein —, so kann es immerhin noch bedeutende Schwierigkeiten anderer Art geben, z. B. Meßschwierigkeiten. Da Akkumulierungen verhindert und am Anfang und zum Schluß des Versuchs der Beharrungszustand hergestellt werden müssen, geht es nicht an, nach Entfernen alles ungewogenen Brennstoffs aus der Feuerung, zum Beginn des Versuchs den frisch abgewogenen auf den Rost zu schütten und zu entzünden, weil eben dadurch der Beharrungszustand unterbrochen wird. Es bleibt eben nichts anderes übrig, als so zu arbeiten, daß zum Schluß des Versuchs genau dieselbe Brennstoffmenge und genau in demselben Brennzustande auf dem Roste liegt wie zu Anfang des Versuches. Natürlich ist eine solche Abschätzung sehr schwierig und der dadurch entstandene sog. Rostfehler unvermeidlich.

Er wird aber desto geringer, je länger man den Versuch ausführt; deshalb kann an einer Rostfeuerung unter mindestens 5 Stunden ein Versuch nie genügend genaue Werte liefern. Man soll aber aus psychologischen Gründen ihn auch nicht über 8 Stunden ausdehnen, da wieder andererseits durch Übermüdung des Personals Unachtsamkeitsfehler entstehen und ein Wechsel bei der intensiven Arbeit auch nicht erwünscht ist.

Mit allem diesem erschöpfen sich aber bei weitem nicht die praktischen Schwierigkeiten. Da wir nun schon von der psychologischen Seite gesprochen haben, so möge hier auf einen Umstand aufmerksam gemacht werden, der oft (wie viele ähnliche Umstände) die größten Schwierigkeiten im Gefolge hat und so manchen Versuch verderben kann.

Wie wir später sehen werden, muß nach den geltenden

technischen Normalien das verdampfte Wasser wenn nur irgendmöglich durch Wägung bestimmt werden. Es müssen also Einzelpartien abgewogen werden.

Nun wird oft in der Technik eine von neuem abgewogene Einzelmenge, die meist in gleicher Größe abtariert wird, nur durch Hinzufügen eines Striches bezeichnet. Es kann nämlich dabei sehr leicht passieren, und leider geschieht es auch wirklich zuweilen oder gar sehr oft, daß man, abgelenkt durch irgendeine unerwartete Kleinigkeit, z. B. das Platzen eines Wasserstandsglases an einem Dampfkessel, nicht mehr genau weiß, ob man die soeben abgewogene Partie bereits durch einen Strich notiert hat oder der letzte Strich von der vorhergehenden Wägung stammt. Wenn sicherheitshalber zwei Personen zum Anschreiben bestimmt werden, so kommt man auch nicht viel weiter, weil der Fall denkbar ist, daß derjenige, der falsch notiert hat, durch die mit absoluter Überzeugungskraft vorgebrachte Behauptung, er sei im Recht, den anderen, der richtig angeschrieben hat, irremachen kann. Daher ist der einfache Kunstgriff empfehlenswert, jede Wägung mit genauer Zeitangabe zu versehen. Und solche scheinbare Kleinigkeiten, die nur der erfahrene Praktiker einschätzen kann, gucken in der Praxis an allen Ecken und Enden hervor.

Daß sämtliche Nebenleitungen absolut dicht, womöglich durch Blindflantschen abgeschlossen sein müssen, und auch die Entnahme der Durchschnittsprobe nach allen Regeln der Normung durchzuführen sein wird, ist wohl selbstverständlich.

In den für die Verdampfungsversuche ausgearbeiteten Normen finden natürlicherweise überhaupt alle einschlägigen Verhältnisse Berücksichtigung (davon später, S. 284).

Wir können nun mit dem nötigen Verständnis zu dem Versuch selbst übergehen, dessen Zahlenmaterial wir am Schluß in einem vollen Versuch bringen werden. Hier wollen wir, im Anschluß an die vorhergehenden prinzipiellen Ausführungen, den Ablauf eines Verdampfungsversuches schildern.

Bevor man an den Versuch selbst herangeht, überzeuge man sich erstens davon, daß sämtliche Meßapparate richtige Werte anzeigen, und zweitens, daß der Vorgang in der Anlage selbst ordnungsgemäß abläuft. Wendet man keine geeichten Meßapparate an, so müssen die benutzten Apparate womöglich kurz vor dem Versuch an geeichten geprüft werden. Ein Beispiel möge zur Illustrierung dienen. Die hochgradigen

Glasstabthermometer haben bekanntlich über dem Quecksilber einen Gasdruck von einigen Zehnern Atmosphären. An der Grenze der höchstzulässigen Meßtemperatur zeigt das Glas bereits minimale Spuren von Erweichung. Auf die Dauer wird das Glas der Quecksilberkugel durch den Druck aufgetrieben, so daß das Thermometer zu wenig zeigt. Selbstverständlich müssen alle Meßgefäße und Gewichte richtig sein, die Wasserstandshähne nicht verstopft. Alles übrige ist in den auf S. 284 mitgeteilten Normen enthalten.

Was nun das richtige Funktionieren der Anlage betrifft, so ist in erster Linie darauf zu achten, daß das gemessene bzw. gewogene Wasser auch wirklich in den Kessel gelangt. Daher tut man gut, das Entweichen des Wassers durch Einstellen von Blindflantschen unmöglich zu machen. Der Abschluß der Ventile genügt nicht, denn erstens sind die Ventile oft undicht, und zweitens ist es mir häufig passiert, daß Ventile, trotz angebrachter Warnung, sie nicht zu öffnen, losgedreht wurden. Der Arbeiter ist nämlich oft Maschine und hält angebrachte Zettelchen, in seiner Gedankenlosigkeit, nicht für etwas zu Beachtendes. Selbstverständlich muß der Wasserstand am Anfang und zum Schluß des Versuches derselbe sein. Auf ein Moment sei hingewiesen, daß man nämlich, durch Schaden klug geworden, beachten lernt: das Abmessen des Wasserstandes im Wasserstandsglase darf nicht von einer die Pakkung haltenden Mutter, sondern von einem festen Punkt aus genommen werden, also etwa von den den obersten und untersten Wasserstand angebenden Marken.

Vor dem Versuch hat man sich also im Laboratorium zu überzeugen, daß sämtliche Meßapparate richtig anzeigen, und dann die Anlage selbst, ohne Zeit und Mühe zu scheuen, auf das allerpedantischste durchzusehen, um sicher zu sein, daß das gewogene Wasser nirgends ausweichen kann. Ein Beispiel aus eigener Erfahrung möge dies illustrieren. Als ich für einen größeren Verdampfungsversuch die Speiseleitung in ihrem Verlauf verfolgte, kam ich an eine Stelle, wo sie hinter einem großen schweren Werkzeugschrank auf einer kurzen Strecke verschwand. Ich verließ mich auf die hohe und heilige Versicherung des Betriebsingenieurs, daß dort nichts besonders Bedrohliches sein könne. Kurz vor dem Schluß des Verdampfungsversuches schlägt sich plötzlich der Ingenieur an die Stirn und teilt mir mit, ihm sei eben eingefallen, daß hinter dem Schrank in die Speiseleitung ein Sicherheitsventil eingebaut sei. Es blieb nun nichts anderes übrig, als nach Abschluß des Versuches die Arbeit vorzunehmen, die unterlassen worden war, und den Werkzeugschrank abzukramen. Zum Glück stellte sich heraus, daß das Ventil vollständig eingerostet war. Der Fall ist aber doch wohl denkbar, daß das Ventil unbemerkt Wasser durchgelassen hätte und einen etwa um 3 bis 4% höhern Nutzeffekt vorgespiegelt hätte. Dadurch hätte der Versuch z. B. ergeben können, daß ein bestimmter garantierter Nutzeffekt sogar überschritten wäre, obgleich er tatsächlich nicht erreicht war.

Den Versuch selbst beginnt man damit, daß man den Beharrungszustand einstellt, Dampfdruck, Wasserstand im Kessel und Rostzustand notiert und die erprobte Wägevorrichtung in Betrieb nimmt. Diese muß natürlich derart eingerichtet sein, daß sie schnell funktioniert und das Speisen des Kessels nicht aufhält. So bediente ich mich z. B. einer großen Tonne mit Überlauf, mit durch Zement abgeschrägtem Boden und großem Auslaßhahn. Durch letztere Vorrichtung war das Leergewicht der Tonne schnell erreicht. Die Gewichte waren so eingestellt, daß sie der vollen Tonne mit überlaufendem Wasser entsprach. Balancierte die Wage während des Überlaufens, so wurde der große Hahn aufgedreht. Die Wägeoperationen fielen also vollständig weg, was ein sehr schnelles Arbeiten ermöglichte. Wie man nun zu verfahren hat, um sich beim Anschreiben der Anzahl der gewogenen Tonnen nicht zu versehen, ist oben beschrieben worden. Dieselbe Vorsicht ist beim Wägen des Brennstoffes zu beobachten und vor allen Dingen darauf zu achten, daß nicht im Versehen oder absichtlich andere Kohle als die gewogene genommen wird, was natürlich einen geringeren Kohlenverbrauch und somit einen höhern Nutzeffekt vortäuschen würde. Am besten wäre es, außer der gewogenen Kohle überhaupt keine andere im Kesselhause zu halten. Geht das nicht, so muß sie klar abgegrenzt und möglichst weit entfernt gehalten werden. Über die Probenahme ist an anderer Stelle (S. 44) Genaueres gesagt. Um die oben besprochenen Akkumulierungen von Wärme zum Schluß und zum Beginn des Versuches zu vermeiden, muß möglichst der Beharrungszustand eingehalten und auch darauf geachtet werden, daß Dampfdruck, Wasserstand und Rostzustand zum Schluß genau dieselben sind wie am Anfang. Alles dieses muß zugleich mit der Zeit notiert werden, um evtl. rechnerische Korrekturen anbringen zu können.

Ein Beispiel der Berechnung und Nutzeffektsbestimmung ist am Schluß des Buches S. 293 enthalten.

Noch auf ein prinzipielles Moment sei seiner großen praktischen Bedeutung wegen hier, wenn auch vorgreifend, hingewiesen. Man muß alle Einzelmessungen nur mit begrenzter Genauigkeit vornehmen und nicht unnütz Zeit, Mühe und Geld an zwecklose, übergroße, pedantische Genauigkeit verschwenden, denn wenn durch einen Faktor, z. B. den Rostfehler, die ganze Operation von vornherein mit einem Fehler von z. B. 1% behaftet ist, so wäre es doch wohl sinnlos, auch nur eine einzige, geschweige denn mehrere der anderen Operationen mit einer Genauigkeit von 0,1%, womöglich mit viel Mühe und Kosten, zu führen. In dieser Beziehung wird in der Praxis oft geradezu Unfug getrieben. So habe ich, um nur ein charakteristisches Beispiel zu nennen, oft gesehen, wie bei nicht abgeblindeter, also unzuverlässiger Speiseleitung das von undichten Wasserstandshähnen langsam tropfende Wasser gewogen wurde. Übrigens wird dieser Grundsatz der Beachtung der Genauigkeitsgrenzen gar zu oft auch bei wissenschaftlichen Arbeiten nicht befolgt, wobei besonders die Chemiker und Physiker, von dem Eindruck einer extrem genauen chemischen Wage überwältigt, leicht einen Genauigkeitsfimmel bekommen.

B. Verbrennungsvorgang und Energieverluste in Feuerungsanlagen.

Vorbemerkungen.

Nutzbar gemachte Energie und Verluste. Verluste in den Herdrückständen. Verluste durch Leitung und Strahlung. Restverluste. Verluste durch unvollkommene Verbrennung. Der Luftüberschuß im Verbrennungsprozeß. Der Luftüberschußkoeffizient. Durch die Temperatur der Rauchgase verursachte Abgasverluste. Verbrennungsprozeß und Feuerungskonstruktion. Gesamtabgasverluste. Entnahme der Rauchgas-Durchschnittsprobe. Feuerführung. Rauchbekämpfung.

Wenn es gerade kein mit einer Lieferungsgarantie verbundener sog. Abnahme- oder Garantieversuch ist, so hat die Bestimmung des Nutzeffektes einer Anlage wohl in wärmewirtschaftlicher Beziehung ihre Bedeutung, praktisch sind jedoch die dabei erhaltenen Ergebnisse weniger wert, wenn nicht mit dem Versuch der Plan verbunden wird, eine weitere Erhöhung des Nutzeffekts bzw. eine Vervollkommnung der Energiewirtschaft überhaupt durchzuführen. Ein Nutzeffekt ist nicht eine soweit autonome Erscheinung, daß man ihn sozusagen von selbst erhöhen könnte; er ist eher als energetisches Restglied aufzufassen. Drücken wir uns etwas anders aus und sagen so: Die nutzbar gemachte Wärme ist im Grunde genommen das, was von den Verlusten nachbleibt. Wir müssen also die Verluste möglichst stark reduzieren, um dieses Restglied zu vergrößern. Und dazu müssen wir die Bedingungen, unter denen Verluste auftreten, möglichst genau kennen.

Eine Dampfkesselanlage stellt ein verhältnismäßig einfaches Beispiel von Energienutzung dar. Wir wollen an Hand dieses Beispiels auch eine Analyse der Verluste durchführen.

Sehen wir uns den ganzen Prozeß der Wärmeerzeugung genauer an, so finden wir erstens, daß schon von vornherein nicht der ganze Brennstoff zur Verbrennung gelangt, sondern ein Teil desselben oft schon vor der Verbrennung ausgeschieden wird. Sowohl im Rostdurchfall als in der oberhalb des Rostes gezogenen Schlacke sind noch unverbrannte, potentielle chemische Energie enthaltende Teile enthalten. Das wären die Rost- und Herdverluste oder zusammengefaßt: die Verluste in den Rückständen. Wer an eine Dampfkesselanlage herantritt, der bemerkt sehr oft, besonders an der Feuertür, eine starke Wärmestrahlung. Da nun alle Außenwände der Anlage teils strahlen, teils an die Luftströmungen (Konvektion) Wärme abgeben, so haben wir hier eine neue Verlustquelle: Verluste durch Leitung und Strahlung. Sie sind nicht ganz leicht direkt zu bestimmen und werden meist als Restglied ermittelt. In diesem Falle sammelt sich in dieser Rubrik auch noch alles übrige an, was nicht bestimmt worden ist und auch als Fehlerquelle auftritt: die Verluste durch unvollkommene Verbrennung, Ruß, fühlbare Wärme der Herdrückstände u. dgl. Ist der ganze Block der Dampfkesselanlage schlecht isoliert (z. B. dünne Außenwände), so können die Verluste durch Leitung und Strahlung sehr groß werden. Bei einigermaßen guter Isolierung bzw. normaler Ausführung ist es die mit den Rauchgasen abziehende Wärme, welche den größten Verlustbetrag ausmacht.

Bei schlecht geführtem Feuerungsprozeß, was besonders bei Beschickung von Hand eher auftritt, oder bei unzweckmäßig konstruiertem Feuerraum, wo die Flamme sich nicht entfalten und die Verbrennungsreaktion nicht abklingen kann, bevor die aus der Kohle entstehenden Produkte mit der kühlenden Kesselheizfläche in Berührung kommen, treten Verluste durch unvollkommene Verbrennung hinzu. Die abziehenden Rauchgase enthalten dann: Kohlenoxyd, Methan, Wasserstoff, etwas Ruß, und wenn es sehr böse aussieht, mischen sich mit großen Rußmengen noch teerige Kohlenwasserstoffe. Unvollkommene Verbrennung tritt desto leichter auf, mit je weniger überschüssiger Luft der Brennstoff und seine Destillationsprodukte verbrennen. Unter Destillationsprodukten sind die Produkte der trockenen Destillation zu verstehen, die sich aus einem Brennstoff beim Erhitzen unter Luftabschluß entwickeln.

Aus der elementaren Zusammensetzung des Brennstoffes, d. h. aus seinem Gehalt an Kohlenstoff, Wasserstoff, Schwefel, Sauerstoff läßt sich die theoretische Menge der Verbrennungsluft berechnen, d. h. diejenige Luftmenge, welche gerade hinreicht, um die genannten Elementarbestandteile des Brennstoffes in Kohlensäure, Wasserdampf und schweflige Säure überzuführen. Strömt in eine Feuerung weniger Luft ein, als der theoretischen entspricht, so sind natürlich Verluste durch unvollkommene Verbrennung unvermeidlich. Ja auch bei geringem Luftüberschuß kommen Produkte der unvollkommenen Verbrennung vor, weil im praktischen Feuerungsbetriebe keine so ideale Mischung von Brennstoff und Luft (besonders bei fetter Kohle) durchzuführen ist, daß ohne Luftüberschuß jedes Atom Kohlenstoff, Sauerstoff, Schwefel zu dem von ihm bestimmten Sauerstoffatom gelangt. Um sicherzugehen, muß man eben daher den Sauerstoff, d. h. die Luft, im Überschuß geben. Je besser die Gasmischung in der Feuerung ist, mit einem desto geringeren Luftüberschuß kommt man aus. Man muß dahin streben, die Verbrennung mit dem geringsten Luftquantum zu führen, weil die überschüssige Luft, zum Schornstein entweichend, Wärme mitnimmt. Je größer der Luftüberschuß, desto größer die Wärmeverluste, zumal die Luft außer dem Sauerstoff noch einen Haufen Stickstoff als Ballast mit sich führt.

Man sieht also, wie es in jedem Falle von grundlegender Bedeutung ist, zu wissen, mit welchem Luftüberschuß die Anlage arbeitet. Letzterer bestimmt auch hauptsächlich die Größe der Abgasverluste. Wir müssen daher in erster Linie eine Methode haben, den **Luftüberschuß-Koeffizienten,** d. h. das Verhältnis von angewandter zu theoretischer Luftmenge — beides auf 1 kg Brennstoff gerechnet —, zu bestimmen. Die molekulare Gesetzmäßigkeit, welche zwischen verschiedenen Voluminas vor und nach der Verbrennung besteht, gibt die Möglichkeit, den Luftüberschuß-Koeffizienten — nennen wir ihn „n" — aus der Analyse der

Rauchgase zu ermitteln, und zwar nach folgender einfacher Formel[8]), mit deren Erläuterung ich mich hier nicht weiter aufhalten kann:

$$n = \frac{21}{21 - \dfrac{O \cdot 79}{N}} \quad\quad\quad\quad\quad (2)$$

Kenne ich nun die Zusammensetzung der Verbrennungsgase und die Zusammensetzung des Brennstoffes, so kann ich aus dem Kohlenstoffgehalt der beiden auf die aus dem Brennstoff entwickelte Rauchgasmenge schließen. Und kenne ich für die letztere die spezifische Wärme und die Temperatur, mit welcher sie die Anlage verlassen, so habe ich alle Zahlen, um die durch die Temperatur der Rauchgase verursachten Abgasverluste zu bestimmen.

Wir haben soeben durch die hier angedeutete Operation die Möglichkeit an der Hand, nicht nur die durch die Wärme der abziehenden Rauchgase veranlaßten Verluste zu bestimmen, sondern können auch bereits uns kritisch betätigen, da die Berechnung des Luftüberschuß-Koeffizienten uns bereits sagt, wodurch diese Verluste hauptsächlich verursacht sind.

Wie aus dem Ausgeführten leicht zu schließen, pendelt der Feuerungsprozeß zwischen zwei Extremen hin und her: 1. große Abgasverluste bei großem Luftüberschuß und Abwesenheit von Produkten unvollkommener Verbrennung, und 2. Fehlen jedweden Luftüberschusses bei großen Verlusten an unvollkommener Verbrennung an Stelle des Luftüberschusses. Ich wiederhole: **Je besser Prinzip und Konstruktion einer Feuerung sind, desto geringer wird der Luftüberschuß bei vollkommener Verbrennung.**

Da es nun analytische Methoden gibt, um Kohlenoxyd, Methan, Wasserstoff, Kohlenwasserstoff und Ruß in den Rauchgasen zu bestimmen, so kommen wir nunmehr zur Bestimmung der gesamten Abgasverluste.

Wir wählen uns wieder eine einfache Aufgabe, die leicht im Laboratorium durchzuführen ist, und zwar versuchen wir

---

[8]) Es gibt auch andere vereinfachte Formeln, welche aus dem CO_2-Gehalt allein den Luftüberschuß-Koeffizienten zu berechnen gestatten. Diese Formeln haben jedoch nur empirischen Charakter und behalten ihre Gültigkeit nur in bestimmten Grenzen, also z. B. für Brennstoffe ähnlicher Zusammensetzung. Ich gehe darauf hier nicht näher ein. Bei Annahme einer bestimmten Wertziffer (S. 38), kann man auch aus dem CO_2-Gehalt den Wert von n berechnen (unten S. 72f).

die in den Verbrennungsgasen einer einfachen Petroleumlampe abziehende Wärme und im Zusammenhang damit den Luftüberschuß-Koeffizienten des derzeitigen Verbrennungsprozesses zu bestimmen.

Wie in vorhergehenden Fällen, dürfen wir auch hierbei nicht gedankenlos an die Aufgabe herantreten. Auch hier gibt eine kritische Analyse des einfachen Laboratoriumsversuchs Hinweise auf die Betriebspraxis. Wie oben begründet, ist für die Bestimmung der Abgasverluste wie auch für die Ermittelung, ob der Verbrennungsprozeß zweckmäßig geführt ist, eine Analyse der Verbrennungsgase vorzunehmen. Auch hier hätten wir darauf zu achten, daß die erforderlichen Operationen der Gesamtaufgabe gemäß entsprechend ausgeführt werden. Streng genommen müßten wir in Analogie zu den auf S. 41f enthaltenen Ausführungen genau festsetzen, unter welchen Bedingungen oder, sagen wir, zu welcher Zeit die Güte des Verbrennungsprozesses zu bestimmen ist. Um bei Dauerversuchen richtige Resultate zu erhalten, müßten wir entweder eine Durchschnittsprobe der Gase nehmen oder einen Durchschnitt von möglichst viel Gasanalysen berechnen, dann aber auch an einer Stelle die Gasprobe entnehmen, wo ihre Zusammensetzung der durchschnittlichen Zusammensetzung der Gase entspricht oder zum mindesten ihr möglichst nahekommt.

Aus den letzten Erwägungen heraus läßt sich schon der Schluß ziehen, daß die Aufgabe durchaus nicht so leicht ist, wie sie auf den ersten Blick aussah. Wir wollen einmal diese Verhältnisse an Hand unseres einfachen Versuchs näher beleuchten. Die Herstellung einer über die ganze Versuchsdauer sich erstreckenden Durchschnittsprobe macht hier augenscheinlich gar keine Schwierigkeiten, da hier das oben S. 55 erwähnte Prinzip der Gleichmäßigkeit und Kontinuität in so idealer Weise gewährleistet ist, daß eine einzige Analyse schon als Durchschnitt für eine beliebige Zeitdauer angenommen werden kann. Das allmähliche Abbrennen des Dochtes und der damit steigende Luftüberschuß kommen hier kaum in Frage, da sie sich erst in viel längerer Zeit bemerkbar machen könnten. Schwieriger ist die Erfassung einer Durchschnittsprobe, die der mittleren Zusammensetzung der aus dem Lampenzylinder strömenden Gase entspricht. Die Wahl der betreffenden Stelle im Gasdurchschnitt wird natürlich von der Konstruktion des Brenners abhängen. Wird z. B. durch entsprechende Brennerkonstruktion der Flamme nur von außen Luft zugeführt, so ist der Kohlensäuregehalt in der Mitte am höchsten, während an den Rändern Luftüberschuß herrschen muß. Die Probe wird also irgendwo zwischen Mitte und Rand entnommen werden müssen. Für unsere Zwecke könnten wir uns mit zwei Stellen begnügen. Wie alle diese Schwierigkeiten in der Betriebspraxis zu überwinden sind, werden wir später sehen.

Über den Verbrennungsprozeß selbst kann man ja auch sprechen. Da es bei einer Leuchtquelle, wie es die Petroleumlampe darstellt, auf den Lichtnutzeffekt und deshalb auch nicht in erster Linie auf einen guten Verbrennungsprozeß vom wärmetechnischen Standpunkt aus ankommt, so spielt praktisch der Luftüberschuß keine ausschlaggebende Rolle. Wir werden gleich sehen, daß ein Verbrennungsprozeß mit möglichst geringem Luftüberschuß hier nicht zweckmäßig ist. Auch hierbei ergeben sich ganz klare Beziehungen zu der praktischen Feuerungstechnik.

Berücksichtigen wir nämlich das oben S. 63 angedeutete Pendeln zwischen Luftüberschuß und Luftmangel, so müßte man auf Grund der Analyse der Verbrennungsprodukte für diesen Fall ausreichend genau den zulässigen Luftüberschuß ermitteln können.

Man könnte dies derart vornehmen, daß man zuerst einen großen Luftüberschuß gibt und mit demselben so lange heruntergeht, bis Produkte der unvollkommenen Verbrennung auftreten. Hier erlangen nun wärmewirtschaftliche Gesichtspunkte Bedeutung. Es muß nämlich entschieden werden, bei welchem Luftüberschuß Verluste durch zuviel Luft und Verluste durch zuwenig Luft sich so weit die Wage halten, daß ein Minimum an Gesamtverlust auftritt. Verständlicherweise ist dieser Punkt nicht überall der gleiche, es könnte jedoch eine Faustregel aufgestellt werden, welche auch der theoretischen Begründung nicht entbehrt. Wenn wir nämlich eine Feuerung zuerst mit starkem Luftunterschuß betreiben, so daß viel Produkte unvollkommener Verbrennung auftreten, wie: Methan, Wasserstoff, Kohlenoxyd und Ruß, und darauf das Luftquantum steigern, so verbrennen diese Produkte in der oben aufgezählten Reihenfolge, so daß zuletzt der gut sichtbare Ruß nachbleibt. Da nun die Rußverluste nicht bedeutend sind, weil selbst bei stark gefärbtem Rauch das Gewicht des entweichenden Rußes nur verhältnismäßig gering ist, etwa $^1/_2$ bis 1%, so scheint es am zweckmäßigsten zu sein, den Feuerungsprozeß so zu führen, daß gerade ein leichter Rauch auftritt. Man ist dann sicher, daß man keinen übermäßigen Luftüberschuß hat, aber auch keinen starken Luftunterschuß, in welch letzterem Falle dicker Qualm dem Schornstein entweichen würde.

Auch die Beobachtung der Flamme selbst gibt Anhaltspunkte. Bei starkem Luftüberschuß ist die Flamme kurz und grell, mit Abnahme des Luftüberschusses wird sie gelb und schließlich rötlichgelb mit Rußabscheidung. Im ersten Fall ist die Verbrennung sehr intensiv, daher die Wärmezufuhr im Inneren der Flamme verhältnismäßig größer als die Wärmeabgabe nach außen an die Nutzungsstelle. Die Temperatur ist entsprechend höher, der sich ausscheidende C zu hoher Glut erhitzt. Es sind das nur dynamisch erklärbare Vorgänge.

Die im vorhergehenden enthaltenen Ausführungen geben auch den Hinweis auf eine rationelle Rauchbekämpfung. Näher kann ich hierauf nicht eingehen. Es wird jedoch der Satz verständlich sein, daß mit der Vervollkommnung des Feuerungsprozesses auch der Erfolg der Rauchbekämpfung Hand in Hand geht.

Diese Einstellung des Feuerungsprozesses läßt sich natürlich auch bei einer Petroleumlampe nachmachen. Man sieht sofort, daß vom beleuchtungstechnischen Standpunkt aus eine grelle Flamme rationell, eine rußende jedoch vollständig unstatthaft ist (S. 112f). Speziell für den Versuch, mit dem feuerungstechnisch geringsten zulässigen Luftüberschuß auszukommen, wäre es zweckmäßig, den Luftüberschuß so zu reduzieren, bzw. durch Aufschrauben des Dochtes das verbrennende Petroleumquantum so weit zu steigern, bzw. die Flamme so lang zu machen, bis das Rußen gerade noch nicht auftritt. Gehen wir nun zum Versuch selbst über.

Dritte Aufgabe.

Bestimmung des Luftüberschuß-Koeffizienten und der mit den Verbrennungsgasen abgehenden Wärme an einer Petroleumlampe.

Zu dem Versuch kann eine beliebige Lampe (z. B. Abb. 8) genommen werden. Hier ist auch, wie gewöhnlich, die Luftzufuhr am Rande größer als in der Mitte. Wir wollen es nun dieses Mal so einrichten, daß wir zwei Proben, eine in der Mitte und die andere am Rande des Zylinders, nehmen und den einfachen Durchschnitt gelten lassen. Für die Analyse benutzen wir einen Orsatapparat nach dem System des Hamburger Vereins für Feuerungsbetrieb und Rauchbekämpfung, welcher in den Absorptionspipetten Kupfernetze enthält, die fraglos die Absorption, sei es durch die große Oberfläche, sei es durch katalytische Metallwirkung, stark beschleunigen. Meiner Erfahrung nach läßt sich mit dem Apparat sehr schnell arbeiten. Abb. 9 zeigt den

Hamburger Apparat. Unter der Annahme, daß die Benutzung des Orsat allgemein bekannt ist, wiederhole ich nur kurz die Beschreibung der Arbeitsweise, halte es jedoch für erforderlich, vorauszuschicken, daß der Apparat unbedingt vorher geprüft werden muß. In der Praxis ist dies, wie wir sehen werden, noch wichtiger und diese Regel noch mehr zu unterstreichen. Desto mehr muß man sich schon im Praktikum daran gewöhnen, den Apparat auf das gewissenhafteste zu prüfen. Die wissenschaftliche Gewissenhaftigkeit muß uns doch wohl veranlassen, dafür zu sorgen, daß wir wahre Werte erhalten. Leider wird in der Praxis in dieser Beziehung sehr viel gesündigt. So manche

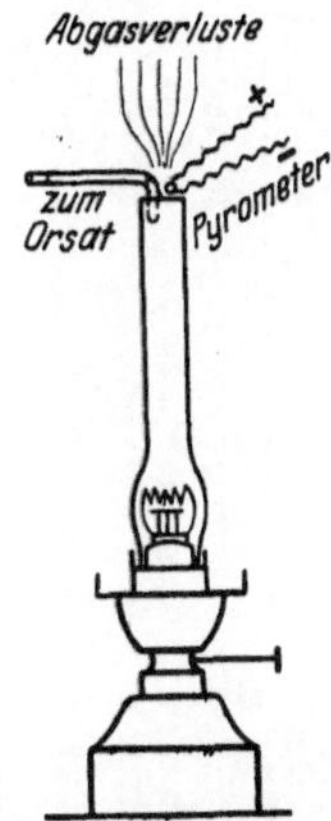

Abb. 8. Die Ermittelung der Abgasverluste und des Luftüberschuß-koeffizienten an einer Petroleumlampe.

Die Lampe stellt einen Feuerherd dar, an welchem man durch Verändern der Höhe der Flamme beliebig vollkommene und unvollkommene Verbrennung erzeugen bzw. den Luftüberschuß verändern kann. Durch ein in den Zylinder von oben eintauchendes Glasrohr nimmt man eine Durchschnittsprobe der Verbrennungsprodukte. Gleichzeitig mißt man durch ein Pyrometer die Temperatur der abziehenden Gase. Auf Grund der Gasanalyse ermittelt man den Luftüberschußkoeffizienten. Aus der Gasanalyse und der Temperatur wie auch der Elementaranalyse des Petroleums lassen sich die Abgasverluste berechnen. Auch die Bestimmung der ausgestrahlten Wärme wäre hier möglich (siehe Abb. 24).

teuren und schwierigen Versuche scheitern daran, daß die gasanalytischen Apparate versagen oder sich als unzuverlässig erweisen.

Man prüft den Apparat am besten derart, daß man durch schnelles Hochheben des Wassergefäßes D in der Apparatur eine plötzliche Drucksteigerung erzeugt, nachdem man das Wasserniveau in der Meßbürette auf eine beliebige Zahl eingestellt hat. Ist eine von den Gummiverbindungen undicht, so macht sie sich durch Abnahme des von der Außenluft abgeschlossenen Volums bemerkbar. Der Apparat muß natürlich durch Hahn E vollständig abgeschlossen sein.

Man füllt die Bürette A mit Wasser bis zur oberen Marke, saugt dann mittels Gummiaspirators eine Zeitlang die Gase an, um die Leitung mit ihnen zu füllen — die in den Kapillarröhren nachbleibende Luft bzw. das Gas von der vorhergehenden Analyse vernachlässigt man — und nimmt in die Bürette durch Senken des Gefäßes D etwas über

100 ccm Gas. Durch Einstellen der Menisken in Glas D und Bürette auf ein und dasselbe Niveau stellt man den atmosphärischen Druck in der Bürette her und verdrängt durch langsames Anheben den Überschuß über 100 ccm. Diese ursprünglichen 100 ccm bringt man

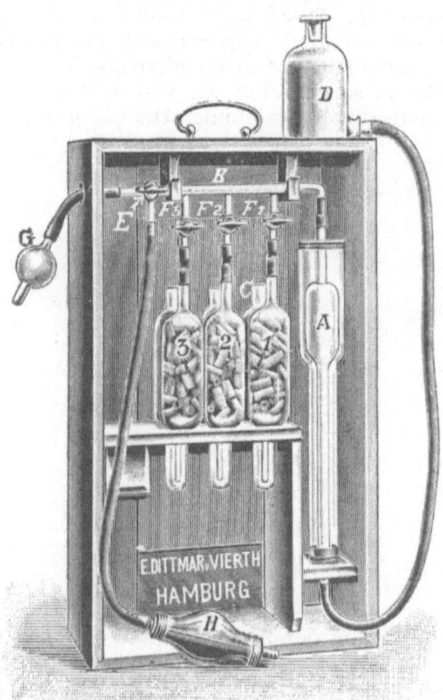

Abb. 9. Gasanalytischer Apparat für die Untersuchung der Rauchgase, System Hamburger Verein für Feuerungsbetrieb.

Die in der Meßbürette A unter Luftdruck abgemessenen 100 ccm Rauchgase werden nach Unterbrechung der Verbindung mit dem Schornstein (nach entsprechendem Drehen des Dreiweghahns E und Öffnen von Hahn F_1) in die mit konzentrierter KOH gefüllte Absorptionspipette 1 durch entsprechendes Heben des Gefäßes D herübergedrückt. Nach mehrmaligem Wiederholen dieser Operation schafft man den Gasrest in die Bürette wieder zurück und liest an dem engen zylindrischen mit Skala versehenen Teil die absorbierten Kubikzentimeter ab, die dem Gehalt von CO_2 entsprechen. Die Ablesung muß wieder unter Luftdruck, d. h. bei gleichem Niveau in A und D, vor sich gehen. Genau so bestimmt man den Sauerstoffgehalt in der mit pyrogallussaurem Kali angefüllten Pipette 2 und das Kohlenoxyd in der ammoniakalische Kupferoxyd-Lösung enthaltenden Pipette 3. Der Hamburger Apparat zeichnet sich dadurch aus, daß die in den Pipetten enthaltene Kupferspirale infolge der großen Oberfläche und wohl auch katalytischer Wirkung auch in der Sauerstoffpipette eine sehr schnelle Absorption ermöglicht.

durch entsprechende vorsichtige Manipulationen nacheinander in die Absorptionspipetten (1, 2, 3) für CO_2, O_2 und CO, bis keine in der Bürette meßbare Volumverminderung mehr eintritt, und erhält damit den Gehalt an diesen Bestandteilen, da der wegabsorbierte Teil offenbar dem Gehalt entspricht. CO_2 wird gewöhnlich schnell von KOH-Lösung absorbiert, genügend schnell geht im Hamburger Apparat auch der Prozeß der O_2-Absorption durch Pyrogallol vor sich. Nicht so zuverlässig sind die CO-Werte, da mit fortschreitender Erschöpfung der Kupfersalzlösung das absorbierte CO bzw. das aus ihm entstehende CO_2 selbst eine Spannung erzeugt, die z. B. bei Abwesenheit von CO eine Volumvermehrung im Gefolge hat und anstatt einer Volumverminderung eine Volumvermehrung gibt[9]). Man kann wohl sich zur Not so helfen, daß man die CO- bzw. CO_2-Spannung (Volumzunahme) an einer Luftprobe bestimmt und den so erhaltenen Wert von dem ermittelten CO-Gehalt abzieht.

Der Docht muß möglichst hoch geschraubt werden. Es darf jedoch kein Petroleumgeruch auftreten, was auf unvollkommene Verbrennung deuten würde.

In ein Stativ wurde ein Glasrohr mit heruntergebogenem Ende so eingeklemmt, daß es in der Mitte der Öffnung des Lampenzylinders zu stehen kam. Nach der Analyse wurde das Glasrohrende zur Zylinderwand verschoben. Folgende Werte wurden erhalten:

In der Mitte:

$$
\begin{aligned}
CO_2 &\ldots\ldots\ldots 6{,}5 \text{ v}/_0 \\
O_2 &\ldots\ldots\ldots 12{,}3 \text{ v}/_0 \\
CO &\ldots\ldots\ldots 0 \text{ v}/_0 \\
\underline{N \text{ (als Rest)} \ldots 81{,}2 \text{ v}/_0} \\
100{,}0 \text{ v}/_0
\end{aligned}
$$

Am Rande:

$$
\begin{aligned}
CO_2 &\ldots\ldots\ldots 1{,}8 \text{ v}/_0 \\
O_2 &\ldots\ldots\ldots 18{,}5 \text{ v}/_0 \\
CO &\ldots\ldots\ldots 0 \text{ v}/_0 \\
N \text{ (als Rest)} &\ldots 79{,}7 \text{ v}/_0
\end{aligned}
$$

Daraus ergeben sich folgende Luftüberschuß-Koeffizienten:

$$
n = \frac{21}{21 - \dfrac{12{,}3 \cdot 79}{81{,}2}} = 2{,}12, \quad \text{d. h. } 112\% \text{ Überschuß}
$$

und

$$
n = \frac{21}{21 - \dfrac{18{,}5 \cdot 79}{79{,}7}} = 7{,}80, \quad \text{d. h. } 680\% \text{ Überschuß.}
$$

Bei rußender Flamme entwichen Gase folgender Zusammensetzung:

$$
\begin{aligned}
CO_2 &\ldots\ldots\ldots 10{,}2 \text{ v}/_0 \\
O_2 &\ldots\ldots\ldots 7{,}0 \text{ v}/_0 \\
CO &\ldots\ldots\ldots 1{,}0 \text{ v}/_0 \\
N \text{ (als Rest)} &\ldots 81{,}8 \text{ v}/_0
\end{aligned}
$$

---

[9]) Die Absorptionslösungen werden wie folgt hergestellt:

Für die Absorption der CO_2 löst man 1 Teil KOH in 2 Teilen Wasser.

Die für die Absorption von Sauerstoff benutzte Lösung wird derart hergestellt, daß man 100 g Pyrogallol in 200 g heißen Wassers löst und 600 ccm einer konzentrierten Lösung von KOH (1 : 2) zugibt. Die Lösung absorbiert gierig Luftsauerstoff und ist vor ihm sorgfältig zu schützen.

CO absorbiert man durch eine Lösung von Kupferoxydul. 60 g Kupferchlorür, 400 g konz. Salzsäure und einige Kupferblechstücke mischt man zusammen und läßt sie in einer Standflasche unter häufigem Umschütteln einige Tage stehen, wobei man zum Schluß vor dem Gebrauch noch 120 ccm Wasser hinzufügt. Die Lösung erschöpft sich leider verhältnismäßig rasch.

Da andere Verbrennungsprodukte, wie Methan, Kohlenwasserstoffe usw., nicht bestimmt wurden, wird der Stickstoffgehalt wohl niedriger gewesen sein, doch kommt es uns ja nur darauf an, ein ungefähres Bild zu erhalten. Demnach wird der Luftüberschuß etwa folgender sein:

$$n = \frac{21}{21 - \dfrac{7 \cdot 79}{81,8}} = 1,79, \quad \text{d. h. } 79\% \text{ Überschuß.}$$

In diesem Fall ist die überschüssige Luft am Docht vorbei eingedrungen, die Verbrennung selbst ist jedenfalls mit Luftunterschuß vor sich gegangen.

Die nebenbei eindringende sog. Beiluft gehört eigentlich nicht zum Verbrennungsprozeß. Da sie jedoch sich anwärmend Energie mitnimmt, muß sie berücksichtigt werden. Entsprechend der oben geäußerten Absicht nehmen wir den Durchschnitt der beiden ersten Analysen und erhalten folgende Abgaszusammensetzung:

$$CO_2 \ldots \ldots \ldots 4,15 \text{ v/}_0$$
$$O_2 \ldots \ldots \ldots 15,4 \text{ v/}_0$$
$$N \ldots \ldots \ldots 80,45 \text{ v/}_0$$

was einem Luftüberschuß von $n = 3,75$ entspricht.

Für die Berechnung der abgehenden Wärme nehmen wir die Elementarzusammensetzung des Petroleums zu 86% C und 13% H und dessen unteren Heizwert zu 9900 Kal. an.

Für die nun kommenden und weiteren Rechnungen werden wir die spez. Gewichte und spez. Wärmen von Gasen nötig haben, die hier in der Tabelle VI zusammengestellt sind (L. 4a).

Die Menge der Verbrennungsprodukte.

Bei einem spez. Gewicht des CO_2 von 1,97 bei 0° und 760 mm Druck würde 1 l Verbrennungsprodukte

$$\frac{0,0415 \cdot 1,97 \cdot 12}{44} = 0,0222 \text{ g C}$$

enthalten. Mithin gibt 1 kg Petroleum

$$\frac{0,86}{0,0225} = 38,7 \text{ l trockne Gase.}$$

Dazu kommen noch

$$0,13 \cdot 9 = 1,17 \text{ g} \quad \text{oder} \quad \frac{1,17}{0,805} = 1,46 \text{ l}$$

Wasserdampf, der in den kalten gasanalytischen Apparaten in Form von Kondenswasser sich ausschied.

Die mit den Verbrennungsprodukten abgehende Wärme.

Verbrennungsprodukte aus 1 g Petroleum			Spez. Wärme	Wärmeinhalt der Einzelbestandteile je 1°
CO_2	$38,7 \cdot 0,042 =$	1,61 l	0,47	0,76
O_2	$38,7 \cdot 0,154 =$	5,95 ,,	0,32	1,91
N	$38,7 \cdot 0,805 =$	31,10 ,,	0,32	9,90
H_2O	$=$	1,46 ,,	0,38	0,56
		40,06 l		13,13 Kal.

Ein thermoelektrisches Platin-Platinrhodium-Pyrometer zeigte eine Temperatur von 470° über dem Lampenzylinder. Die Raumtemperatur betrug 20°.

Die Verbrennungsprodukte führten mithin

$$13,13 \ (470 - 20) = 5910 \ \text{g-kal.}$$

oder

$$\frac{5910 \cdot 100}{9900} = 59,7\%$$

mit sich.

Tabelle VI.

Spezifisches Gewicht und spezifische Wärme von Gasen
(nach Jüptner).

Mittlere spez. Wärme bei konstantem Druck, bezogen auf 1 cbm Gas zwischen 0 $t°$ C kg-kal.

Temperatur	CO_2, SO_2	H_2O	$O_2 CO$, N_2 Luft	$H_2 \cdot CH_4$
0	0,397	0,372	0,312	0,310
100	0,410	0,373	0,314	0,312
200	0,426	0,275	0,316	0,314
300	0,442	0,376	0,318	0,316
400	0,456	0,378	0,320	0,318
500	0,467	0,380	0,322	0,320
600	0,477	0,383	0,324	0,322
700	0,487	0,385	0,326	0,324
800	0,497	0,389	0,328	0,326
900	0,505	0,394	0,330	0,328
1000	0,511	0,398	0,332	0,330
1500	0,536	0,424	0,342	0,340
2000	0,556	0,456	0,352	0,350
2500	0,570	0,516	0,362	0,360
3000	0,581	0,573	0,372	0,370

Gewicht von 1 cbm bei 0° C und 760 mm Hg. in kg:

SO_2	CO_2	H_2O	O_2	$CO \ N_2$	Luft	H_2
3,93	1,965	0,805	1,43	1,25	1,293	0,0895

Wärme- und Energieabgang bei unvollkommener Verbrennung.

Kohlenstoffgehalt der Gase:

$$CO_2 \quad 10,2 \ v/_0 \quad \frac{0,102 \cdot 1,97 \cdot 12}{44} = 0,055 \ \text{g C}$$

$$O_2 \quad 7,0 \ v/_0$$

$$CO \quad 1,0 \ v/_0 \quad \frac{0,01 \cdot 1,25 \cdot 12}{28} = 0,0054 \ \text{g C}$$

$$N \quad 81,8 \ v/_0$$

$$\overline{\qquad\qquad 0,0604 \ \text{g C}}$$

1 g Petroleum gibt danach $\dfrac{0,86}{0,0604} = 14,3$ l Verbrennungsgase ohne Dampf und 15,76 feuchte Gase. Die mit ihnen abgehende Wärme errechnet sich nach oben beschriebener Methode zu 23%.

Verluste durch unvollkommene Verbrennung.

Auf 1 g Petroleum bezogen, waren in den Gasen

$$15{,}76 \cdot 0{,}01 = 0{,}158\,\text{l} \qquad \text{oder} \qquad 0{,}158 \cdot 1{,}26 = 0{,}198\ \text{g CO.}$$

Da der Wärmewert von CO 2440 Kal. beträgt, gibt das einen Energieverlust von

$$0{,}198 \cdot 2440 = 483\ \text{Kal.}$$

entsprechend $\dfrac{483 \cdot 100}{9900} = 4{,}89\%$.

Der Energieabgang ist aber größer, weil noch andere von uns nicht bestimmte Produkte unvollkommener Verbrennung in den Gasen vorhanden waren. Rechnet man sie etwa gleich den CO-Verlusten, so erhalten wir einen Gesamtenergieabgang von

$$23 + \text{ca. } 10 = 33\%.$$

Man sieht daraus, daß man unter Umständen, wie oben auseinandergesetzt, beim Zulassen von etwas unvollkommener Verbrennung besser fahren kann. Der Energieabgang mit den Rauchgasen ist ja bei einer Feuerung direkter Verlust.

Wie wir später sehen werden, könnte es ratsam erscheinen, das Petroleum durch eine Verbindung von konstanterer Zusammensetzung, etwa Amylazetat, zu ersetzen.

Folgerungen und anschließende Betrachtungen.

Rauchgasdiagramme. Graphische Feuerungstechnik. Abgas-Durchschnittsprobe. Brutto-Nutzeffekt. Feuerführung und Luftüberschuß. Klassifizierung der Feuerungssysteme nach der in ihnen erreichbaren Gleichmäßigkeit und Kontinuität der Prozesse. Typen von Feuerungen. Die in den Feuerungen sich abspielenden chemisch-physikalischen Prozesse.

Die Möglichkeit, aus der Analyse der Verbrennungsgase den Luftüberschuß-Koeffizienten zu bestimmen, ist fraglos von großem Wert. In letzter Zeit sind jedoch aus der Gasanalyse größere Folgerungen gezogen worden, die für die Einschätzung des Feuerungsprozesses von Bedeutung sind.

Im Zusammenhang mit hierher gehörenden grundlegenden Gedankengängen bietet sich auch die Möglichkeit der Prüfung der Richtigkeit der Gasanalyse selbst. Zwischen der Zusammensetzung des Brennstoffes, die man zu diesem Zwecke kennen muß, oder richtiger der aus ihm in die Rauchgase übergehenden Bestandteile und der Zusammensetzung der Verbrennungsprodukte besteht ein gewisser Zusammenhang. Ohne auf weitläufige Ausführungen einzugehen, begnüge ich mich hier mit einigen, wie mir scheint, für vorläufige Zwecke ausreichenden Erläuterungen. Da die Gasmolekeln nach Avogadro alle ein gleiches Volumen (1 g-Mol = 22,4 l bei 0° und 760 mm) einnehmen und aus 1 Molekel O_2 ebenso nur 1 Molekel CO_2 entsteht, so verwandelt sich beim Verbrennen von

Kohlenstoff im Sauerstoff der Luft der Sauerstoff ohne Volumveränderung in Kohlensäure. Mithin muß die Summe $O_2 + CO_2$ stets dem Gehalt der Luft an O_2 gleich sein, also $21^v/_0$ betragen. Das Bild ändert sich jedoch sofort, wenn der Brennstoff Wasserstoff enthält. Es verwandelt sich wohl 1 Molekel O_2 in 2 Molekeln H_2O, d. h. es tritt eine Volumvermehrung ein; in den gasanalytischen Apparaten wird jedoch der Wasserdampf niedergeschlagen, so daß es schließlich auf eine Volumverminderung herauskommt. Es wird also ein Teil des Wasserstoffes ausgeschieden. Die Summe $O_2 + CO_2$ wird kleiner und der Stickstoffgehalt größer. Es kommt aber dabei nur der sog. disponible Wasserstoff des Brennstoffs in Betracht. Wenn nämlich im Brennstoff noch Sauerstoff vorhanden ist, so schlägt der letzterem entsprechende äquivalente Wasserstoff keinen Sauerstoff aus der Luft nieder. Um den disponiblen Wasserstoff zu erhalten, muß man also von dem Gesamtwasserstoff des Brennstoffes denjenigen Teil abziehen, den man sich an den Sauerstoffgehalt des Brennstoffes gebunden denkt. Mathematisch ausgedrückt: $H - O/8$. Die Beziehung zwischen dem Kohlensäuregehalt der Gase und der Größe der Summe $O_2 + CO_2$ in den Gasen wird also abhängig sein von dem Verhältnis $\frac{H - O/8}{1} : \frac{C}{12}$. 1 und 12 bedeuten die Atomgewichte von Wasserstoff und Kohlenstoff. Aufhäuser hat dieses Verhältnis, das er ,,Wertziffer'' nennt, zur Klassifizierung der Brennstoffe benutzt. Ich habe die Aufhäuserschen Zahlen oben (S. 38) angeführt. Sie dienen auch als Grundlage für die uns hier interessierenden Verbrennungsrechnungen. Die Klassifizierung kommt insofern zu ihrem Recht, als mit dem Überwiegen des disponiblen Wasserstoffes der Brennstoff fetteren Charakter annimmt. Beim Erhitzen unter Luftabschluß, also bei der trockenen Destillation, wird bei größerem Wasserstoffüberschuß mehr Kohlenstoff in die flüchtigen Bestandteile mitgerissen. Es gibt also mehr Kohlenwasserstoffe, der Brennstoff ist fetter. (Vgl. Tab. III und Abb. 4).

Haben wir nun die Möglichkeit, unter Benutzung der eben angegebenen analytischen Grundlagen die Zusammensetzung der Verbrennungsprodukte zu berechnen, so ist damit auch die Möglichkeit gegeben, die Analysen praktisch auf ihre Richtigkeit zu prüfen. Wa. Ostwald hat nun gezeigt, wie man Rauchgasdiagramme oder Abgasschaubilder kon-

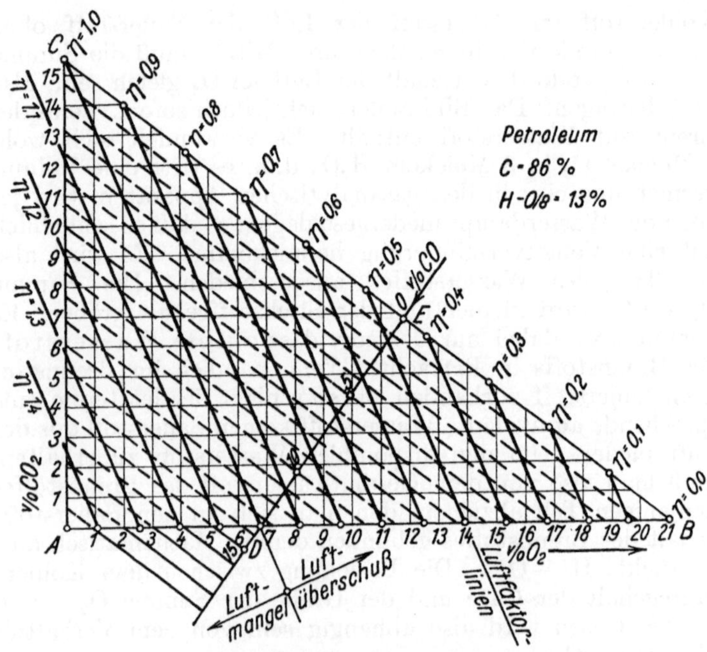

Abb. 10a.   Abgas-Schaubild für Petroleum nach Wa. Ostwald und Seufert.

Auf Grund der in der Abb. angegebenen Zusammensetzung des Petroleums läßt sich ein Dreieck konstruieren, welches unter der Annahme, daß als Produkt unvollkommener Verbrennung nur CO entsteht, die genaue Zusammensetzung der Verbrennungsprodukte bei Luftüber- und -unterschuß angibt. Die Hypotenuse entspricht den Nullwerten von CO. Auf ihr liegen mithin alle Werte für vollkommene Verbrennung bei verschiedenem Luftüberschuß. CD stellt die theoretische Luftmenge dar, AC den Sauerstoffgehalt bei theoretischer Luftmenge. Mithin bedeutet Punkt C die Zusammensetzung der Verbrennungsgase bei theoretischer Luftmenge. Das ist in diesem Falle 15,5% CO_2. Am entgegengesetzten Ende der Linie liegt der Punkt B, welcher dem unendlich großen Luftüberschuß entspricht. Das sind also 21% Sauerstoff entsprechend der Zusammensetzung der reinen Luft. Dadurch ist der Charakter der zwischen C und D liegenden Punkte bestimmt. So ergeben z. B. die Koordinaten $CO_2 = 11$ und $O_2 = 6$ einen Punkt, der auf die Linie CB fällt. Das entspricht nämlich der Zusammensetzung der Verbrennungsgase bei vollkommener Verbrennung. Mit welchem Luftüberschuß die Verbrennung vor sich geht, ersieht man aus den Angaben für η. η ist der Luftfaktor $= 1/n$. n ist in diesem Falle gleich $= 0,71$, mithin $= 1 : 0,71$ $= 1,41$. Fällt der Punkt unter die Linie CB, so muß man aus der auf die Linie DE fallenden Senkrechten ersehen, wieviel Kohlenoxyd die Gase enthalten müssen. Den Luftüberschuß entnimmt man aus den Luftfaktorlinien. Stimmen die aus dem Schaubild entnommenen Zahlen nicht, so muß angenommen werden, daß die Analyse falsch ist oder die entsprechenden Elementarbestandteile des Brennstoffes nicht in dem Verhältnis in die Abgase übergegangen sind, welches dem Schaubild zugrunde gelegt wurde.

struieren kann, die es ermöglichen, ohne komplizierte Rechnungsoperationen eine graphische Kontrolle der Analysenresultate durchzuführen (L. 10).

In Anbetracht der Bedeutung solcher Kontrollen für die Feuerungstechnik gehe ich hier etwas näher darauf ein.

Wir tun, wie mir scheint, am besten, das ganze Problem an Hand des Versuches mit der Petroleumlampe aufzurollen.

Im Dreieck ABC (Abb. 10a) stellt die senkrechte Kathete den maximalen CO_2-Gehalt bei vollkommener Verbrennung, d. h. bei minimalem Luftüberschuß, und die horizontale den maximalen O_2-Gehalt bei maximalem Luftüberschuß, also $21\,{}^v/_0$ dar. Bei einem Gehalt des Petroleums von $86,0\%$ C und $13,0\%$ H ergibt sich der maximale CO_2-Gehalt wie folgt.

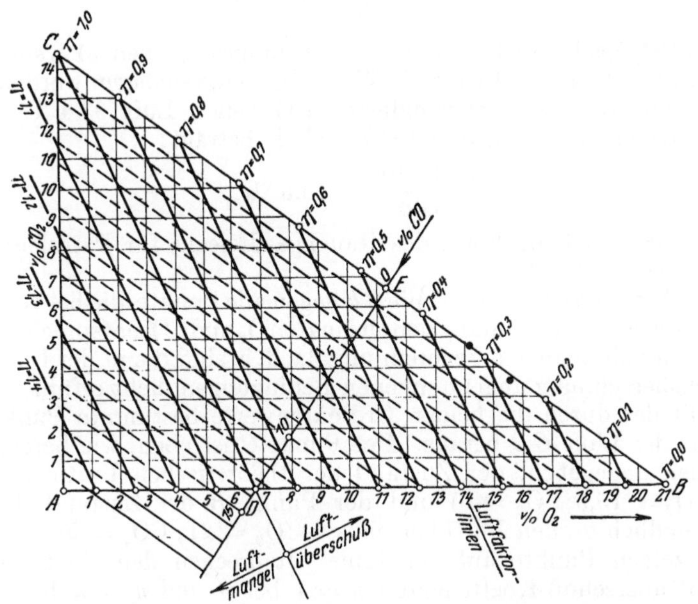

Abb. 10b. Abgas-Schaubild nach einer Rauchgasanalyse.
(Wertziffer = 2,27.)

Wir setzen den disponiblen Wasserstoff dem Gesamtwasserstoff gleich, da im Petroleum sehr wenig Sauerstoff enthalten ist.

Aus dem Luftsauerstoff werden unter Berücksichtigung des Avogadroschen Gesetzes (oben S. 72) auf 12 Gewichtsteile C dieselbe Volummenge bzw. die gleiche Anzahl Molekeln O_2 zu CO_2 gebunden, wie von 4 Gewichtsteilen H_2 niedergeschlagen:

$$C + O_2 = CO_2,$$
$$\text{d. h. } 12\,\text{kg C} + 32\,\text{kg} (= 1\,\text{kg-Mol})\,O_2 = 44\,\text{kg}\,CO_2 \quad . \quad . \quad (3)$$

$$2\,H_2 + O_2 = 2\,H_2O,$$

$$\text{d. h. } 4\,kg\,H_2 + 32\,kg\,(= 1\,kg\text{-Mol})\,O_2 = 36\,kg\,H_2O \quad . \quad (4)$$

Vom C des Petroleums werden danach $86/12 = 7{,}15$ Molekulareinheiten Sauerstoff gebunden und von seinem Wasserstoff $13/4 = 3{,}25$ Molekulareinheiten niedergeschlagen. Mithin bleiben von $21\,{}^v/_0$ des Luftsauerstoffs bei Verbrennung mit der theoretischen Luftmenge

$$\frac{21 \cdot 7{,}15}{7{,}15 + 3{,}25} = 14{,}4$$

als CO_2 nach. Mithin sind von den ursprünglichen 21 Teilen O_2 $21 - 14{,}4 = 6{,}6$ Teile als Wasser niedergeschlagen worden, so daß von den ursprünglichen 100 Teilen Luft $93{,}4$ Teile nachgeblieben sind, deren CO_2-Gehalt beträgt:

$$\frac{14{,}4 \cdot 100}{93{,}6} = 15{,}5\,{}^v/_0\,.$$

Damit ist die Form des Rauchgasdreiecks für Petroleum gegeben (Abb. 10a).

Auf der Verbindungslinie CB liegen alle Punkte, die bei vollkommener Verbrennung den Ordinaten O_2 und CO_2 entsprechen. Ist unvollkommene Verbrennung da, d. h. sind die in der Dreiecksberechnung angenommenen Bedingungen nicht erfüllt, so fällt der durch die beiden Ordinatenwerte bestimmte Punkt aus der Linie CB heraus. Der Punkt C ist eben, wie bereits oben angegeben, der Zustand der theoretischen Luftmenge ($CO_2 = 15{,}5$; $O_2 = 0$) und der Punkt B der Zustand des unendlich großen Luftüberschusses ($O_2 = 21$; $CO_2 = 0$). Die einzelnen Punkte auf der Linie entsprechen den einzelnen Luftüberschuß-Koeffizienten $n = 1$ bei C und $n = \infty$ bei B oder dem reziproken Wert von n, d. h. $\eta = 1/n$, dem „Luftfaktor". Dann haben die Endpunkte die umgekehrten Werte, wie auch in der Zeichnung angegeben.

Man kann aber an dem Diagramm nicht nur sehen, ob die Analyse richtig ist, sondern kann auch in dem Falle, wenn der Punkt innerhalb des Dreiecks fällt, erfahren, wieviel CO sein müßte. Es läßt sich also die Kontrolle auch auf den CO-Gehalt ausdehnen. Die Linie CB ist dem Sinne nach in bezug auf den CO-Gehalt eine Nullinie, die einem bestimmten CO-Gehalt entsprechende Linie wird dann CB parallel laufen, und eine zu CB senkrecht gehende wird eine Skala für den CO-Gehalt tragen können. Wenn bei theoretischer Luftmenge C zu CO und nicht zu CO_2, H aber zu H_2O verbrennt, so bilden sich aus 100 Teilen Luft nach dem Vorhergehenden 14,4 Teile CO und bleiben 7,2 Volumteile O_2 frei. Es gibt dann 86,0 N, 14,4 CO und 7,2 O_2. Das gibt $14,4 \cdot 100/107,2 = 13,4$ CO und 6,70 O_2. Das ist der Punkt: $O_2 = 6,7$ und $CO_2 = 0$, also auf der Linie AB, wo die der berechneten theor. Luftmenge entsprechende CO-Linie — es ist die Linie CD — sie schneidet. Damit sind die den CO-Gehalten entsprechenden Linien gegeben. Die Linie CD trennt dann das Feld in Luftüberschuß rechts und Luftmangel links.

Jetzt haben wir alle Daten für die Kontrolle unserer Versuchsanalysen an der Hand. Wie man sieht, fallen die durch die im Versuch (S. 69) erhaltenen Zahlen: $CO_2 \doteq 6,5\,^v/_0$ und $O_2 = 12,3\,^v/_0$ und auch $CO_2 = 1,8\,^v/_0$ und $O_2 = 18,5\,^v/_0$ gegebenen Punkte ziemlich gut in die Linie CB, und der bei der unvollkommenen Verbrennung zu erwartende CO-Gehalt stimmt nicht ganz mit dem ermittelten von $1,0\,^v/_0$ überein, da ja noch wohl Kohlenwasserstoffe vorhanden gewesen sein werden, die man nicht bestimmt hat. Immerhin kommen die beiden Zahlen einander nahe. Zum allgemeinen Verständnis genügt das Vorstehende. Es sei noch bemerkt, daß in der Praxis nicht immer, wie beim flüssigen und gasförmigen Brennstoff, alle Elementarbestandteile in die Rauchgase aufgehen. Alles, was in den Rückständen bleibt oder in Form von Ruß sich ausscheidet oder der Analyse entwischt, verändert die den Analysenresultaten zugrunde liegende eigentliche Wertziffer, so daß dann die Zahlen mit den graphisch ermittelten nicht stimmen können. Außer der Kenntnis der Wertzahl des verheizten Brennstoffs müssen mithin alle diese Umstände berücksichtigt werden.

Bei einer früher ausgeführten Untersuchung der Verbrennungsprodukte des Petroleums wurden die Zahlen $CO_2 = 4,7$, $O_2 = 14,1$, $CO = 0$ und $CO_2 = 3,5$, $O_2 = 15,6$, $CO = 0$ erhalten. Damals war die Methode der Kontrolle durch Abgasschaubilder noch nicht bekannt. Eine Kontrolle ergibt nun, daß die betreffenden Punkte für das für Petroleum berechnete Abgasschaubild (Abb. 10a) nicht in die Linie CB fallen. Es könnte nun wohl ein leichteres Petroleum vorgelegen haben. Als auf Grund dieser Zahlen das Schaubild konstruiert wurde, erhielt man einen maximalen CO_2-Gehalt von 14,5 (Abb. 10b). Wenn man nun die oben ausgeführte Rechnung rückwärts verfolgt, erhält man für den Ausdruck $(H — 0/8)\, 4 : C/12 = 2,27$. Vergleicht man dieses mit der Aufhäuserschen Tafel Abb. 4, so sieht man, daß die Wertziffer vom Petroleum abweicht und noch höher als das Benzin liegt. Es müßte mithin ein ganz leichtes Benzin verwandt worden sein, von etwa der Zusammensetzung C = 85, H — O/8 = 15, was nicht ganz wahrscheinlich ist. Das für den Versuch verwandte Petroleum müßte eigentlich vorher der Elementaranalyse unterworfen werden. Danach könnte es zweckmäßiger erscheinen, einen einheitlichen Körper für diese Versuche zu verwenden. Hier käme z. B. das Amylazetat in erster Linie in Betracht. Für unsere weiteren Auseinandersetzungen wollen wir hieraus entnehmen, daß man durch die Rauchgasanalyse imstande ist, auf die Zusammensetzung der in die Rauchgase übergangenen Bestandteile Rückschlüsse zu ziehen.

Ein Abgas-Schaubild für Steinkohle zeigt Abb. 11.

Die diese Ideen fördernde sog. graphische Feuerungstechnik geht in ihren Gedankengängen und Entwickelungen sehr weit. Ich will es in Andeutungen skizzieren. So kann man, freilich unter Benutzung sehr komplizierter Rechnungen, auch den Kohlenwasserstoffgehalt der Produkte der unvollkommenen Verbrennung mit in die Betrachtungen hineinziehen. Ferner läßt sich unter Benutzung räumlicher Gebilde (Umklappkonstruktionen auf zweidimensionaler Ebene) anstatt eines Dreiecks ein räumlicher Körper für alle Kennziffern ableiten. Auch in praktischer Beziehung haben diese Betrachtungen manche Vorteile. Wenn bei feinkörnigem Brennstoff viel Feinzeug in die Züge gerissen wird, besonders Koks, wird die Brennstoffanalyse mit der Wertziffer nicht mehr stimmen. Aus dem Gegeneinanderhalten von Kohlenstoffgehalt des Brennstoffs und der aus der Gasanalyse errechneten Wertziffer läßt sich die Menge des Flugkokses bestimmen und in Nutzeffektsbestimmungen Korrekturen anbringen. Wie das geschehen kann, ist leicht aus den soeben angedeuteten Gedankengängen und Abb. 10b zu sehen. Einen anderen Weg gibt es bei Verheizung von feinkörnigem Brennstoff nicht (L. 11).

Die Bestimmung der Zusammensetzung der Verbrennungsprodukte und die Auswertung der erhaltenen Zahlen gestaltet sich in der Praxis viel schwieriger. Wie überall, so ist auch hier die Beschaffung einer richtigen Durchschnittsprobe maßgebend, und das ist nicht so ganz einfach. Es genügt nicht, irgendein Rohr, nehmen wir z. B. ein Glasrohr — da Eisen bei höherer Temperatur Sauerstoff binden kann —, in einen Feuerzug oder den Kesselfuchs hineinzustecken und die Gase anzusaugen; die Rauchgase ziehen in den Kanälen in Schichten oder Strähnen verschie-

dener Zusammensetzung und Temperatur. Schwere kohlen-
säurehaltige oder aber schwerere kältere Partien können am
Boden des Fuchses fließen, während die leichteren sich unter
der Decke bewegen. Es kann auch noch das vorkommen,
daß das die Gase ansaugende Rohrende einem Mauerspalt

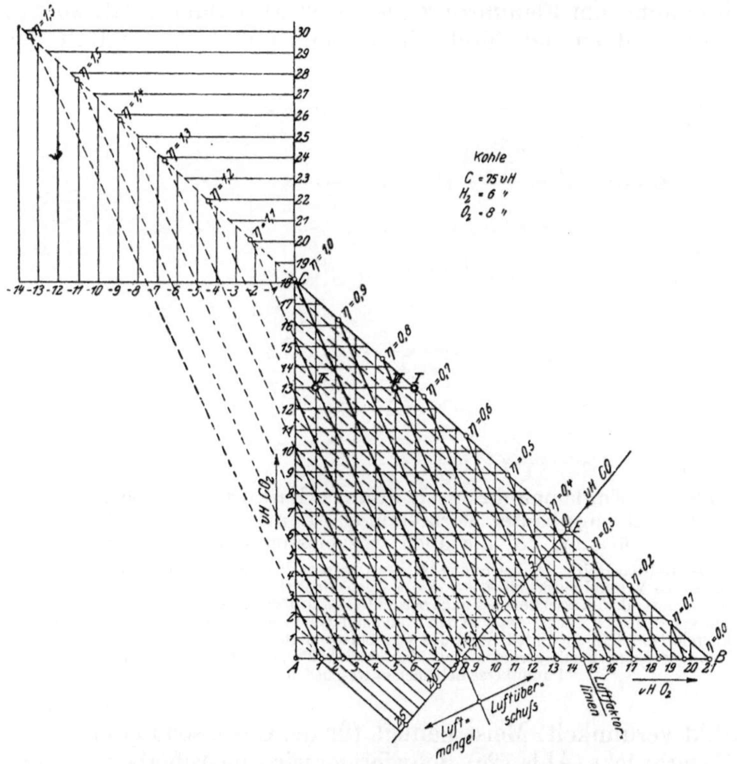

Abb. 11. Abgas-Schaubild für Steinkohle.
Der Sinn der graphischen Darstellung entspricht vollständig der Abb. 10, nach welcher
sie ohne weiteres gedeutet werden kann.

gegenübersteht, so daß die entnommene Gasprobe durch
eindringende Luft stark vermengt wird, sich also ein ganz
falsches Bild ergibt. So darf man z. B. die Rauchgase aus
dem Fuchs nicht nach dem Rauchschieber entnehmen, sondern vor dem Rauchschieber. Aber auch da muß man nicht
zu nahe an den Rauchschieber herangehen, da zwischen
Rauchschieber und Rahmen Luft eindringen und weit in den

Kanal gelangen kann. Überhaupt kann es große Schwierigkeiten geben beim Ausfindigmachen der zweckmäßigsten Entnahmestelle.

Beim Einflammrohrkessel (Abb. 12) liegen die Verhältnisse günstig, da nach guter Durchwirbelung, die evtl. durch Verbrennungskammern unterstützt werden kann, die Verbrennung am Flammrohrende meist abgeklungen ist, so daß hier nicht einmal durch Undichtigkeit eintretende Luft das

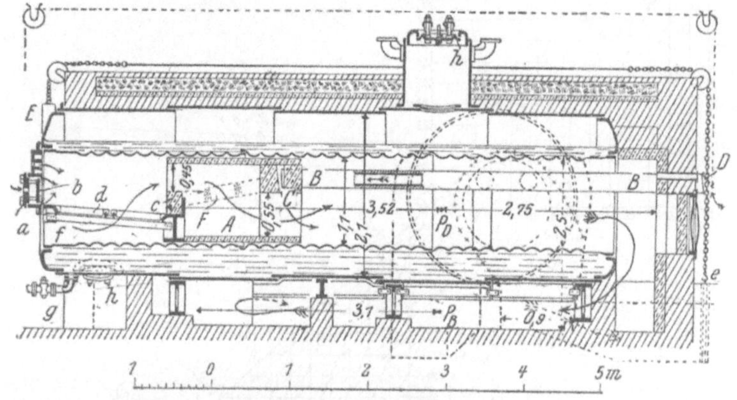

Abb. 12. Einflammrohrkessel Schulz-Knaudt von 55 qm Heizfläche mit eingebauter Verbrennungskammer und Sekundärluftvorwärmung (*B*, die auch weggelassen werden kann).

In der rechten Hälfte der Zeichnung ist der Querschnitt eingestellt. Die Rauchgase gehen durch den Verbindungskanal + + + + + + + + + in den zweiten Rauchkanal − − − − −, von da unter dem Kessel um die Zunge herum in den dritten Rauchkanal − · − · − · − · − · − ·. und von da in den Fuchs. Die von den Wänden der Verbrennungskammer *A* rückstrahlende Energie befördert die Entzündung des Gas-Luftgemisches. Im Flammrohr kann die Verbrennungsreaktion mit geringem Luftüberschuß abklingen, ohne daß sie durch kühlende Dampfkesselheizflächen wesentlich gestört wird.

Bild verdunkelt. Meist genügt für die Gasmischung eine sog. Feuerbrücke (Abb. 12c). Schwieriger wird die Aufgabe bei einem Wasserrohrkessel (Abb. 13), der in feuerungstechnischer Hinsicht einen wesensverschiedenen Typus an Dampfkesseln darstellt. Die beiden Abbildungen geben die Möglichkeit, diese beiden Typen miteinander zu vergleichen.

Es kann vorkommen, daß es überhaupt unmöglich erscheint, gasanalytisch festzustellen, mit welchem Luftüberschuß die Verbrennung in der Feuerung vor sich geht. Nehmen wir als Beispiel einen Wasserrohrkessel mit darunter liegendem Planrost, etwa wie auf Abb. 13 (S. auch 18) zu sehen. So ist es sehr leicht möglich, daß die Verbrennung auf der rechten Seite des Rostes mit einem andern Luftüberschuß sich vollzieht als auf der linken Seite, wo z. B. Luftmangel herrschen kann.

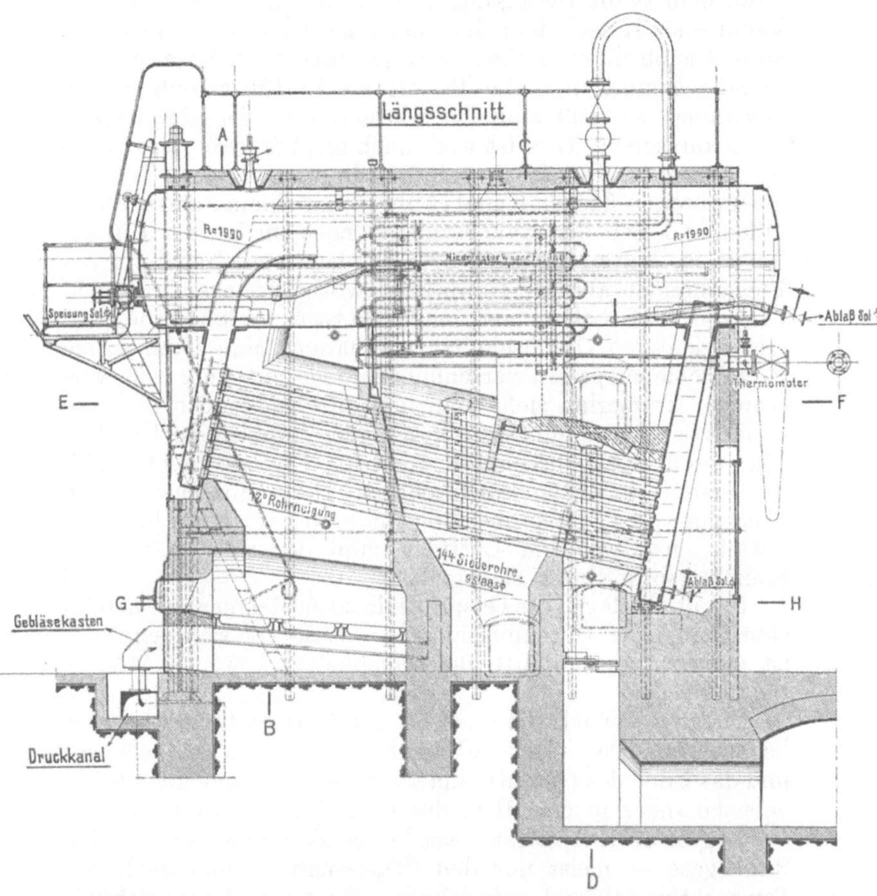

Abb. 13. Wasserrohrkessel von 230 qm Heizfläche, 13 Atm. Betriebsdruck und 300° Überhitzung mit Unterfeuerung und Unterwind.

Die vom Rost aufsteigenden Produkte der trockenen Destillation gelangen sehr bald in die kühlenden Wasserröhren, so daß selbst bei Anwesenheit von Luft die Verbrennungsreaktion infolge der eintretenden Abkühlung gestört werden kann. Die durch die erste Rohrreihe tretenden Rauchgase durchstreichen einen Dampfüberhitzer, bespülen den niedrigeren Teil der Wasserröhren und ziehen in den Schornstein.

Die Gasströme verschiedener Zusammensetzung ziehen in das Wasserröhrenbündel. Durch Abkühlen wird ein Weiterbrennen verhindert, durch die Reinigungsluken dringt Beiluft ein, und mit welchem Luftüberschuß eigentlich die Verbrennung vor sich gegangen ist, läßt sich nicht kontrollieren. Nun kann man ja die Reinigungsluken verschmieren, es gibt aber kaum einen Kessel, der keine Mauerspalten aufzuweisen hätte, so daß auch diese Methode ihre praktischen Schwierigkeiten bietet. Nimmt man die Beiluft als Luftüberschuß mit in Rechnung, so muß man den Durchschnitt der abziehenden Gase aufsuchen. Dies ist aber auch nicht immer ganz leicht. So kommt es bei Wasserrohrkesseln vor, daß die Gase in einem breiten flachen Kanal (Abb. 13) zu einem kurzen Fuchs fallen und sich der Rauchschieber noch im breiten Teil befindet, wo kalte Luft eingesogen werden kann. In den kurzen Fuchs können aber im Hauptkanal vorbeistreichende Rauchgase durch Wirbelung eindringen. So ist es oft kaum möglich, einen richtigen Durchschnitt zu erhalten. Man kann ja die Rauchschieberspalten verschmieren oder mit Putzwolle verstopfen. Immerhin sieht man, daß die Sache doch nicht so einfach ist. Viel günstiger liegen die Verhältnisse bei dem Flammrohrkessel, besonders wenn die Flamme nicht bis in den ersten Rauchzug hineinschlägt. Hier kann man durch Entnahme der Gasprobe am Ende des Flammrohres ermitteln, mit welchem Luftüberschuß der eigentliche Verbrennungsprozeß vor sich geht.

Es gilt als Regel, die Gasprobe da zu entnehmen, wo bereits eine genügende Durchmischung der Gase vor sich gegangen ist, und zwar aus der Mitte des Rauchkanals, etwa wie Abb. 14 zeigt.

Dieselbe Vorsicht ist auch bei der Temperaturmessung zu beobachten. Das Thermoelement oder die Quecksilberkugel und das Ende des Gasentnahmerohrs müssen womöglich beide nebeneinander in die Mitte des Gasstromes gesetzt werden.

Es gibt auch Apparate, welche die Zusammensetzung der Rauchgase — meist nur den CO_2-Gehalt — und auch die Temperatur dauernd aufzeichnen. Sie haben hauptsächlich Bedeutung für die Betriebsorganisation und Energiewirtschaft. Wir kommen noch darauf zurück.

Es darf nicht übersehen werden, daß es ein Unterschied ist, ob man den Luftüberschuß-Koeffizienten oder die Wärmeverluste bestimmen will. Für die Bestimmung der Abgasverluste ist es bedeutungslos, ob Beiluft eindringt oder nicht, da wir ja unsere Rechnung auf der Raumtemperatur als Nullpunkt aufbauen. Bei eindringender Beiluft wird der Kohlensäuregehalt geringer, die Menge der Rauchgase wird größer;

aber dafür fällt ihre Temperatur, und die Abgasverluste bleiben dieselben. Es kommt also für die Bestimmung der letzteren bloß darauf an, da, wo die Abgase das zu untersuchende System verlassen, einen richtigen Durchschnitt zur Untersuchung zu erhalten.

Die Berechnungsmethode für die Abgasverluste bleibt genau dieselbe wie im Laboratoriumsbeispiel. Es läßt sich nun

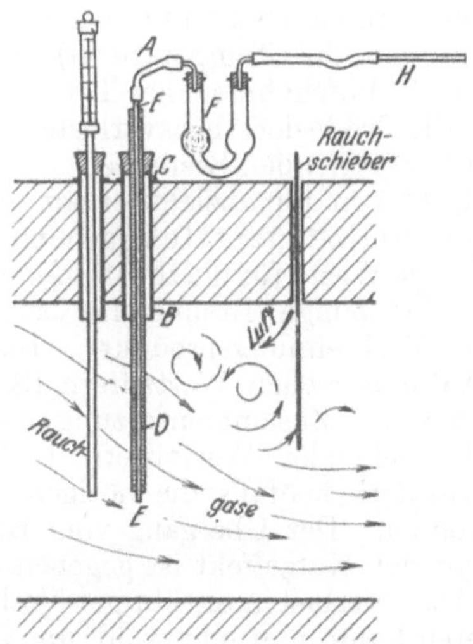

Abb. 14. Zur Bestimmung der Temperatur und der Zusammensetzung der im Fuchs abziehenden Rauchgase.

Die Abb. zeigt, wie Thermometer und Gasentnahmestelle mitten im Gasstrom möglichst nahe beieinander liegen müssen, und zwar so, daß neben den Rauchschieber eindringende Luft nicht an das Gasentnahmerohr herankommt. Das aus schwerschmelzendem Glase bestehende Gasentnahmerohr ist in ein schützendes Eisenrohr durch Gips oder Zement eingebettet. Falls man höher erhitzte Gase untersuchen will (Flammrohrende), benutzt man ein Quarzrohr.

eine gewisse Vereinfachung erzielen, die für Überschlagsrechnungen von Nutzen sein kann. Nimmt man an, daß die Rauchgase für die in der Praxis vorkommenden Temperaturbereiche dieselbe spezifische Wärme besitzen, so läßt sich offenbar der Abgasverlust durch die Formel

$$\text{Abgasverluste} = \frac{T - t}{T} \cdot 100\% \quad\ldots\ldots (5)$$

ausdrücken, wobei T die Verbrennungstemperatur bei dem in der Feuerung herrschenden Luftüberschuß bedeutet, d. h. diejenige Temperatur, welche erreicht wird, wenn die gesamte potentielle Energie des Brennstoffes in Form von Wärme in die Verbrennungsgase übergegangen ist. Nun ist der Kohlensäuregehalt der Verbrennungsprodukte nur bei Brennstoffen mit gleicher Wertzahl dem Luftüberschuß-Koeffizienten proportional, da unter solchen Umständen die Menge der Verbrennungsprodukte die gleiche bleibt. Damit ist bei gleicher Wertziffer die Beziehung zwischen Kohlensäuregehalt der Verbrennungsprodukte und der theoretischen Verbrennungstemperatur T gegeben, man braucht also nur den Kohlensäuregehalt der Abgase und ihre Temperatur (t) zu bestimmen und kann sofort unter Zuhilfenahme einer Tabelle durch eine einfache Rechnung die Größe der Abgasverluste finden, wenn man die Wertziffer des betreffenden Brennstoffes kennt. Wenn man diese Abgasverluste von 100 abzieht, erhält man einen Wert, den Bunte den Brutto-Nutzeffekt genannt hat (L. 12, 13).

Tab. VII gibt die Werte für die theoretische Verbrennungstemperatur (T) für einige Brennstoffe bei verschiedenem CO_2-Gehalt der Verbrennungsprodukte. Da diese Zahlen von den sog. Aufhäuserschen Wertziffern (S. 38) abhängen, so sind auch die der Zusammensetzung der betreffenden Brennstoffe entsprechenden Wertziffern in der Tabelle angegeben, um erforderlichenfalls die nötigen Zahlen leichter aussuchen zu können. Der Übergang vom Bruttonutzeffekt (Gl. 5) zum wirklichen Nutzeffekt ist gegeben, sobald man zu den erhaltenen Abgasverlusten die übrigen Verluste hinzufügt, und diese letzteren kann man sehr wohl, um wenigstens rohe Zahlen zu erhalten, schätzen. Das Restglied, d. h. die Verluste durch Leitung und Strahlung, kann man dabei etwa so annehmen: für Flammrohrkessel 8 bis 10, für Wasserrohrkessel 5 bis 8 und für moderne Kessel, wo eine große Heizfläche in kleinem Raum konzentriert ist, noch weniger. (Über das damit zusammenhängende Prinzip der Energieverdichtung siehe S. 183, 265.)

Tab. VII ist von mir berechnet worden (L. 13).

Die Einstellung des kleinstzulässigen Luftüberschusses ist natürlich bei von Hand bedientem Planrost nicht ohne weiteres zu erzielen. Bei kontinuierlich arbeitenden, in der Klassifizierung (Abb. 15) oben stehenden Feuerungen, d. h. Gas- oder Flüssigkeitsbrennern, bei Staubfeuerungen oder auch z. B. auf Kettenrostfeuerungen, verfährt man genau so wie bei der Petroleumlampe. Man vermindert den Luftüberschuß so lange, bis Rußabscheidung auftritt, der Schornstein also ganz leicht zu rauchen beginnt.

Tabelle VII.

Theoretische Verbrennungstemperaturen einiger Brennstoffe bei verschiedenem Kohlensäuregehalt der Abgase.

CO_2-Gehalt der Rauchgase	Nach Bunte: T	Nach Bunte: Unterschied für 0,1% CO_2	Schott. Watson Hartley: T	Schott. Watson Hartley: Unterschied für 0,1% CO_2	Schott. Aitkens Gleencraig: T	Schott. Aitkens Gleencraig: Unterschied für 0,1% CO_2	Newcastle (Davison, Cowpen, Bothal): T	Newcastle (Davison, Cowpen, Bothal): Unterschied für 0,1% CO_2	South Yorkshire: T	South Yorkshire: Unterschied für 0,1% CO_2	Torf: T	Torf: Unterschied für 0,1% CO_2	Holz: T	Holz: Unterschied für 0,1% CO_2	Naphtha: T	Naphtha: Unterschied für 0,1% CO_2
1	167	16	162	15	166	16	162	15	166	16	130	13	132	14	190	19
2	331	16	315	15	331	16	320	15	331	16	260	13	270	14	375	19
3	493	16	468	15	493	15	468	15	493	15	395	13	410	13	530	18
4	652	16	621	15	650	15	621	15	650	15	525	12	550	13	746	18
5	808	15	775	14	804	15	775	14	804	15	650	12	680	13	933	17
6	961	15	929	14	955	15	929	14	955	15	780	12	815	12	1100	17
7	1112	15	1077	14	1105	15	1077	14	1105	14	905	11	945	12	1268	16
8	1261	15	1220	14	1245	14	1220	13	1245	14	1015	11	1060	12	1429	16
9	1407	14	1350	13	1388	14	1355	13	1388	14	1130	11	1180	11	1586	15
10	1550	14	1483	13	1532	14	1495	13	1532	14	1235	10	1290	11	1736	15
11	1692	14	1619	13	1673	14	1630	13	1673	13	1340	10	1390	11	1887	14
12	1870	14	1745	13	1808	13	1770	12	1808	13	1440	10	1490	10	2035	14
13	1968	13	1870	12	1944	13	1900	12	1944	13	1535	9	1586	10	2175	13
14	2102	13	1990	12	2060	13	2020	12	2060	13	1626	9	1682	10	2305	13
15	2237	13	2112	12	2190	13	2140	12	2190	12	1720	9	1780	9	2440	13
16	2366		2230	12	2310	12	2255	11	2310	12	1810	8	1880	9	2475	
17			2350	11	2430	12	2370		2430	12	1900	8	1970	9		
18			2465		2550	12	2485		2550		1980	8	2055	8		
19											2065		2140			
20											2150		2220			
Wertziffer n. Aufhäuser			0,54		0,60		0,59		0,60		0,127		0,06		1,67	

Aus der praktischen Bedeutung des jeweiligen Luftüberschusses, mit welcher eine Feuerung arbeitet, oder richtiger aus der geringsten Luftüberschußmenge, mit welcher eine Feuerung imstande ist, den Verbrennungsprozeß aufrechtzuerhalten, ohne Verluste unvollkommener Verbrennung entstehen zu lassen, ergibt sich eine Beurteilung der verschiedenen Feuerungssysteme.

Nun geht aus dem oben auf S. 55 aufgestellten Prinzip hervor, daß eine Apparatur oder eine technische Gesamtanordnung desto höher zu werten ist, je sicherer sie gestattet, die Prozesse gleichmäßig und ununterbrochen zu führen.

Ausgehend von dieser Überlegung habe ich ein Schema der Klassifizierung der Feuerungssysteme vorgeschlagen (Abb. 15, L. 1e). Dortselbst sind die vollkommensten Apparate oben und die unvollkommensten unten schematisch abgebildet. In der letzten Kolumne ist der im Durchschnitt erreichbare minimale Luftüberschuß-Koeffizient angeführt, was natürlich nur einer rohen Schätzung, wenn auch auf Grund praktischer Daten, nahekommt[10]). Nr. 1 zeigt eine Gasfeuerung, ebenso Nr. 3, Nr. 2 einen Brenner für flüssigen Brennstoff und Nr. 4 einen Brenner für pulverförmigen Brennstoff. Diese vier Typen bieten ein jedem studierenden Techniker gewohntes Bild. Sie sind alle genau so bequem zu bedienen und zu regulieren wie ein Bunsenbrenner im Laboratorium, daher ermöglichen sie, mit geringem Luftüberschuß zu arbeiten. Je nach dem Brennstoff wird wohl auch bei der Staubfeuerung ein noch niedrigerer Luftüberschuß erzielbar sein. Die Vorrichtung zum Verbrennen von Kohlenstaub kann man als Nachahmung der Brennerkonstruktion auffassen. Ebenso den nächstfolgenden Typus Nr. 5, den Erithstoker. Er stellt im Grunde genommen eine Herdfeuerung dar, aus der ein konzentriertes, der Brennerflamme ähnliches Feuer herausschlägt. Er gehört zu den Unterschubfeuerungen, bei welchen der Brennstoff von unten eingeführt wird.

Die Erithstoker werden jetzt unter dem Namen Danostoker mit etwas abgeänderter Konstruktion in den skandinavischen Ländern viel verwandt[11]).

Die vorhergehenden fünf Typen arbeiten ohne Roste und

---

[10]) Die Abbildungen sind von Herrn Ing. E w a l d entworfen und die n-Zahlen von ihm aus Literatur und Praxis gewählt worden.

[11]) So steht in der wärmewirtschaftlich vorzüglich organisierten Göteborger Zuckerraffinerie eine ganze Reihe mit Danostokern ausgerüsteter Kessel.

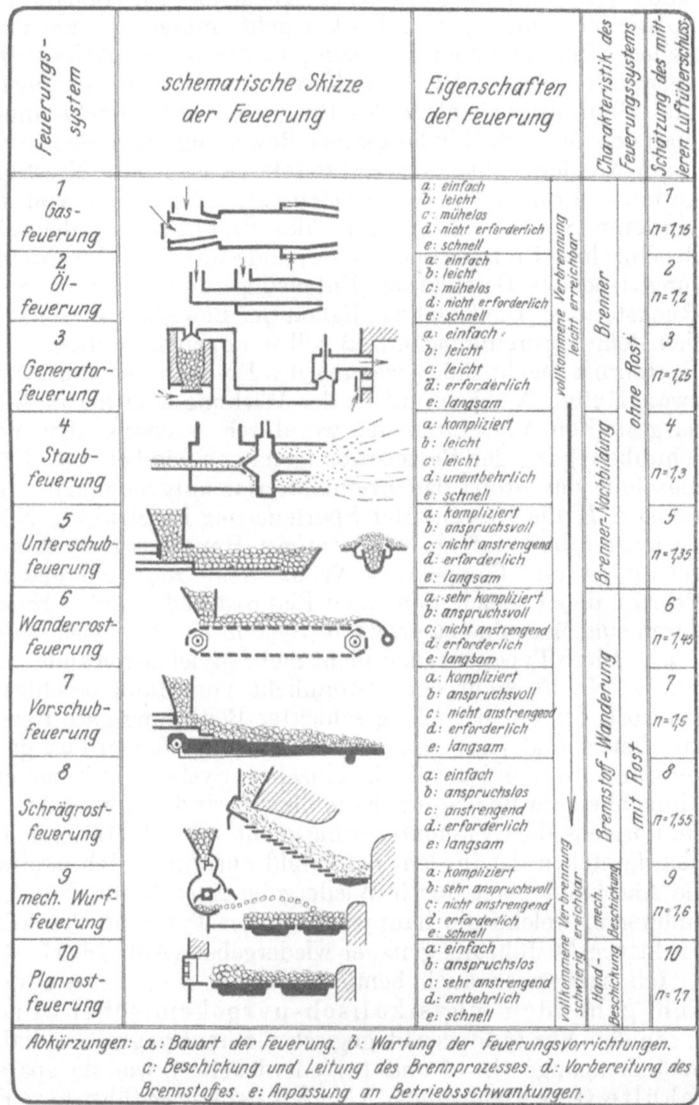

Abb. 15. Vorschlag einer pädagogischen Systematisierung der Dampfkesselfeuerungen (nach Blacher).

Die Feuerungssysteme sind nach der Vollkommenheit des durch sie erzielbaren Feuerungsprozesses geordnet, was in der letzten Vertikalreihe am Luftüberschußkoeffizienten zum Ausdruck kommt. Die dort enthaltenen Zahlen für n sind auf Grund praktischer Angaben geschätzt. Alles übrige ist aus den in der Zeichnung befindlichen Angaben zu ersehen.

sind verhältnismäßig einfacher Konstruktion. Sobald man an die Verwendung von Rosten geht, müssen — um einen hohen Effekt zu erzielen — komplizierte Konstruktionstypen verwandt werden. Die Grundforderung der Gleichmäßigkeit und Ununterbrochenheit des Prozesses wird erreicht, indem man den Brennstoff in langsamer Bewegung durch den Feuerraum wandern läßt. Am verbreitetsten ist das in Nr. 6 dargestellte Prinzip — der Kettenrost. Beginnend von der vorderen Seite der Eintragung des Brennstoffes reihen sich die einzelnen Prozesse aneinander, und zwar: Wasserverdampfung, trockene Destillation (Entgasung) und Ausbrennen des Rückstandes. Die Geschwindigkeit der Bewegung muß natürlich dem Verbrennungsprozeß selbst angepaßt werden. Der Kettenrost macht die Bewegung des Brennstoffes vollständig zwangläufig. Nicht so gut in der Wirkung sind die in Nr. 7 dargestellten Vorschubroste, wo durch wechselseitige Vorschubbewegung der Einzelstäbe (genau so wie bei einer Nähmaschine der Stoff) das Brennmaterial mitgenommen wird. So ist z. B. die Düsseldorfer Sparfeuerung konstruiert. Noch unsicherer und auf ein selbsttätiges Herunterrutschen aufgebaut ist der Treppenrost Nr. 8. Nr. 9 zeigt ein anderes Prinzip, den Versuch, den einen Planrost bedienenden Heizer durch eine Maschine zu ersetzen (System Leach, Münckner u. a.). Diese Typen werden nicht mehr soviel angewandt. Als letztes, Nr. 10, steht der gewöhnliche von Hand beschickte Planrost, der nur bei sehr geschickter Bedienung gute Resultate liefert und jetzt von mechanischen Systemen fast ganz verdrängt worden ist. Wie die einzelnen Systeme in bezug auf Einfachheit der Bedienung, Kompliziertheit der Konstruktion, die übrigens die Systematisierung nicht stört (L. 1e), u. a. m. sich darstellen, ist in dem Schaubild angeführt. Ich ergänze die Anschaulichkeit durch Wiedergabe einer Reihe von Abbildungen, welche die hauptsächlichsten Typen in der konstruktiven Ausführung genauer wiedergeben (Abb. 16, 17, 18).

Ich habe mich auch bemüht, die im Feuerraum vor sich gehenden physikalisch-pyrochemischen Prozesse dem Verständnis pädagogisch näherzubringen, und habe Gedankengänge (L. 1f und 14) entwickelt[12]), wie sie später Schulte (L. 15) auf einem Kongreß 1925 ausgeführt hat. Es würde zu weit führen, wenn ich hier in dieses Gebiet tiefer eindringen würde. An Hand der zehn in Abb. 15 enthaltenen Typen

---

[12]) In Reval auf den im Januar 1925 abgehaltenen feuerungstechnischen Vorträgen.

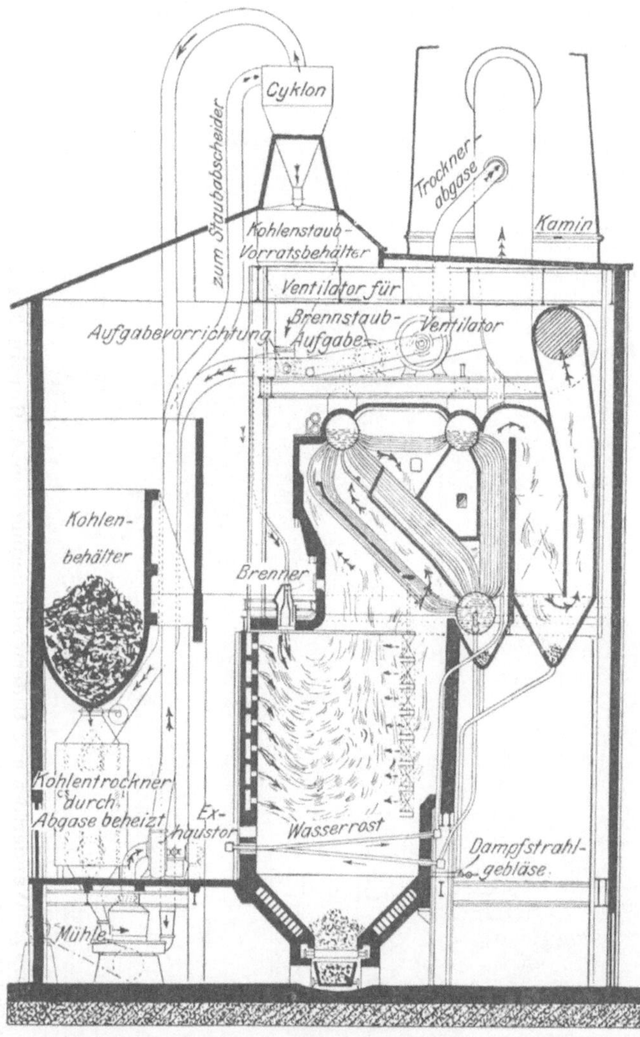

Abb. 16. Lopulco-Kohlenstaubaufbereitung und Feuerung der Zentrale Vitry bei Paris.

Wie aus den Aufschriften zu ersehen, wird die durch Abgase vorgetrocknete Kohle in einer Mühle zerkleinert und durch einen Exhaustor pneumatisch in die Vorratsbehälter geschafft. Von da fällt sie durch eine Brennstaub-Aufgabevorrichtung in einen Brenner, aus welchem sie gleichfalls durch Luftdruck in die Verbrennungskammer eingeblasen und unter Zusatz von Sekundärluft verbrannt wird. Die Sekundärluft durchstreicht in der Wand der Verbrennungskammer befindliche Kanäle und wird hoch vorgewärmt. Die bis zum Fließen erhitzte Kohlenasche wird durch einen Wasserrost gekühlt, der mit dem Wasserraum des Kessels in Verbindung steht, um ein Anbacken der geschmolzenen Asche an die Wände zu verhindern. Der Kohlenstaub gibt eine sehr hoch erhitzte stark strahlende Flamme, welche mit geringstem Luftüberschuß auskommt.

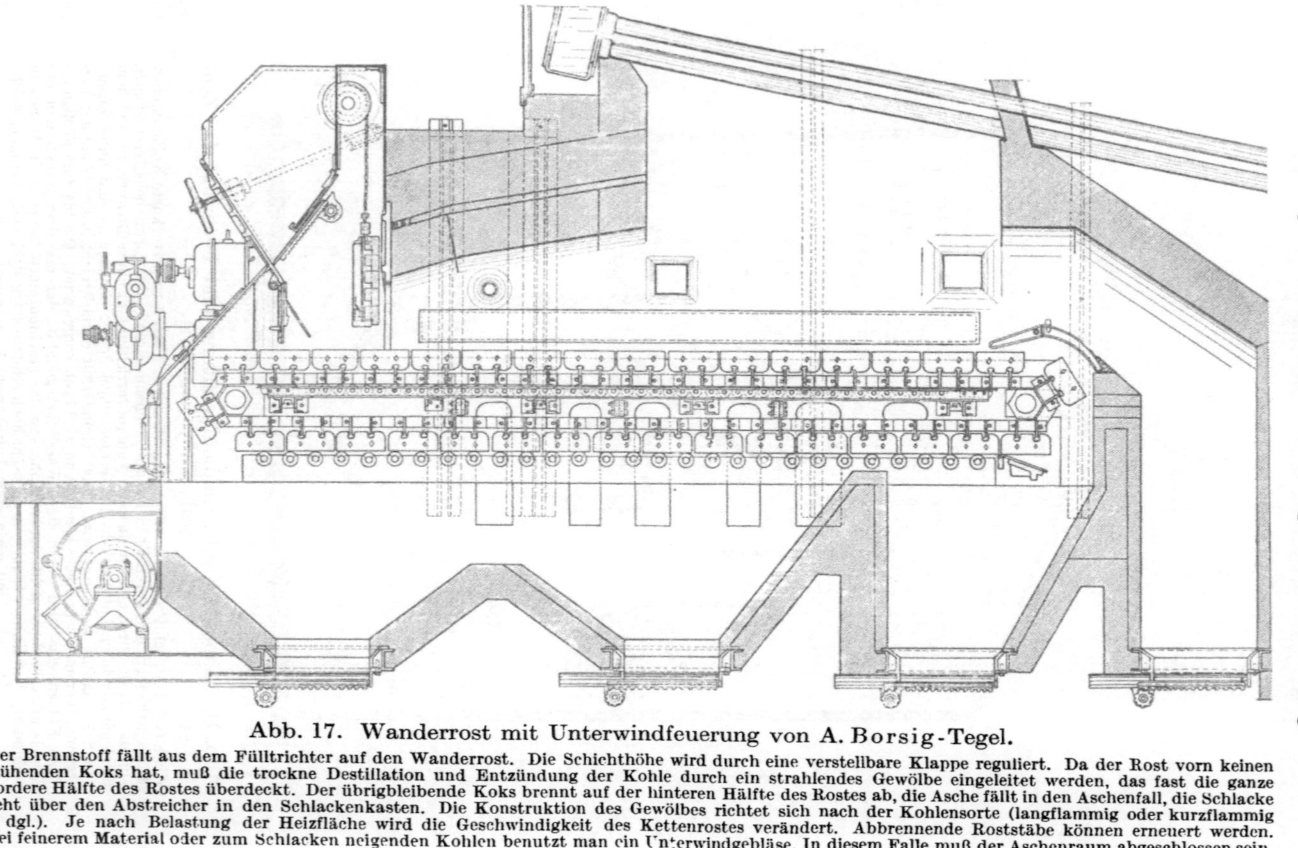

Abb. 17. Wanderrost mit Unterwindfeuerung von A. Borsig-Tegel.

Der Brennstoff fällt aus dem Fülltrichter auf den Wanderrost. Die Schichthöhe wird durch eine verstellbare Klappe reguliert. Da der Rost vorn keinen glühenden Koks hat, muß die trockne Destillation und Entzündung der Kohle durch ein strahlendes Gewölbe eingeleitet werden, das fast die ganze vordere Hälfte des Rostes überdeckt. Der übrigbleibende Koks brennt auf der hinteren Hälfte des Rostes ab, die Asche fällt in den Aschenfall, die Schlacke geht über den Abstreicher in den Schlackenkasten. Die Konstruktion des Gewölbes richtet sich nach der Kohlensorte (langflammig oder kurzflammig u. dgl.). Je nach Belastung der Heizfläche wird die Geschwindigkeit des Kettenrostes verändert. Abbrennende Roststäbe können erneuert werden. Bei feinerem Material oder zum Schlacken neigenden Kohlen benutzt man ein Unterwindgebläse. In diesem Falle muß der Aschenraum abgeschlossen sein.

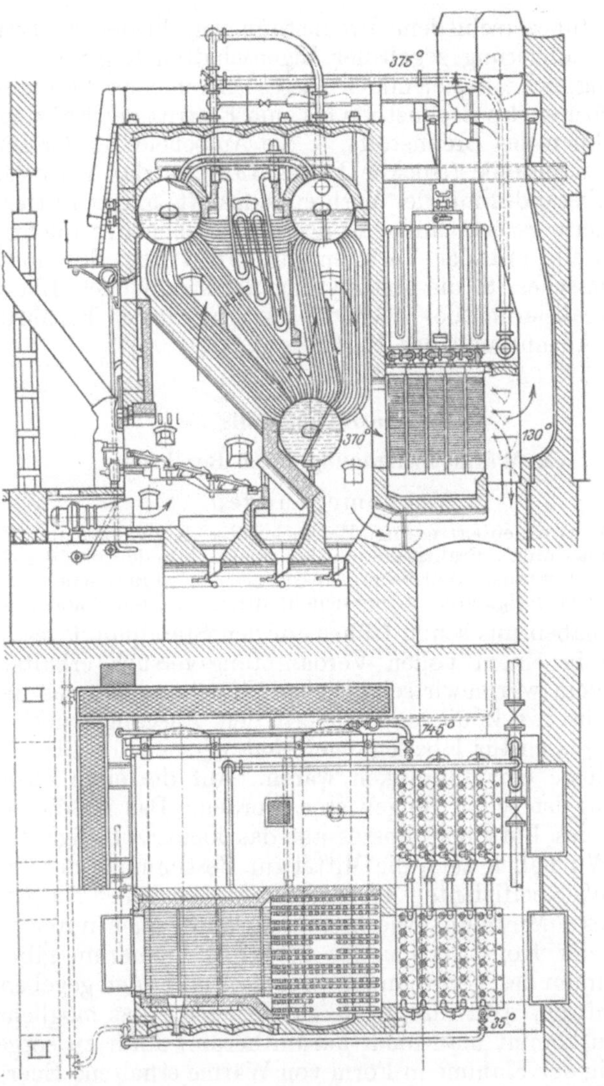

Abb. 18. Hochleistungskessel nach Kablitz & Co., Riga.

Die Anlage umfaßt einen Drei-Trommel-Steilrohrkessel von 600 m², einen Überhitzer von
160 m², zwei Kablitz-Überschub-Hochleistungsfeuerungen von je 5,5 m² mit Schlottergebläse
und einen Kablitz-Ekonomiser von 600 m². Der Kablitz-Rost besteht aus mehreren Reihen
nebeneinander liegender, abwechselnd fester und in ihrer Längsrichtung hin und her be-
wegter Roststäbe. Durch diese in einstellbaren Perioden erfolgende Bewegung wird der
Brennstoffbelag über den schwach geneigten Rost vorwärts bewegt, die Schlacke selbsttätig
abgestoßen und außerdem noch durch die besondere Rostoberflächenform ein Hinüberwälzen
der oberen Brennstoffschichten über die unteren erzielt, wodurch auch aschereiche Mate-
rialien vollkommen ausbrennen. Der Kablitz-Ekonomiser ist ein Rippenrohr-Ekonomiser.

werden für verschiedene Brennstoffe verschiedener, etwa in der Klassifizierung gegebener Eigenschaften folgende in der Feuerung sich abspielende Prozesse eingehender betrachtet: 1. Anwärmen des Brennstoffs bis zum Eintritt der Entgasung, 2. Trocknen des Brennstoffs, 3. die Ausscheidung der flüchtigen Bestandteile (trockne Destillation), 4. das Vermischen des Rückstandes mit der Verbrennungsluft, 5. das Entfernen der Feuerungsrückstände, 6. das Vermischen der flüchtigen Bestandteile mit der Verbrennungsluft, 7. die Entzündung des Gemisches, 8. die Ausnutzung der strahlenden Energie, 9. die Realisierung der Wärmeübertragung durch Berührung, 10. die Ausnutzung der Restwärme.

3. Wärmeübergang.

A. Wärmeübertragung durch Berührung.

Vorbemerkungen.

Begriff der Wärmeübertragung. Wärmeleitung, Konvektion und Konvektionsmaximum. Praktische und konstruktive Bedeutung des Konvektionsmaximums. Wärmetransmissionsgesetz. Praktische experimentelle Schwierigkeiten. Grenzschichtentheorie. Ähnlichkeitsgesetz.

Wir haben uns schon früher auf den Standpunkt gestellt, daß die in einem vollen Verdampfungsversuch erhaltenen Zahlen vom wärmewirtschaftlichen Gesichtspunkt aus nicht dem Selbstzweck dienen, sondern den Ausgangspunkt bedeuten müssen für Überlegungen und Versuche darüber, wie die Verluste einzuschränken wären. Auf die erste Grundbedingung ist schon hingewiesen worden. Das ist die Einstellung des Luftüberschusses auf das kleinstzulässige Minimum. Wir haben auch die Mittel zur Bestimmung des Luftüberschuß-Koeffizienten an die Hand gegeben. Natürlich steht dieses Minimum, wie bereits erwähnt, auch unter dem Einfluß der Konstruktion der Feuerung, immerhin gibt es ein Optimum des Verbrennungsprozesses unter den gegebenen Verhältnissen. Hat man in dieser Beziehung das möglichste getan, so kommt man nicht darum herum, dafür zu sorgen, daß die in der Flamme in Form von Wärme erhaltene Energie auch sozusagen auf schnellstem und direktestem Wege in das Wasser oder an einen anderen Bestimmungsort gelangt, um in Dampf verwandelt zu werden und sich als potentielle Energie daselbst abzulagern oder andere Aufgaben zu erfüllen.

Wir kommen also hiermit zu den äußerst wichtigen Erscheinungen des Wärmeüberganges.

In der großen Praxis haben wir es meist mit dem Übergang von Wärme aus einem Medium durch eine Wand in ein anderes, das zu erwärmende Medium zu tun. Diesen Prozeß nennt man die **Wärmeübertragung** und meint dabei „durch eine trennende Wand". Die Wand trennt meist Gase, Rauchgase, Luft und Flüssigkeiten, Wasser, Öl voneinander (Abb. 19). Die Wärmeübertragung kann auf zweierlei Art vor sich gehen: durch Berührung und durch Strahlung.

Nach der kinetischen Gastheorie sind alle Gasmolekel in heftiger Bewegung begriffen, wobei sie fortwährend miteinander kollidieren, was dazu führt, daß die Wärme von Molekel zu Molekel übertragen wird. Das wäre die Erscheinung der **Wärmeleitung.** Diese kommt in reiner Form auch bei festen Körpern zum Ausdruck, bei Flüssigkeiten und Gasen nur dann, wenn sie sich in absoluter Ruhe befinden. Es können aber auch infolge von Temperatur- und Druckdifferenzen ganze Molekelmassen, d. h. Gasströme bzw. Flüssigkeitsströme, sich bewegen, wodurch die natürliche Wärmeleitung bedeutend unterstützt wird. Ja, es stellt sich heraus, daß diese Bewegung, die man **Konvektion** nennt, die eigentliche Wärmeübertragung besorgt, da die Wärmeleitfähigkeit der Gase und auch der Flüssigkeiten (außer Quecksilber) nur sehr gering ist. Tab. VIII gibt die Leitfähigkeit verschiedener Stoffe wieder (L. 16).

Wenn wir in dieser Richtung weiter denken, kommen wir zu einem Begriff, der meiner Ansicht nach sich als pädagogisch sehr brauchbar erweisen kann: es ist der Begriff des **Konvektionsmaximums** (L. 1g). Da die Leitfähigkeit der Gase, wie erwähnt, sehr gering ist, können wir eine schnelle Wärmeübertragung in Gasen überhaupt und in Rauchgasen im besonderen nur dann erreichen, wenn wir die Gase stark durcheinanderwirbeln lassen. Die Feuerungstechnik zeigt eine Reihe von Beispielen, wo dieses Prinzip konstruktiv ausgenutzt wird. Bei maximaler Wirbelung haben wir eine unendlich schnelle Übertragung. Das sind die Bedingungen des Konvektionsmaximums (Abb. 19b). Man könnte sich fast, wie wir sehen werden, verleiten lassen, den Satz aufzustellen, **daß der Konstrukteur prinzipiell auf das Konvektionsmaximum lossteuern muß.**

Der Wärmeübergang wird aber nicht allein in den Medien selbst gehemmt, vielmehr noch bei einem Übergang aus einem Medium in das andere, z. B. an der die Wärme aufnehmenden und an der sie abgebenden Wandfläche (Abb. 19).

Tabelle VIII.

Leitfähigkeit (λ) verschiedener Stoffe (nach Ten Bosch).

λ = kg-kal je qm je 1 st je 1° Temperaturdifferenz bei 1 m Abstand.

Stoff	Gewicht kg/cbm	λ	Stoff	Gewicht kg/cbm	λ
Metalle			Wärmeschutzmittel		
Aluminium	2600—2750	175	Korkmehl 1—3 mm	160	
Eisen	7200—7800	40—60	0°		0,031
Kupfer	8300—8900	260—340	100°		0,048
Nickel	8400—8900	50	200°		0,055
Messing	8400—8700	70—90	Korkschrott 3 bis 5 mm,		0,042
			stark expendiert	85	0,033
Maschinenziegel	1600	0,45	Korkplatten	80	0,035
			„	380	0,060
Diverse			Sägemehl	215	0,055
Flugasche		0,03	Kieselgur, lose	350	
Kesselstein		1—3	0°		0,052
Glas	2500—3900	0,4—0,8	200°		0,078
Graphit	1900—1300	4,2	Asbest	576	
Ruß		0,03	100°		0,167
Papier		0,1	500°		0,198
			Flüssigkeiten		
			Wasser		0,5
			Öle		v. 1—0,15
			Benzin		0,13
			Quecksilber		6,5
			Gase		0,02—0,04

Versuchen wir jetzt den Vorgang der Wärmeübertragung, so gut es geht, zahlenmäßig zu fassen. Man nimmt an, daß eine jede die Wärme durchlassende Wand, wie Kesselblech, Ziegel, Fensterglas u. dgl., eine spezifische Eigenschaft besitzt, die Wärme zu übertragen. Diese Fähigkeit nennt man den Wärmetransmissions-Koeffizienten.

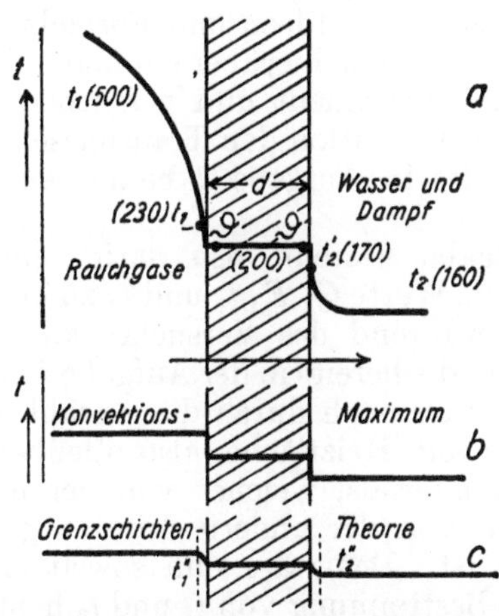

Abb. 19. Graphische Darstellung des Wärmeüberganges durch Wände.

a. Normale Verhältnisse. In den Rauchgasen staut sich die Wärme bei geringen Konvektionsströmen, was einen starken Temperaturabfall an der Oberfläche der wärmeaufnehmenden Wand gibt. In der Wand selbst wird die Wärme sofort $(\vartheta_1 - \vartheta_2)$ infolge der großen Wärmeleitfähigkeit der Metalle weiter geleitet (Tabelle VIII), so daß die Temperatur fast auf der ganzen Strecke konstant ist. Auf der andern Seite der Wand siedet im Dampfkessel überall das Wasser bei gleicher Temperatur (etwa nahe bei 160°). An der Oberfläche bleibt jedoch der Temperatursprung erhalten, was bereits auf die Existenz von Grenzschichten deutet.
b. Bedingungen des Konvektionsmaximums. In den die Wand von beiden Seiten bespülenden Medien ist Temperaturgleichheit, nur dicht an der Oberfläche ein Temperatursprung eingezeichnet, dessen theoretische Berechtigung ungeklärt ist.
c. Konvektionsmaximum mit Grenzschicht, die einen Temperatursprung an der Oberfläche rechtfertigt.

Der Wärmetransmissions-Koeffizient ist diejenige Wärmemenge in kg-kal, welche durch 1 qm des Wandabschnittes in 1 Stunde hindurchgeht, wenn der Temperaturunterschied zwischen den beiden Seiten 1° beträgt. Daraus ergibt sich folgende allgemeine Formel für den Wärmeübergang durch Wände:

$$Q = F \cdot k \cdot (t_1 - t_2) \quad \ldots \ldots \ldots \quad (6)$$

wo Q die in 1 Stunde transmittierte Wärme in kg-kal, F die wärmeübertragende Wandfläche in qm, k den Wärmetransmissions-Koeffizienten, t_1 die höhere Temperatur von der einen

Seite und t_2 die niedrigere Temperatur von der andern Seite bezeichnen. Daraus ergibt sich der Wärmetransmissions-Koeffizient zu

$$k = \frac{Q}{F \cdot (t_1 - t_2)} \quad \dots \quad \dots \quad (7)$$

So einfach das klingt, so stößt man doch in der Praxis bei dem Benutzen dieser Ideen und Formeln auf bedeutende Schwierigkeiten. Um uns hierüber ein klares Bild zu machen, greifen wir zum Experiment und versuchen auf Grund der soeben gegebenen Definition den Transmissions-Koeffizienten für den Boden des in Aufgabe 2 benutzten Kessels zu bestimmen.

Unsere Aufgabe besteht also darin, entsprechend der obigen Formel die Werte Q, F, t_1 und t_2 zu ermitteln. Q wäre die im ganzen während des Versuches an das Wasser abgegebene Wärme, die bereits in der Aufgabe 2 ermittelt worden ist. Diese Zahl wäre noch durch die Anzahl der Stunden zu teilen. F ist die sog. Heizfläche, also offenbar nur derjenige Teil des Kesselmaterials, welcher von der einen Seite von Rauchgasen und von der andern Seite zu gleicher Zeit von Wasser berührt ist. Das wäre nun soweit einfach. Sobald wir aber an die Bestimmung von t_1 und t_2 herangehen, treten die erwähnten Schwierigkeiten auf.

Es kommt also darauf an, genau zu ermitteln, was unter den letztgenannten Bezeichnungen zu verstehen bzw. an welcher Stelle die Temperaturen zu messen sind. Daß dies nicht gleichgültig ist, merkt man am schnellsten, wenn man die Bestimmung an der Feuerseite, z. B. in einem Flammrohr eines Kessels, vornehmen will. Es wäre doch ganz unzweckmäßig, das betreffende Meßinstrument, sagen wir, in die Flamme zu stellen, da doch die Flamme verschieden weit von der Heizfläche entfernt sein kann, was gerade für den Wärmeübergang, den wir messend verfolgen wollen, doch wohl nicht gleichgültig ist.

Leichter ist schon die Lösung der Aufgabe auf der Wasserseite, besonders wenn das Wasser sich im Siedezustande befindet. Dann könnte man für den betreffenden Temperaturwert die Siedetemperatur des Wassers bei dem jeweiligen Dampfdruck bzw. Barometerstand einsetzen. Bei genauerer Betrachtung bemerkt man jedoch, daß diese Aufgabe doch nicht so ganz einfach ist. Offenbar wird doch an der Heizfläche selbst sich eine Dampfschicht befinden, wobei dicht an der Wand der Dampf sogar überhitzt sein, also eine höhere

Temperatur haben wird, als es dem Siedepunkt entspricht. Obgleich vermutlich in dieser Schicht der Temperaturabfall von der Wand sehr schnell vor sich gehen wird, so könnte immerhin für den Wärmeübergang gerade die Temperatur maßgebend sein, die sich hart an der Wand befindet. Man sieht also, daß auch hier es nicht genügen könnte, nur die Siedetemperatur der Flüssigkeit zu bestimmen.

Wir kommen hier in ein sehr schwieriges Gebiet hinein, das gerade in letzter Zeit Gegenstand gründlicher wissenschaftlicher Untersuchungen gewesen ist. Es sei nur vorläufig soviel angedeutet, daß das Studium der oben geschilderten Verhältnisse zu einer Grenzschichtentheorie geführt hat und man die hierher schlagenden Aufgaben auch noch durch Benutzung des sog. Ähnlichkeitsgesetzes zu bewältigen versucht hat.

Wie dem auch sei, aus dem oben Gesagten geht klar hervor, daß es immer am zweckmäßigsten ist, die Temperatur für die Bestimmung des Wärmetransmissions-Koeffizienten möglichst nahe an der Wand zu messen. Von diesem Standpunkt aus wollen wir auch vorläufig den Versuch durchführen. Noch eines kommt hinzu. Wir müssen offenbar für die Werte t_1 und t_2 Durchschnittstemperaturen einsetzen, was weitere experimentelle Schwierigkeiten mit sich bringt. Man könnte nun sagen: an je mehr Stellen man die Temperatur bestimmt, desto genauer ergibt sich der Durchschnitt. Das wollen wir denn auch, soweit es geht, durchführen. Aber es ist doch eine Frage, ob bei starken Temperaturdifferenzen das arithmetische Mittel aus beliebig vielen gleichmäßig an der Oberfläche verteilten Werten das richtige ist. Darüber gibt es spezielle Arbeiten, was ich der Vollständigkeit wegen erwähne. Wir begnügen uns hier mit dem arithmetischen Mittel.

Vierte Aufgabe.

Bestimmung des Wärmetransmissions-Koeffizienten an einem Laboratoriums-Kochwasserbad.

Der Versuch wird genau so und an demselben Kesselchen ausgeführt, wie in der zweiten Aufgabe beschrieben, nur daß hier, entsprechend dem in den Vorbemerkungen Angeführten, an möglichst vielen Stellen und möglichst dicht an der Heizfläche der Gasseite die Temperatur gemessen wird. Für die Innenseite, d. h. die sog. wasserberührte Heizfläche, nehmen wir die Siedetemperatur des Wassers. Wie oben bemerkt, wird sich ganz nahe an der Wand überhitzter Dampf mit einer höheren Temperatur befinden, als der Siedetemperatur entspricht, doch müßte man schon genauere Meßapparate haben, um dies konstatieren zu können.

Um nun an der sog. feuerberührten Heizfläche möglichst nahe an die Wand herankommen zu können, nehmen wir anstatt eines Quecksilberthermometers, das sowieso die hohen Temperaturen nicht aushalten würde, ein thermoelektrisches Pyrometer, und zwar am besten ein Platin-Platinrhodium-Thermoelement. Am schönsten wäre es, wenn wir die kaum stecknadelkopfgroße ·Verbindungsstelle der beiden Metalle an die Wand heranführen würden, doch ist diese Methode nicht zulässig, da die Edelmetalle leicht an Stellen, wo Sauerstoffunterschuß ist, aus der Gasflamme Kohlenstoff aufnehmen und spröde und brüchig werden. Mit der Veränderung der Zusammensetzung der Metalle werden aber auch die Angaben des Pyrometers unsicher. Wir müssen daher die Thermoelementperle, d. h. die Verbindungs- bzw. Lötstelle, durch Einlegen in ein Quarzröhrchen und einen Draht durch ein engeres Quarzrohr isolieren (Abb. 20). Die Messung muß dann in einem gewissen Abstande von der Wand vorgenommen werden. Doch dabei ist nichts zu machen, und für unsere Zwecke genügt es. Man tut übrigens gut, ein größeres Gefäß und eine große Gasflamme zu wählen.

Wir machen es nun am besten so, daß wir während der Dauer des Versuches das Thermoelement an besonders ausgewählten Stellen gleichmäßig lange, wenigstens etwa $^1/_2$ bis 1 Minute, halten, dabei die ganze Heizfläche abfahren und dieses so lange wiederholen, als der Versuch dauert. Damit haben wir Außen- und Innentemperatur, d. h. die Temperaturdifferenz von beiden Seiten der wärmeübertragenden Fläche, und aus der Menge des verdampften Wassers und der Energie- bzw. der Wärmezunahme der Wassereinheit beim Erwärmen und Verdampfen die in der gemessenen Zeit durch die Wand übertragene Wärme. Aus diesen Daten berechnet man dann nach Formel (7) den Wärmetransmissions-Koeffizienten.

Zunächst führen wir die Operation während des Anwärmens des Wassers aus. Abb. 20 zeigt die Versuchsanordnung. Um bessere Durchschnittswerte für die Temperatur zu erhalten, isolieren wir den Kessel bis auf den Boden, der uns dann als Heizfläche nachbleibt. Wie man sieht, berühren die Gase die Seitenwände sowieso sehr wenig, zum mindesten ist die Konvektion dort sehr schwach. Wir haben also eine ziemlich stark von heißen Gasen bespülte Heizfläche. Das Pyrometer lassen wir (von unten aus), wie in Abb. 20 zu sehen, abwechselnd an vier Stellen der Heizfläche bis zur Temperaturkonstanz stehen.

Bei einem so ausgeführten Versuch ergaben sich folgende Werte:

Menge des Wassers: 2000 ccm.

Anfangstemperatur: 17,7°.

Endtemperatur: 90°.

Temperaturen an der Heizfläche an vier Stellen: 390, 540, 540, 580, im Mittel 512°.

Dauer des Versuchs: 12 Minuten.

Es verdunstete Wasser: 60 g.

Heizfläche = 200 qcm = 0,02 qm.

Dem Begriff des Wärmetransmissions-Koeffizienten entsprechend müssen wir alles auf 1 Stunde und 1 qm beziehen. Die je Stunde übertragene Wärmemenge wäre dann je Quadratmeter:

$$\frac{[2000 \cdot (90 - 17,7) + 60 \cdot 537] \cdot 60}{12} = 889\,000 \text{ g-kal.}$$

Die mittlere Temperatur des Wassers wäre ungefähr

$$\frac{90 + 17{,}7}{2} = 53{,}8°$$

und die mittlere Temperaturdifferenz des Transmissionsprozesses, also von beiden Seiten der Wand,

$$512 - 53{,}8 = 458°.$$

Der Transmissionskoeffizient in kg-kal beträgt dann:

$$k = \frac{Q}{F(t_1 - t_2)} = \frac{889}{0{,}02 \cdot 458} = 97.$$

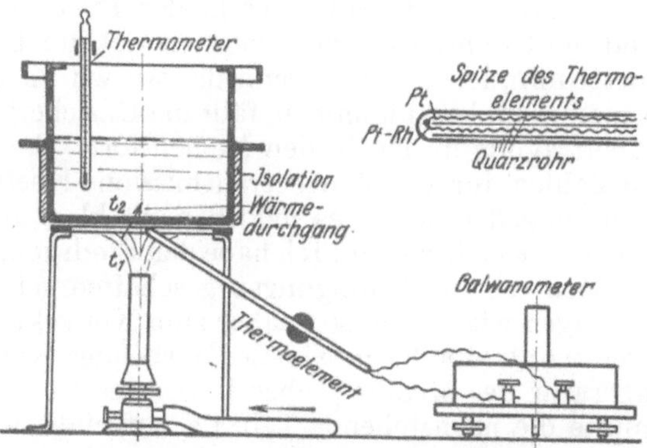

Abb. 20. Ermittelung des Wärmetransmissionskoeffizienten durch den Boden eines Laboratoriumskessels (Wasserbad).

Durch Messen der Temperaturen von beiden Seiten der wärmeübertragenden Wand und Bestimmen der vom Wasser aufgenommenen Wärme ermittelt man die in der Stunde durch 1 m² je 1° Temperaturdifferenz durch den Boden des Kessels gegangene Wärme.

Nun bestimmen wir den Koeffizienten für den Kochprozeß.
Anfangstemperatur des Wassers: 99°.
Verdampftes Wasser: 672 g.
Temperaturen an der Außenfläche an vier Punkten: 1. Messung: 390, 523, 453, 472°, 2. Messung: 580, 420, 410, 490°, im Mittel: 467°.
Temperaturdifferenz der Transmission: 367°.
Dauer des Versuches: 27 Minuten.
Mithin Transmissionskoeffizient:

$$k = \frac{Q}{F(t_1 - t_2)} = \frac{672 \cdot 537 \cdot 60}{27} : 0{,}02 \cdot 367 = 11.$$

Auffallend ist der scheinbar leichtere Wärmedurchgang beim Anwärmen gegenüber der Transmission, während das Wasser kocht. Tatsächlich ist auch, wie wir in der zweiten Aufgabe gesehen haben, der Nutzeffekt beim Anwärmeprozeß größer als beim Kochen. Wir kommen auf diese eigentümliche Erscheinung später noch im Zusammenhang zu sprechen.

Folgerungen und anschließende Betrachtungen.

Praktische Beispiele für das konstruktive Erstreben des Konvektionsmaximums. Zerstäubung der Heizfläche. Temperatursprung in den
Grenzschichten. Die Beziehung des Konvektionsmaximums zur Grenzschichtentheorie und zum Ähnlichkeitsgesetz.

Die im Versuch gemachten Beobachtungen und Ergebnisse greifen unvermittelt in die Betriebspraxis ein. Die
Kompliziertheit der bei der Wärmeübertragung vor sich
gehenden Erscheinungen erschwert es ungeheuer, sich bei
Lösung praktischer Aufgaben auf die mathematischen Formulierungen zu stützen. Gerade hier in der Praxis erleichtert
bedeutend die Orientierung der oben entwickelte Begriff des
Konvektionsmaximums. Denn da, wo wir an das Konvektionsmaximum herankommen, fällt die Unsicherheit in der
Wärmeübertragung in den beiden Medien fort. Es existieren
natürlich Zahlen für die Wärmetransmissions-Koeffizienten.
Wie bereits angedeutet, ist es jedoch nicht klar, auf welche
Verhältnisse sie sich beziehen. Ich habe den Eindruck, daß man
sie am besten als für Bedingungen geschaffen gelten lassen
kann, die, sagen wir einmal so: näher zum Konvektionsmaximum liegen, wo also infolge maximaler Wirbelung (Konvektion)
die Temperatur des Mediums überall dieselbe ist. In diesem
Sinne müßte die nachstehende Tab. IX aufgefaßt werden [13]).

Tabelle IX.
Grundzahlen für Wärmeübertragung durch Gefäßwände.

Wärmeübergangszahlen in kg-kal je Stunde, je qm Wandfläche und
je 1° Temperaturdifferenz:

Aus Luft oder Rauchgasen in Luft durch eine Tonwand   5
Aus Luft oder Rauchgasen in Luft durch eine Gußeisen-
    wand . . . . 10 bis 14
Aus Luft oder Rauchgasen in Wasser durch eine Eisen-
    wand (auch in umgekehrter Richtung) . . . . . 13 bis 20
Aus Dampf in Luft durch eine Eisenwand . . . . . 11 bis 18
Aus Dampf in Wasser durch eine Eisenwand . . . . 800 bis 1000

---

[13]) Man könnte versuchen, festzustellen, was der Schöpfer des
Wärmetransmissions-Gesetzes und derjenige, der Tab. IX zusammengestellt hat, für Begriffe mit den Werten t verbanden. Gelegentlich
der Abfassung meines russischen Buches über Feuerungstechnik
(L. 2) suchte ich diese Frage durch Literaturstudien zu klären. Ich
kam über Redtenbacher, von dem die bekannte Tabelle der Trans-
missionskoeffizienten zu stammen scheint, zu Peclet, habe aber
auch dort nichts finden können, was einer unzweideutigen Aufklärung
gleichgekommen wäre. So muß man sich denn schon selbst zurecht-
finden, und es scheint eben wie erwähnt sinngemäß richtig zu sein,
Ausgangs- und Endpunkt des eigentlichen Wärmetransmissions-
Prozesses dicht an die Wand zu legen.

Bevor ich auf einige praktische Beispiele eingehe, möchte ich noch einen Gedanken wiederholen (siehe oben S. 193), der in diesen ganzen Komplex hineingehört. Das ist das vielleicht unbewußte Streben der Konstrukteure nach dem Konvektionsmaximum. Die nun anzuführenden Beispiele hängen mit diesen Bestrebungen zusammen. So legt man beim Vorwärmen von Speisewasser durch abziehende Rauchgase ein Wasserröhrenbündel in sie hinein, verteilt also die Heizfläche im Gasstrom (Ekonomiser, Abb. 21) und erhält den Effekt des Konvektionsmaximums, indem dann schon die an und für sich begünstigte Wirbelung weniger Arbeit hat, um möglichst viel Gasteile an die Heizfläche heranzubringen und die Temperatur im ganzen Gasstrom möglichst gleichzuhalten. Noch weiter geht man in dieser sog. Zerstäubung der Heizfläche bei den Ljungströmschen Vorwärmern für Verbrennungsluft (Abb. 22). Bei diesen Apparaten rotiert ein mit Blechen durchsetzter Körper so, daß sich seine Teile bald im sich abkühlenden Gasstrom, bald im anzuwärmenden Luftstrom befinden, wodurch die Wärmeübertragung sehr intensiv wird. Es ist tatsächlich eine wahre Heizflächenzerstäubung. Es gibt auch Röhren-Luftvorwärmer. Die Luftanwärmung hat, nebenbei bemerkt, nicht nur den Vorteil der Ausnutzung der Abgaswärme, sondern befördert auch die Verbrennungsreaktion, indem bei höherer Temperatur die Verbrennung vollkommener wird und daher mit geringerem Luftüberschuß vor sich gehen kann. Außerdem brennen die Rückstände infolge der höheren Temperatur der Luft besser aus (L. 18a).

Während der Korrektur wurde ich von den Erfindern Simmon & Bergmann, Dresden-Tschachwitz auf den rotierenden Ekonomiser aufmerksam gemacht, bei dem die Übertragungsverhältnisse dem Konvektionsmaximum am nächsten kämen. Da der Ekonomiser eine als Ventilator wirkende zerstäubte Heizfläche darstellt, werden die Hindernisse, welche bei gesteigertem Konvektionsmaximum infolge starker Reibung bei hoher Geschwindigkeit auftreten, in glücklicher Weise ideell und konstruktiv überwunden, wodurch die Bedingungen sich tatsächlich sehr günstig gestalten (Abb. 18b).

Unter solchen dem Konvektionsmaximum nahekommenden Bedingungen sind natürlich die in der Tab. IX angeführten und sonst gebräuchlichen Wärmetransmissions-Koeffizienten ohne weiteres verwendbar. Die Formel wäre also direkt für die Berechnung der Heizfläche eines Ekonomisers gut zu benutzen, wenn man die mittlere Temperatur der Ab-

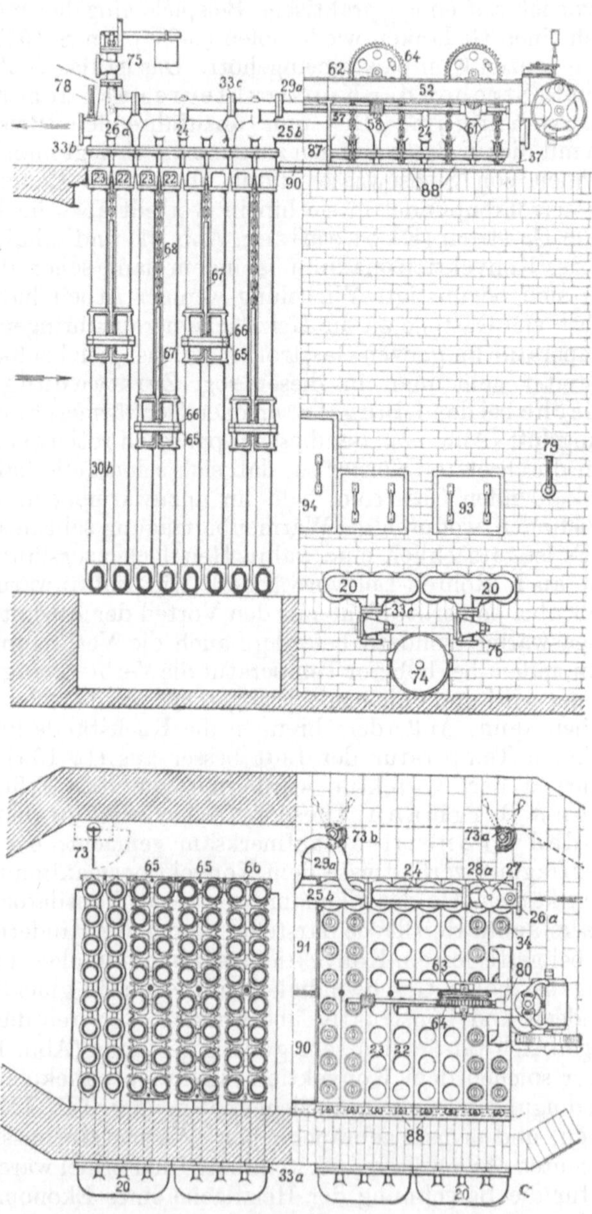

Abb. 21.

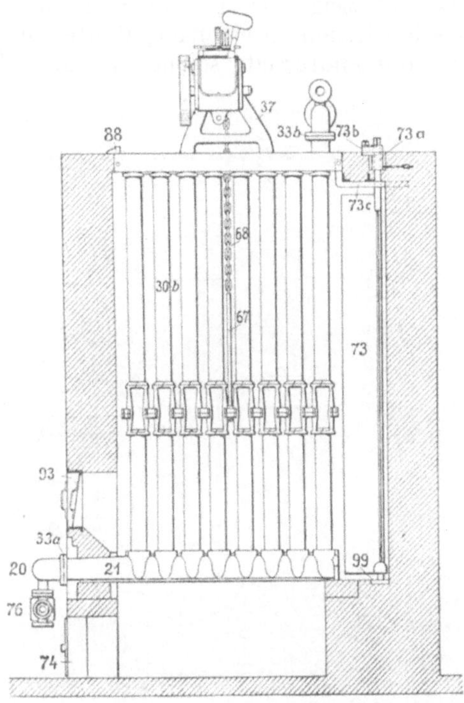

Abb. 21. Ekonomiser der Vereinigten Ekonomiser-Werke G. m. b. H.
(Werk M. und E. Hartmann, Freital.)

Die von den Rauchgasen umspülten Rohrbündel werden vom anzuwärmenden Kesselspeisewasser durchflossen. Das Wasser tritt durch Ventil *27* (S. 102 unten) ein, strömt durch das Rohrbündel nach unten, wo es durch das Knie *20* (S. 102 oben) zu dem zweiten Rohrbündel geführt wird, steigt hinauf und geht durch das Verbindungsstück *24* zum nächsten Rohrbündel, bis es bei *26 a* austritt. Ruß- und Flugasche, die sich an den Röhren ansetzen, werden durch an Ketten *68* hängenden Schaber *65, 66* entfernt. Die Ketten laufen über sich hin und her bewegende Kettenräder *64*, die durch einen Antrieb (S. 102 unten bei *80*) in Bewegung gesetzt werden. Durch Hahn *76* (S. 102 oben, S. 103) wird der Schlamm abgelassen. Durch Öffnen der Klappe *73* werden die Rauchgase um die Rohrbündel herumgeführt.

gase und die mittlere Temperatur des sich anwärmenden, den Ekonomiser durchströmenden Wassers kennt. Ich begnüge mich mit diesen Andeutungen, erwähne nur, daß es nicht immer geht, die mittlere Temperatur aus dem arithmetischen Mittel zu entnehmen. Es gibt dafür besondere Berechnungsmethoden. Für Überschlagrechnungen genügt aber auch die einfachere Methode (L. 16, 17, 19).

Ein Moment, das von großer praktischer Bedeutung ist, springt bei den Wärmeübergangserscheinungen in die Augen,

was auch Tab. IX zeigt. Dort sieht man für den Wärmetransmissions-Koeffizienten einerseits Werte, die in die Tau-
sende gehen, und andrerseits solche, welche sich in einigen

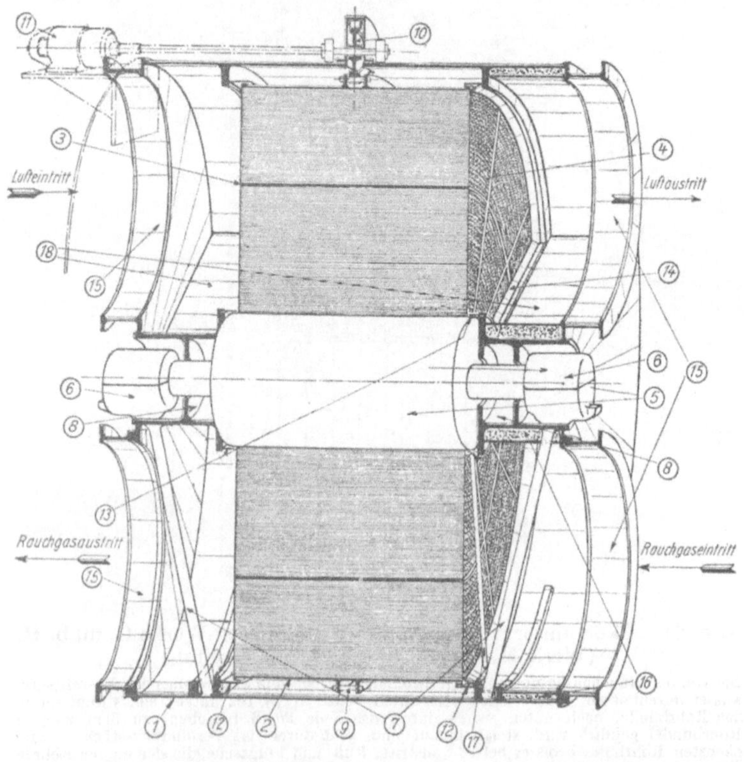

Abb. 22. Ljungström-Luftvorwärmer Type CH.

1 Gehäuse des Vorwärmers, *2* Läufergehäuse, *3* Versteifungswände im Läufer, *4* Heiz-
elemente, *5* Läuferwelle, *6* Lagerung, *7* Lagerunterstützung, *8* Lagergehäuse, *9* Zahnkranz
auf dem Lagergehäuse, *10* Zahnrad zum Antrieb des Läufers, *11* Antriebsmotor für den
Läufer, *12* Schleifdichtungsringe am Umfang des Läufers, *13* Dichtungsringe am Umfange
der Läuferwelle, *14* Schleifdichtungsbleche an den Trennungswänden, *15* Anschlüsse für Luft-
und Rauchkanäle, *16* Isoliermaterial bei Rauchgaseintritt und Luftaustritt, *17* Rußaus-
blaserohr, *18* Trennungswände der Rauchgas- und Luftkammern.
Ein auf einer wagerechten Welle rotierendes von im Zickzack gebogenen Blechen durch-
setztes Läufergehäuse (*2*) wird in seinen gegenüberliegenden Teilen wechselweise von abkühlenden Rauchgasen bzw. sich anwärmender Luft durchstrichen, wodurch eine außerordentlich intensive Wärmeübertragung erzielt wird.

Zehnern bewegen. Wie bereits erwähnt (Abb. 19), befindet sich
an der Oberfläche der die Wärme übertragenden
Wand ein Temperatursprung. Dort treten nämlich
stärkere Widerstände auf. Sie werden wohl hauptsächlich in

der sog. Grenzschicht liegen. Auch hier kann ich mich nicht auf die schwierigen theoretischen Betrachtungen einlassen, es genügt, daß der angehende Praktiker sich merkt, daß überall da, wo die Benetzung der Heizfläche durch tropfbare Flüssigkeiten besorgt wird, der Widerstand viel geringer ist, wogegen er besonders hohe Werte erreicht an der gasberührten Übertragungsfläche. So ist der Wärmewechsel zwischen Wand und Wasser sehr hoch, ebenso zwischen Wand und gesättigtem Dampf, da der gesättigte Dampf sofort eine Flüssigkeitsschicht an der kühleren Wand niederschlägt. Dagegen ist er zwischen Wand und Rauchgasen und Wand und Luft sehr gering, ebenso wie zwischen Wand und überhitztem Dampf, der damit seinen Gascharakter anzeigt. Aus diesen Tatsachen ergeben sich praktisch sehr wichtige Folgerungen, die ich hier noch andeuten will. Will man durch eine Wärmeschlange Wasser anwärmen oder verdampfen, so erhält man einen höheren Effekt, wenn man nicht heiße Rauchgase in die Schlange leitet, sondern durch die Wärme der Rauchgase Wasserdampf erzeugt und den Dampf in die Schlange schickt. Will man den Wärmewechsel durch Vergrößerung der Heizfläche erhöhen, etwa durch Anbringung von Rippen, so muß man es da tun, wo der größere Widerstand an der Oberfläche ist, beim Ekonomiser z. B. außen in den Rauchgasen (Rippenrohrekonomiser, Abb. 18). Bei eventueller Verwendung von überhitztem Dampf in einer Heizschlange müssen die Rippen innen angebracht werden. Ist auf einer Seite der übertragenen Heizfläche der Wärmewiderstand sehr hoch, so spielt die Wandstärke, besonders bei Metallgefäßen, gar keine Rolle, da die Wärmeleitfähigkeit in der Wand selbst übermäßig groß ist.

Die an den Berührungsflächen auftretenden Widerstände lassen sich übrigens mathematisch leicht fassen, indem man die Formel so entwickelt, daß getrennte Koeffizienten für den Wärmeeintritt in die Wand (α_1), die Leitfähigkeit (λ) und den Wärmeaustritt genommen werden (α_2). Wir erhalten folgende Formel, die, wie leicht zu sehen, auf die einfachere zurückgeführt werden kann, wenn man alle Wärmeübergangskonstanten eben zu einem Wert: k zusammenfaßt:

$$Q = \frac{1}{\dfrac{1}{\alpha_1} + \dfrac{d}{\lambda} + \dfrac{1}{\alpha_2}} \cdot F \cdot (t_1 - t_2) \quad . \quad . \quad . \quad . \quad (8)$$

$$\frac{1}{\dfrac{1}{\alpha_1} + \dfrac{d}{\lambda} + \dfrac{1}{\alpha_2}} = k \quad \ldots \ldots \ldots \quad (9)$$

d ist die Wanddicke

Bei unserer letzten Aufgabe der Ermittelung des Wärmeübertragungskoeffizienten haben sich Erscheinungen gezeigt, auf welche die soeben ausgeführten Betrachtungen sich auch beziehen. Die beim Sieden des Wassers aufgetretene Verringerung der Wärmetransmission muß man jedenfalls Wärmestauungen zuschreiben, die nur auf der Wasserseite aufgetreten sein können, da auf der Gasseite sich nichts geändert hat. Es kann die bereits oben (S. 96) erwähnte Schicht überhitzten Dampfes sein, welche den Wärmedurchgang stört. So wird es auch sein. Freilich spräche die Überlegung dagegen, daß ja das Hindernis an der Gasseite so groß ist, daß die kleine Stockung auf der Wasserseite kaum ins Gewicht fallen dürfte. Der Abstand vom Konvektionsmaximum kann es auch nicht sein, da ja beim Sieden die Konvektion fraglos größer sein wird. Man könnte weiter annehmen, daß in der Formel die Temperaturdifferenz mit irgendeiner Potenzzahl versehen sein müßte, da ja beim Anwärmen diese Differenz größer ist. Es könnte aber auch noch eine andere Erklärung den richtigen Weg weisen. Wenn an der Wasserseite eine sehr dünne Schicht überhitzten Dampfes sich zwischenlagert und wir imstande wären, die Temperatur dieser Schicht zu messen, so wäre sie über 100°, die Temperaturdifferenz wäre kleiner, und die Formel würde einen größeren Koeffizienten geben. Das wäre evtl. dafür eine Erklärung. Für den schlechteren Nutzeffekt beim Sieden spräche jedoch eine Wärmestauung in der Schicht überhitzten Dampfes.

Aus diesen Ausführungen sieht man schon, daß die Existenz einer Grenzschicht sich von selbst aufdrängt, ja der Begriff des Konvektionsmaximums ist hier sinngemäß gewissermaßen miteinbegriffen, indem die Annahme gemacht wird, daß außerhalb der Grenzschicht eine annähernd gleiche Temperatur herrscht. Aber auch das Ähnlichkeitsgesetz hängt mit dem Begriff des Konvektionsmaximums zusammen. Denn überall da, wo man sich dem Begriff des Konvektionsmaximums nähert, ist die Ähnlichkeit der Bedingungen von selbst gegeben, infolgedessen gelten hier dieselben Näherungsformeln. Aber auch da, wo außerhalb des Konvektionsmaximums ähnliche Verhältnisse gelten, sind die gleichen entsprechenden Näherungsformeln anzuwenden und dieselben Koeffizienten zu benutzen (Näheres in L. 1 g und 26 c).

B. Wärmeübertragung durch Strahlung.

Vorbemerkungen.

Gesetz von Kirchhoff. Absolut schwarzer Körper. Gesamtstrahlung und Strahlungsspektrum.

So wenig sicher und so kompliziert die Gesetze der Wärmeübertragung durch Berührung sind, so einfach und sicher lassen sich die Gesetze der Wärmestrahlung in Formeln wiedergeben. Für das Verständnis derselben haben wir einige spezielle Begriffe nötig, auf die wir hier kurz eingehen. Man kann ihrer überhaupt nicht ermangeln, wenn man die in Feuerungen und Feuerzügen vor sich gehenden Strahlungsvorgänge richtig verstehen will.

Am besten gehen wir vom Kirchhoffschen Emissionsgesetz aus. Wenn wir die Energiemenge 1 auf einen beliebigen Körper einstrahlen lassen, so wird ein Teil der Energie (R) reflektiert, ein zweiter Teil (D) wird durchgelassen, und ein dritter Bruchteil (A) wird endlich unter Wärmeentbindung absorbiert. Es gilt dann offenbar

$$R + D + A = 1 \quad \ldots \ldots \ldots \quad (10)$$

Diese Formel verwandelt sich für ideale Spiegel in $R = 1$, für ideales Glas in $D = 1$ und für einen Körper, der alle auf ihn fallende Strahlungsenergie absorbiert und in Wärme verwandelt, in $A = 1$. Für letzteren werden wir gleich einen richtigen Namen haben. Wenn nämlich ein Körper keine Strahlen reflektiert, so ist er in der Aufsicht dunkel, d. h. schwarz; wenn er auch keine Strahlen durchläßt, so ist er auch in der Durchsicht schwarz. Derartige Körper existieren in absoluter Form tatsächlich nicht. Sie lassen sich jedoch wohl theoretisch denken. Einem Körper mit solchen Eigenschaften ist die Bezeichnung: **absolut schwarzer Körper** beigelegt worden. Wir werden noch weiter sehen, daß man auch gewissermaßen mit ihm experimentieren kann, denn wenn man auch keine absolut schwarzen Körper herstellen kann — Kohle, Graphit u. a. sind wohl schwarz, jedoch nicht absolut schwarz —, lassen sich immerhin absolut schwarze Strahlen erzeugen.

Nach dem Kirchhoffschen Gesetz gilt nun:

$$\frac{E_1}{A_1} = \frac{E_2}{A_2} = \frac{E_3}{A_3} = \cdots \frac{E_n}{A_n} = \frac{E_{\text{abs}}}{A_{\text{abs}}} = E_{\text{abs}} \quad . \quad (11)$$

d. h. das Emissionsvermögen aller Körper ist stets in gleicher Weise proportional ihrem Absorptionsvermögen. Daraus geht hervor, daß derjenige Körper, der mehr Strahlen absorbiert, auch sie mehr aussendet. Danach ist der absolut schwarze Körper, dessen Absorptionsvermögen = 1 ist, zu gleicher Zeit der stärkste Strahler, und es liegt nahe, die Strahlungsgesetze an ihm zu studieren, d. h. sie experimentell für die schwarzen Strahlen festzustellen, da man dort mit sicheren Werten rechnen kann. Solche Experimente sind vor verhältnismäßig kurzer Zeit in der Physikalisch-Technischen Reichsanstalt in Berlin von Lummer und Pringsheim (L. 20) durchgeführt worden. Diese Forscher haben auch auf Grund einer Kirchhoffschen Idee die schwarze Strahlung realisiert.

Ohne auf den indirekten Beweis von Kirchhoff einzugehen, gebe ich eine Deduktion, die wohl für das Verständnis der hier in Betracht kommenden Verhältnisse ausreichen dürfte. Da der absolut schwarze Körper zugleich der maximale Strahler ist, so wird auch die maximale, d. h. schwarze Strahlung von einem Raum ausgesandt werden, der energiegesättigt ist. Und das ist ein isothermer Raum, d. h. ein Raum, der von allen Seiten von derselben Temperatur umgeben ist (Abb. 23). Da kann tatsächlich unter keiner Bedingung von einem beliebigen Oberflächenstück mehr Energie ausgestrahlt werden, als es der Temperatur entspricht. Haben wir einen nichtschwarzen Körper, so wird er immer weniger, als es dem schwarzen entspricht, Energie aussenden, solange er nicht von allen Seiten dieselbe Energie bekommt und sie wieder ausgibt, was eben dem energiegesättigten absolut schwarzen Raum entsprechen würde.

Während die Absorptionsverhältnisse in dem eben erläuterten Kirchhoffschen Gesetz sich bereits erschöpfen, so wären noch hier die eigentlichen Strahlungsgesetze zu erläutern, die teils theoretisch abgeleitet, teils, wie oben erwähnt, in der Physikalisch-technischen Reichsanstalt experimentell festgestellt worden sind. Zum Kirchhoffschen Gesetz sei z. B. nachgetragen, daß es in den bekannten Spektrallinien zum Ausdruck kommt, wobei es sich in diesem Falle sogar auf die Wellenlänge differenziert zeigt. So absorbiert z. B. Natriumdampf dasselbe gelbe Licht, welches er aussendet.

Im Anschluß daran sei darauf hingewiesen, daß die Einteilung der Strahlung nach Wellenlängen, d. h. ein sog. Spektrum, auch die Wärmestrahlung aufweist. Während feste

Körper meist ein kontinuierliches Spektrum geben, in welchem sämtliche Wellenlängen eines gewissen Bereiches vertreten sind, senden Gase Strahlen von besonderer Wellenlänge aus.

Wir haben es also überhaupt mit zweierlei Gesetzen zu tun, und zwar mit solchen, die sich auf die gesamte ausgestrahlte Energiemenge beziehen, oder solchen, die die Verteilung der Energie im Strahlenspektrum betreffen. Die beiden Strahlungsgesetze lauten:

$$E = \sigma\, T^4 \qquad\ldots\ldots\ldots\ldots \quad (12)$$

$$E_\lambda = \frac{C\,\lambda^5}{e^{\frac{c}{\lambda T}}} \qquad\ldots\ldots\ldots \quad (13)$$

E ist die vom Körper ausgestrahlte Gesamtenergie, E_λ ein Teil von ihr von beliebiger Differenzialgröße um die Wellen-

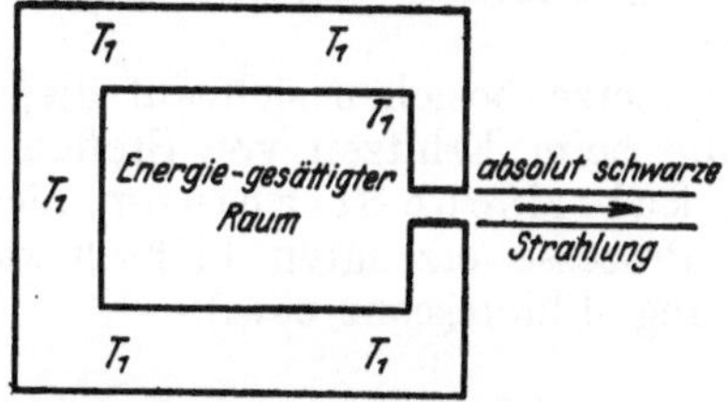

Abb. 23. Realisierung der absolut schwarzen Strahlung durch Kirchhoff.

Der auf gleiche (hohe) Temperatur eingestellte Raum muß als energiegesättigt angesehen werden und strahlt infolgedessen das Maximum an Energie aus, das überhaupt bei der betreffenden Temperatur (T) durch Emission abgegeben werden kann. Es ist mithin die absolut schwarze Strahlung.

länge λ herum, T die absolute Körpertemperatur, e die Basis des nat log, alles übrige sind Konstanten.

Bevor wir uns diese Gesetze näher ansehen, wollen wir zu Laboratoriumsversuchen greifen.

Die erwähnten in den Speziallaboratorien an den Strahlungserscheinungen ausgeführten Untersuchungen haben eine besondere kostspielige Experimentiertechnik geschaffen. Da wir jedoch hier vom prinzipiell pädagogischen Standpunkt aus uns nur möglichst einfacher Mittel bedienen wollen, so opfern wir die Genauigkeit der Einfachheit. Aus den Kirchhoffschen Gesetzen wissen wir, daß die undurchsichtigen und nichtspiegelnden, also die schwarzen Körper am meisten Strahlungsenergie absorbieren und in Wärme verwandeln. Diese Erscheinung nutzen wir aus, indem wir ein beliebiges

Glasgefäß, etwa ein Becherglas, an der der Strahlungsquelle zugewandten Seite berußen und von allen andern Seiten wärmeundurchlässig machen. Füllen wir es mit Wasser auf, so kann man die von der berußten Fläche aufgenommene Energiemenge aus der Temperaturerhöhung des Wassers berechnen. Nimmt man weiter an, daß die Strahlungsquelle ihre Energie nach allen Seiten gleichmäßig aussendet, so findet man auch — natürlich in ganz rohen Zahlen — die ausgestrahlte Gesamtenergie der Quelle.

Wenn auch die auf diese Weise erhaltenen Werte nur relativer Natur sind, so lassen sich doch, mit für unsere Zwecke genügender Anschaulichkeit, Vergleichswerte finden. Wir führen die Versuche derart aus, daß wir zuerst eine blaue Bunsenflamme aufstellen, beim zweiten Versuch die Flamme leuchtend machen und beim dritten Experiment in der blauen Bunsenflamme einen festen, möglichst dunkeln Körper zum Glühen bringen.

Alle diese Gesetze beziehen sich auf diejenigen Lichterscheinungen, die beim Erhitzen von Stoffen auftreten, auf die sogenannte kalorische Strahlung, nicht aber auf die durch andere Prozesse erzeugten Lichteffekte (Biologische Prozesse, Reibung, Fluorescenz usw.).

Fünfte Aufgabe.

Bestimmung der von einer Bunsenflamme ausgestrahlten Energie.

Für den Versuch wählt man am besten eine Kombination von etwa drei Bunsenbrennern, wie in Abb. 24 (Strahlungsquelle II) zu sehen. Wenn man die Strahlung einer kohlenstofffreien oder einer leuchtenden Flamme bestimmen will, so genügt es wohl, einen Brenner zu nehmen (Abb. 24, Strahlungsquelle I). Beim Mitverwenden eines Strahlungskörpers muß dieser jedoch womöglich von allen Seiten von der Flamme bespült werden, damit er nicht nur nach unten oder zum Becherglas zu, sondern möglichst gleichmäßig nach allen Seiten strahlt. Mit einem Brenner allein lassen sich jedoch einigermaßen brauchbare, die weitere Berechnung rechtfertigende Bedingungen nicht schaffen.

Die Temperaturerhöhung des im Becher befindlichen Wassers ist naturgemäß verhältnismäßig klein. Es kann daher der Einwand gemacht werden, daß die Erwärmung aus der Raumluft stammt, zum mindesten der Wärmewechsel mit der umgebenden Luft die Ergebnisse fälschen kann. Um diesen Einfluß auszuschalten, verfahren wir am besten, wie oben (S. 29) bei der Bestimmung des Heizwertes beschrieben, was aus dem Weiteren ersichtlich sein wird.

Beim Versuch mit blauer Flamme erhielt man bei Verwendung eines Brenners folgende Werte:

Gasverbrauch: 50,1 l bei 757 + (1,4 H_2O =) 0,1 mm Hg und 22°.
Oberer Wärmewert des Gases: 4200 Kal.

Angewandte Wassermenge: 1000 g.
Zeit- und Temperaturverlauf:

11 Uhr	55 Min.	. . . .	19,53°	
11 „	56 „	. . . .	19,53°	
11 „	57 „	. . . .	19,54°	
11 „	58 „	. . . .	19,55°	+ 0,01°
11 „	59 „	. . . .	19,56°	je Minute
12 „	00 „	. . . .	19,57°	
12 „	01 „	. . . .	19,58°	
12 „	02 „	. . . .	19,59°	
12 „	03 „	. . . .	19,60°	Beginn der Bestrahlung
12 „	09 „	. . . .	20,33°	Ende der Bestrahlung
12 „	10 „	. . . .	20,34°	
12 „	11 „	. . . .	20,35°	
12 „	12 „	. . . .	20,36°	0,02 : 5 = + 0,004
12 „	13 „	. . . .	20,36°	je Minute
12 „	14 „	. . . .	20,37°	
12 „	15 „	. . . .	20,36°	

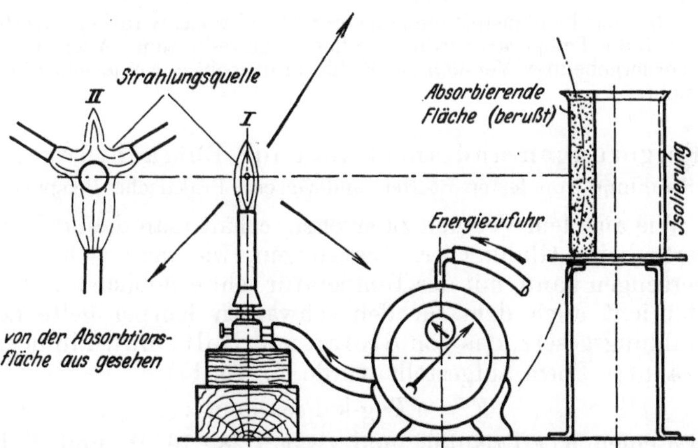

Abb. 24. Strahlungsversuch.

Die von einer Strahlungsquelle (*I* oder *II*) ausgesandte Energie trifft auf die mit Ruß bedeckte Seite eines Becherglases. Die nicht von den Strahlen getroffenen Wände des Becherglases sind gegen den Wärmewechsel mit der Umgebung isoliert. Die von der Quelle im ganzen ausgestrahlte Energie läßt sich annähernd bestimmen, wenn man die Projektion der berußten Fläche zu der Kugeloberfläche in Beziehung setzt, welche durch einen Radius gebildet wird, der der Entfernung der Strahlungsquelle von der Rußfläche gleich ist. Stellt man in die aus drei Bunsenflammen bestehende Strahlungsquelle (*II*) eine Schamottekugel, so verstärkt sich die Ausstrahlung bei gleichbleibendem Gasverbrauch infolge des stärkeren Strahlungsvermögens fester Körper.

Der Temperaturzuwachs aus der Umgebung betrug mithin im Mittel 0,014/2 = 0,007° je Minute während der Bestrahlung und im Verlauf von 7 Minuten = 0,049°.

Die Temperatursteigerung des Wassers betrug 20,33 — 19,6 — 0,049 = 0,68°.

Der reduzierte Gasverbrauch ergab sich zu

$$\frac{50,1 \cdot 757,1}{760\,(1 + 22/273)} = 46\ \mathrm{l}.$$

Die Entfernung der bestrahlten Fläche von der Wärmequelle betrug 20 cm.

Der Flächeninhalt der absorbierenden Fläche war: 104 qcm, die entsprechende Gesamtkugelfläche wäre demnach: 5024 qcm,

Durch Strahlung abgegeben wurden mithin:

$$\frac{\dfrac{1000 \cdot 0,68 \cdot 5024}{104}}{46 \cdot 4200} \cdot 100 = 17,2\%.$$

Darauf wurde der Bunsenbrenner auf eine leuchtende Flamme umgestellt. Wie zu erwarten, trat sofort die Strahlung des ausgeschiedenen Kohlenstoffes in Erscheinung. Ein nach derselben Methode durchgeführter Versuch ergab: 18,1%.

Als der Versuch nach Einstellen eines Würfels von ca. 3 cm Kantenlänge mit 3 Brennern wiederholt wurde, erhielt man 22,4%.

Obgleich Kohlenstoff ein stärkerer Strahler ist, wird beim letzten Versuch die Temperatur wohl eine höhere gewesen sein. Auch bildete im vorhergehenden Versuch der Kohlenstoff wohl nur eine sehr dünne Schicht.

Folgerungen und anschließende Betrachtungen.
Strahlung von festen Stoffen und Gasen. Praktische Beispiele.

Wie aus dem Versuch zu ersehen, erhält man die höchsten Werte beim Glühkörper. Sie steigen, wie man sich leicht überzeugen kann, mit der Temperatur sehr erheblich an. Dies entspricht auch dem für den schwarzen Körper geltenden Strahlungsgesetz, das von Stefan und Boltzmann in obenerwähnter Form aufgestellt wurde (L. 16, 17):

$$E = \sigma\, T^4 \ \text{g-kal/sek/qcm} \ \ldots \ldots \qquad (12)$$

wo σ einen Koeffizienten, und zwar $1{,}28 \cdot 10^{-12}$, und T die absolute Temperatur des strahlenden Körpers darstellen. In unseren technischen Einheiten ausgedrückt, würde das Gesetz wie folgt lauten:

$$E = 4,6 \left[\frac{T}{100}\right]^4 \ \text{kg-kal/st/qm} \ \ldots \qquad (12\,\mathrm{a})$$

Die ausgestrahlte Energiemenge steigt also in der 4. Potenz der Temperatur.

Je weiter der Körper vom Zustande des absolut schwarzen Körpers entfernt ist, desto geringer ist das Strahlungsvermögen. In der Formel wird diese Abweichung in einem andern Strahlungskoeffizienten wie auch in einer andern

Potenz zum Ausdruck kommen. Einige praktische Werte gibt nachstehende Tab. X (L. 16, 17):

Tabelle X.

Emissionsverhältnis verschiedener Stoffe (nach Ten Bosch).

Absolut schwarzer Körper . . . etwas über	100	Mennige	80
		Graphit	75
Ruß	100	Blei (rauh)	45
Papier	98	Quecksilber	20
Kronglas	90	Eisen (poliert)	15
Ziegel (berußt) . . . 80 bis	90	Platin (poliert)	9
Eisen (matt) . . . . 80 bis	90	Kupfer	5
Eis	85		

Die Gase strahlen viel schwächer, was auch im Versuch zum Ausdruck gekommen ist.

Das Gesetz für das Strahlungsspektrum haben wir oben (S. 109) angeführt. Wenn man es bildlich darstellt, erhält man charakteristische Kurven (Abb. 25). Für die Feuerungstechnik hat dieses Gesetz keine so große Bedeutung wie das vorher erwähnte. Es erleichtert einem nur das Verständnis für die Gasstrahlung, indem die Form der Strahlungskurve ihr ähnlich ist, jedoch bei den Gasen nur vereinzelte Strahlungsgattungen, d. h.: Linien oder Streifen nachbleiben. So ist neuerdings von Schack (L. 21) gefunden worden, daß im Spektrum der Kohlensäure 2 Linien existieren, von welchen die eine, $\lambda = 2,5$ bis $2,8\,\mu$ (nach Abb. 25) ($1\,\mu = 1$ Mikromillimeter $= 0,001$ mm) die Intensität der schwarzen Strahlung erreicht bei einer Gasschichtdicke von mehreren Metern, die andere, $\lambda = 4,05$ bis $4,55\,\mu$, sie schon bei einer Schichtdicke von einigen Zentimetern gibt.

Da diese soeben geschilderten Verhältnisse auch für die gewöhnliche Praxis keine so übermäßige Bedeutung haben, so begnügen wir uns mit diesen Hinweisen. —

Die während des Versuchs beobachteten Erscheinungen finden sich in der Praxis wieder. Wir stellen uns einige Rechenaufgaben.

Zunächst möge bestimmt werden, wieviel die strahlende Steinkohlenflamme in dem Flammrohr eines Cornwall-Kessels je 1 qm Heizfläche und 1 Stunde Dampf erzeugen kann. Der Sinn der oben S. 112 angeführten Formel (12a) ist folgender: In einem Raum, dessen Temperatur $T = 0$ beträgt, d. h. beim absoluten Nullpunkt, gibt eine 1 qm große Fläche, welche die Temperatur $T = 1$ hat, in der Stunde

$$4,6 \cdot \frac{1}{100^4} \text{ kg-kal}$$

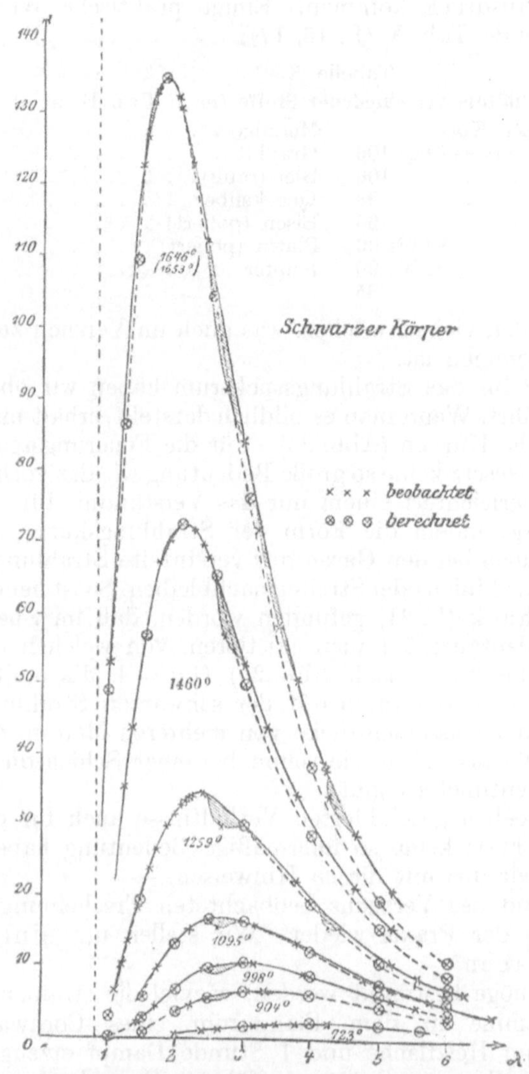

Abb. 25. Strahlungsspektrum des absolut schwarzen Körpers.

Die Temperatur T konstant angenommen, ergibt sich eine Kurvenschar für die Werte $E_\lambda = f(\lambda)$, d. h. für die für einen unendlich kleinen Wellenbereich um λ herum ausgestrahlte Energiemenge (in der Abb. 25 ist die Wellenlänge in 0,001 mm $= \mu$ angegeben). Wie man sieht, weicht die durch Beobachtung erhaltene Kurve von der auf thermodynamischem Wege ermittelten nur sehr wenig ab. Die von einer Kurve eingeschlossene Fläche entspricht der Gesamtstrahlung bei der betreffenden Temperatur. Bei Körpern, welche nur Teile des Spektrums bei bestimmten Wellenlängen ausstrahlen, z. B. bei Gasen, stellt die ausgestrahlte Gesamtenergie senkrechte Streifen dar, so für CO_2 einen auf der Grundlage $2,5-2,8\,\mu$ einen zweiten auf der Grundlage $4,05-4,55\,\mu$ stehenden.

ab. Wenn mithin zwei Flächen von der Temperatur T_1 und T_2 einander gegenüberstehen, so findet zwischen ihnen ein Energiewechsel statt von der Größe:

$$E_1 - E_2 = 4{,}6 \cdot \left[\left(\frac{T_1}{100}\right)^4 - \left(\frac{T_2}{100}\right)^4\right] \text{ kg-kal/st/qm} \ . \ . \quad (12\,\text{c})$$

Diese Formel kann nur unter folgenden Bedingungen angewandt werden: wenn die absorbierende Fläche und auch die ausstrahlende Fläche den Charakter eines absolut schwarzen Körpers haben. Ferner muß die Temperatur möglichst gleichmäßig sein. Die Temperatur des Flammrohres kann man als genügend konstant (etwa $150°$) annehmen. Nach den in Tab. X befindlichen Daten nähert sich die oxydierte und erst recht die berußte Eisenfläche in ihrer Absorptionsfähigkeit dem absolut schwarzen Körper. Die Strahlung der Flamme geht von ausgeschiedenem Kohlenstoff aus, entspricht mithin auch den Bedingungen der schwarzen Strahlung (wenn die ausgeschiedene Kohlenstoffschicht dicht genug ist). Nun steht der Flammrohroberfläche keine strahlende Fläche unmittelbar gegenüber. Für unsere orientierenden Rechnungen genügt es jedoch, die strahlende Flamme, die entschieden eine Temperatur von weit über $1000°$ haben wird, durch eine der Heizfläche gegenüberstehende Fläche von der Temperatur $1000°$ zu ersetzen. Die ausgestrahlte Energiemenge ergibt sich dann zu

$$4{,}6 \cdot \left[\left(\frac{1000 + 273}{100}\right)^4 - \left(\frac{150 + 273}{100}\right)^4\right] = 120\,000 \text{ kg-kal/st/qm.}$$

Das entspricht rund 200 kg Dampf — den Wärmeinhalt des Dampfes zu 600 Kal. angenommen — pro Stunde und 1 qm Heizfläche. Zum Beweis dafür, daß die erhaltenen Bedingungen der Betriebspraxis entsprechen, bringe ich eine graphische Darstellung (Abb. 26) von Spalckhaver, welche mit unseren Berechnungen genügend gut übereinstimmt (L. 22).

Nach Angaben von Schack (L. 21) kann eine Heizfläche durch die Gasstrahlung im besten Fall 56 000 kg-kal je Stunde und 1 qm erhalten, was einer Belastung der letzteren mit 100 kg entspricht. Um das Bild zu vervollständigen, versuchen wir zu berechnen, wieviel unter den oben angegebenen Bedingungen im Flammrohr durch Berührung allein übertragen wird. Bei einem Wärmetransmissionskoeffizienten von $k = 10$ (Tab. IX) erhalten wir

$$Q = F \cdot k \cdot (t_1 - t_2) = 1 \cdot 10 \, (1000 - 150) = 8500 \text{ kg-kal/st/qm,}$$

was 8500/600 = etwa 14 kg Dampf je Stunde und 1 qm Heizfläche entspricht.

Alle diese Tatsachen sind von großer praktischer Bedeutung. In erster Linie hat der Konstrukteur von Feuerungsanlagen mit ihnen zu rechnen. Durch Anlage von Strahlungsgewölben muß er dafür sorgen, daß die Strahlung zum Vertrocknen des Brennstoffes, zum Einleiten des Prozesses der trockenen Destillation und zur Entzündung des Gasluftgemisches ausgenutzt wird. Die Heizfläche muß ihrerseits wohl möglichst der strahlenden Flamme ausgesetzt sein, darf aber nicht über Gebühr an die Flamme herangebracht werden, um sie nicht durch Kühlen zu ersticken. Solange die Tempe-

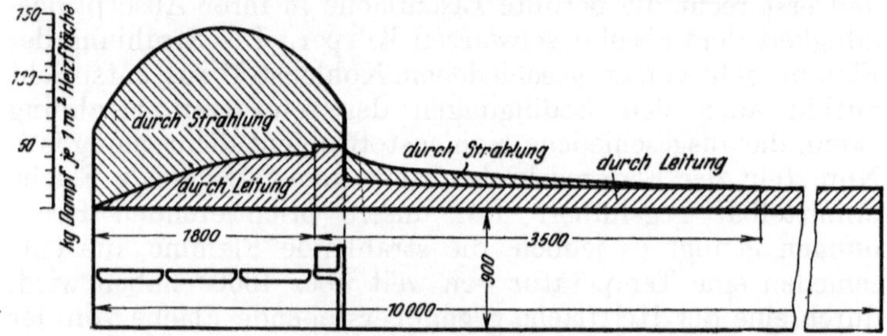

Abb. 26. Schaubild der Wärmeübertragung in dem Flammrohr eines Dampfkessels.

Die Intensität der Wärmeübertragung ist, wie links an einer Skala zu sehen, auf kg Dampf je 1 m² Heizfläche zurückgeführt. Wie man sieht, überwiegt die von der Rostpartie, bzw. Flamme ausgehende Strahlung (letzteres am Maximum zu sehen gegenüber der Wärmeübertragung durch Leitung). Im Flammrohr überwiegt bereits die letztere.

ratur der Rauchgase einigermaßen hoch ist, kann man auch die Gasstrahlung der dunklen Rauchgase ausnutzen. Geht das auch nicht mehr, so ist in oben geschildertem Sinne die Schaffung des Konvektionsmaximums anzustreben.

4. Hydrodynamisches.

Vorbemerkungen.

Hydrodynamische Grundregeln. Geschwindigkeitshöhe und Widerstandshöhe. Widerstandskoeffizienten.

Aus den vorhergehenden Darlegungen ergibt sich, daß der ganze Prozeß der Ausnutzung der potentiellen Energie der Brennstoffe im allgemeinen und in den Dampfkesselfeuerungen im besonderen von ziemlich komplizierten physikalisch-chemischen Vorgängen begleitet ist, die möglichst dauernd überwacht werden müssen, damit sie so verlaufen, daß der höchste Nutzeffekt in der Anlage erreicht wird.

Zu diesen Überwachungsmaßnahmen gehört die Analyse der Verbrennungsgase, die unter Benutzung dauernd arbeitender und registrierender Apparate dem Betriebsleiter auch dauernd Einblick gewährt in die in den Feuerungen vor sich gehenden Reaktionen. Das allein genügt aber nicht. Man kann nun ein verhältnismäßig einfaches Mittel heranziehen, welches die Angaben von Rauchgasanalysator und Thermometer willkommen ergänzt. (Daß die Thermometer — es gibt auch unter ihnen registrierende Apparate — ein unumgängliches Kontrollmittel sind, braucht wohl nicht besonders betont zu werden.) Man kann nämlich durch Anwendung von Zugmessern ein sehr genaues Bild über die in dem Feuerungssystem obwaltenden hydrodynamischen Verhältnisse gewinnen. Leider wird dieses Mittel in der Praxis viel zu wenig angewandt, weil die Kenntnis der erforderlichen theoretischen Grundlagen etwas Mühe, und zwar ein gewisses Sichhineinvertiefen in die Gesetze der Hydrodynamik verlangt.

Die in dem Feuerungssystem vor sich gehenden hydrodynamischen Prozesse werden kompliziert durch die Volumänderung, welche die Gase infolge von Druck- und Temperaturänderung erfahren. Im Prinzip sind jedoch die hier obwaltenden Grundgesetze dieselben wie die bei den unkomprimierbaren tropfbaren Flüssigkeiten Geltung habenden. Daher beginnen wir unsere Versuche und Betrachtungen mit diesem einfacheren Falle der tropfbaren Flüssigkeiten und stellen uns eine Aufgabe, welche sich auf fließendes Wasser bezieht. Wir werden den Wasserdruck zu ermitteln haben, welcher erforderlich ist, um eine bestimmte Wassermenge durch ein System von Glasröhren zu treiben.

Um diese Aufgabe lösen zu können, müssen wir die hydrodynamischen Grundbegriffe rekapitulieren. Sie sind nicht eindeutig mathematisch faßbar, weil sie viel zu kompliziert sind. Man versucht den hydrodynamischen Erscheinungen durch verschiedene mathematische Formulierungen gerecht zu werden. Aus pädagogischen Gründen wähle ich nicht die unbedingt richtigsten, sondern die übersichtlichsten und verständlichsten, und zwar die von Lang (L. 23) angewandten. Aus einem Gefäß (etwa aus dem in Abb. 27 sichtbaren) fließt bekanntlich das Wasser aus einer unteren Öffnung so aus, als wenn es die ganze Höhe der darüber befindlichen Flüssigkeitssäule h durchlaufen hätte bzw. von dieser Höhe gefallen wäre. Das ergibt die Formel

$$h = \frac{v^2}{2g}. \qquad \ldots \ldots \ldots \qquad (14)$$

wenn v die Ausflußgeschwindigkeit und h die Höhe der Wassersäule bezeichnet, die die Bewegung der Flüssigkeit verursacht. Man beachte, daß die Höhe der Säule, unter deren Wirkung eine Flüssigkeit strömt, aus derselben Flüssigkeit bestehen, d. h. dasselbe spezifische Gewicht haben muß. Das sind die Bedingungen der Formel. In den Feuerzügen bewegen sich dagegen die Gase unter dem Einfluß des Schornsteinzuges, d. h. der Druckdifferenz (genauer genommen der Gewichtsdifferenz) zwischen einer Kaltluftsäule von der Höhe des Schornsteins und der warmen Gassäule im Schornstein selbst. Die Zugmesser dagegen bedienen sich keines leichten gasförmigen Mediums, sondern geben die Werte für die Zugstärke in mm Wassersäule an. Das muß bei späteren Betrachtungen berücksichtigt werden.

Gehen wir nun zur praktischen Anwendung obiger Formel über, so stellen sich einige Schwierigkeiten ein. Beim Ausfließen des Wassers aus einem Gefäß (z. B. Abb. 27) müßte das Wasserniveau sinken, nehmen wir an mit einer Geschwindigkeit v_0. Diese Verhältnisse finden in folgender Formel ihren Ausdruck:

$$h' = \frac{v^2}{2g} - \frac{v_0^2}{2g} \qquad \ldots \ldots \ldots \qquad (14\,a)$$

Nehmen wir jedoch ein unendlich großes Gefäß, wie auf Abb. 27 zu sehen, dann ist offenbar $v_0 = 0$, und die erstere Formel hat ihre Gültigkeit, indem die zweite Formel in die erste übergeht. h (14) ist also die Druck- bzw. Geschwindigkeitshöhe bei $v_0 = 0$, welche für die Erzeugung von v erforderlich ist, — ein nur theoretischer Fall. In der Praxis ist jedoch noch der Widerstand zu berücksichtigen, den die Bewegung der Flüssigkeit im Gefäß selbst vorfindet. Zur Überwindung dieses Widerstandes sei die Druckhöhe w erforderlich. Dann erhalten wir folgenden Ausdruck für die praktisch bei $v_0 > 0$ benötigte Gesamtdruckhöhe h'_{wid}, der schon der Anforderung der Praxis weit entgegenkommt:

$$h'_{\mathrm{wid}} = \frac{v^2}{2g} - \frac{v_0^2}{2g} + w \qquad \ldots \ldots \qquad (14\,b)$$

h'_{wid} wäre also die erforderliche Geschwindigkeitshöhe beim Vorhandensein von Widerständen, h' bei widerstandloser Bewegung. Den Ausdruck h'_{wid} haben wir hier der Klarheit wegen eingestellt, werden ihn jedoch nicht weiter benutzen.

Ich erwähne nebenbei, daß der Ausdruck „Druckhöhe" oder „Geschwindigkeitshöhe" wohl von selbst verständlich ist.

Die für die Überwindung eines Widerstandes erforderliche **Widerstandshöhe** (w) muß natürlich zu den den Widerstand hervorrufenden mechanischen Verhältnissen in Beziehung stehen. Leider ist eine wissenschaftliche Ableitung der Widerstandshöhe, d. h. derjenigen Druckhöhe, die hinzukommen muß, um den Widerstand überwinden zu können, aus dem Wesen des Widerstandes heraus so gut wie unmöglich. Man kommt jedoch weiter, wenn man den empirischen Weg betritt, d. h. durch entsprechende Versuche, sagen wir an einem Rohrsystem, in welches Widerstände verschiedener Art eingeschaltet werden, wie rauhe Wandflächen, die große Reibungswiderstände geben, Biegungen, Knickungen, Verengerungen und Erweiterungen des Querschnitts, Gitter u. dgl., ermittelt, um wieviel die ursprüngliche, die Bewegung hervorrufende Geschwindigkeitshöhe vergrößert werden muß, um das betreffende aufgetretene Hindernis überwinden zu können, ohne daß sich die Geschwindigkeit der Bewegung verringert. Unter ursprünglicher ist diejenige Gesamtgeschwindigkeitshöhe gemeint, die bei einer reibungs- bzw. widerstandslosen Bewegung erforderlich wäre, also der Formel (14) entspricht.

Nennen wir den Zuwachs an Druckhöhe in der Einheit der Druckhöhe gemessen ζ, so hängt diese Größe vom Widerstande ab und kann direkt **Widerstandskoeffizient** genannt werden. Die zum Bewegen der Flüssigkeit mit gleichzeitiger Überwindung des Widerstandes erforderliche Höhe wäre dann

$$h_{\text{wid}} = h + \zeta\,h \quad \text{oder} \quad h(1 + \zeta) \; . \; . \; . \; . \; (15)$$

Tab. XI gibt die für uns in Betracht kommenden Widerstandskoeffizienten an.

Tabelle XI.

Hydrodynamische Widerstandskoeffizienten für Gase und Flüssigkeiten.

ζ_ϱ = Koeffizient für den Reibungswiderstand, wobei

$$\zeta_\varrho = \varrho\,\frac{U}{F}\,l,$$

wo ϱ den Reibungskoeffizienten, F den Querschnitt, U den Umfang des Querschnitts und l die Länge des Weges bedeuten.

ϱ für Rauchkanäle $= 0,008$,

bei sehr starker Verrußung $0,01$;

für Glasröhren $0,014$.

$\zeta = $ der Widerstandskoeffizient für Richtungsänderungen. Man nimmt

bei scharfem Biegungswinkel von $90°$ $\zeta = 1,5$,

„ stumpfem „ „ $90°$ $\zeta = 1,0$,

„ einem Winkel von $135°$ $\zeta = 0,6$.

Bei voller Umkehr der Bewegung, wie sie gerade in Rauchkanälen häufig vorkommt, nimmt man $\zeta = 1,5$ bis $2,5$.

Bei Querschnittsänderungen, z. B. Verengerung von F zu F_1 oder bei herabgelassenem Rauchschieber berechnet man $\zeta = \left(\dfrac{F}{\vartheta F_1} - 1\right)^2$, wobei ϑ gewöhnlich $= 0,66$ ist.

Bei plötzlicher Erweiterung von F_1 auf F, wenn $1 < \dfrac{F}{F_1} < 2$, nimmt man $= \left\{\dfrac{F_1}{F} - 1\right\}^2$.

Bei plötzlicher Verengerung wählt man $\vartheta = 0,66$ bis $0,75$.

Roste, Gitter geben einen Widerstandskoeffizienten von 0 bis 2.

Haben wir z. B. eine Rohrkrümmung um $90°$, was einem Widerstandskoeffizienten von $\zeta = 1$ entsprechen würde, so muß offenbar die widerstandsfreie Geschwindigkeitshöhe verdoppelt werden, um diesen Widerstand zu überwinden.

Die vorstehenden Betrachtungen und Formeln geben uns bereits die Mittel an die Hand, eine einfache hydrodynamische Aufgabe zu lösen. Wir wählen vorläufig, wie oben erwähnt, zu diesem Zweck ein unkompressibles Medium, welches durch Druck keine Volumänderung erfährt, d. h. eine Flüssigkeit, und zwar das Wasser, und schalten auch sämtliche Temperaturänderungen aus, obgleich sie bekanntlich beim Wasser keine übermäßigen Volumveränderungen hervorrufen. Wir gehen nun zur Aufgabe selbst über.

Sechste Aufgabe.

Ermittelung des Wasserdruckes, der erforderlich ist, um Wasser mit bestimmter Geschwindigkeit durch ein System von Glasröhren zu treiben.

Beim Herantreten an die Aufgabe gestatten wir uns eine weitere Vereinfachung. Wir nehmen ein System von Glasröhren von durchgängig gleichem inneren Durchmesser (Abb. 27). Der innere Durchmesser war zufällig $d = 0,0055$ m. Wir sind gezwungen, eine verhältnismäßig große Maßeinheit $= 1$ m zu wählen, weil die Geschwindigkeit in der Technik stets in m/sek, d. h. Sekundenmetern angegeben wird. Wir vereinfachen dadurch die Rechnungen. Da ferner keine

Temperatur- und erst recht keine Querschnittsänderungen im System auftreten, bleibt die Geschwindigkeit überall dieselbe. Die Geschwindigkeit messen wir durch das ausgeflossene Wasservolumen und wählen 1 l in 50 Sek. Die Geschwindigkeit ist dann

$$v = \frac{\text{Volumen/sek in cbm } (V)}{\text{Innerer Querschnitt in qm} (F)} = \frac{0,001}{50} \cdot \frac{4}{\pi \cdot 0,0055^2} = \frac{0,00002}{0,0000237}$$
$$= 0,845 \text{ m.}$$

Abb. 27 stellt das System der Glasröhren dar, das den hydrodynamischen Rechnungen als Beispiel zugrunde liegen soll. Wir tun

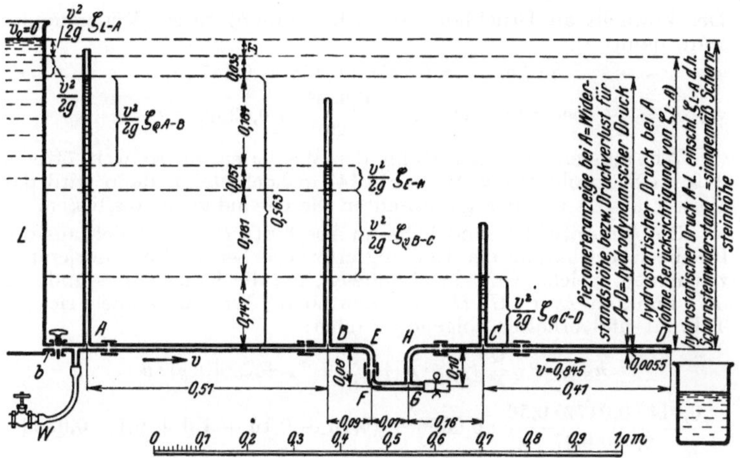

Abb. 27. Eine hydrodynamische Aufgabe.

Es ist zu ermitteln, wie hoch durch Öffnen des Ventils W die Wassersäule in dem Rohr A eingestellt werden muß, damit 1 l Wasser in 50 Sekunden das System von Glasröhren durchströmen kann. Sowohl für die Reibungsverluste wie auch die Knickwiderstände (bei $EFGH$) gibt es Koeffizienten (ζ_ϱ, ζ_E, ζ_F, ζ_G, ζ_H), welche bei der hydrodynamischen Berechnung berücksichtigt werden. Die in A einzustellende Wassersäule nennt man die für die Bewegung des Wassers erforderliche hydrodynamische Druckhöhe, welche aus den einzelnen Widerstandshöhen sich zusammensetzt. Die für die Bewegung des Wassers erforderliche lebendige Kraft wird dem unendlich großen Gefäß L oder durch den Hahn W dem in der Wasserleitung herrschenden Druck entnommen.

am besten, wenn wir, angefangen von der Ausflußöffnung, uns die zur Überwindung der Widerstände erforderlichen Druckhöhen eine nach der anderen zubauen. Die Ausflußgeschwindigkeit bei D, die 0,845 m/sek beträgt, muß auch durch eine entsprechende Druckhöhe erzeugt werden. Nehmen wir jedoch zuerst den Abschnitt CD vor, so fällt die Erzeugung dieser Druckhöhe nicht zu Lasten dieses Abschnitts, da ja das Wasser bei C diese Geschwindigkeit bereits besaß. Den zahlenmäßigen Ausdruck haben wir jedoch nötig, da wir daraus nach Formel (15) die Widerstandshöhen berechnen müssen. Da der Rohrabschnitt CD keine Krümmungen hat, kommt hier nur der Reibungskoeffizient in Betracht. Der Reibungskoeffizient ϱ ist wohl für Rauchkanäle bestimmt, für andere Verhältnisse ist er jedoch nicht so leicht erhältlich, da er mit von der Geschwindigkeit und den Rohrdimensionen abhängt. Er läßt sich jedoch empirisch aus der entsprechend umgemodelten Formel (16) bestimmen. Solch ein Versuch ergab $\varrho = 0,014$. Der entsprechende Widerstandskoeffizient wäre danach für den vorliegenden Fall

$$\zeta_{\varrho\,C-D} = \varrho\,\frac{U}{F}\,l \quad \ldots \ldots \ldots \ldots \quad (16)$$

$$= \frac{0,014 \cdot 0,0172 \cdot 0,41}{0,0000237} = 0,415,$$

$$\text{wo}\quad U = \pi \cdot d = 3,142 \cdot 0,0055 = 0,0172.$$

Der Zuwachs an Druckhöhe zur Überwindung dieses Widerstandes wäre dann

$$h \cdot \zeta_{\varrho\,C-D} = 0,0356 \cdot 0,415 = 0,147\,\text{m},$$

wo $h = \dfrac{v^2}{2\,g}$ bedeutet. Das ist: $\dfrac{0,845^2}{20} = 0,0356$.

Wir müssen also den Hahn der Wasserleitung so weit öffnen, daß im Steigrohr C das Wasser 0,147 m hoch steigt, dann wird das Wasser aus D mit der gewünschten Geschwindigkeit ausfließen.

Die Gesamtwiderstandshöhe im Abschnitt $B\,C$ setzt sich aus der für die Überwindung der Reibung erforderlichen und aus derjenigen zusammen, welche wir zulegen müssen, um die Knickwiderstände an den Punkten E, F, G, H zu überwinden. Wir entnehmen sie der Tab. XI und erhalten folgende Zahlen:

$$h_{B-C} = \varrho\frac{U}{F}\,l_{B-C} \cdot h + (\zeta_E + \zeta_F + \zeta_G + \zeta_H) \cdot h \quad \ldots \quad (17)$$

$$= \frac{0,014 \cdot 0,0172 \cdot 0,50}{0,0000237} \cdot 0,0356 + (0,16 + 0,16 + 1,0 + 0,1) \cdot 0,0356$$

$$= 0,181 + 0,051 = 0,232\,\text{m}.$$

Die in B erforderliche Gesamtdruckhöhe beträgt mithin 0,379 m.

Auf dieselbe Weise findet man für die Strecke $A—B$ die Druckhöhe 0,184, so daß man durch Öffnen des Wasserhahnes in A 0,563 m einstellen muß, um das Wasser bei der angenommenen Geschwindigkeit alle Widerstände im Rohrsystem überwinden zu lassen.

Die für die Erzeugung der widerstandslosen Geschwindigkeit v erforderliche Druckhöhe wird mithin dem Druck der Wasserleitung entnommen. Man könnte aber ebensogut ein Gefäß L von unendlich großem Fassungsvermögen aufstellen, dessen Niveau müßte über der Drucksäule im Rohr A um $\dfrac{v^2}{2\,g}$ höher liegen. Um nun noch die Widerstände auf dem Wege $L—A$ zu überwinden, müßten wir noch $\zeta_{L-A} \cdot h$ draufgeben, wie aus der Abbildung zu ersehen. Haben wir kein unendlich großes Gefäß, das wir mit fließendem Wasser nachfüllen müssen, so kann, wenn die Anfangsgeschwindigkeit v_0 nicht $= 0$ ist, das Niveau in L entsprechend niedriger sein.

Damit haben wir die Aufgabe, die wir uns gestellt haben, gelöst. Beim Einstellen von 0,563 m Wassersäule im Steigrohr A fließt tatsächlich durch das Rohrsystem in 50 Sekunden rund 1 l.

Folgerungen und anschließende Betrachtungen.

Berücksichtigung von Querschnittsänderungen bei hydrodynamischen Rechnungen. Hydrodynamische Vorgänge an Gasen. Berechnung der Geschwindigkeits- und Zugverhältnisse in den Rauchzügen der Feuerungen. Bedeutung der Anzeige der Zugmesser. Überwachung des Feuerungsprozesses auf hydrodynamischem Wege. Verbundzugmesser.

Wir hatten, um die Aufgabe nicht zu komplizieren, Querschnittsänderungen ausgeschaltet. Die hierher schlagenden Überlegungen können wir nun nachholen. Nehmen wir einmal an, im Abschnitt B—C sei das Rohr enger. Natürlich wird dann dort die Geschwindigkeit größer, die ihr zugehörige Geschwindigkeitshöhe verhältnismäßig noch größer sein und dementsprechend auch die Widerstandsdruckhöhe wachsen. Das läßt sich natürlich ohne weiteres berücksichtigen. Ebenso müssen wir für die zweimalige Querschnittsänderung die betreffende Druckhöhe einschalten. Aus Abb. 27 ist zu ersehen, daß nach Überwindung eines Widerstandes, d. h. nachdem eine Arbeit geleistet worden ist, ein entsprechender Teil der Druckhöhe verlorengeht. Die Vergrößerung der Geschwindigkeit erfordert auch eine Arbeit. Auf dieser Stelle wird also die Druckhöhe fallen, während dort, wo die geringere Geschwindigkeit wiederhergestellt wird, die Druckhöhe steigen wird. Die lebendige Kraft wird wieder in eine Druckhöhe verwandelt — gebremst. Die geringe Differenz der betr. Geschwindigkeitshöhen ist natürlich leicht — auf Grund des Ausdrucks $v^2/2g$ — zu berechnen. Das Beispiel mit den Glasröhren ließe sich ja durch eine diesbezügliche Ergänzung komplizieren. Ich verzichte jedoch darauf, weil bei Beurteilung der Vorgänge in den Rauchzügen diese Geschwindigkeitsänderung nicht so sehr ins Gewicht fällt. Man mißt ja dort die Druckhöhe vermittels eines verhältnismäßig kleinen Maßstabes, der dadurch entsteht, daß die Gasdruckhöhen, die die Rauchgase bewegen, durch ca. 1300 dividiert werden müssen, um die Angabe in Wassersäulen zu erhalten. Es ist zudem möglich, daß die allzu natürlichen Ungenauigkeiten in der Wahl der Widerstandskoeffizienten bei weitem größer sind.

Die sog. Zugmesser, die den in Abb. 27 gezeigten Standröhren entsprechen, nennt die Mechanik Piezometer.

Bei dieser Gelegenheit mögen noch einige Begriffe aus der Hydrodynamik festgelegt werden. Die Piezometeranzeigen geben offenbar den Druck an, der während der Bewegung der Flüssigkeit herrscht. Der für die reine Bewegung erforderliche Druck wird dann eben in Bewegung umgesetzt. In dem Moment, wo wir die Bewegung anhalten, kommt dieser Druck hinzu, und dann wird er **hydrostatischer Druck** genannt, während der Bewegung heißt er **hydrodynamischer Druck** (vgl. Abb. 27).

Alle die vorstehenden Überlegungen wie auch der Versuch haben den Zweck, das Verständnis für die in den Rauchzügen sich abspielenden hydrodynamischen Vorgänge zu fördern. Dort müssen wir auch mit fortwährend durch Querschnitts- und Temperaturveränderungen veranlaßten Geschwindigkeitsänderungen rechnen. Da wir, wie beabsichtigt, die Änderung der ursprünglichen widerstandsfreien Geschwindigkeitshöhe nicht berücksichtigen wollen, sie jedoch nur nötig haben, um die Widerstandshöhe zu bestimmen, so wollen wir im folgenden nur die Summe der Widerstandshöhen eines von Gas durchströmten Systems ermitteln. Wir müssen dabei eine bestimmte Geschwindigkeit als Ausgangspunkt annehmen, auf die wir uns stützen können und die auch in der Praxis am leichtesten zu messen ist. Man nimmt am besten auch hier die Austrittsgeschwindigkeit als Grundlage, und

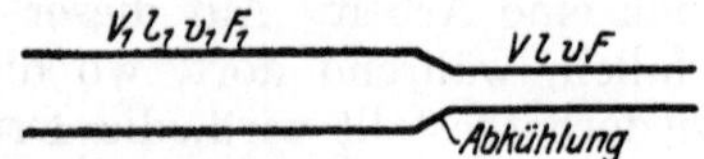

Abb. 28. Einfluß einer Verengerung und Abkühlung auf die Bewegung.

zwar die Rauchgasgeschwindigkeit im Fuchs, d. h. zwischen Kessel und Schornstein.

Die Betrachtungen wollen wir an Hand der Abb. 28 vornehmen.

Stellen wir uns ein Rohr vor, in dessen Verengerung das strömende Gas beim Übergang in das engere Rohr gekühlt wird. Die betreffenden Werte entsprechen den auf der Abbildung befindlichen Bezeichnungen. Wir kennen also mithin nur die Ausflußgeschwindigkeit v, nicht aber v_1, welche wir für die Berechnung der Widerstandshöhen im linken Teil nötig haben. Im breiten Rohr wird die Geschwindigkeitshöhe gleich sein:

$$h_1 = \frac{v_1^2}{2g},$$

wo h_1 die Höhe einer Gassäule in Metern bezeichnet von der Temperatur t_1. Wir wollen nun versuchen, diese Druckhöhe h_1 durch meßbare Größen auszudrücken. v und t sind uns bekannt, ebenso F; den Querschnitt F_1 und die Temperatur t_1 können wir messen. Um nun die Entwicklung uns zu erleichtern, schalten wir noch einen Begriff ein, und zwar die

Bezeichnung $v_{1\,t}$ für die Geschwindigkeit im breiten Rohr bei der Temperatur t, wobei wir für die Geschwindigkeit bei der Temperatur t_1 nicht die Bezeichnung $v_{1\,t_1}$ wählen, sondern den Ausdruck v_1 beibehalten. Zunächst versuchen wir, den Wert $v_{1\,t}$ in Einheiten von v auszudrücken.

Da

$$\frac{v_{1t}}{v} = \frac{F}{F_1}, \qquad \qquad (18)$$

so ergibt sich

$$v_{1\,t} = \frac{v \cdot F}{F_1}, \qquad \qquad (18\,\mathrm{a})$$

Ferner wollen wir die Beziehung zwischen den Raumteilen (je Sekunde) und den Geschwindigkeiten in Abhängigkeit von ihren Temperaturen wie folgt ausdrücken:

$$\frac{V_{1t}}{V_{1t_1}} = \frac{1 + \alpha\,t}{1 + \alpha\,t_1} = \frac{v_{1t}}{v_{1t_1}}, \qquad \cdots \quad (19)$$

wo $V_{1\,t}$ und $V_{1\,t_1}$ die Raumteile bei den betreffenden Indextemperaturen bedeuten. Wir erhalten dann:

$$v_{1\,t_1} = \frac{v_{1t} \cdot (1 + \alpha\,t_1)}{1 + \alpha\,t} = v_1 = \frac{v \cdot F\,(1 + \alpha\,t_1)}{F_1\,(1 + \alpha\,t)},$$

und wenn wir dieses in die ursprüngliche Formeln für h_1 einstellen, ergibt sich:

$$h_1 = \frac{v^2}{2\,g}\left[\frac{F}{F_1}\right]^2 \frac{(1 + \alpha\,t_1)^2}{(1 + \alpha\,t)^2} \quad \cdots \quad (20)$$

Diese Größe bedeutet die gesuchte Druckhöhe, ausgedrückt in der Höhe einer Gassäule, die die Temperatur der Meßstelle hat. Wie gesagt, messen wir aber alles durch eine Wassersäule. Zunächst ersetzen wir die Gassäule der betreffenden Temperatur durch eine Gassäule von $0°$. Dann erhalten wir:

$$h_{1\,0°} = \frac{h_1}{1 + \alpha\,t_1} \quad \cdots \quad (21)$$

Wenn das Gewicht eines Kubikmeters Luft oder Gas — wir nehmen die spezifischen Gewichte beider einander gleich an — bei $0°$ 1,293 kg beträgt, so muß man die Höhe der Gassäule mit 1,293/1000 multiplizieren, um eine Wassersäule in Metern zu erhalten, welche denselben Druck ausübt wie die Gassäule. Multipliziert man es nur mit 1,293 allein, so erhält man die Angaben in Millimeter Wassersäule, was bekanntlich in der Praxis allgemein angenommen ist. Es ergibt sich dann:

$$h_w = 1{,}293\,\frac{v^2}{2\,g}\left[\frac{F}{F^2}\right]^2 \frac{1 + \alpha\,t_1}{(1 + \alpha\,t)^2}, \quad \cdots \quad (22)$$

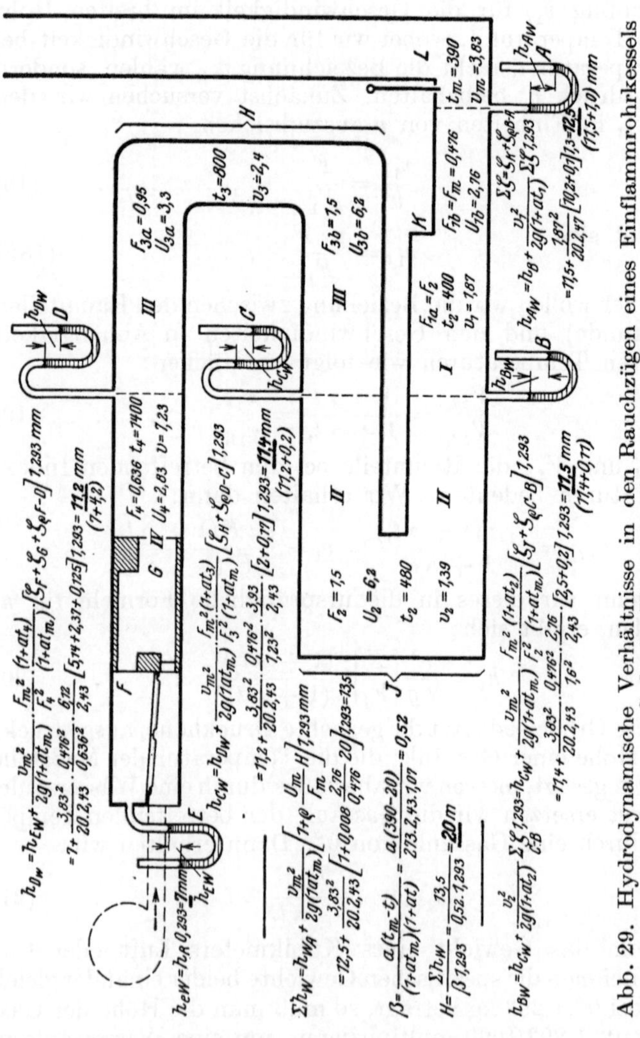

Abb. 29. Hydrodynamische Verhältnisse in den Rauchzügen eines Einflammrohrkessels Schulz-Knaudt (Abb. 12, S. 80).

Sämtliche Dimensionen sind der Abb. 12 entnommen. Für die Ermittlung der im Fuchs erforderlichen Zugstärke hA_w sind die im Text entwickelten Formeln benutzt, die für die Überwindung der Widerstände erforderliche Schornsteinhöhe H ist daraus berechnet.

wo h_w die Geschwindigkeitshöhe im breiten Rohr in Millimeter Wassersäule ausdrückt. Die Formel selbst enthält nur meßbare oder bekannte Größen.

Die Widerstandshöhe erhält man bekanntlich durch Multiplikation mit dem betreffenden Widerstandskoeffizienten, wie oben auseinandergesetzt.

Das allgemeine Gesetz der Relativität läßt es gleichgültig erscheinen, ob man die Bewegung in dem Gassystem durch Zug oder durch Druck hervorruft. Deshalb können wir unsere sämtlichen Betrachtungen auf ein in den Rauchzügen eines Dampfkessels durch Schornsteinzug hervorgerufenes Bewegungssystem anwenden. Das in Abb. 29 beschriebene Schema bezieht sich auf einen Einflammrohrkessel mit eingebauter Verbrennungskammer, der auf Abb. 12 (S. 80) dar-

Abb. 30. Verbundzugmesser „Metrum". Skalenbildtafel für einen Luftüberschuß- und Leistungsmesser mit Zeigerangabe.

Der linke Zeiger gibt den Zug in der Feuerung, der rechte im Fuchs an. Der durch die beiden Zeiger gebildete Winkel entspricht der Rauchgasmenge. Die erste Reihe zeigt normale Verhältnisse. In der zweiten Reihe ist die Gasmenge zu groß. Der Rostwiderstand ist sehr klein (10, 15, 2 mm), da er die überschüssige Luft an unbedeckten Stellen durchläßt, was zum großen Luftüberschuß führt. In der dritten Reihe ist der Rostwiderstand sehr groß (20, 25, 10 mm), so daß zu wenig Luft eintritt, es gibt Luftmangel bei kleinem Zeigerwinkel. Abb. 31 zeigt die Anordnung der Zugmesser mit der Ablesetafel. Arbeitet die Feuerung mit Unterwind, so muß bei der Ablesung der ursprüngliche Unterwinddruck beobachtet werden (Abb. 33).

gestellt ist. Die eben entwickelten Formeln sind ohne weiteres übertragbar, wenn man die Temperatur in dem einen kleineren Querschnitt aufweisenden Rohr durch die Schornsteintemperatur t_m und den entsprechenden Querschnitt durch den Schornsteinquerschnitt selbst F_m ersetzt.

Ich hoffe, daß nach den vorhergehenden Ausführungen sich eine nähere Erklärung des auf der Abbildung enthaltenen Formelmaterials erübrigt. Sämtliche Koeffizienten sind für gasförmige Körper dieselben wie für tropfbar-flüssige. Abweichungen sind aus der Tabelle selbst zu ersehen. Für den Rostwiderstand ist jedoch nach Dosch (L. 24) eine empirische Zahl gewählt worden.

Aus der Abbildung ersieht man auch, daß auf diesem Wege die Berechnung der für eine Feuerung erforderlichen Schornsteinhöhe durchgeführt werden kann.

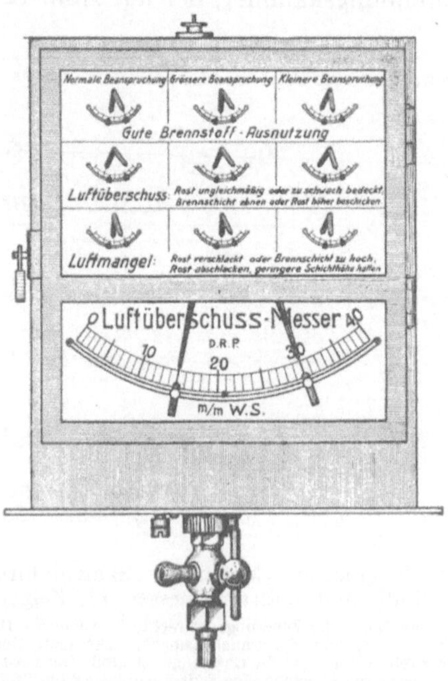

Abb. 31. Verbundzugmesser „Metrum“. Luftüberschuß- und Leistungsmesser mit Ablesetafel über der Skala.

Ist nämlich die im Fuchs zu erzielende Zugstärke gefunden, so muß offenbar die Höhe des Schornsteins (H) derart bemessen sein, daß die Druckdifferenz zwischen Außenluft und Schornstein dazu ausreicht, um nach Überwindung der im Schornstein entstehenden Reibungs- und Knickwiderstände einen Zug zu erzeugen, der jedenfalls größer ist als der für den Fuchs berechnete (Abb. 29) Natürlich müssen für die Widerstände im allgemeinen und für die Rostwiderstände im speziellen die richtigen Koeffizienten gewählt werden, was vielleicht nicht ganz leicht ist. Praktische Erfahrung und technisches Empfinden hilft aber auch über diese Schwierigkeiten hinweg. Wie dem auch sei, jedenfalls ist die vorstehende Art der Darlegung als leichter faßlich für pädagogische Zwecke die geeignetste. Es gibt natürlich andere Berechnungsmethoden, durch die man schneller und genauer zum Ziele kommt.

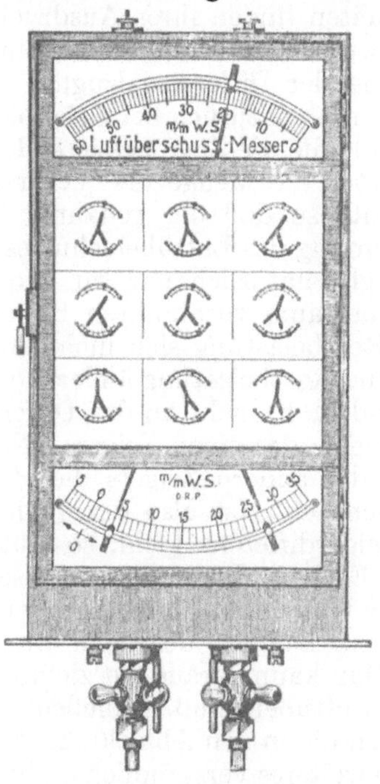

Abb. 32. Verbundzugmesser „Metrum". Luftüberschuß- und Leistungsmesser mit Ablesetafel für Unterwindfeuerungen.

Der obere Zeiger gibt den Winddruck an, der linke Zeiger die Druckdifferenz zwischen Wind und Feuerung (Rostwiderstand), der rechte die Differenz zwischen Wind und Fuchs. Der Sinn der Differenz der beiden unteren Zeiger bleibt mithin erhalten, wie in Abb. 30 und 31.

Die Beziehungen zwischen Piezometeranzeigen und den in den Feuerzügen bestehenden hydrodynamischen Verhältnissen lassen sich für die Überwachung des Feuerungsprozesses auf hydrodynamischem Wege ausnutzen. Indem ich hier einige diesbezügliche Abbildungen des Schulze-Doschschen Verbundzugmessers bringe[14]), begnüge ich mich mit einigen Hinweisen, die ich an Hand von Abbildungen gebe. Da, wie aus Abb. 29 zu ersehen ist, die Ge-

---

[14]) Jetzt von der Metrum Apparatebau AG. in Berlin hergestellt.

schwindigkeitshöhe und damit auch die Widerstandshöhe eine Funktion der Geschwindigkeit sind, die Widerstände selbst sich im allgemeinen im System nicht ändern, so gibt die Änderung der Widerstandshöhe die Änderung der Geschwindigkeiten und zugleich damit die Gasmengen an, welche die Züge passieren. Die Geschwindigkeiten finden ihren Ausdruck in den Druckdifferenzen, z. B. zwischen Rost und Fuchs. Ein auf diese beiden Stellen sich gründender Differenzialzugmesser (Verbundzugmesser) wird mithin — natürlich bei gleichbleibender Temperatur — ein Maß für die die Züge passierende Gasmenge sein.

Nun wächst aber die Menge der Verbrennungsgase mit dem Luftüberschuß, so daß der genannte Zugmesser auch zugleich zur Erkennung des Luftüberschusses benutzt werden kann. Letzteres gilt natürlich nur für den Fall, wenn die Menge des im Feuerraum verbrannten Brennstoffes dieselbe bleibt, d. h. die Rostbelastung sich nicht ändert.

Wieweit sich die Rostbelastung ändert, erkennt man aber am Rostwiderstand, d. h. nicht an der Differenz, sondern an der absoluten Anzeige des einen Zeigers. Natürlich gibt die absolute Anzeige des andern Zeigers die Höhe des Schornsteinzuges im Fuchs an. Ist also der Widerstand auf dem Rost groß, die Zeigerdifferenz klein, so gibt der Brennstoff nur wenig Gase. Es kann Luftunterschuß sein. Ist dagegen der Rostwiderstand klein und die Zugdifferenz groß, so ist wenig Brennstoff vorhanden, der beim Brennen eine große Gasmenge gibt. Man kann daraus mit ziemlich großer Sicherheit auf großen Luftüberschuß schließen. Aus diesen Erläuterungen werden die in den Abb. 30, 31, 32, ausgedrückten Verhältnisse ohne weiteres verständlich (siehe auch Nachtrag).

5. Temperaturmessung und Temperaturskala.

Vorbemerkungen.

Die absolute Größe der Temperaturgrade. Das ideale Gas. Isothermische und adiabatische Vorgänge. Der Carnotsche Kreisprozeß. Die thermodynamische Temperaturskala. Strahlungstheoretische Temperaturskala. Thermometer. Pyrometer. Segerkegel.

Es ist ja wohl selbstverständlich, daß in der Feuerungstechnik das Messen der Temperaturen eine der wichtigsten Operationen ist. Wie wir gesehen haben, ist z. B. die Größe der übertragenen Wärmemenge in erster Linie von der Temperatur der Energiequelle abhängig.

In den Lehrbüchern und in der Praxis begegnet man nicht nur den verschiedensten Apparaten, sondern auch

Methoden, die auf den verschiedenartigsten Prinzipien und Gesetzen aufgebaut sind. Es wäre nicht uninteressant, einmal möglichst viele solcher Apparate in einen auf gleichmäßige Temperatur erhitzten Raum zusammen hineinzustecken und zu sehen, wieweit ihre Angaben miteinander übereinstimmen. Versuchen wir das einmal.

Obgleich wir uns bestreben müssen, alles möglichst kurz und einfach zu fassen, so kommen wir hier doch nicht um die Grundlage der Temperaturmessung überhaupt herum, da bei einer so wichtigen Operation, wie es die Bestimmung der Temperatur in der Feuerungstechnik ist, man auf durchaus sicherem Boden stehen muß.

Und diese feste Grundlage ist besonders hier unbedingt nötig. Bei dieser Gelegenheit werden wir außerdem in Betrachtungen geführt, die uns später für die Entwicklung wirtschaftlicher Gesichtspunkte von großem Wert sein werden.

Gerade die Einfachheit der Temperaturmessung durch Quecksilberthermometer verleitet einen, hierin alles als leicht und selbstverständlich anzusehen. Und doch kommen wir in die kompliziertesten physikalischen Probleme hinein, wenn wir uns bloß die einfache Frage vorlegen: Was ist ein Grad Celsius? Bekanntlich ermittelt man den Nullpunkt der gebräuchlichen Thermometerskala in schmelzendem Eis, die Zahl 100 in siedendem Wasser und teilt auf der Thermometerskala den so erhaltenen Abstand in 100 Teile. 1 Teilstrich ist dann 1° Celsius. Nehmen wir an, daß die Kapillare des Thermometers überall einen gleich großen Querschnitt aufweist, so können immer noch Zweifel aufkommen, ob sich das Quecksilber genau proportional der Temperatur ausdehnt. Das aber kann man wohl kaum ohne weiteres annehmen. Letzten Endes sieht es doch danach aus, als wenn ein jeder sich ausdehnende Körper seine eigene Skala haben könnte. Dann könnten wir aber die Größe der Einzelgrade überhaupt nicht an die Ausdehnung irgendwelcher Körper anschließen. Wir hätten also eigentlich ein absolutes Maß nötig. Und wo nimmt man ein solches her? Das Problem scheint, wie man sieht, tatsächlich unlösbar zu sein. Es war es auch — bis der englische Physiker Thomson einen Ausweg fand. Und dieser Ausweg ergibt sich aus dem oben Gesagten, wie wir gleich sehen werden, sozusagen von selbst. Betrachten wir zuerst einmal die Frage, in welchem Falle bei einem beliebigen Körper abnorme Ausdehnungsverhältnisse auftreten können.

Wenn wir Wasser auf etwa 5° abkühlen, so nimmt das Volumen allmählich immer mehr ab. Bei 0° wird es jedoch plötzlich bei Beginn einer Kristallisation ganz bedeutend größer. Sobald alles zu Eis geworden ist, stellt sich wieder die frühere Regelmäßigkeit ein. Eine entgegengesetzte Wirkung beobachtet man beim Abkühlen von überhitztem Dampf, wo beim Siedepunkt plötzliche Kondensation unter starker Volumverminderung auftritt. Die für die Graduierung eines Thermometers brauchbare Regelmäßigkeit wird also dort gestört, wo innere Prozesse erscheinen, d. h. thermodynamisch ausgedrückt, wo innere Arbeit geleistet oder verbraucht wird, d. h. wo atomare oder molekulare Änderungen sich zeigen. Nun ist aus der Physik bekannt, daß die sog. permanenten Gase wie Stickstoff und Wasserstoff bei Zustandsänderungen, die sich auf Druck und Volumen beziehen, am wenigsten innere Arbeit aufweisen. Ein hypothetisches ideales Gas muß dann ganz frei davon sein. Hier haben wir also den für das absolut richtige Thermometer erforderlichen Körper gefunden: das ideale Gas. Es existiert nur als Begriff, aber dieser Begriff gibt uns die Möglichkeit, uns ein absolutes Meßsystem für die Temperaturmessung zu schaffen.

Es bietet sich hier Gelegenheit zu einem Exkurs in das Gebiet der Thermodynamik (L. 25), das uns noch später, besonders bei der Untersuchung der Arbeit von Motoren, große Dienste leisten wird. Studierende und selbst auch Ingenieure scheuen oft vor einer solchen Wanderung zurück, weil die mit diesen Betrachtungen zusammenhängenden Gedankengänge etwas ungewöhnlich und nicht für alle leicht verständlich sind, besonders für diejenigen, welche nicht philosophisch veranlagt sind und es vorziehen, mit realen, greifbaren Dingen zu tun zu haben. Schließlich ist aber die Philosophie — und besonders die Metaphysik sollte es sein — eine Disziplin, welche auf realem Boden stehen muß. Leider ist aber meist die sog. philosophische Veranlagung eine Flucht vor realer Denkweise, was gerade zur gegenseitigen Entfremdung von Empirie und Spekulation beigetragen hat. Gerade die Thermodynamik ist nun ein Beispiel dafür, wie bei oberflächlicher Betrachtung spekulativ und, sagen wir, weltfremd aussehende Gedankengänge auf durchaus realem Boden stehen.

Wir gehen nun zur thermodynamischen Festlegung der Gradgröße über.

Bei technischen Überlegungen wahrt man die Realität (in der Technik ist die Realität bekanntlich relativ, weil nur für den jeweiligen Fall gültig) am besten, wenn man die betreffenden Gedankengänge sich in einer gedachten Apparatur bzw. Maschinerie abwickeln läßt.

Zuerst müssen wir uns einmal mit so einer Hilfsmaschinerie bekannt machen (Abb. 33). Wir haben zwei je einen beweglichen Kolben enthaltende Zylinder, von denen der erste (a) in ein unendlich großes Gefäß von bestimmter Temperatur (T_1) hineingestellt ist. Der zweite Zylinder (b) ist von einer Isoliermasse umgeben, die keine Spur Wärme durchläßt. Wenn wir nun den durch die auf dem Kolben befindlichen Gewichte bewirkten Druck (der Kolben selbst hat kein Gewicht) verringern oder durch Anheben mit der Hand über-

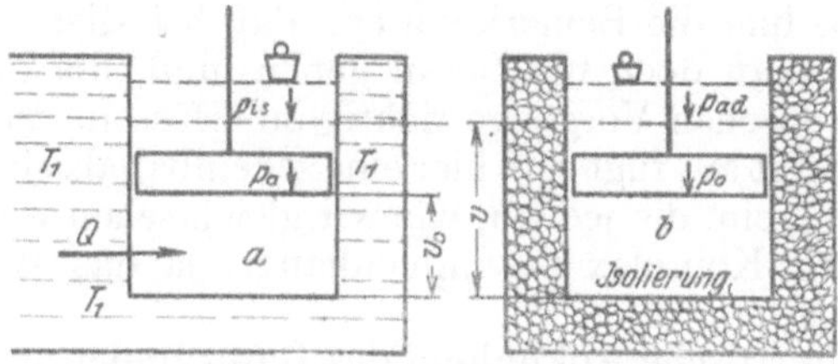

Abb. 33. Isothermische (a) und adiabatische (b) Expansion eines idealen Gases.

Bei der isothermischen Expansion (a), bei welcher die Temperatur sich nicht ändern darf, wird die für das Heben des Gewichts erforderliche Energie in Form von Wärme aus dem unendlich großen Gefäß entnommen. Bei der adiabatischen Expansion (b), die in einem wärmeisolierten Raum vor sich geht, kühlt das Gas bei Arbeitsleistung ab, da es selbst die erforderliche Energie hergeben muß.

winden und in beiden Fällen das eingeschlossene Gasvolumen — und zwar wollen wir zu unserm Versuch das ideale Gas wählen — von v_0 zu v vergrößern, so finden in beiden Fällen während der Ausdehnung des Gases verschiedene Wärmevorgänge statt. Im ersten Fall wird die Temperatur des Gases unter Wärmeentziehung aus dem unendlich großen Gefäß erhalten bleiben. Wir nennen es isothermische Expansion. Im zweiten Falle wird die Arbeit, welche zu leisten ist, um das nun leichter gewordene Gewicht zu heben, in Form von Wärme dem Gase selbst entnommen. Wir haben das Bild der sog. adiabatischen Expansion vor uns. Isothermisch heißt die erstere deshalb, weil immer die gleiche (iso) Wärmehöhe (Thermos) erhalten bleibt. Adiabatisch heißt die andere, weil sie in einem für die Wärme un- (a) durchgängigen (diabatischen) Gefäß stattfindet.

Die adiabatische Expansion wird auch isentropisch

genannt (bei gleichbleibender Entropie, mit anderen Worten, bei gleichbleibendem Energiegehalt). Von der Entropie werden wir bei Betrachtung der in den Motoren vor sich gehenden Prozesse noch hören.

Um Mißverständnissen vorzubeugen, sei hier erwähnt, daß bei der isothermischen Expansion für die Hebung so gut wie des ganzen früher beim Gleichgewichtszustande auf dem Gase lastenden Gewichts — durch fortwährende Verkleinerung dieses Gewichts, sozusagen durch Eingreifen von außen, machen wir ja die Bewegung erst möglich, für die Hebung des Hauptgewichts muß immerhin das Gas noch die Arbeit beschaffen — ebenso Arbeit erforderlich ist, zu deren Leistung die Energie dem großen Gefäß entnommen wird. Ich schiebe hier die Bemerkung ein, daß bei allem Bestreben der Kürze man doch ins Detail gehen muß, um das Wesen der physikalischen Vorgänge richtig zu erfassen. Von diesem Gesichtspunkt aus fügt sich hier eine scheinbar abseits liegende Betrachtung ein, die jedoch, wie wir gleich sehen werden, mit dem ganzen Komplex zusammenhängt, ja das Wesen desselben betrifft.

Die adiabatische Abkühlung des Gases findet nämlich nur dann statt, wenn es zu gleicher Zeit Arbeit leistet. Lassen wir das Gas in einen luftleeren Raum expandieren, d. h. ausströmen, so ist kein Gegendruck zu überwinden, infolgedessen keine Arbeit zu leisten. Das Gas wird sich auch nicht abkühlen. Lassen wir nun ein nicht ideales Gas unter Arbeitsleistung expandieren, d. h. ein Gas, welches durch innere Vorgänge Energie aufnehmen oder abgeben kann, so wird die für die Arbeitsleistung erforderliche Energie oft durch innere Vorgänge: Verdampfung, Zerfall u. dgl. aufgebracht. Läßt man ein nicht ideales Gas ohne Arbeitsleistung expandieren, so wird umgekehrt die Temperatur des Gases nicht konstant bleiben, sondern sich verändern, weil die durch die Änderung des Zustandes hervorgerufene innere Arbeit ein Äquivalent in der Änderung des Wärmeinhalts des Gases finden, d. h. in einer Temperaturänderung zum Ausdruck kommen wird. Hier haben wir also die Möglichkeit, experimentell festzustellen, wieweit und in welchen Grenzen ein beliebiges reales Gas: Wasserstoff, Kohlensäure u. a. m., von dem idealen Zustande abweicht. Diese Möglichkeit ist von grundlegender Bedeutung für unsere weiteren, die Temperaturmessung betreffenden Betrachtungen. D. h. wir können unsere Grundideen auf idealem Gase begründen und bei der praktischen Realisierung an nicht idealem Gase experimentell festgestellte Korrekturen einführen.

Die hierhergehörenden grundlegenden Betrachtungen sind nun folgende:

Die durch die Kolbenmotoren erzielte Arbeitsleistung ist, wie bekannt, von Temperatur-, Druck- und Volumenänderungen abhängig, die sich im Zylinder abspielen. Eine gewisse Ordnung, in erster Linie physikalisch-mathematischer Natur, läßt sich nun in diese komplizierten Vorgänge bringen, wenn man den Grundideen folgt, die der französische Ingenieur Carnot entwickelt hat. Das, was in den Zylindern vor sich geht, kann man einen **thermodynamischen Kreisprozeß** nennen, indem man von einem gewissen Zustand des Mediums ausgeht und zu demselben Anfangszustand zurückkehrt. Die Kreisprozesse können nun verschieden verlaufen. Carnot hat eine Form gewählt, die die Vorgänge übersichtlicher und mathematisch faßbarer gestalten läßt. Um die Vorgänge besser übersehen zu können, wollen wir es bildlich an einem Koordinatensystem darstellen, dessen Abszisse das Gasvolumen v, dessen Ordinate den Druck p darstellt, unter dem das Gas steht (Abb. 34). Hierin bedeutet ein beliebiger Punkt A den Zustand des Gases, der durch die beiden Koordinatenwerte, d. h. den Druck (p_0) und das Volumen (v_0), eindeutig bestimmt ist.

Die Änderung des Gaszustandes, sagen wir bis zum Punkt B, wird durch eine Kurve ausgedrückt. Die die isothermische Expansion darstellende Kurve wird natürlich anders aussehen als diejenige, die der adiabatischen Expansion entspricht. Die Kurven lassen sich nun ganz genau aus den Gesetzen von Boyle und Mariotte (isothermische Expansion) und Gay Lussac-Mariotte (Druck- und Wärmewirkung) mathematisch funktionell ableiten. Es sind alles Hyperbeln.

Für unsere Betrachtungen wählen wir eine Vereinfachung, welche die konsequente Entwicklung unserer Grundidee nicht weiter stört. Wir wollen nur zu ermitteln versuchen, welche von den Kurven steiler ist. Dadurch erhalten wir die relative Richtung und zugleich damit die allgemeine Bildform des Kreisprozesses, aus der wir ausreichende Folgerungen ziehen können. Um uns über die Steilheit der Kurven ein klares Bild zu machen, gehen wir von Abb. 33 aus. Dort haben wir die idealen Gase von v_0 zu v expandieren lassen und versuchen jetzt graphisch festzustellen, wo die Werte für p auf der Linie v (Abb. 34) liegen, d. h. wir müssen uns darüber klar werden, wo das den Kolben beschwerende, dem Gasdruck an Größe gleichende Gewicht größer bzw. kleiner sein wird. Offenbar wird es nach adiabatischer Expansion kleiner sein. Wir können nämlich den Endzustand der letzteren Expansion (B') in den Endzustand der isothermischen Expansion (B) verwandeln, wenn wir das Gas, das bei der adiabatischen Expansion abgekühlt ist, auf seine Anfangstemperatur erwärmen. Es wird sich dann offenbar ausdehnen wollen, und um dieses zu verhindern, müssen wir Gewichte zulegen, d. h. aber nichts anderes, als daß der Enddruck bei der isothermischen Expansion größer sein wird oder die Kurve flacher.

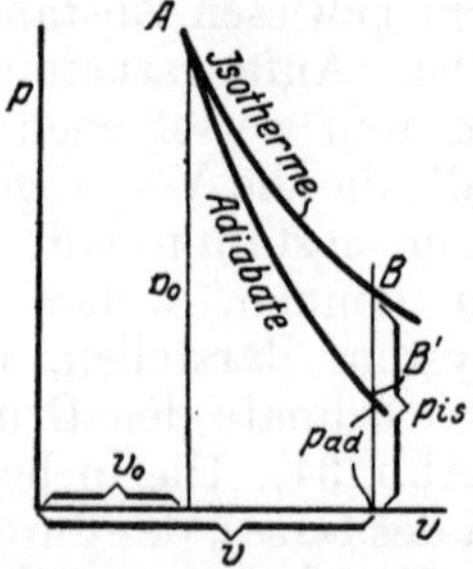

Abb. 34. Adiabatische und isothermische Expansion.

Beweis, daß die Kurve der adiabatischen Expansion steiler ist als die der isothermischen Expansion. Da bei der adiabatischen Expansion beim Endpunkt B' das Gas kühler ist und es erwärmt werden muß, um in den Endzustand der isothermischen Expansion B zu gelangen, so muß der Enddruck p_{ad} der adiabatischen Expansion kleiner, die Kurve selbst steiler sein.

Nunmehr können wir an die Konstruktion des allgemeinen Bildes des Kreisprozesses herangehen, wie ihn Carnot für seine wichtigen Schlußfolgerungen gewählt hat (Abb. 35).

Wir expandieren zuerst isothermisch bis zu einem beliebigen, nicht zu weit entfernten Punkt B, dann setzen wir die Expansion adiabatisch fort — die Kurve muß, wie wir gesehen haben, auf diesem Wege steiler werden — bis zu einem zweiten beliebigen Punkt C. Nun komprimieren wir isotherm bis zum Punkt D, jedoch derart, daß die sich nun anschließende adiabatische Kompression zum Anfangszustande des Gases zurückführt, d. h. in dem Bilde im Punkt A mündet.

Wir haben nunmehr unsern Kreisprozeß durchgeführt und sehen uns genauer an, was für energetische Vorgänge damit verbunden waren. Da wir ideale Gase haben, gibt es keine innere, sondern nur äußere Arbeit und nur Energieverschiebungen in Form von Wärmeabgabe und Wärmeaufnahme, welche natürlich untereinander in streng geregelter Beziehung stehen müssen.

Zuerst einmal werden wir sehen, daß die Fläche $ABCD$ die beim Kreisprozeß geleistete Arbeit darstellt.

Dieses läßt sich an einer anderen prinzipiell gleichen Form des Kreisprozesses leicht beweisen (Abb. 36).

Eine einfache geometrische Entwickelung ergibt folgendes:

$$p_0\,(v - v_0) - p\,(v - v_0) = (p_0 - p)\,(v - v_0) \quad . \quad . \quad (23)$$

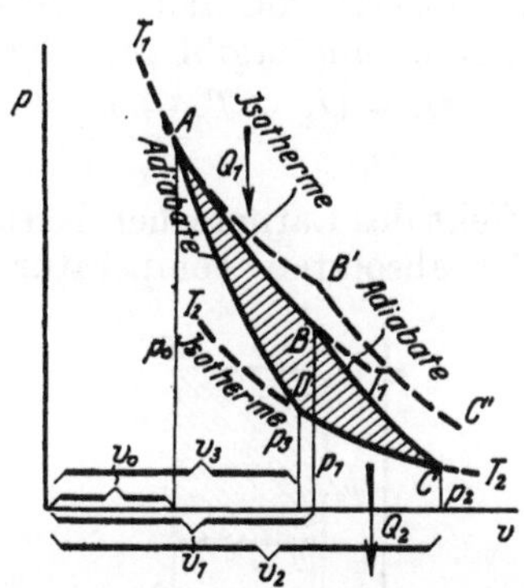

Abb. 35. Der Carnotsche Kreisprozeß.

Er ist ein genauer Spezialfall der übrigen möglichen Kreisprozesse. Er wird am idealen Gase derart ausgeführt, daß man es zunächst isotherm (AB), dann adiabatisch (BC) expandieren läßt und es danach zuerst isotherm (CD) und dann adiabatisch (DA) komprimiert. $ABCD$ stellt die Arbeit dar, die der aufgewandten Mehrwärme $Q_1 - Q_2$ entspricht. Läuft der Prozeß nicht genau so und weicht er vom Carnotschen nach B', C' ab, so wird nicht die maximale Arbeit geleistet. Der Nutzeffekt wird kleiner.

Der Ausdruck rechts ist aber das Rechteck $ABCD$, welches eine Druckänderung auf einem Volumenwege (d. h. bei gleichzeitiger Volumänderung) darstellt. Dies bedeutet ebenso wie der Ausdruck Kraft $\times$ Weg eine Arbeitsleistung. (Näheres darüber unten S. 234f.)

Die für die im Kreisprozeß geleistete Arbeit erforderliche Energie muß nun irgendwo hergenommen werden. Und da die äußere Arbeit mit dem Wert $ABCD$ erschöpft ist, kann es nur die von außen aufgenommene Wärme sein, die sich in dieser Art verwandelt hat. Diese Wärmeveränderungen können aber nur während der isothermischen Änderungen vor sich gegangen sein, da ja die adiabatischen Prozesse vollständige Wärmeisolierung zur Bedingung haben. Da nun bei der isothermischen Expansion Wärme aus dem großen Gefäß aufgenommen wird — nennen wir die Menge Q_1 (vgl. Abb. 35) — und während der isothermischen Kompression eine bestimmte Wärmemenge — nennen wir sie Q_2 — zurückgegeben wird, so ist es offenbar die Differenz $Q_1 - Q_2$, welche in Arbeit verwandelt worden ist. Und der Nutzeffekt der Arbeit wird, bezogen auf die dem System zugeführte Wärme, offenbar in Bruchteilen gleich sein

$$\frac{Q_1 - Q_2}{Q_1} \qquad \ldots \qquad (24)$$

Eine nicht komplizierte von den Gasgesetzen ausgehende mathematische Entwicklung ergibt nun die Beziehung

$$\frac{Q_1 - Q_2}{Q_1} = \frac{T_1 - T_2}{T_1}, \qquad \ldots \qquad (25)$$

welche den Nutzeffekt des Carnotschen Kreisprozesses in Abhängigkeit von der absoluten Temperatur der beiden Iso-

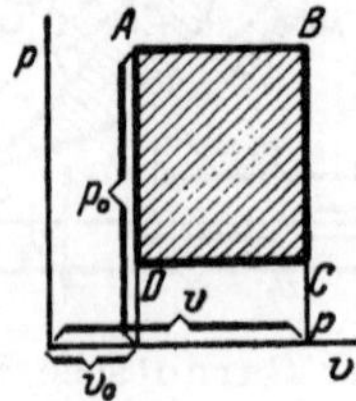

Abb. 36. Arbeitsdiagramm.

Beweis, daß die Fläche $ABCD$ im Koordinatensystem $p - v$ eine Arbeitsgröße darstellt.

thermen bringt. Dies ist natürlich für die Motorenpraxis von grundlegender Bedeutung. Uns interessiert hier jedoch eine andere Frage. Wir erhalten nämlich in dieser Formel zugleich damit die Beziehung zwischen Temperatur und geleisteter Arbeit, welche eben von der Höhe der Temperatur wie auch der Temperaturdifferenz, innerhalb welcher die Arbeit vor sich geht, abhängig ist. Dadurch haben wir unsern ursprünglichen Zweck erreicht, denn wir haben auf diese Weise die Höhe der Temperaturgrade durch Arbeitsgrößen ausdrückbar gemacht, d. h. zurückgeführt auf die Maßeinheiten Kilogramm und Meter. Das wäre nun mithin die absolute Grundlage, die wir gesucht und gefunden haben, soweit eben der absolute Begriff innerhalb des sog. absoluten Maßsystems Geltung haben kann.

Auf die weitere praktische Realisierung werde ich nicht näher eingehen, es genügt nunmehr, zu wissen, daß ein mit idealem Gas angefülltes Luftthermometer — es müßte richtiger Gasthermometer heißen — einwandfreie Werte geben muß bei der Einstellung der Skala zwischen 0 und 100°, wofür einen Maßstab zu finden uns unmöglich zu sein schien. Wissen wir nun weiter, wieweit ein Gas, das dem idealen Zustande am nächsten ist — z. B. der Wasserstoff —, von dem idealen Zustande abweicht, so können wir es unter Benutzung einer Korrektur für die Feststellung der absoluten oder sog. thermodynamischen Temperaturskala benutzen. Auf welchem experimentellen Wege solch eine Korrektur gefunden werden kann (durch Gasexpansion), haben wir oben S. 134 gezeigt.

Für die gewöhnliche Dampfkesselpraxis könnte die so erhaltene Temperaturgrundlage ausreichen, da es wohl denkbar wäre, unter Verwendung hochschmelzenden Materials (Porzellan, Iridium u. dgl.) die erforderlichen Werte zu erhalten. In der Metallurgie und besonders in der Elektrometallurgie geht man jedoch auf sehr hohe Grade (ca. 3000° und mehr) hinauf, wo entsprechende feuerfeste Stoffe für die Herstellung von Gasthermometern nicht mehr zu beschaffen sind. Da müssen wir uns nach einem andern Hilfsmittel für die Schaffung einer Temperaturskala umsehen. Hier greifen nun die Strahlungsgesetze helfend ein.

Da die hierauf bezüglichen Formeln (S. 109) teils experimentell durch die Realisierung der schwarzen Strahlung, teils energetisch rechnerisch festgesetzt worden sind und fast ausschließlich Funktionen, absolut meßbare Größen, Energiemengen und Wellenlängen, wie auch Temperaturen enthalten, lassen sich durch Umformung Gleichungen aufstellen, in welchen die Temperatur durch diese meßbaren Größen ausgedrückt, also auf absolute Werte zurückgeführt wird, was der Schaffung einer absoluten Temperaturskala gleichkommt, welche den Namen strahlungstheoretische Temperaturskala erhalten hat. Ich begnüge mich mit der Erläuterung dieser prinzipiellen Grundbegriffe, da es für unsere Zwecke ausreicht. Es könnte nur noch erwähnt werden, daß die Beziehung zwischen der Temperatur eines Thermoelements und der Spannung gleichfalls als eine Art Temperaturskala benutzt werden kann.

Man ist zu sehr gewöhnt, die in der Praxis durch die verschiedenen Meßmethoden ermittelten Temperaturgrade als gegebene Größen anzusehen, und kümmert sich meist wenig darum, auf welche Grundlagen sich die konstruktive

Idee des Apparates stützt. Natürlich ist jetzt das technische Meßwesen derart entwickelt, daß jederzeit in speziellen technisch-physikalischen Instituten die verschiedenen Thermometer und Pyrometer — so nennt man sie, wenn sie Temperaturen über 600° zu messen gestatten — geprüft und geeicht werden können.

Immerhin muß der praktische Techniker mit den oben entwickelten Grundlagen vertraut sein.

Wir gehen jetzt zu unserem Versuch über und sehen zu, wieweit die verschiedenen auf den mannigfaltigsten physikalischen Prinzipien aufgebauten Apparate übereinstimmend die Temperatur anzeigen.

Es muß zugegeben werden, daß die Durchführung dieser Aufgabe nicht immer leicht ist. Vor allem muß man sich danach richten, was für Thermometer und Pyrometer einem im gegebenen Laboratorium zur Verfügung stehen. Es ist daher schwer, hier eine abgegrenzte charakteristische Aufgabe einzustellen. Ich begnüge mich daher mit einigen allgemeinen Andeutungen und der Beschreibung einer Aufgabe, die mehr als spezieller Fall aufzufassen ist.

Man braucht nur einige käufliche gewöhnliche Laboratoriumsthermometer in ein Wasserbad zusammenzustecken, um die Beobachtung zu machen, daß die Übereinstimmung der verschiedenen Exemplare eine sehr zweifelhafte ist. Es ist zudem bekannt, daß bei den Thermometern, welche über dem Quecksilber einen luftleeren Raum haben — und das ist gewöhnlich der Fall —, die Anzeigen über 300° infolge Teilung der Quecksilbersäule nicht mehr zuverlässig sind. Man muß also zwecks Kontrolle stets ein geeichtes, unter hohem Gasdruck stehendes Normalthermometer zur Verfügung haben. Die Sorge dafür, daß dessen Angaben der thermodynamischen Temperaturskala entsprechen, übernimmt dann eine zuverlässige Eichanstalt, wie etwa die Berliner Physikalisch-Technische Reichsanstalt. Für genaue Messungen müssen auch die genauen Meßbedingungen angegeben werden. So ist es z. B. bei sehr langen Fabrikthermometern durchaus nicht gleichgültig, ob nur die Quecksilberkugel oder die ganze Quecksilbersäule die zu messende Temperatur haben muß. Man nimmt gewöhnlich letzteres an.

Ebenso zuverlässig muß natürlich die Eichung der hochgradigen Pyrometer sein, seien es thermoelektrische Apparate (Abb. 37) oder Strahlungspyrometer (Abb. 38). Auch hier

gilt als Grundlage die thermodynamische bzw. die strahlungstheoretische Temperaturskala.

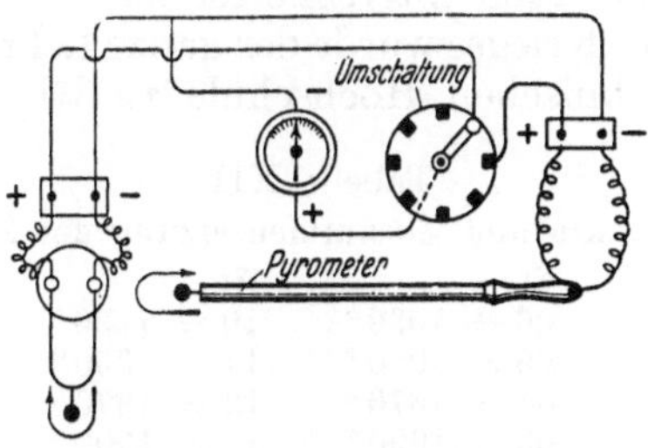

Abb. 37. Thermoelektrisches Pyrometer mit mehreren Beobach-
tungsstellen.

Das Pyrometer besteht aus einem Thermoelement, das zusammengesetzt ist aus zwei verschiedenen Metallen (Platin-Platinrhodium, Eisen-Konstantan, Kupfer-Konstantan). Es
sind zwei an ein Galvanometer angeschlossene isoliert geführte Drähte, welche in eine Lötstelle, das eigentliche Thermoelement (s. Abb. 20), münden. Die Stärke des erzeugten
Stromes ist von der Temperatur der Lötstelle abhängig (die andern Enden der Metalldrähte
dürfen sich nicht erwärmen). Um z. B. an zwei Stellen die Temperatur beobachten zu können,
werden zwei Thermoelemente nebeneinander geschaltet, und zwar derart, daß z. B. die
negativen Pole miteinander verbunden sind, die positiven dagegen durch die Umschaltung
einzeln mit dem Galvanometer verbunden werden können, das mit seinem andern Pol
mit der negativen Leitung verbunden ist.

Nun gibt es noch eine ganze Reihe einfacherer und billigerer
Methoden, wie z. B. die bei bestimmter Temperatur schmel-

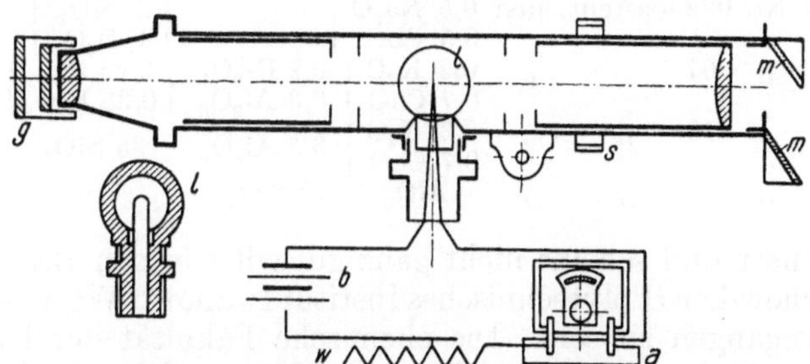

Abb. 38. Schematische Anordnung von optischen Pyrometern.

Von *g* aus beobachtet man die Lichtquelle, deren Strahlen durch die beiden Spiegel *m/m*
ins Auge des Beobachters geworfen werden. Dieser sieht zu gleicher Zeit die elektrische
Glühlampe *l*, die durch einen Akkumulator und einen Widerstand auf verschiedene Hellig-
keitsstufen eingestellt werden kann. Das Licht der Lampe, wie auch das Licht der Quelle,
deren Temperatur gemessen werden soll, bilden zwei Hälften eines Gesichtsfeldes, wodurch
die Einstellung auf gleiche Helligkeit erleichtert wird. Einer bestimmten Lichtstärke der
Lampe entspricht eine bestimmte Temperatur, die durch die von der Lampe verbrauchte
Strommenge am Amperometer *a* abgelesen wird.

zenden Prinsepschen Legierungen oder die noch jetzt in der
Keramik viel angewandten Segerkegel, deren Zusammensetzung und Schmelzpunkte in der Tab. XII angegeben sind.

Als Beispiel einer Übungsaufgabe wähle ich die Temperaturbestimmung bei höherer Temperatur, was vielleicht schwieriger, aber auch interessanter ist.

Während des Krieges wurde der ganze Lehrmittelfonds der ehemaligen Technischen Hochschule zu Riga nach Moskau

Tabelle XII.

Schmelzpunkte und Zusammensetzung der Segerkegel.

Nr.		Nr.		Nr.		Nr.	
022 =	590°	06 =	1030°	10 =	1330°	25 =	1630°
021 =	620°	05 =	1050°	11 =	1350°	26 =	1680°
020 =	650°	04 =	1070°	12 =	1370°	27 =	1670°
019 =	680°	03 =	1090°	13 =	1390°	28 =	1690°
018 =	710°	02 =	1110°	14 =	1410°	29 =	1710°
017 =	740°	01 =	1130°	15 =	1430°	30 =	1730°
016 =	770°	1 =	1150°	16 =	1450°	31 =	1750°
015 =	800°	2 =	1170°	17 =	1470°	32 =	1770°
014 =	830°	3 =	1190°	18 =	1490°	33 =	1790°
013 =	860°	4 =	1210°	19 =	1510°	34 =	1810°
012 =	890°	5 =	1230°	20 =	1530°	35 =	1830°
011 =	920°	6 =	1250°	21 =	1550°	36 =	1850°
010 =	950°	7 =	1270°	22 =	1570°	37 =	1870°
09 =	970°	8 =	1290°	23 =	1590°	38 =	1890°
08 =	990°	9 =	1310°	24 =	1610°	39 =	1910°
07 =	1010°						

					Schmelz-temperatur
Kegel Nr. 022 besteht aus:	$0{,}5\ Na_2O$ $0{,}5\ PbO$			$2\ SiO_2$ $1\ B_2O_3$	590°
„ „ 07 „ „	$0{,}3\ K_2O$ $0{,}7\ CaO$	$0{,}2\ Fe_2O_3$ $0{,}3\ Al_2O_3$		$3{,}65\ SiO_2$ $0{,}35\ B_2O_3$	1010°
„ „ 19 „ „	$0{,}3\ K_2O$ $0{,}7\ CaO$	$3{,}5\ Al_2O_3$	$35\ SiO_2$		1510°
„ „ 36 „ „	AlO_3	$2\ SiO_2$			1850°

evakuiert und scheint nicht ganz gutwillig in den Besitz der Bolschewiken (Polytechnisches Institut Iwanowo-Wosnesensk) übergegangen zu sein. Die chemische Fakultät der lettländischen Universität hat sich noch nicht ausreichend mit diesbezüglichen sehr teuren Apparaten versehen können, deshalb greife ich auf einen Versuch zurück, den ich vor dem Kriege ausgeführt habe.

Siebente Aufgabe.
Gleichzeitige Temperaturmessung nach verschiedenen Methoden.

Die Aufgabe besteht darin, die Anzeigen eines thermoelektrischen, mit einem Platin-Platinrhodium-Element versehenen Pyrometers und eines Wannerschen optischen Pyrometers mit der Schmelztemperatur der Segerkegel zu vergleichen. Wie Abb. 39 zeigt, benutzt man am besten einen Heräusschen elektrischen Tiegelofen, den man auf

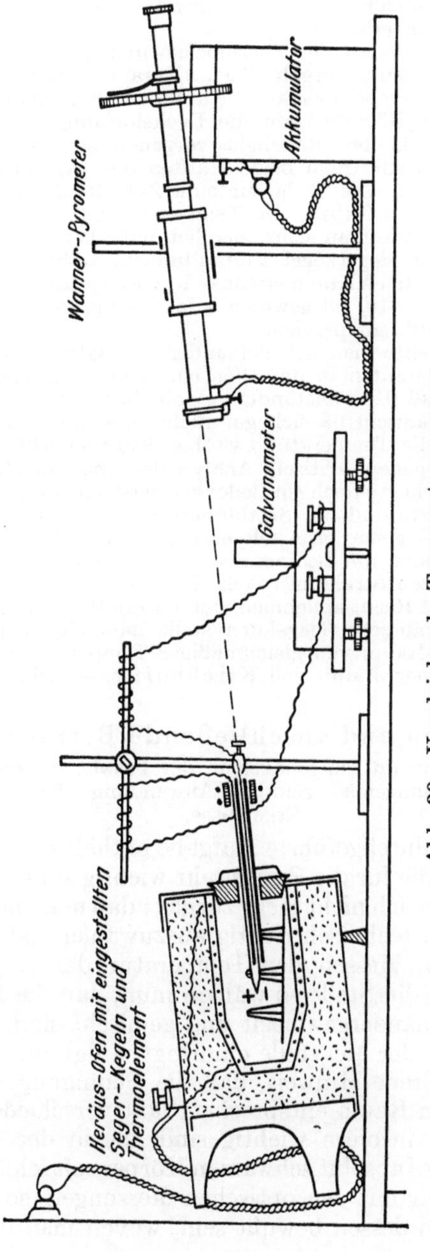

Abb. 39. Vergleichende Temperaturmessung.

Die im elektrischen Tiegelofen System Heräus eingestellte Temperatur wird durch im Ofen befindliche Segerkegel durch ein elektrisches Thermoelement und das optische Wanner-Pyrometer gemessen.

konstante Temperatur einstellt. Folgende Resultate wurden z. B. bei einem Versuch erhalten:

Man führte zunächst das Thermoelement ein und maß die Temperatur. Die Messung ergab 975°. Darauf benutzte man das Wannersche Pyrometer, das so in ein Stativ eingespannt war, daß die Richtung der Blicklinie auf die Deckelöffnung des Ofens ging. Die Ablesung wurde ohne Rauchglas vorgenommen. Durch Drehung des Analysators stellte man beide Hälften des Gesichtspunktes auf gleiche Beleuchtung. Die Skala zeigte die Zahl 15. Daraus ergab sich aus der betreffenden Tabelle die Temperatur 985°. Die erhaltenen Werte lagen also, wie man sieht, ziemlich nahe beieinander. Um die Temperatur durch Segerkegel zu bestimmen, wählte man aus der Tabelle die geeignetsten Nummern aus. In vorliegendem Falle konnten es die Kegel 011, 010, 08 gewesen sein, welche den Temperaturen 920, 950 und 990° entsprachen.

Die Kegel stellte man nebeneinander auf Asbestpappe und trug sie für 5 bis 10 Minuten in den Ofen ein. Nach dem Herausnehmen erwies es sich, daß 010 vollständig geschmolzen, 011 an den Kanten gesintert war, während 08 sich gar nicht verändert hatte. Daraus ergab sich, daß die Temperatur zwischen 950 und 990° lag.

Ohne auf die genaue kritische Analyse der erhaltenen Zahlen näher einzugehen, muß hier jedoch ein Bedenken zerstreut werden. Wie oben auseinandergesetzt, sind die Strahlungsgesetze nur für den absolut schwarzen Körper genau ermittelt und errechnet. Da wir es aber in diesem Falle offenbar mit Bedingungen zu tun haben, die der Realisierung der schwarzen Strahlung nach Kirchhoff sehr nahekommen, so können wir mit Recht annehmen, daß unsere Bestimmungen richtig waren. Der Heräussche Tiegelofen stellt nämlich einen von allen Seiten isolierten Raum von gleichmäßiger Temperatur dar, der sehr gut dem isothermen Raum von Kirchhoff entspricht (Abb. 23).

Folgerungen und anschließende Betrachtungen.

Die bei den Temperaturmessungen in der Praxis zu beobachtenden Bedingungen. Sinngemäß richtige Anwendung der theoretischen Ergebnisse.

Die soeben durchgeführte Aufgabe enthält eine Reihe von Andeutungen, die für die Praxis sehr wichtig sind. Auf früher Gesagtes komme ich nicht mehr zurück; daß man die Meßstelle sinngemäß und technisch richtig auszuwählen hat, daß man also z. B. beim Messen der Temperatur der Abgase einer Kesselfeuerung die Stelle so wählen muß, daß die Rauchgase bereits durcheinandergewirbelt und gemischt sind, daß keine falsche Luft an der Meßstelle eindringt u. dgl. m. Der in der Aufgabe enthaltene Hinweis, daß die Bedingungen dem absolut schwarzen Raum entsprechen, läßt verschiedene Folgerungen zu, die insofern wichtig sind, als in der Praxis die Bedingungen des absolut schwarzen Körpers oft fehlen können.

Beginnen wir mit den optischen Messungen, so muß man sich ganz genau dessen bewußt sein, wovon man die Temperatur mißt. Richtet man das optische Pyrometer auf eine Ofenöffnung, so sieht man die gegenüberliegende Wand und mißt, streng genommen, die Temperatur dieser Wand. Diese Temperatur wird aber auch nur in dem Falle richtig sein, wenn die strahlende Wandfläche sich im absolut schwarzen Raum befindet, d. h. energiegesättigt ist. Ob die z. B. durch einen Martinofen ziehenden Gase dieselbe Temperatur haben wie die sie umgebenden Wände, ist eine andere Frage. Offenbar wird es von dem derzeitigen dynamischen Zustande abhängen. Sind im gegebenen Moment die durchziehenden Generatorgase kohlenstoffreicher als im Durchschnitt, so werden sie strahlende Energie an die Wände abgeben, infolgedessen eine höhere Temperatur haben. Andernfalls werden die Wände die kälteren Gase bestrahlen. Da ferner die Gase an und für sich schwächere Strahler sind, können sie sehr wohl mit einer Temperatur abziehen, die höher ist als die Temperatur der Wände, weil eben der Strahlungsausgleich nicht so schnell vor sich gehen kann.

Alle diese ziemlich komplizierten Vorgänge spielen bei einigermaßen genauen Messungen eine Rolle in der gewöhnlichen Praxis. Ich begnüge mich hier mit nur einigen Andeutungen.

Steckt ein berußtes Pyrometer oder ein berußtes Quecksilberthermometer in einem Rauchgaskanal, so kann sehr wohl die Rußschicht bedeutende Mengen von den Wänden ausgehender strahlender Energie aufnehmen und sie dem Meßinstrument übergeben. Es würde also eine höhere Temperatur der Gase vorgetäuscht werden, da die Gase als schwache Strahler die strahlende Wärme der Wände nicht so schnell aufnehmen (genauer in L. 26).

Für den wärmewirtschaftlichen Teil des Betriebes sind sehr wichtig die registrierenden Thermometer und Pyrometer, deren Beschreibung hier zu weit führen würde.

6. Das Kesselspeisewasser.

Vorbemerkungen.

Die Härte des Wassers. Stein und Schlamm im Dampfkessel. Beschaffung von reinem Kesselspeisewasser. Destillation. Zusatzwasser. Korrosion der Metallteile. Gasschutz. Die chemischen Enthärtungsreaktionen. Die Schnellanalyse der im Dampfkraft-Betriebe zirkulierenden Wässer. Tropfenmethode und Dezimaltropfflasche. Die Zahlen P, M, H.

Die weiteren wärmewirtschaftlichen Betrachtungen führen uns zwangsläufig zu den Kraftmaschinen, unter welchen jetzt noch der Dampfmotor eine überragende Stellung einnimmt. In diesen Motoren tritt der Wasserdampf als dasjenige Medium auf, welches die Verwandlung der aus dem Brennstoff gewonnenen Wärme in Kraft vermittelt. Die hierfür erforderliche Dampfbildung bringt in den Dampfkesseln eine Konzentration des Wassers mit sich, woraus weiter zu ersehen ist, daß bei Verwendung von natürlichem Wasser als Kesselspeisewasser die Folgen der Konzentration des Wassers im Kessel sich unangenehm bemerkbar machen können. Besonders die Kalk- und Magnesiasalze, die die sog. Härte des Wassers verursachen, sind es, welche sich in Form von Stein und Schlamm ausscheiden. Der Stein, der hauptsächlich aus schwer löslichem Gips, schwefelsaurem Kalk ($CaSO_4$), besteht, lagert sich als feste Kruste an die innere Kesselwand an.

Aus weiter oben befindlichen Betrachtungen heraus ergibt sich, daß dadurch die Wärmetransmission durch die Kesselwand stark behindert werden muß. Ja die Wärmestauung kann sogar so weit gehen, daß das Eisenblech glühend wird und die Kesselwand unter der Wirkung des Innendrucks ausbeult. Das sind Erscheinungen, die zu schweren Komplikationen bis zur Kesselexplosion führen können. Die im Wasser enthaltenen Bikarbonate zersetzen sich im Kessel unter Abgabe von Kohlensäure nach den Reaktionen:

$$Ca(HCO_3)_2 = CaCO_3 + H_2O + CO_2 \quad . \quad . \quad . \quad (26)$$

$$Mg(HCO_3)_2 = MgCO_3 + H_2O + CO_2 \quad . \quad . \quad . \quad (27)$$

$$MgCO_3 + H_2O = Mg(OH)_2 + CO_2, \quad . \quad . \quad . \quad (28)$$

wobei aus einzelnen Kristallkörnern bestehender oder amorpher Schlamm entsteht, der freilich mit in den Stein hinein verkittet werden kann.

Aus der Bedeutung, die wir in früheren Ausführungen dem Konvektionsstrom beigemessen haben, wobei der Beweis erbracht wurde, daß das Streben nach dem Konvektionsmaximum für wärmetechnische Probleme grundlegende Bedeutung besitzt, ist nicht schwer zu folgern, daß jede Schlammbildung die Konvektionsströme hindern und auf diese Weise auch eine Wärmestauung hervorrufen muß. Die durch Stein und Schlamm verursachte Wärmestauung wird besonders dann gefördert, wenn der Stein und der Schlamm von organischen, aus Humus und Öl entstandenen Spaltungsprodukten durchsetzt ist. Es ergibt sich eine betriebstechnisch außerordentlich wichtige Aufgabe: die Beschaffung eines genügend reinen Kesselspeisewassers.

Dies kann nun auf zwei Wegen erreicht werden: entweder durch Destillation von Rohwasser oder durch dessen mechanische und chemische Reinigung. Die Wasserdestillation ist teuer, erfordert komplizierte wärmesparende Destillierapparate und wird meist nur dann angewandt, wenn man aus dem Betrieb den größten Teil des Dampfes als ölfreies Kondensat zurückerhält. Sonst wird das Verfahren zu teuer. In dem Falle wird nur die dem verlorengegangenen Dampfe entsprechende Wassermenge, das sog. Zusatzwasser, unter Anwendung besonderer wärmesparender Apparate (Mehrfachverdampfer, Brüdenkompressoren) destilliert.

Auf den ersten Blick sieht diese Methode, die man ja wohl als die rationellste bezeichnen kann, sehr einfach aus, das destillierte Wasser hat aber ein sehr starkes Lösungsvermögen für Sauerstoff und Kohlensäure, wodurch es aggressiv, d. h. eisenlösend, wird. Daher muß die ganze Wasser-Dampfzirkulation unter Gas- und Luftabschluß, d. h. unter Gasschutz geführt werden.

Wir sehen, daß hier noch die sog. Korrosionserscheinungen mit hineinspielen, auf die wir jedoch nicht näher eingehen können. Es sei nur kurz erwähnt, daß eine geringe Alkalinität des Wassers seine Aggressivität bedeutend schwächt. Letztere tritt hauptsächlich in Gegenwart von Sauerstoff auf; es muß besonders darauf geachtet werden, daß mit dem Speisewasser keine Luft mitgesogen wird.

Erweist sich die Wasserdestillation als zu teuer, so bleibt nichts anderes übrig, als das Rohwasser zu benutzen, das immer zur Verfügung steht, sei es Flußwasser, Grundwasser, Brunnenwasser, artesisches Wasser, Leitungswasser, und dasjenige davon zu wählen, das sich am leichtesten und billigsten reinigen läßt.

Durch einen Filtrierprozeß entfernt man die mechanischen Beimengungen. Die im Wasser gelösten Kalk- und Magnesiasalze scheidet man jedoch auf chemischem Wege aus, indem man sie in unlösliche Verbindungen verwandelt. Die Kalksalze fällt man als Karbonate und die Magnesiasalze als Hydrate nach den in Tab. XIII angegebenen Reaktionen.

Aus dem oben Mitgeteilten ersieht man, daß das Gebiet der Beschaffung des geeigneten Kesselspeisewassers groß und kompliziert ist. Wer sich näher orientieren will, findet das Erforderliche in meinem Lehrbuch (L. 27a). Für unsere pädagogischen Zwecke begnügen wir uns mit einer Gesamtaufgabe, die 3 Teile umfaßt: die Analyse des Rohwassers, die

Tabelle XIII.

Die wichtigsten für die Ausscheidung der Kalk- und Magnesiasalze und der Gase angewandten Reaktionen.

Kalksodaverfahren:

1. $\quad CaSO_4 \quad + \quad Na_2CO_3 \quad = \quad CaCO_3 \quad + \quad Na_2SO_4$

Kalziumsulfat / Soda / Kalziumkarbonat / Natriumsulfat
Gips / (Zusatz) / (Niederschlag) / (im Wasser gelöst)

2. $\quad Ca(HCO_3)_2 + \quad Ca(OH)_2 \quad = \quad CaCO_3 \quad + \quad CaCO_3$

Kalzium- / Kalkwasser / Kalziumkarbonat / Kalziumkarbonat
bikarbonat / (Zusatz) / (Niederschlag) / (Niederschlag)

3. $\quad MgCl_2 \quad + \quad 2\,NaOH \quad = \quad Mg(OH)_2 \quad + \quad 2\,NaCl$

Magnesium- / Ätznatron / Magnesium- / Chlornatrium
chlorid / (Zusatz) / hydroxyd / (im Wasser gelöst)
/ / (Niederschlag) /

4. $\quad Mg(HCO_3)_2 + \quad 2\,Ca(OH)_2 \quad = \quad Mg(OH)_2 \quad + \quad 2\,CaCO_3$

/ (Zusatz) / (Niederschlag I) / (Niederschlag II)

Infolge der teilweisen Löslichkeit des $MgCO_3$ sind folgende Reaktionen nicht anwendbar:

5. $\quad MgCl_2 \quad + \quad Na_2CO_3 \quad = \quad MgCO_3 \quad + \quad 2\,NaCl$

Magnesium- / Soda / Magnesium- / Chlornatrium
chlorid / (Zusatz) / karbonat / (löslich)
/ / (nicht vollkommen /
/ / unlösl. Niederschlag) /

6. $\quad Mg(HCO_3)_2 + \quad Ca(OH)_2 \quad = \quad MgCO_3 \quad + \quad CaCO_3$

/ Kalkwasser / Magnesium- / Kalziumkarbonat
/ (Zusatz) / karbonat / (Niederschlag II
/ / (Niederschlag I / unlöslich)
/ / etwas löslich) /

Dagegen sind folgende Umsetzungen teilweise praktisch durchführbar:

Ohne Kalk:

7. $\quad Ca(HCO_3)_2 + \quad Na_2CO_3 \quad = \quad CaCO_3 \quad + \quad 2\,NaHCO_3$

/ (Zusatz) / (Niederschlag) / (im Wasser gelöst)

8. $\quad Mg(HCO_3)_2 + \quad Na_2CO_3 \quad = \quad MgCO_3 \quad + \quad 2\,NaHCO_3$

/ (Zusatz) / (nicht ganz un- / (gelöst)
/ / löslich) /

Permutitverfahren

(Permutite sind Salze der Aluminiumhydrosilikate):

9. $\qquad P\text{-}Na_2 + CaSO_4 = P\text{-}Ca \; + Na_2SO_4$
10. $\quad P\text{-}Na_2 + Ca(HCO_3)_2 = P\text{-}Ca \; + 2\,NaHCO_3$
11. $\qquad P\text{-}Na_2 + MgSO_4 = P\text{-}Mg + Na_2SO_4$
12. $\quad P\text{-}Na_2 + Mg(HCO_3)_2 = P\text{-}Mg + 2\,NaHCO_3$.

Regeneration:

13. $\qquad P\text{-}Ca + 2\,NaCl = P\text{-}Na_2 + CaCl_2$
14. $\qquad P\text{-}Mg + 2\,NaCl = P\text{-}Na_2 + MgCl_2$.

Chemische Entgasung:

15. $\qquad 2\,Fe + 3\,O_2 = 2\,Fe_2O_3$
16. $\quad Fe + O + H_2O + CO_2 = Fe(HCO_3)_2; \; Fe(HCO_3)_2 + O + H_2O$
$$= 2\,Fe(OH)_3 + 4\,CO_2$$
17. $\qquad Ca(OH)_2 + CO_2 = CaCO_3 + H_2O$.

Anm. Auch Phosphate werden neuerdings für die Wasserreinigung benützt beim sog. Tartrizidverfahren (Näheres in L. 27a).

Durchführung der Reinigungsreaktion im Laboratorium und die Kontrolle des gereinigten Wassers. Überall benutzen wir die in den letzten Jahren ausgearbeiteten schnellanalytischen Methoden. Zunächst einige Worte über diese Methoden.

Die analytische Überwachung eines beliebigen Betriebes erfüllt erst dann ihren Zweck, wenn die Analyse in kürzester Zeit ausgeführt werden kann, denn je schneller man das Resultat der Untersuchung einer dem Betriebe entnommenen Probe erhält, desto wirkungsvoller ist eine anzubringende Korrektur, desto schneller können bemerkte Übelstände abgestellt werden, bevor sie Schaden stiften.

Diese Erwägungen beziehen sich für den speziellen Fall naturgemäß nicht allein auf sämtliche im Dampfbetriebe zirkulierenden Wässer, sondern auch auf das Rohwasser, das ja als Kesselspeisewasser dazu gehört.

Wir müssen also in dieser Aufgabe mit der Untersuchung des Rohwassers beginnen. Das Erfordernis der Einfachheit und Schnelligkeit geht so weit, daß man sich nicht damit begnügt, diese Bestrebungen auf die analytische Technik auszudehnen, sondern auch alles, was mit Berechnung und Ablesung zu tun hat, möglichst einfach gestaltet.

Die für diese Zwecke sehr geeignete Maßanalyse schafft hierbei folgende einfache Verhältnisse, wenn wir uns in erster Linie an den (deutschen) Härtegrad als den Maßstab des Gehaltes des Wassers an Härtebildnern halten.

Bekanntlich ist in 100000 ccm 1° harten Wassers 1 g CaO oder das entsprechende chemische Äquivalent MgO enthalten. Danach ergibt sich von selbst, daß dort in g ausgedrückte Mengen enthalten sind, welche dem Molekulargewichte einer beliebigen Kalzium- und Magnesiaverbindung, dividiert durch das äquivalente Molekulargewicht von CaO (56), entsprechen.

Für die weiteren Darlegungen wählen wir uns folgende Rechenaufgabe:

Wenn ein 2,8° hartes Wasser gegeben ist, wie stellt sich der Verbrauch an 0,1n-Lösung, falls zur Analyse 100 ccm Wasser genommen werden? Die 0,1n-Lösungen enthalten bekanntlich 0,1 Grammäquivalent in 1 l. Die deutschen Härtegrade werden, wie oben auseinandergesetzt, auf CaO bezogen, dessen Äquivalentgewicht 28 beträgt. Mithin sind in 1 l einer 0,1n-Lösung 2,8 g CaO enthalten, in 1 ccm 0,0028 g. Soviel ist auch in 100 ccm Wasser von der Härte 2,8 enthalten, da in 100000 ccm eines solchen Wassers 2,8 g CaO in irgendeiner Form gelöst sind.

0,1n-Lösungen haben offenbar dieselben chemischen Äquivalentmengen in Lösung, und mithin sind auch ihre Kubikzentimeter gleichwertig. Ist also in 1 ccm 0,1n-Lösung eine bestimmte Menge Härtebildner vorhanden, so ist zu deren durch chemische Reaktion durchzuführender Ermittelung auch genau 1 ccm einer entsprechenden 0,1n-Reaktionslösung erforderlich. Mithin auch für 100 ccm Wasser von 2,8° 1 ccm 0,1n-Lösung. Wir kommen dann zu folgender Regel:

Nimmt man zur Analyse 100 ccm Wasser und titriert mit einer 0,1n-Lösung, so erhält man die Härtegrade oder deren Äquivalente, wenn man die Anzahl der verbrauchten Kubikzentimeter mit 2,8 multipliziert.

Für die Bestimmung der Härte (H) benutzt man im allgemeinen die von mir s. Z. in Vorschlag gebrachte Methode der Titration mit Kaliumpalmitat und Phenolphthalein, welches nach Ausfällen der Kalk- und Magnesiasalze die infolge der Hydrolyse der Seife auftretende Alkalinität durch Rotfärbung anzeigt. Um die Verhältnisse einfacher und übersichtlicher zu gestalten, machte ich den Vorschlag, nicht nur die Härte, sondern auch die Alkalinität in deutschen Härtegraden oder richtiger in deutschen Härtegradäquivalenten auszudrücken. Die in Gegenwart des Indikators Phenolphthalein erscheinende sog. Phenolphthaleinalkalinität (P) wie auch die in Gegenwart des Indikators Methylorange (bzw. Methylrot) sich zeigende Methylorangealkalinität (M) werden durch Titrieren mit Salzsäure bestimmt und die den deutschen Härtegraden äquivalenten Zahlen gleichfalls, wie oben erwähnt, ermittelt. Die Magnesia wird nach Froböse-Blacher, wie unten beschrieben, bestimmt.

Die gleichen Methoden bleiben für die Kontrolle des gereinigten Wassers und des Kesselwassers.

Die Ermittelung der für die Ausfällung der Härtebildner erforderlichen Zusätze wird gleichfalls nach einer von mir angegebenen graphischen Methode durchgeführt, wie sie in Tab. XIV dargestellt ist. Für die schnelle Kontrolle im Kesselhause habe ich eine Tropfenmethode vorgeschlagen. Um die Tropfengröße konstanter zu gestalten, habe ich die gebräuchliche Normaltropfflasche in eine Dezimaltropfflasche (Abb. 40) umkonstruiert, welche anstatt der bisherigen Tropfen (Wasser) von $^1/_{20}$ ccm solche von 0,1 ccm gibt. Es läßt sich leicht ausrechnen, daß dann 1 Tropfen einer 0,1n-Lösung einem deutschen Härtegrad entsprechen muß,

Tabelle XIV. Die graphische Ermittelung der für die Enthärtung des Wassers erforderlichen Zusätze
(nach C. Blacher).

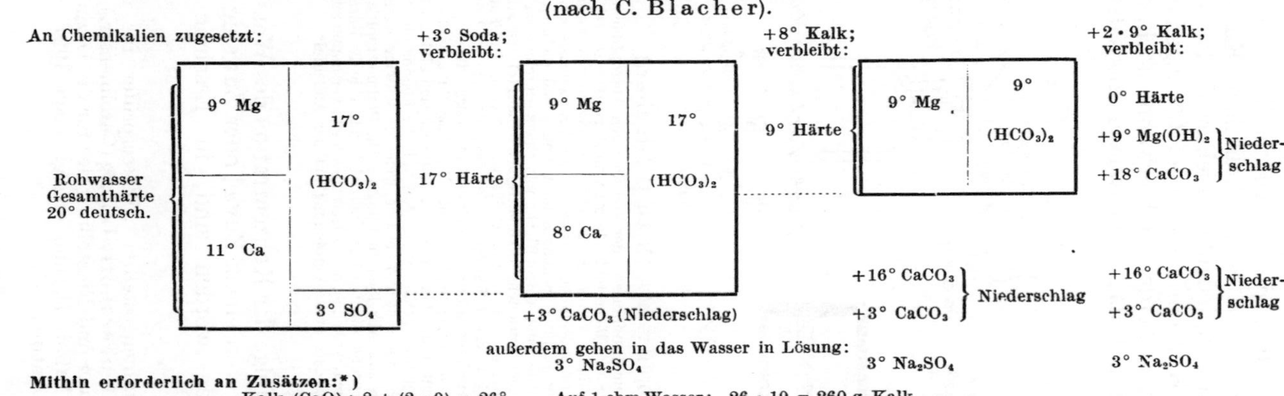

Mithin erforderlich an Zusätzen:*)

Kalk (CaO): $8 + (2 \cdot 9) = 26°$ Auf 1 cbm Wasser: $26 \cdot 10 = 260$ g Kalk
Soda (Na_2CO_3): $= 3°$ $3 \cdot 19 = 57$ g kalzinierter (100 prozentiger) Soda oder
                                                                                  $3 \cdot 51 = 153$ g Kristallsoda.

Nach den oben (S. 149) in den allgemeinen Ausführungen gemachten Annahmen entspricht 1° Härte (deutsch) oder dessen Äquivalent folgenden Gewichtsmengen in g pro 100 000 g oder ccm : 1 g Kalk (CaO), und $\frac{1}{28} \cdot 53 = 1,9$ g 100 prozentiger (kalzinierter) Soda, folglich $\frac{1}{28} \cdot 143 = 5,1$ g Kristallsoda von der Zusammensetzung $Na_2CO_3 + 10\,H_2O$, deren Äquivalentgewicht $\frac{106 + 180}{2} = \frac{286}{2} = 143$ beträgt. In 1 000 000 g oder 1 cbm Wasser werden danach entspr. 10 mal mehr Salze enthalten sein. Folgendes ist mithin zu behalten: **1° Härte oder dessen Äquivalent entspricht folgenden Gewichtsmengen in g pro 1 cbm Wasser: 10 g Kalk, 19 g kalzinierter Soda und 51 g Kristallsoda.**

1 cbm Wasser von 1° $Ca(HCO_3)_2$-Härte wird genau enthärtet von 1 cbm Kalkwasser, welches 1° Härte besitzt. Mithin ist für die Enthärtung von 1 cbm Wasser von 1° Härte $1 \cdot 10 = 10$ g 100 prozentigen Kalkes erforderlich.

A n m e r k u n g. Die Anwendung dieser Methode auf die anderen Verfahren: Kalk und Soda; Ätznatron, Kalk und Soda; Bariumkarbonat, Kalk und Soda, Ätznatron allein; Soda allein findet sich bei M a r t i n y, Arch. f. Wärmew. 1922, S. 103.

---

*) Praktisch wird mehr erforderlich sein, da ein Teil der Zusätze durch Adsorption und ähnliche Vorgänge gebunden wird, besonders gilt dies für den Kalk.

wenn man 28 ccm zur Analyse nimmt. Da die Tropfen von nicht wässerigen Lösungen, z. B. alkoholischen Kalium-Palmitatlösungen, verschieden, jedenfalls kleiner als die Wassertropfen sind, muß die Konzentration dieser Lösungen entsprechend größer genommen werden. Ich erwähne noch, daß die Kontrolle unbedingt auf das Kesselwasser ausgedehnt

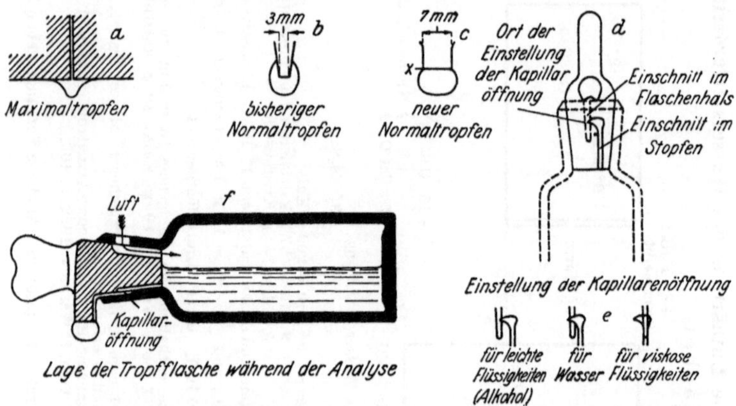

Abb. 40. Dezimaltropfflasche. (Nach C. Blacher.)

Die Größe des Tropfens hängt von dem Durchmesser der kreisförmigen Abtropffläche ab. Der sogenannte sich an einer unendlichen Fläche bildende Maximaltropfen (a) ist konstant. Die jetzigen mit einer Abtropffläche von 3 mm Durchmesser versehenen normalen Tropfflaschen geben keine Tropfen von beständiger Größe, da die Tropfenbasis sich an der Seitenfläche der vom Tropfen umspannten Schnauze (b) befindet und dadurch unsicher wird. Die Dezimaltropfflasche, die eine Abtropffläche mit einem Durchmesser von 7—8 mm besitzt, erzeugt Tropfen, die sich stark dem Maximaltropfen nähern (c). Sie greifen nur sehr wenig über den Rand herüber und haben eine Größe von 0,1 ccm. Die Flasche ist geeicht auf eine Tropfgeschwindigkeit von 1 Tropfen in der Sekunde. Sie wird durch Erweiterung oder Verengerung der kapillaren Öffnung (d) eingestellt, welche durch je eine im Stopfen und im Halse eingeschnittene Rinne gebildet wird. Die Einstellung wird durch Drehen des Stopfens erreicht (e). Damit in der Flasche kein Unterdruck sich bildet, ist die Verbindungsöffnung zur Außenluft sehr breit gehalten (f). Man füllt die Flasche nur halb, hält sie während der Arbeit möglichst wagerecht und hebt sie, wenn die Schwingungen des Tropfens nachlassen, um den Tropfen zum Abreißen zu bringen. Die Dezimaltropfflasche bildet die Grundlage für den „Wasserprüfer für den Kesselbetrieb", indem sie die Büretten ersetzt. Das hier abgebildete neue Modell hat keinen hervortretenden leicht verschmutzenden Flaschenrand und eine besonders breite Verbindung mit der Außenluft.

werden muß, weil dort infolge der Konzentration des Wassers alle Ungenauigkeiten, die von einem Zuviel oder Zuwenig an Reagenzien hervorgerufen worden sind, in Erscheinung treten[15]).

---

[15]) Ein von mir zusammengestellter „Wasserprüfer für den Kesselbetrieb" ist durch Fr. Hugershoff, Leipzig (Carolinenstr.), zu beziehen. Über die Herstellung und Einstellung der für die Dezimaltropfflasche erforderlichen Palmitatlösung erfolgt noch 1927 eine Mitteilung in der Chemiker-Zeitung.

Wie sich die Wasserkontrolle analytisch und praktisch gestaltet, sieht man am besten an den hier mitgeteilten, bei der Wasserkontrolle zu befolgenden Regeln. Als Beispiel bringe ich nachstehend die Gebrauchsanweisung, die ich für den von mir vorgeschlagenen Wasserprüfer für den Kesselbetrieb ausgearbeitet habe, und füge eine Tabelle (Tab. XV) an, welche die Deutung der Zahlen P, M, H erleichtern soll.

Kontrolle der Wasserreinigung.

(Gebrauchsanweisung für den „Wasserprüfer für den Kesselbetrieb" nach Prof. C. Blacher.)

Die Kontrolle beruht auf der Ermittelung der Phenolphthaleinalkalinität P, der Methylorange- (Methylrot-) Alkalinität M und der Gesamthärte H der Wässer, ausgedrückt in deutschen Härtegraden bzw. den entsprechenden Äquivalenten. Der Methylrotumschlag ist auch bei künstlichem Licht gut zu sehen.

Gang der Wasseranalyse.

Die Zahl P. 28 ccm Wasser werden in der Meßbürette mit ca. 5 Tropfen Phenolphthalein versetzt[16]). Färbt sich das Wasser, so ist eine Zahl P vorhanden. Man tropft aus der Säureflasche (über das Einstellen derselben siehe weiter unten) so lange, bis die Färbung verschwindet. Die Anzahl der dazu erforderlichen Tropfen = P.

Die Zahl M. Dieselbe ist = P + der bis zum Methylrotumschlag erforderlichen Säure. Man gibt (bis zitronengelb) einige Tropfen des Indikators Methylrot[16]) zu derselben Wasserprobe und setzt weiter so lange Salzsäure hinzu, bis endlich eine deutliche violettrote Färbung auftritt, die beim Durchblasen von Luft mit Hilfe des Gummigebläses nicht mehr verschwindet. Im ganzen verbrauchte Tropfen Säure = M. Man kann auch Methylorange[16]) — Umschlag auf rosa — nehmen.

Die Zahl H. Die von der M-Bestimmung nachgebliebene Probe muß kohlensäurefrei sein und phenolphthaleinneutral gemacht werden. Die Kohlensäure ist bereits durch das Luftdurchleiten vertrieben worden. Um den geringen Säureüberschuß zu entfernen, tropft man alkoholische Kalilauge zu, bis eine beim Schwenken nicht mehr in schwaches Rot übergehende zitronengelbe Färbung eingetreten ist (siehe auch unter Kesselwasser). Nun titriert man mit besonders eingestellten (ca. 0,26 n-) Kaliumpalmitat bis zur wiederauftretenden Rosarotfärbung. Die Anzahl Tropfen = H.

Die Deutung der Zahlen P, M und H.

I. Rohwasser. Eine Zahl P gibt es gewöhnlich nicht. M entspricht der vorübergehenden oder Bikarbonathärte, welche den Schlamm verursacht, und H minus M der permanenten oder bleibenden, gewöhnlich durch Gips verursachten Härte, die den festen, aus Gipskristallen bestehenden Kesselstein erzeugt, in welchen auch der Schlamm mit hineinverkittet wird.

---

[16]) Die Phenolphthaleinlösung ist 0,1proz. alkoholisch, die Methylorangelösung 1 proz. wässerig, die Methylrotlösung 0,5 proz. wässerig.

Tabelle XV.

Die chemische Kontrolle der Wasserenthärtung

(nach C. Blacher).

I. Ermittelung von Karbonat, Hydrat und Bikarbonat durch P und M.

$2P = M$ (Karbonat)

$P = 3$ — 000
$M = 6$ — 000000 — 6° Karbonat

$P = M$ (Hydrat)

$P = 6$ — 000000
$M = 6$ — 000000 — 6° Hydrat

$P = 0$ (Bikarbonat)

$P = 0$
$M = 6$ — 000000 6° Bikarbonat

$2P > M$ (Hydrat + Karbonat)

$P = 6$ — 000000 — 3° Hydrat +
$M = 9$ — 000000000 — 6° Karbonat

[Karbonat = 2 $(M - P)$, Rest Hydrat]

$2P < M$ (Karbonat + Bikarbonat)

$P = 3$ 000 — 6° Karbonat +
$M = 9$ 000000000 — 3° Bikarbonat

(Karbonat = 2 P, Rest Bikarbonat)

II. Überschuß an zugesetzten Reagenzien.

$P = 3$ — 000
$M = 3$ — 000 — Nur Hydrat (3°) bei gleicher Härte,
$H = 3$ — 000 — also 3° **Kalküberschuß.**

$P = 3$ — 000
$M = 6$ — 000000 — Nur Karbonate (6°), keine Härte,
$H = 0$ — mithin 6° **Sodaüberschuß.**

III. Annähernd normale Enthärtung.

Wasser aus dem Reiniger

$P = 2$ — 00 — 4° Karbonat und 1° Bikarbonat
$M = 5$ — 0000 0 — (Ca oder Mg) $M - H = 1$ in An-
$H = 4$ — 0000 — wesenheit von Karbonat, mithin
1° Sodaüberschuß.

Wasser aus dem Dampfkessel

$P = 5$ — 00000 — 2° Hydrat und 6° Karbonat
$M = 8$ — 00000000 — (Na); 1° Härte [Ca(OH)$_2$ oder
$H = 1$ — 0 — CaCO$_3$ oder MgCO$_3$].

Beispiel: M sei $= 14$, $H = 19$ (19 Tropfen), so ist die Bikarbonathärte 14, die Gesamthärte 19 und die Gipshärte $19 - 14 = 5$. (Falls M größer als H, so sind im Wasser Alkalien vorhanden, z. B. bei Mineralwässern.)

II. Gereinigtes Wasser. Bei der Wasserreinigung entfernt man die Bikarbonathärte, d. h. bekämpft den Schlamm durch Kalk und fällt den Gips aus, d. h. bekämpft die Kesselsteinbildung durch Soda. Zuviel oder zuwenig an Soda zeigen die Zahlen H und M, zuviel oder zuwenig an Kalk die Zahlen P und M.

H größer als $M = $ zuwenig Soda

($H - M = $ Gipsgehalt des Wassers).

M größer als $H = $ zuviel Soda

($M - H = $ Sodagehalt des Wassers in Härteäquivalenten).

$2\,P$ größer als $M = $ zuviel Kalk

($2\,P - M = $ Hydratgehalt des Wassers).

M größer als $2\,P = $ zuwenig Kalk

($M - 2\,P = $ Menge der unausgefällten Bikarbonate).

Beispiel: Siehe unten.

III. Kesselwasser. Die Deutung der Zahlen ist dieselbe wie beim gereinigten Wasser. Bikarbonate zerfallen sehr schnell bei der hohen Temperatur und sind daher im Kesselwasser meist nicht vorhanden. Hydrat (Ätzlauge) entsteht allmählich im Kessel auch aus Soda (Karbonat) durch Wegkochen der Kohlensäure. Das Anreichern von Ätzlauge (Hydrat) im Kesselwasser kann den Messingarmaturen schädlich werden, schützt jedoch im allgemeinen vor Anfressung der Eisenbleche.

Beispiele:

Gereinigtes Wasser.	Kesselwasser.
$P = 2$, $M = 4$, $H = 6$	$P = 3$, $M = 6$, $H = 16$
$H - M = 2°$ Gips.	$H - M = 10°$ Gips.
	Zuwenig Soda. Kesselstein.
$P = 5$, $M = 10$, $H = 8$	$P = 15$, $M = 30$, $H = 10$
$M - H = 2°$ Soda.	$M - H = 20°$ Soda zuviel.
	Die Soda kann auch in Ätzlauge übergehen und die Armaturen angreifen.
$P = 8$, $M = 10$, $H = 10$	$P = 12$, $M = 14$, $H = 14$
$2\,P - M = 6°$ Lauge (Hydrat).	$2\,P - M = 10°$ Lauge (Hydrat).
	Zuviel Kalk oder aus Soda entstanden. Anfressung der Armaturen möglich.
$P = 2$, $M = 10$, $H = 10$	$P = 3$, $M = 7$, $H = 7$
$M - 2\,P = 6°$ Bikarbonat.	$M - 2\,P = 1°$ Bikarbonat.
	Zuwenig Kalk. Bikarbonate unter starker Schlammbildung zersetzt.

Zulässig sind im Kesselwasser: Gips nicht mehr als $3°$, die Alkalinität darf womöglich nicht unter $10°$ fallen (Korrosionsgefahr) und etwa 80° nicht übersteigen (Messing- und auch Eisenangriff durch Lauge).

Anmerkung. Der Sodaüberschuß wäre an und für sich nicht hinderlich, wenn er nicht in Hydrat übergehen würde. Bei sehr hohen Ansprüchen an die Wasserreinigung, bei sehr intensiver Wärmetransmission und kleinem Wasserraum (z. B. Wasserrohrkessel mit hoher Flammentemperatur), wenn noch ein größerer Reagenzienüberschuß genommen werden muß, steigt der Laugegehalt. In diesem Falle sind laugebeständige Armaturen erforderlich (vgl. L. 27 b).

Die Schlammrückführverfahren (S. 162) arbeiten mit höheren Sodaüberschüssen und höherem Hydratgehalt.

Wie man sieht, ist die Untersuchung des Kesselwassers unumgänglich, da dieselbe die Fehler und Ungenauigkeiten der Wasserreinigung erst hervortreten läßt. Infolge Gelbfärbung des Kesselwassers durch Humate und Anreicherung von Salzen (z. B. Chloriden) sind bei der Kesselwasseranalyse einige besondere Umstände zu beachten.

Anmerkung betr. die Analyse des Kesselwassers. Die Ermittelung der Zahl P macht keine Schwierigkeiten. Der Übergangspunkt für M ist nicht so bequem zu sehen, immerhin ist er faßbar, man achte besonders auf das Auftreten des violetten Stichs, der auch nach dem Durchblasen von Luft nicht verschwinden darf. Bei stark gelbem Kesselwasser macht das Fassen des Neutralpunktes vor der H-Bestimmung zuweilen Schwierigkeiten. Man setze zum Abstumpfen der Säure so lange n-alkohol. Kali hinzu, bis die anfangs entstandene Gelbfärbung nicht mehr beim Umschwenken allmählich in einen rötlichen Stich übergeht, der jedoch durch alkohol. Kali wieder entfernt werden kann. Tritt wieder eine konstante, sehr schwache, durch Kali stärker werdende Rotfärbung (von Phenolphthalein) auf, so ist der Neutralpunkt bereits etwas überschritten, jedoch kann trotzdem evtl. mit Palmitat titriert werden, da eine leichte Rotfärbung beim Titrieren wieder verschwindet. Wird der Niederschlag durch Zugabe des Palmitats rot gefärbt, so zeigt es, daß noch zuwenig alkohol. Kali zugegeben wurde. Einige Tropfen desselben beseitigen sofort die rote Farbe.

Den Hydratgehalt (Lauge) kann man auch direkt bestimmen, indem man 28 ccm des Kesselwassers mit etwas festem Bariumchlorid schüttelt, Phenolphthalein zugibt und mit Säure titriert.

An der Stelle, wo das Palmitat eintropft, muß eine deutliche violettrote Färbung entstehen, andernfalls sind im Wasser viel Chloride vorhanden, und dasselbe muß mit dem zwei- bis dreifachen Volumen dest. Wassers verdünnt werden. Man kann dann natürlich die Hälfte abfließen lassen und beim Bestimmen von H die Palmitattropfen doppelt zählen.

IV. Kalkwasser. Gesättigtes Kalkwasser ist ca. 130° hart, d. h. 10 ccm Kalkwasser müssen, mit Phenolphthalein gefärbt, rund 45 Tropfen Salzsäure bis zur Entfärbung verbrauchen.

Prüfung des Apparates und der Lösungen.

Beide Dezimal-Tropfflaschen müssen beim Fallen von je 1 Tropfen pro Sekunde Wassertropfen von 0,1 ccm hergeben.

Ca. 10 ccm Kalkwasser werden nach Zugabe von Phenolphthalein zuerst mit 0,1 n-Säure entfärbt und darauf mit Palmitat bis zum Wiederauftreten der Färbung titriert. Es müssen ebensoviel Tropfen Palmitat aufgehen als Säure.

Die „Dezimal"-Tropfflasche.

Man füllt die Flaschen halb mit der Lösung, neigt sie so weit, daß das Flüssigkeitsniveau bis zum halben Stöpsel steht, und reguliert durch Drehen des Stöpsels die aus je einem Schlitz im Flaschenhals und Stöpsel bestehende Öffnung so, daß die Tropfen mit einer Schnelligkeit von ungefähr 1 Tropfen pro Sekunde fallen. Durch Drehen der Stöpsel um 90° kann die Flasche verschlossen werden.

Man achte besonders darauf, daß die Tropfen die ganze untere Fläche der Schnauze benetzen. Man stellt außerdem die Kapillare (Abb. 40 e) so, daß die Tropfenbildung schnell vor sich geht. Vor dem Fallen des Tropfens hebt man die Flasche etwas an, so daß die Schwingungen des Tropfens geringer werden und er ruhig abreißt.

Anmerkung. Jede Titration, welche wässerige Normallösungen benutzt, kann ohne weiteres mit dieser Flasche ausgeführt werden. Bei nichtwässerigen Lösungen muß der veränderten Tropfengröße Rechnung getragen werden.

So ausgerüstet gehen wir nun zur Aufgabe selbst über.

Achte Aufgabe.
Untersuchung und Enthärtung von Kesselspeisewasser.

Als Beispiel nehmen wir eine Probe artesischen Wassers, da das Rigasche Leitungswasser (Grundwasser) weich und für diesen Versuch ungeeignet ist. Es ist, nebenbei bemerkt, ein sehr gutes Kesselspeisewasser. Das artesische Wasser ist ganz farblos.

Für die Analyse pipettiert man 100 ccm Wasser in einen Erlenmeyerkolben und führt sie nach oben dargelegten Prinzipien durch.

Vorübergehende Härte (Alkalinität).

Man gibt 1 proz. wässerige Methylorangelösung bis zur schwach zitronengelben Nuance hinzu — 1 bis 2 Tropfen genügen meist — und titriert mit 0,1 n-HCl bis zur rosa Nuance. Säureverbrauch gleich 5,4 ccm.

Gesamtalkalinität = vorübergehende Härte = $5,4 \cdot 2,8 = 15,1°$ deutsch.

Da im Rohwasser Karbonat- oder Bikarbonatalkali, wenn überhaupt, so nur in geringer Menge vorhanden ist, so entspricht die Gesamtalkalinität meist der vorübergehenden, d. h. der alkalischen, d. h. der Bikarbonathärte. Beim Kochen verschwindet sie fast ganz infolge Ausfallens der Erdalkalien nach Verdrängen der Bikarbonatkohlensäure.

Gesamthärte.

Mittels Auskochen und Abkühlen oder Durchtreiben eines Luftstroms entfernt man darauf die freigewordene Kohlensäure, gibt einige Tropfen 0,1 proz. alkoholische Phenolphthaleinlösung hinzu, entfernt den Säureüberschuß durch Hinzufügen von 0,1 n-KOH bis zur alkalischen Rosanuance des Phenolphthaleins, entfärbt mit 1 Tropfen 0,1 n-HCl und titriert darauf mit 0,1 n-Kaliumpalmitat bis zur bleibenden deutlichen Rosafärbung. Verbrauch: 7,0 ccm.

Gesamthärte = $7,0 \cdot 2,8 = 19,6°$ deutsch.

Magnesia- und Kalkhärte getrennt.

Man bestimmt die Magnesiahärte nach Froböse(-Blacher) und ermittelt als Rest die Kalkhärte. 200 ccm des zu untersuchenden Wassers werden im Erlenmeyerkolben zum Sieden erhitzt, 1 Tropfen Methylorange und eine ein wenig größere als gerade ausreichende Menge 10proz. Oxalsäurelösung (etwa 3 ccm genügen meist) zugegeben (Rotfärbung). Sodann wird soviel 50proz. Kalilauge aus einer Pipette zugetropft, daß die Farbe der heißen Lösung gerade in Gelb (alkalisch) umschlägt. Ein Überschuß an Kalilauge ist zu vermeiden. Vorhandener Kalk fällt aus. Man kühlt hierauf vollkommen ab. Dabei muß die Lösung wieder von selbst schwach rötlich werden. Nun fügt man 5 Tropfen Phenolphthalein hinzu und darauf unter Umschütteln so viel etwa 0,1n-Kalilauge, bis gerade nach Gelbfärbung wieder ganz schwache Rosafärbung erreicht ist. Durch 1 Tropfen 0,1n-Salzsäure wird die Rotfärbung zum Verschwinden gebracht. Hierauf titriert man sofort mit 0,1n-Kaliumpalmitatlösung bis zur deutlichen Rotfärbung. Da man 200 ccm Wasser angewendet hat, dividiert man die Anzahl der verbrauchten Kubikzentimeter Kaliumpalmitatlösung durch 2 und multipliziert mit dieser Zahl den Faktor 2,8. Man erhält so die durch Magnesia bedingte Härte in deutschen Härtegraden. Man kann auch weniger Wasser zur Analyse nehmen und dementsprechend anders rechnen. Zur Analyse genommen 100 ccm. Verbrauch an Palmitat 3,34 ccm.

$$\text{Magnesiahärte} = 3,34 \cdot 2,8 = 9,5°.$$
$$\text{Kalkhärte} = 19,6 - 9,5 = 10,1°.$$

Gesamtanalyse.

Alkalinität bzw. Bikarbonathärte (vorübergehende Härte) . 15,1°
Gesamthärte (Kalk und Magnesia) . . . . 19,1°
Magnesiahärte . . . . · 9,5°
Kalkhärte . . . . 10,1°

Auf die Bestimmung und Bedeutung anderer Bestandteile, wie Chlorid, Sulfat u. a. m., kann ich hier nicht eingehen. Für die Enthärtung sind sie nebensächlich.

Die für die chemische Enthärtung erforderlichen Kalk- und Sodazusätze ermittelt man nach dem in der Tab. XIII enthaltenen Schema. Danach ergibt sich folgendes:

Es sind erforderlich:

$$\text{CaO: } 5,6 + 19 = 24,6°. \quad Na_2CO_3: 4,5°.$$

Das sind auf 100 ccm Wasser:

$$4,5/2,8 = 1,60 \text{ ccm } 0,1\text{n-Soda}$$
und $$24,6/2,8 = 8,79 \text{ ccm } 0,1\text{n-Kalkwasser.}$$

Da das Kalkwasser nicht 0,1n, sondern bloß 0,04n stark ist, so muß mehr, und zwar $\dfrac{8,79 \cdot 0,1}{0,04} = 22,0$ ccm, genommen werden.

Der Reinigungsversuch wurde mit 500 ccm Wasser durchgeführt, wozu also 8 ccm Soda und 110 ccm Kalkwasser nötig waren.

Um eine gute Enthärtung zu erreichen, wurde bis fast zum Sieden erhitzt. Der Niederschlag bildete sich sehr schnell. Ist das Wasser gefärbt, z. B. durch Humus, so wird der größte Teil des Humus vom Niederschlag absorbiert. Der Niederschlag fällt gelbbraun aus, wenn die Reaktion gut vor sich geht.

Für die Kontrolle der Reinigung benutzt man die in der Tab. XV und in der Gebrauchsanweisung erläuterten Zahlen P, M und H, die man entweder unter Benutzung von Büretten oder durch die Tropfmethode bestimmen kann.

Die Analyse des gereinigten Wassers ergab

$$P = 2, \quad M = 3, \quad H = 3.$$

Da $2\,P > M$ ist, so deutet es auf zuviel Kalk um 3 bis 4°.

Nach Wiederholung des Versuches, als 1° Kalk weniger, d. h. anstatt 110 105 ccm Kalkwasser, genommen wurden, ergab die Kontrolle

$$P = 1{,}5, \quad M = 3, \quad H = 3,$$

was einen vollen Erfolg der Reinigungsoperation bedeutet.

Eine für den Betrieb ausreichende Kontrolle erhält man erst durch die Untersuchung des dem Kessel entnommenen Wassers. Solche Versuche sind natürlich im Laboratorium nicht ganz leicht durchzuführen, zumal für die Einschätzung der Reinigungswirkung es nötig wäre, zu ermitteln, wie sich das gereinigte Wasser beim Konzentrieren in Hinsicht auf Alkalinität und Schlammbildung verhält. Diesbezügliche in meinem Laboratorium unternommene Versuche sind noch nicht abgeschlossen.

Folgerungen und anschließende Betrachtungen.

Praxis der Wasserreinigung. Apparatur. Verhalten des gereinigten Wassers beim Konzentrieren im Kessel. Einwirkung auf die Dampfwege. Korrosionen. Antikesselsteinmittel. Kreislauf von Dampf-, Speise- und Kühlwasser im Dampfkraftbetrieb.

So glatt wie im Laboratoriumsversuch läuft der Prozeß der Enthärtung in der Praxis nicht ab. Schon die Erwärmung fast bis zum Siedepunkt wird in der Praxis als zu teuer nicht durchgeführt. Als Regel gilt die kalte Reinigung. Eine Erwärmung des Rohwassers tritt nur insoweit hinzu, als Abfallwärme in Form von Abdampf, warmem Kondenswasser und dem ähnl. zur Verfügung steht. Dementsprechend gelingt es meist nicht, ein gereinigtes Wasser von bloß 3° Härte zu erhalten, man muß sich mit einer Enthärtung bis auf 4 und mehr Grad begnügen. Eine längere Reaktionsdauer — in der Praxis beträgt sie meist 1 bis 2 Stunden —, die hier günstig wirken würde, führt aber zu unrentabel großen Apparaten. Wenn im Wasser organische Substanzen, also z. B. Humusstoffe, vorhanden sind, können sie als Schutzkolloide die Ausfällungsreaktion verlangsamen.

Beim sog. Schlammrückverfahren kommt es wohl vor, daß die Reinigungsreaktion zum Teil bewußt oder unfreiwillig in den Kessel selbst verlegt wird. Doch kann hier darauf nicht näher eingegangen werden.

Bevor wir die im Laboratorium gemachten Erfahrungen auf die Praxis übertragen, müssen wir in der allergedrängtesten Form die für die chemische Enthärtung erforderliche Apparatur besprechen. Natürlich kann hier nicht davon die Rede sein, ein erschöpfendes Bild dieses großen Gebietes zu erhalten. Ich greife nur das sog. vorläufig am meisten benutzte Kalk-Sodaverfahren heraus und schildere es mit einigen Vereinfachungen und Vervollkommnungen. Zum Schluß sei dann noch das Permutitverfahren gestreift.

Man kann natürlich — was in sehr kleinen Anlagen gemacht wird — im Betriebe die Laboratoriumsmethode direkt nachahmen, indem man abgemessene Wassermengen mit abgewogenen Reagenzienmengen versetzt. Die oben besprochene Forderung, die technischen Prozesse ununterbrochen und gleichmäßig zu gestalten, gelangt aber auch hier zu Recht und hat auch bewirkt, daß man fast ausschließlich mit kontinuierlichen Apparaten arbeitet. Ich bringe hier drei Apparate der Firma Reisert & Co., welche einen erschöpfenden Überblick geben. Das der Apparatur zugrunde liegende Prinzip, welches die Zufuhr der erforderlichen chemischen Zusätze gewährleistet, ist im ersten Apparat bereits durchgeführt und unter der betreffenden Abbildung (Abb. 41) beschrieben. Man bemüht sich, diese Apparatur zu vereinfachen und das Verfahren zu verbilligen, indem man Soda allein anwendet und die erforderlichen Hydrate aus dem Kesselwasser nimmt, wo sie infolge der hydrolytischen Dissoziation der Karbonate, also durch Auskochen von Kohlensäure, entstehen (Regenerativverfahren). Die damit verbundene Rückführung des Kesselwassers in den Reiniger brachte aber den Vorteil einer Entschlammung mit sich (Schlammrückführverfahren), was sich für Kessel mit kleinem Wasserraum als sehr günstig erwies (Abb. 42). Da aber die im Kessel vor sich gehende Hydratbildung besonders bei Großwasserraumkesseln chemisch nicht immer genügte, wurde wieder zum Kalkzusatz gegriffen. So arbeitet das Reisertsche Harko-Verfahren (Abb. 43).

Alle diese Apparate sind sehr kompliziert, und auch die chemische Kontrolle ist nicht ganz einfach, daher bemüht man sich, einfachere Verfahren ausfindig zu machen. Als ein solches kann das sog. Permutitverfahren angesehen werden. Das Wasser wird einfach durch einen Behälter geleitet, der körnigen Permutit enthält. Dort gehen die in Tab. XIII beschriebenen Reaktionen vor sich, die eine Wasserhärte von nahezu 0° geben. Ein Nachteil dieser Methode besteht darin, daß sämtliche Karbonate und Bikarbonate der alkalischen

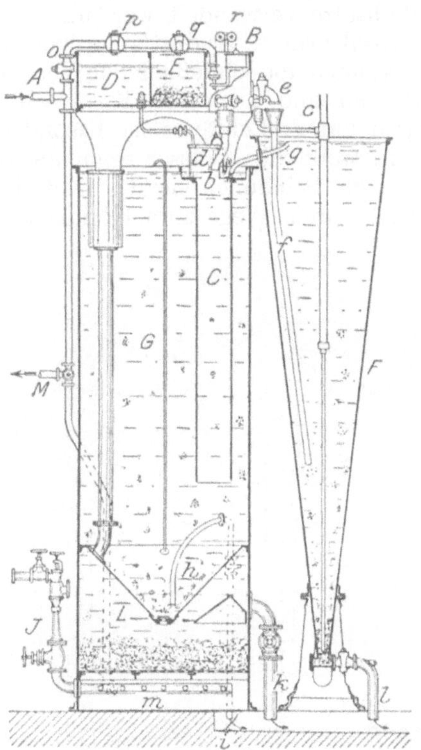

Abb. 41. Wasserreiniger. (Nach Reisert-Köln.)

In den Raum *B* ergießt sich das Rohwasser. Der Zufluß wird durch das dort befindliche Schwimmerventil geregelt bzw. erforderlichenfalls ganz abgesperrt. Aus Raum *B* fließt das Rohwasser zur chemischen Behandlung durch einen Hahn nach *b* und zur Bereitung des Kalkwassers durch einen anderen Hahn unter *e* nach *c*. Durch Regulieren dieser beiden Hähne wird der erforderliche Kalkzusatz eingestellt. Da die durch beide Hähne fließende Wassermenge nur von dem Wasserniveau im Raum *B* abhängt, bleibt ihr gegenseitiges Verhältnis von den Niveauschwankungen unberührt, da beim Fallen des Niveaus durch beide Hähne verhältnismäßig weniger Wasser fließen wird. Auch die zufließende Soda- menge wird mit dem Niveau in *B* in Verbindung gebracht. Die im Gefäß *D* bereitete Soda- lösung fließt ins Gefäß *d*, wo sie durch einen Schwimmerhahn immer in gleichem Niveau gehalten wird. Steigt in *B* das Niveau, so wird vom Schwimmer aus durch die Übertragungs- kette *r* der Sodaheber gesenkt, seine Mündung sinkt tiefer unter das Niveau der Sodalösung in *d* und es fließt mehr Sodalösung ins Wasser, und umgekehrt. Der Kalk wird in *E* ge- löscht und durch Hahn *e* in den Kalksättiger *F* abgelassen. Die auf diese Weise zwang- läufig aneinander gekuppelten Mengen von Rohwasser, Kalklösung und Soda fließen über dem mittleren Rohr *c* bei *b* zusammen, mischen sich dort und geben Niederschläge. Ein Teil derselben setzt sich ab, die feineren Teilchen verlassen den Reaktionsraum und gehen nach *G* und durch das Überlaufrohr zum Kiesfilter *L*. Das Filtrat verläßt auf dem Wege *mM* den Apparat.

Zum Reinigen des Filters wird von der Rohwasserleitung *A* aus durch *M* Wasser unter den Kies geleitet und der Filtersatz durch den Schlammablauf *k* in den Abwasserkanal geschwemmt. Zugleich wird durch Dampfstrahlgebläse *J* unter den Kies Luft geleitet, welche die Schicht von unten nach oben durchdringend den Kies lockert, der durch das Aneinanderreiben der Körnchen reingescheuert wird.

Erden in Alkalisalze verwandelt werden, welche durch Auskochen der Kohlensäure Hydratlauge von hoher Konzentration geben können, die schließlich den Ventilen und Hähnen gefährlich werden und auch das Kesselwasser zum Überkochen bringen kann. Letzteres ist besonders dann häufig zu beobachten, wenn das Wasser reich an Humus ist und infolgedessen zum Schäumen neigt. Daß die auskochende Kohlensäure auf ihrem Wege zum Kondensator der Dampf-

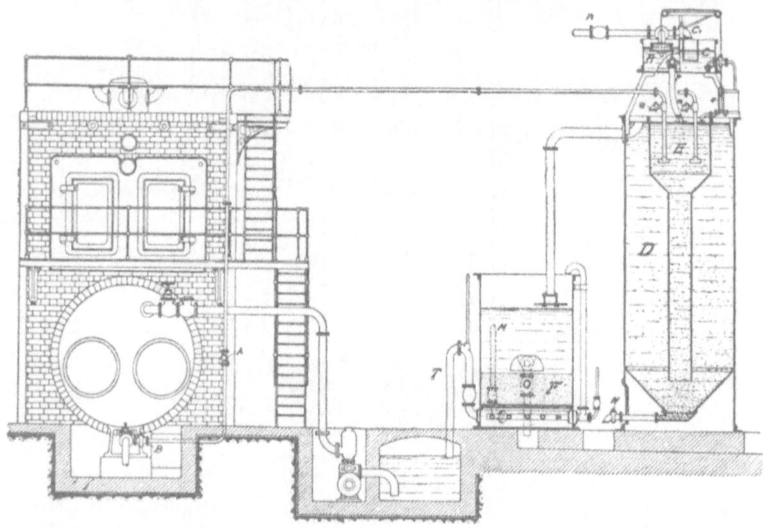

Abb. 42. Schema der Wasserreinigungsanlage nach dem Regenerativverfahren von Reisert (vgl. Abb. 41).

In durch ein Einstellventil (*A*) geregeltem Verhältnis wird das heiße Kesselwasser durch eine gut isolierte Leitung in den Reiniger (*D*) gedrückt, wo es sich mit aus einem Sodagefäß durch einen Hahn regulierbarer Menge Sodalösung und dem Rohwasser mischt. Nach Hindurchgehen durch den Filter und einen Reinwasserkasten wird das gereinigte und abfiltrierte Wassergemisch durch die Speisepumpe in den Kessel gepumpt.

maschine Schaden anrichten kann, sei nur erwähnt. Beim Überkochen des Wassers kann es auch Unheil geben, indem die im Überhitzer aus dem Wasser nachbleibenden Hydrate sich auf Dampfventilen und Turbinenschaufeln ablagern und Anfressungen hervorrufen.

Neuerdings werden auch die sogenannten Antikesselsteinmittel (Kespurit, Steinfrei, A B C, Krystagon, Lysogen u. a. m.) angewandt oder richtiger mehr geduldet als früher. Sie enthalten entweder Soda oder organische Stoffe, welche letztere als Schutzkolloide wirken, und haben bei vorsichtiger Anwendung in der Praxis oft gute Resultate gegeben. Jedenfalls steht man ihnen nicht mehr so stark ablehnend gegenüber, wie früher (Näheres in L. 27).

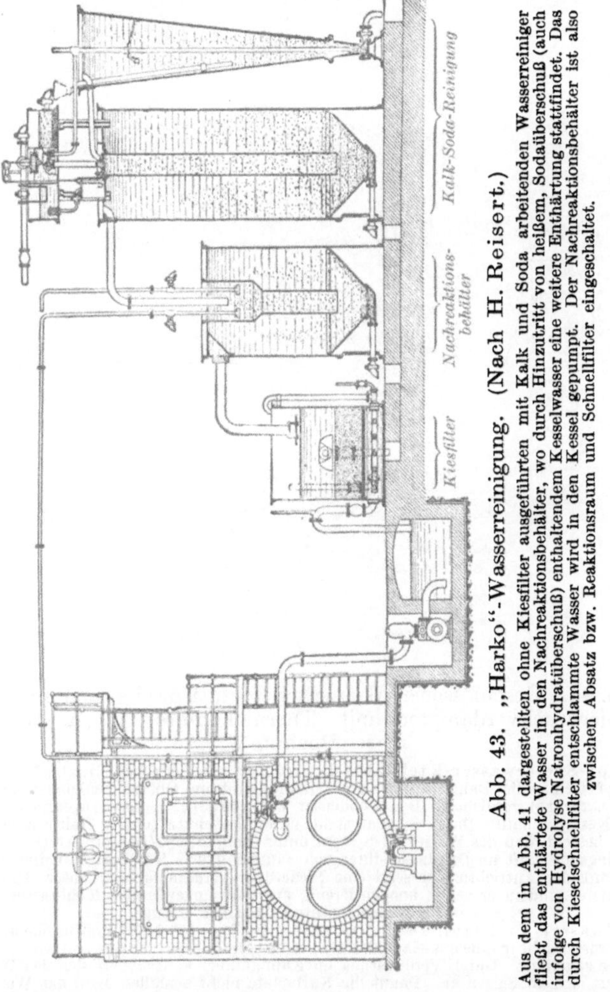

Abb. 43. „Harko"-Wasserreinigung. (Nach H. Reisert.)

Aus dem in Abb. 41 dargestellten ohne Kiesfilter ausgeführten mit Kalk und Soda arbeitenden Wasserreiniger fließt das enthärtete Wasser in den Nachreaktionsbehälter, wo durch Hinzutritt von heißem, Sodaüberschuß (auch infolge von Hydrolyse Natronhydratüberschuß) enthaltendem Kesselwasser eine weitere Enthärtung stattfindet. Das durch Kieselschnellfilter entschlammte Wasser wird in den Kessel gepumpt. Der Nachreaktionsbehälter ist also zwischen Absatz bzw. Reaktionsraum und Schnellfilter eingeschaltet.

Welche Reaktionen und Konzentrationen im Kesselwasser zulässig sind, ist aus der Tab. XV und der Gebrauchsanweisung auf S. 153 zu ersehen. Wieweit der Salzgehalt

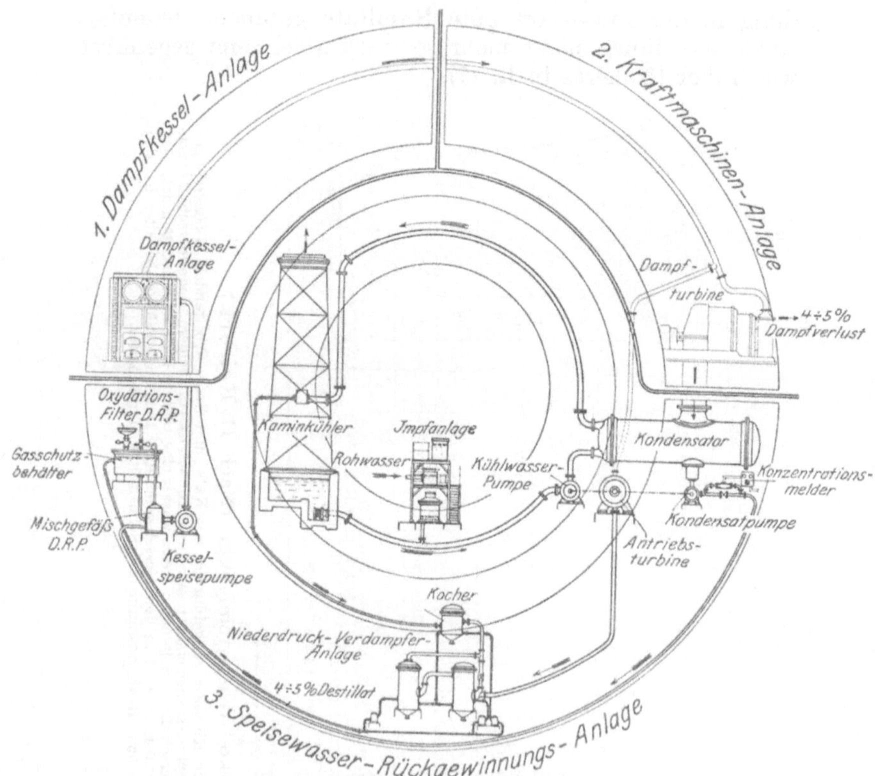

Abb. 44. Geschlossener Wasserkreislauf, Umschaltung mit Balcke-Niederdruckverdampfer mit Thermokompressor (A. G. Balcke-Bochum).

Dampf-Speisewasser-Kreislauf. Der im Dampfkessel (obere Hälfte, links) erzeugte Dampf treibt die Dampfturbine (rechts) und wird im Oberflächenkondensator (untere Hälfte, rechts) verdichtet. Das Kondensat wird der Speisepumpe zugedrückt, welche es zum Kessel schafft. Dieses System steht unter Gasschutz (untere Hälfte links), welcher darin besteht, daß das Wasser im System unter Dampfdruck (Dampfpolster) steht und ev. eindringende Luft im Oxydationsfilter von Sauerstoff und Kohlensäure befreit wird. Der Abdampf der Antriebturbine setzt eine Niederdruckverdampfanlage (untere Hälfte unten) in Betrieb, indem er selbst kondensierend, aus dem angewärmten Kühlwasser des Oberflächenkondensators Destillat erzeugt.

Kühlwasser-Kreislauf. Das im Oberflächenkondensator der Dampfturbine angewärmte Kühlwasser geht in eine aus Kaminkühler bestehende Rückkühlanlage und wird dem Kühler wieder zugeführt. Durch Verdunstung im Kaminkühler konzentriert sich das Wasser und reichert sich an Salzen an. Damit die Karbonate nicht ausfallen, wird das Wasser durch Säure geimpft, welche die Kohlensäure austreibt. Durch Rieselung wird sie ganz entfernt (im Zentrum).

Energie-Kreislauf. Ein entsprechender Teil der im Kesseldampf enthaltenen Energie wird in der Dampfturbine in mechanische Arbeit verwandelt, der Rest in dem Oberflächenkondensator dem Kühlwasser übergeben. Davon geht der größte Teil im Kaminkühler verloren und nur ein kleiner Teil wird bei der Herstellung von Speisewasser in der Verdampferanlage ausgenutzt. Letzteres geschieht fast vollständig mit der in dem Abdampf der Antriebsturbine enthaltenen Energie.

steigen kann, darüber gibt es besondere Regeln, auf die ich hier nicht näher eingehen kann.

Was nun noch zum Schlusse die die Korrosionen verursachenden Gase, also Wasserstoff und Kohlensäure, anbetrifft, so lassen sie sich entweder chemisch entfernen nach den auf Tab. XIII angegebenen Reaktionen oder müssen aus dem Wasser ausgekocht werden, wobei dann das Wasser unter Gasschutz stehen muß. Dieser Gasschutz ist besonders bei Verwendung von Kondenswasser geboten, wobei dasselbe auch ölfrei sein muß. Daraus ergibt sich also die gleichzeitige Verwendung von Dampfturbinen, Oberflächenkondensatoren, Entgasungs- und Gasschutzapparaten. Und da das Kondensatorkühlwasser, auch um Krustenbildung zu vermeiden, einer besondern Reinigung bedarf, führt es zu einem ganz komplizierten Kreislaufsystem von Wasser und Dampf, wie es an einem Beispiel in Abb. 44 gezeigt ist. Die Bereitung des Zusatzwassers durch Destillation ist bereits oben (S. 147) besprochen worden.

II. Die Generatorgase.

Einführung.

Energieform, Energietransport und Energienutzung. Vorteile des Prozesses der Verwandlung fester Brennstoffe in Generatorgase. Verflüssigung fester Brennstoffe. Die chemischen Grundreaktionen der Vergasung.

Mit der Steigerung der Intensität aller mit der Energiewirtschaft zusammenhängender Prozesse werden auch Bedingungen, die zuerst als nebensächliche Kleinigkeiten behandelt wurden, zu wichtigen Faktoren. So ist auch die äußere Form, in welcher uns die Natur die wärmespendenden Brennstoffe zur Verfügung stellt, nicht mehr gleichgültig. Das gilt z. B. für den Energietransport. Die Frage ist durchaus noch nicht entschieden, in welcher Form sich der Energietransport wirtschaftlich am günstigsten stellt: in Form von festem, flüssigem oder gasförmigem Brennstoff oder als elektrischer Strom. Ganz neuerdings scheint die Wagschale zugunsten des Gastransportes zu balancieren (Vgl. L. 34).

So unentschieden auf dem Gebiet des Energietransports diese Frage sein mag, so eindeutig bestimmt ist der günstigste äußere Umstand, unter welchem man im Feuerungsprozeß den höchsten Effekt erreicht. Da man es nämlich mit der Verbindung des Brennstoffes mit einem Bestandteil eines gasförmigen Stoffes, dem Sauerstoff der Luft, zu tun hat, so ist das oben in der Aufgabe 3 geschilderte Optimum, d. h. der minimalste Luftüberschuß bei homogener Reaktion, d. h. beim Verbrennen von gasförmigem Brennstoff in gasförmiger Luft, am leichtesten zu erreichen. Diese Verhältnisse haben wir bereits auch oben betrachtet. Am schwersten oder, sagen wir, am mühevollsten ist die Aufgabe bei Verwendung von festem Brennstoff zu lösen, wo z. B. bei der mit geringem Luftüberschuß arbeitenden Staubfeuerung das Zermahlen doch viel Kosten und Arbeit verursacht. Daher ist es verständlich, wenn in der großen Industrie ein Prozeß weiteste Verbreitung gefunden hat, der die Darstellung von Generatorgas betrifft, d. h. festen Brennstoff in gasförmigen verwandelt.

Aber auch bei der Erzeugung von Kraft aus Brennstoffen hat die Verwendung der letzteren in gasförmigem Zustande große Vorteile.

Im nächsten Teil werden wir sehen, daß die Dampfmaschine infolge ihrer längeren Tradition und dadurch erreichten Anpassungsfähigkeit noch immer als Kraftmotor das Feld behauptet. Prinzipiell ist jedoch, was auch unten genauer erläutert werden wird, der mit innerer Verbrennung arbeitende Motor infolge des höheren Nutzeffektes weit überlegen. Nun ist bekanntlich das Problem der Verbrennung fester Brennstoffe in einem Motorzylinder noch nicht gelöst, während ja die mit flüssigem Brennstoff arbeitenden Dieselmotoren wie auch die Gasmotoren immer schärfer mit der Dampfmaschine in Konkurrenz treten. Also auch hier kommt die Verwandlung von festem Brennstoff in gasförmigen, d. h. die Generatorgastechnik, der allgemeinen Entwicklung entgegen. Auch der Transport von gasförmigem Brennstoff hat in weit auseinanderliegenden Betrieben seine Vorteile.

Daß man neuerdings die größten Anstrengungen macht, um aus fester Steinkohle flüssigen Brennstoff durch Anlagerung von Wasserstoff herzustellen (Verfahren von Bergius, Franz Fischer) wird danach verständlich, kann aber hier nur nebenbei erwähnt werden (L. 32).

Die Möglichkeit, den gasförmigen Brennstoff weit vorzuwärmen und mit vorgewärmter Luft zu verbrennen, hat ja bekanntlich zur höheren Entwickelung der Metallurgie des Eisens beigetragen. Siemens-Martin-Öfen und Tiegelgußstahlöfen und Glasschmelzöfen werden ja fast ausschließlich mit Generatorgas betrieben, evtl. auch mit flüssigem Brennstoff[16]).

Es wird daher verständlich, daß jeder Techniker, nicht der Wärmetechniker allein, sehr viel mit der Generatorgastechnik in Berührung kommt. Wir wollen daher auch diesem Gebiet einige Aufgaben widmen, zumal es uns mit den Jahren gelungen ist, eine Apparatur zu schaffen, welche es in sehr bequemer und einfacher Weise ermöglicht, nicht nur die Darstellung von einfachem Generatorgas, sondern auch von Mischgas und Wassergas im Laboratorium im kleinen nachzuahmen (Näheres über die Generatorgastechnik gibt L. 28).

Eigentlich sind alle drei oben erwähnte Gasarten Generatorgas, da sie in der entsprechenden Apparatur, in den

---

[16]) Neuerdings auch mit pulverförmigem Brennstoff.

Generatoren, erzeugt werden. Man kann jedoch die chemischen Reaktionen im Generator durch Beimengung von Wasserdampf zur Luft verschieden führen, wie auch durch wechselweises Einblasen von Luft und Dampf die einzelnen Reaktionen trennen. Das wesentliche ist im Generator die hohe Brennstoffschicht von 0,5-1m. Es kommen dort folgende Umsetzungen in Betracht:

$$C + O_2 = CO_2 + 97\,600 \text{ kg-kal} \quad \dots \quad (29)$$

$$\text{und} \quad \underline{CO_2 + C = 2\,CO - 38\,800 \quad \text{,,} \quad \dots \quad (30)}$$

$$\text{also} \quad 2\,C + O_2 = 2\,CO + 58\,800 \text{ kg-kal.} \quad \dots \quad (31)$$

$$C + H_2O = CO + H_2 - 28\,800 \text{ kg-kal} \quad \dots \quad (32)$$

$$C + 2\,H_2O = CO_2 + 2\,H_2 - 18\,000 \quad \text{,,} \quad \dots \quad (33)$$

Die bei der Reaktion entwickelten $(+)$ oder gebundenen $(-)$ Kalorien beziehen sich auf $C = 12$ kg $(1$ kg-Atom$)$ Kohlenstoff. Da in Gl. 31 $2\,C$ steht, so bezieht sich die Zahl $58\,800$ auf $2 \cdot 12 = 24$ kg C. Auf C bezogen würde die Gleichung lauten:

$$C + O = CO + 29\,400 \quad \dots \quad (31b)$$

Die ersten zwei Gleichungen (29) und (30), d. h. die dritte (31), beziehen sich auf das gewöhnliche Generatorgas; durch die vierte (32) wird das sog. Wassergas erzeugt, welches, wie man sieht, aus gleichen Volumteilen Wasserstoff und Kohlenoxyd besteht. Auch nach der fünften Gleichung (33) kann man bei niedrigerer Temperatur Wassergas erhalten, es ist nur schlechter, d. h. ärmer. Mengt man der im Generator eingeblasenen Luft etwas Wasserdampf bei, so erhält man das sog. Mischgas.

Die zur Luft hinzuzufügende Dampfmenge ist begrenzt, weil, wie aus den Gleichungen zu ersehen, die Wassergas liefernde Reaktion endotherm, d. h. wärmebindend, verläuft. Man nennt das gewöhnliche Generatorgas auch Luftgas oder Schwachgas.

1. Das gewöhnliche Generatorgas (Luftgas, Schwachgas).

Vorbemerkungen.

Wesen des Generatorprozesses. Die Vergasung im Generator.

Für die Erzeugung von Generatorgas ist kein besonderer prinzipiell neuer Kunstgriff nötig. Eine Feuerung, die stark mit Luftunterschuß arbeitet, ist bereits ein Generator. Man braucht also nur durch eine hohe Brennstoffschicht das Feuer, d. h. die Verbrennung, zu ersticken, so steigen z. B. bei Steinkohle und Holz dicke Schwaden brennbarer, teils dampfförmig-teeriger, teils gasförmiger Produkte der unvollkommenen Verbrennung auf. Das ist Generatorgas. Wird kein Dampf unter den Rost geblasen, so erhalten wir besonders bei

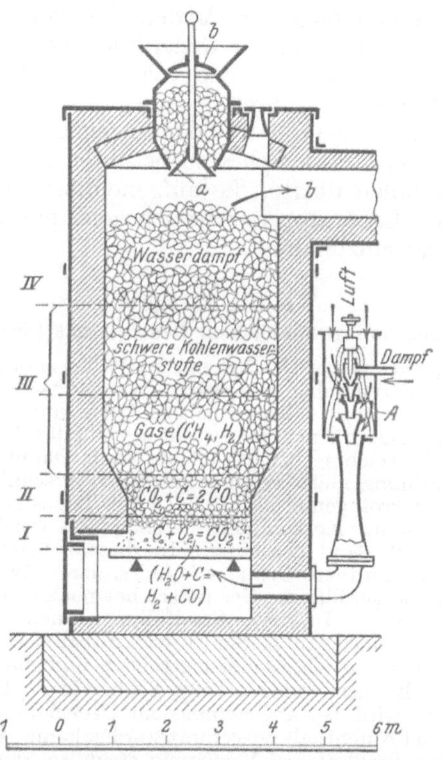

Abb. 45. Schachtgenerator mit Dampfgebläse.

Die Vorgänge in der Brennstoffschicht. In der untersten Zone *I* entsteht die Kohlensäure. In der *II*. Zone wird sie zu Kohlenoxyd reduziert. (In diesen beiden Zonen geht auch in geringer Menge, durch den der Luft beigefügten Dampf, die Wassergasreaktion vor sich.) Die darauffolgende Schicht *III* ist die des Prozesses der trockenen Destillation. In ihrem oberen Teile treten schwere Kohlenwasserstoffe auf, und wenn der größte Teil der flüchtigen Verbindungen ausgetrieben ist, bilden sich im unteren Teile nur permanente Gase. In der obersten Brennstoffschicht *IV* wird das Wasser verdampft. Bei Zusatz von viel Dampf (Gebläse) entsteht Mischgas.

Abwesenheit von flüchtigen Bestandteilen im Brennstoff ein an brennbaren Bestandteilen ärmeres Gas. Wir gehen nun an die Darstellung und Untersuchung dieses Gases.

Die im Generator vor sich gehenden Reaktionen denkt man sich so, daß in der untersten Schicht, wo die Temperatur am höchsten ist, der Rückstand, d. h. Koks oder Holzkohle, nach Gleichung (29) zuerst zu CO_2 verbrennt, in der darüber befindlichen Schicht nach Gleichung (30) die Reduktion der CO_2 unter Temperaturabfall zu CO vor sich geht, darüber die Zone der trockenen Destillation des Brennstoffs liegt und schließlich in den obersten Partien das Wasser verdampft (siehe Abb. 45). Der in den Generator eingebrachte Brennstoff macht also niedergehend alle diese Stadien in umgekehrter Reihenfolge durch.

Wir bemerken noch, daß in den folgenden Laboratoriumsversuchen so viel Praktisches zu beachten sein wird, daß es nicht leicht fallen dürfte, die aufgenommene systematische Trennung in Laboratoriumsversuch und praktische Folgerungen streng einzuhalten.

Neunte Aufgabe.
Darstellung von gewöhnlichem Generatorgas (Schwachgas).

Wir benutzen einen aus einfachen Einzelteilen zusammengebauten, leicht auseinandernehmbaren Apparat (Abb. 46*).

Auf einem Dreifuß a liegt eine mit Tubus und Rand versehene Messingplatte. Durch einen mit Asbest geschützten Holzkorken geht ein Glasrohr, in welches Luft eingeblasen wird. Damit der Brennstoff die Einblaseöffnung nicht verlegt und der Querschnitt für die einströmende Luft groß genug bleibt, ist in den Tubus eine Verteilungshaube c eingestellt. Korken und Messingplatte werden durch eine Asbestplatte und Sand geschützt. In diesem Sande stehen zwei konzentrisch angeordnete Zylinder b und e, deren Zwischenraum bis oben mit Sand angefüllt ist. Der innere hat noch eine Asbestpappe-Isolierung um sich. In diese Sandfüllung taucht von oben der Deckel f ein, der einen mit Korken verschließbaren Hals hat. Durch den Korken geht das Gasabführungsrohr h und ein breiteres, mit einem kleinen Korken verschlossenes Schürrohr i. Das Nachfüllen des Generators wird bei abgenommenem Deckel besorgt, was sehr schnell ohne viel Aufenthalt ausgeführt werden kann. Wenn im Laboratorium keine Preßluft zur Verfügung steht, so kann ein Gebläse benutzt werden, wie es von verschiedenen Firmen geliefert wird. Für unsern Versuch müssen wir uns den geeigneten Brennstoff beschaffen. Man könnte Steinkohle, Braunkohle, Torf, Holz nehmen, doch ist die bei Benutzung dieser Brennstoffe auftretende Teerbildung naturgemäß nicht sehr angenehm. Man tut daher besser, mit Holzkohle zu arbeiten. Es könnte auch Koks sein. Der Koks bereitet jedoch der schweren Brennbarkeit wegen Schwierigkeiten.

Wir kommen nun zu einer sehr wichtigen Frage: der **Korngröße des zu verwendenden Brennstoffs**. Man wird naturgemäß keine großen Einzelstücke in nur geringer Zahl in den Generator legen. Daß das Feuer sich dabei nicht halten und die Luft wirkungslos vorbei-

---

*) Die Herstellung dieses Apparates und aller folgender hat die Firma Franz Hugershoff, Leipzig, Karolinenstr., übernommen.

streichen wird, ist ohne weiteres klar. Es geht aber auch nicht an, den Generator mit Feinkohle vollzustopfen. Es dringt dann überhaupt keine Luft mehr durch. Eine erfolgreiche Führung des Gene-

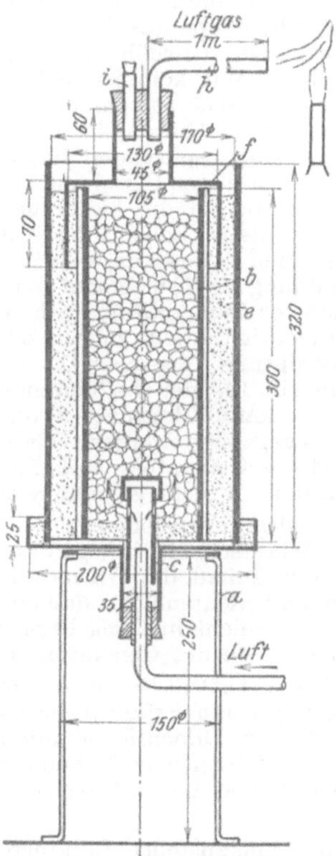

Abb. 46. Laboratoriums-Gasgenerator (nach C. Blacher).

Auf einem hohen Dreifuß a liegt eine mit unterem Stutzen und oberem Rand versehene Platte aus Messingblech, die mit einer Asbestplatte bedeckt ist. Auf der Messingplatte stehen konzentrisch zwei eiserne Gasrohre b und e. Auf der Asbestplatte liegt Sand; der Zwischenraum zwischen beiden Rohren ist gleichfalls mit Sand angefüllt. Oben greift mit Sandverschluß ein Messingdeckel f ein, der einen Stutzen trägt. Durch den im Stutzen steckenden Korken geht ein dickes Glasrohr h zum Auslassen des Generatorgases, wie auch ein zweites mit Korken versehenes Schürrohr i, durch welches ein Eisenstab eingeführt werden kann, um Störungen im gleichmäßigen Niedergang des Brennstoffes zu beseitigen. Durch den unteren im Stutzen steckenden Korken geht das Lufteinlaßrohr. In den Hals des Stutzens ist von oben eine Luftverteilung eingelassen, welche aus einem durchlöcherten, mit Kappe versehenen Stück Gasrohr besteht. Sämtliche Zuleitungs- und Ableitungsrohre sind aus Glas. Zylinder b hat eine Asbestpappe-Isolierung.

ratorprozesses ist mithin hier von der richtigen Wahl der Korngröße abhängig.

Aus dem soeben Gesagten ist leicht zu schließen, daß der Brennstoff grob genug sein muß, um dem Luft- bzw. Gasstrom keinen Widerstand entgegenzusetzen, andererseits aber die Zwischenräume zwischen den einzelnen Brennstoffstücken nicht so groß sein dürfen, daß der Luftsauerstoff, ohne in Reaktion zu treten, die ganze Schicht durchdringen, sie kühlen und außerdem das austretende Generatorgas verbrennen kann. Wir haben dann eben eine Feuerung und keinen Generator, wenn sich überhaupt das Feuer hält. Nun ließe sich ja, rein theoretisch gedacht, durch Erhöhung der Schicht der Generatorprozeß wieder herstellen. Wir kommen jedoch auf diese Weise zu sehr hohen und schmalen Generatoren, welche besonders im Laboratorium sehr bald versagen. Um das letztere zu verstehen, müssen wir uns die sich im Generator abspielenden Vorgänge vergegenwärtigen. Die Auffassungen gehen in dieser Beziehung etwas auseinander. Wir halten uns jedoch vorläufig an die bisher gültige, oben erläuterte Annahme, daß in der unteren Schicht der Kohlenstoff zunächst zu Kohlensäure verbrennt und in einer darüber befindlichen die Kohlensäure unter Wärmebindung zu Kohlenoxyd reduziert wird. Letzteres geschieht erst bei höherer Temperatur, etwa um 1000° herum. Ist diese Temperatur zu niedrig, so tritt mithin schlechtes, kohlensäurereiches und kohlenoxydarmes Gas aus. Da nun für die Erzeugung von Generatorgas nur ein Teil der Verbrennungswärme des Kohlenstoffes ausgenutzt werden kann [Gleichung (31 und 31b)], so muß mit ihr sozusagen sparsam umgegangen werden. Verliert man viel Wärme durch die Außenwand des Generators, so kann die Generatortemperatur so weit fallen, daß es nicht gelingt, reiches Gas zu erzeugen.

Leider ist nun im kleindimensionierten Laboratoriumsgenerator, trotz der eingelegten Asbestschicht, infolge des ungünstigen Verhältnisses von Oberfläche zu Inhalt die Wärmeabgabe durch die Generatorwände eine ziemlich bedeutende, so daß ein langer und schmaler Generator sich überhaupt nicht in Gang bringen läßt. Es muß also die Körnung auch der Breite des Generators angepaßt sein.

Natürlich sind diese Verhältnisse auf mathematischem Wege nur schwer zu lösen. Nach unseren Erfahrungen eignet sich bei den im Laboratorium anwendbaren Dimensionen am besten Kohle, deren Körner eine Größe von Erbsen oder Bohnen haben. Man tut gut, sich einen genügenden Vorrat an entsprechend gesiebter Holzkohle anzuschaffen.

Um nun Generatorgas herzustellen, füllt man den inneren Zylinder bis oben mit Brennstoff und stellt ein starkes Gebläse an, darauf entzündet man bei abgenommenem Deckel vermittels eines Bunsenbrenners die oberen Schichten, wonach der Feuerherd sehr schnell nach unten bis an die Luftverteilungskappe dringt und oben sich Generatorgas zeigt. Es tritt zuerst ein Gas aus, das selbst noch nicht brennt, sich jedoch an der hineingehaltenen Bunsenflamme entzündet. Mit zunehmender Erwärmung des Generators wird es immer reicher und verlöscht schließlich auch nicht bei weggezogener Bunsenflamme. Nun legen wir den Deckel auf und leiten das Gas durch ein Rohr ab, dabei bemerken wir, daß es dort nicht mehr selbständig weiterbrennen kann. Zur Aufrechterhaltung der Verbrennungsreaktion muß es, wie in der Abbildung 46 zu sehen, stets mit der Bunsenflamme angewärmt werden.

Wir kommen noch genauer auf die praktische Bedeutung der geschilderten Verhältnisse zurück, es sei jedoch hier darauf hingewiesen, daß, nach unserer soeben gemachten Erfahrung, das kalte Generatorgas nicht wie Leuchtgas beliebig hingeleitet und in einfachen Brennern verbrannt werden kann. Es geht nur, wenn man es vorwärmt, was ja bekanntlich in der Praxis in Regeneratoren und Rekuperatoren geschieht.

Über dieses eigentümliche Verhalten des Gases gibt uns die Analyse Aufschluß, der wir eine Probe unseres Gases unterziehen. Natürlich gelten hier alle dieselben Erwägungen und Bedenken hinsichtlich der Entnahme einer richtigen Durchschnittsprobe, die wir s. Z. gelegentlich der Untersuchung von Leuchtgas besprochen haben.

In unserem kleinen Betriebe können wir nun zweierlei Wege einschlagen. Wir können während eines länger dauernden Prozesses fortwährend Proben nehmen, sie untersuchen und den Durchschnitt der Zusammensetzung berechnen, oder aber, wir können während einer länger dauernden Erzeugung von Generatorgas einen Teil des Gases durch einen Aspirator dauernd ansaugen und die so erhaltene Durchschnittsprobe analysieren (Abb. 49 und 85; siehe auch S. 301). In letzterem Falle muß eine geeignete Sperrflüssigkeit genommen werden. Am geeignetsten wäre natürlich Quecksilber. In einem viel besuchten Laboratoriumspraktikum zieht man jedoch dem teuren Quecksilber eine Salzlösung vor, und zwar eine 20proz. Lösung von Kochsalz, die nach den neueren Literaturangaben (L. 29) vollkommen ausreicht und demnach für unsere Zwecke erst recht geeignet ist. Die Analyse selbst führt man im Orsatapparat aus, wie oben beschrieben. Da jedoch, wie dortselbst auch erwähnt, die Kohlenoxydabsorption nicht genügend zuverlässig ist, kann man auch die Verbrennungsmethode anwenden, die weiter unten beschrieben sein wird. Um die Versuche von vornherein nicht zu kompliziert zu gestalten, begnügen wir uns hier vorläufig mit dem Orsatapparat.

Die auf diese Weise ausgeführten Analysen des erhaltenen Gases ergaben folgende Werte [17]):

Probe Nr.	$v/_0\ CO_2$	$v/_0\ O_2$	$v/_0\ CO$	K_p
1	9,4	0	15,5	0,256
2	7,1	0	19,1	0,515
3	7,5	0	18,5	0,452
4	8,3	0	17,8	0,382

Der geringe Gehalt an brennbaren Bestandteilen erklärt das oben geschilderte Verhalten des Schwachgases. In der Praxis ist es etwas reicher. Wie weit man dort theoretisch hinaufkommen und was man praktisch erreichen kann, werden wir später sehen.

Auf eine beim Experimentieren bald zu machende Erfahrung sei hier noch besonders hingewiesen. Wenn man nämlich in der Darstellung des Generatorgases im Laboratoriumsverfahren fortfährt, bemerkt man sehr bald schon an der Flamme, daß das anfangs sehr reiche Gas immer ärmer wird. Die Analyse bestätigt das, indem der Kohlensäuregehalt zu steigen und der Kohlenoxydgehalt zu fallen beginnt. Es stellen sich jedoch sofort bessere Verhältnisse ein, wenn man nach Entfernung des Korkens vom Schürrohr aus durch einen dicken Draht in der Brennstoffschicht herumstochert. Die Flamme wird reicher und voller. Die Erklärung ist sehr einfach. Das Ausbrennen geht im Generator nicht überall gleichmäßig vor sich. Es bilden sich

---

[17]) Über die Bedeutung von K_p siehe unten S. 177 f.

Höhlen, die sich nach oben hinaufziehen, zu Kanälen sich erweitern können, wodurch ein Teil des erzeugten Generatorgases durch den durch die Kanäle dringenden Sauerstoff verbrannt wird. Solange also die Höhlen und Kanäle nicht durch nachrutschenden Brennstoff wieder ausgefüllt werden, besteht die Gefahr der Verarmung des Generatorgases.

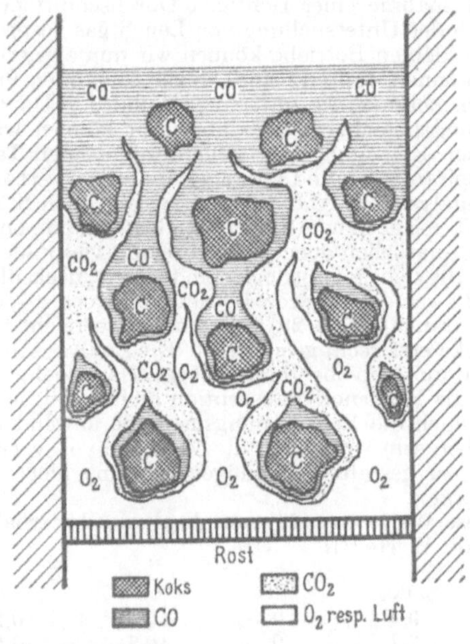

Abb. 47. Die Umsetzungsvorgänge im Gasgenerator nach Strache.

Die in Abb. 45 angegebenen Reaktionen erreichen nicht ihren statischen Endzustand. Es stellt sich vielmehr ein ziemlich kompliziertes dynamisches Gleichgewicht ein, welches durch die Abbildung veranschaulicht wird. Wie man sieht, wird das um die Kohlenstücke herum auftretende CO_2 in den unteren Partien vom eindringenden Sauerstoff verbrannt. Je nach der Stärke des Luftdruckes dringt er verschieden hoch ein. Neben dem O_2 liegt also überall eine Schicht CO_2, und erst hinter dieser bzw. über dieser ist unverbranntes CO. Bilden sich in der Brennstoffschicht Kanäle, so dringt die Luft höher hinauf und erhält den Charakter von Sekundärluft. Auch die Geschwindigkeit der Einzelreaktion im dynamischen Gleichgewicht spielt eine Rolle; sie kann von Katalysatoren (Kohlenstoff, Aschebestandteile) beeinflußt werden (genauer bei Strache. L. 20 a).

Wie leicht dieses Durchbrennen der Schicht passieren kann, sieht man aus der Abb. 47 und den darunter befindlichen Erläuterungen.

Ich mache ausdrücklich darauf aufmerksam, daß wir hier schon mit unseren letzten Beobachtungen das oben proklamierte Prinzip der Gleichmäßigkeit und Kontinuität der vollkommenen technischen Prozesse streifen, auf das wir im praktischen Teil noch genauer zurückkommen.

Folgerungen und anschließende Betrachtungen.

Theoretische Zusammensetzung des Luftgases. Gesetz der beweglichen Gleichgewichte. Massenwirkungsgesetz. Dynamik der Gasreaktionen. Gleichgewicht zwischen festem Kohlenstoff und seinen gasförmigen Oxydationsprodukten. Gleichgewichtskonstante. Ihre Abhängigkeit von der Temperatur. Entgasen und Vergasen. Flammenbildung. Brennbarkeit des Luftgases. Bedeutung der Korngröße des zu vergasenden Brennstoffs.

Um uns ein Urteil darüber zu bilden, wieweit die Darstellung von Luftgas im Laboratorium gelungen ist, müssen wir errechnen, wie die **theoretische Zusammensetzung des Luftgases** sein muß. Wenn man den ganzen Sauerstoff der Luft in CO verwandelt, so entstehen aus $21\,^v/_0\,O_2\ 42\,^v/_0\,CO$, im ganzen aus 100 Raumteilen Luft 121 Raumteile Gas von der Zusammensetzung

$$34{,}7\,^v/_0\ CO,$$
$$65{,}3\,^v/_0\ N.$$

Wie weit man es je nach der Vollkommenheit der Konstruktion in der Praxis bringt, zeigt weiter unten Tab. XVII (S. 205). Meist stellt man aus unten zu erläuternden Gründen kein reines Luftgas mehr her. Wir kommen aber nicht darum herum, hier theoretische Betrachtungen an Hand der Darstellung von reinem Luftgas und für den einfachen Fall der Vergasung von Kohlenstoff (auch Holzkohle, Koks) anzufügen, die uns später Einblick in die Praxis der Generatorvergasung geben werden. Wir fügen diese Betrachtungen um so lieber an, als sich dadurch Gelegenheit bietet, ein weiteres physikalisch-chemisches sehr wichtiges Gesetz theoretisch und praktisch kennenzulernen: das **Massenwirkungsgesetz**. Leider müssen wir hier mit einer gewissen Einschränkung beginnen. Die Verhältnisse sind so kompliziert, daß eine restlose Lösung sehr schwer zu erhalten ist. Dieses Beispiel wird uns aber immerhin die theoretischen Grundlagen der Generatorgaserzeugung aufzeigen und ein Bild davon geben, wie man praktischen Problemen unter Benutzung des wissenschaftlichen Rüstzeugs zu Leibe geht.

Nach dem **Gesetz der beweglichen Gleichgewichte** von **Berthelot** und **van 't Hoff** treten bei Temperaturerhöhung diejenigen Reaktionen ein, welche Wärme binden, also die sog. endothermen Reaktionen, und umgekehrt. Wenn man daher Kohlensäuregas auf hohe Temperaturen erhitzt, zerfällt es nach der Gleichung

$$2\,CO_2 = 2\,CO + O_2 \quad \ldots \ldots \ldots \quad (34\,a)$$

Die Reaktion ist endotherm, da die umgekehrte Reaktion

$$2\,CO + O_2 = 2\,CO_2, \quad \ldots \ldots \quad (34)$$

wie alle bekannten Verbrennungsreaktionen, Wärme gibt. Wie weit der Zerfall der Kohlensäure beim Erhitzen geht, hängt nicht von einem Spiel des Zufalls ab, sondern ist streng geregelt — durch das Massenwirkungsgesetz. Vereinigt man die obengenannten Gleichungen zu einer umkehrbaren

$$2\,CO_2 \rightleftarrows 2\,CO + O_2, \quad \ldots \ldots \quad (34\,b)$$

so besagt das Massenwirkungsgesetz, daß **zwischen den Produkten der auf der einen Seite und der auf der andern Seite einer Gleichung stehenden Massen ein ganz konstantes Verhältnis besteht**, was also durch die Gleichung

$$K = \frac{(CO) \cdot (CO) \cdot (O_2)}{(CO_2) \cdot (CO_2)} = \frac{\text{Produkte der Massen vor der Reaktion}}{\text{Produkte der Massen nach der Reaktion}} = \frac{(CO)^2 \cdot (O_2)}{(CO_2)^2} \quad (35)$$

ausgedrückt wird. Als Masseneinheit gilt dabei die kleinste in Betracht kommende Einheit, also in diesem Falle die Molekel oder, wenn man eine Gewichtseinheit annimmt, das Molekulargewicht. K ist eine nur von der Temperatur abhängende Konstante

$$K = f(T) \ldots \ldots \ldots \ldots \quad (36)$$

Die genaue Darstellung dieser Gleichung stellen wir noch zurück.

In welcher Richtung sich K mit der Temperatur verändert, ist leicht aus der Wärmetönung der Reaktion, entsprechend dem obengenannten Gesetz der beweglichen Gleichgewichte, zu entnehmen. Die Größe K kann auf Grund der Formel (36) berechnet oder auf experimentellem Wege ermittelt werden. Analysiert man also die Zersetzungsprodukte der Kohlensäure bei einer bestimmten Temperatur, so kann man daraus den Wert von K berechnen. Wir streifen hier das wichtige Gebiet der **Dynamik der Gasreaktionen** (L. 35).

Auf Grund dieser Überlegungen und gestützt auf Versuche kann man nun z. B. erfahren, bei welcher Temperatur bereits bedeutende Mengen von CO in der Flamme auftreten, was, abgesehen davon, daß dadurch nicht die Maximaltemperatur erreicht wird, unvollkommene Verbrennung auch bei Luftüberschuß unvermeidlich macht. Aus der Gleichung ist aber auch weiter zu sehen, daß bedeutender Luftüberschuß die Dissoziation zurückdrängen, richtiger verhindern, aber nicht ganz ausschalten kann. Wie aus der Formel (35) zu ersehen, wirkt die Vergrößerung des Wertes O_2 im Zähler derart, daß, um die Konstanz von K aufrechtzuerhalten, CO kleiner werden muß. Es geht eben unter Mitnahme eines Teils von O_2 in den Nenner als CO_2 über, und zwar so, daß K ohne Temperaturänderung denselben Wert behält.

Da die Reaktion der Verbrennung von Wasserstoff gleichfalls umkehrbar ist:

$$2\,H_2 + O_2 \leftrightarrows 2\,H_2O , \ldots \ldots \ldots \quad (37)$$

so kann auch der gebildete Wasserdampf dissoziieren oder richtiger, es kann teilweise auch nicht zur Bildung von Wasserdampf als Verbrennungsprodukt kommen. Da aber die Dissoziation erst bei sehr hohen Temperaturen, über 2000°, empfindlich fühlbar werden kann, hat sie für die Feuerungstechnik keine wesentliche praktische Bedeutung. Deshalb sind wir bei Behandlung des Verbrennungsprozesses nicht näher auf diese Verhältnisse eingegangen.

. Bestimmend greift dagegen das Massenwirkungsgesetz bei der Bildung von Luftgas ein, ergänzt diese Betrachtungen und erleuchtet willkommen die oben angebrachten Erklärungsversuche.

Wir hatten die theoretische Zusammensetzung des idealen Luftgases berechnet unter Annahme einer genügend hohen Temperatur. Das würde nach dem van 't Hoffschen Gesetz besagen unter Temperaturverhältnissen, bei welchen die endotherme Reaktion

$$CO_2 + C = 2\,CO$$

ihr Maximum erreicht hat. Die Dynamik wird hier wieder durch das Massenwirkungsgesetz beherrscht, das nun auf die umkehrbare Reaktion

$$2\,CO \rightleftarrows C + CO_2 \ldots \ldots \ldots \quad (38)$$

angewendet, folgenden Ausdruck erhält:

$$K_p = \frac{p_{CO}^2}{p_{CO_2} \cdot p_C} \ldots \ldots \ldots \quad (39)$$

Die als Masse in den Molekularreaktionen wirkenden Einheiten sind naturgemäß die Moleküle. Bei Reaktionen, die in Lösungen zwischen den gelösten Körpern vor sich gehen, setzt man die Molekularkonzentration, z. B. C_{CO_2}, C_{NaOH} usw. als Einheitsgrößen in Rechnung. Diese Konzentrationen drückt man meist in Gramm-Molen auf 1 l aus.

Die betreffende Gleichgewichtskonstante wird meist mit K_c bezeichnet. Hat man es mit Gasreaktionen zu tun, so kann man statt der Konzentrationen die Gasdrücke bzw. die Partialdrücke der Einzelbestandteile eines Gemenges setzen, was man mit p bezeichnet. Also p_{CO}, p_{CO_2} usw. Die betreffende Gleichgewichtskonstante wird mit K_p bezeichnet. K_c und K_p sind verschieden, können in jedem Einzelfall durch Vermittelung der Gaszustandsgleichung

$$p \cdot v = RT. \quad\ldots\ldots\ldots\ldots \quad (40)$$

ineinander übergeführt werden, d. h. die für Lösungen bzw. Gewichtsmessungen einerseits und Druckmessungen andererseits benutzten Einheiten müssen auf die Masseneinheit zurückgeführt werden. Das Wesen ist dasselbe, die Ausdrucksform bzw. Ausdrucksgröße ist eine andere. Mit anderen Worten: Das Maß ist anders.

Wir wollen am Beispiel des Luftgases uns mit diesen Verhältnissen etwas genauer bekannt machen. (Genauer in L. 30.) Wir operieren nur mit Gasdrücken.

Als Ausgangspunkt nehmen wir die oben bereits angeführte Gleichung

$$K_p = \frac{p_{CO}^2}{p_{CO_2} \cdot p_C} \quad\ldots\ldots\ldots \quad (39)$$

Die Bedingungen sind denjenigen ähnlich, welche bei der Erhitzung bzw. Zersetzung von CO_2 herrschen (oben S. 176). Das Molekularverhältnis von CO_2 zu CO ist jedoch ein anderes, auch K, und zwar infolge der Anwesenheit von festem C, der auch mit seiner freilich minimalen Gastension eingreift, was auch in der Formel zum Ausdruck kommt. Da er aber als gewissermaßen unerschöpfliche Quelle (Bodenkörper) dienend die C-Gasspannung konstant hält, können wir sie auch in die Gleichgewichtskonstante eingehen lassen. Wir hätten dann einen etwas anderen Wert, etwa K_p', also

$$K_p' = \frac{p_{CO}^2}{p_{CO_2}} \quad\ldots\ldots\ldots \quad (39\,\text{a})$$

Nun zeigt eine Betrachtung, die uns hier zu weit führen würde, daß auch diese minimale Abweichung herausfällt, so daß wir schreiben können

$$K_p = \frac{p_{CO}^2}{p_{CO_2}} \quad\ldots\ldots\ldots\ldots \quad (41)$$

Die Wirkung des C bleibt immerhin faktisch erhalten und äußert sich darin, daß, falls durch Gleichgewichtsverschiebung

ein Mangel an C-Gas eintritt, es aus der minimalen C-Gas-
tension und damit aus dem Vorrat (Bodenkörper) ergänzt
wird. Wie schnell es geht, das ist eine andere Frage, die wir
hier nur insofern streifen können, als die Unsicherheit in den
Gleichgewichten dadurch entsteht, daß eben· der Endzustand
sich oft erst sehr langsam einstellt.

Die Richtung, in welcher sich K_p mit der Temperatur
verändert, ist nach van 't Hoff durch die Reaktionswärme
gegeben. Die Funktion $K_p = f(T)$ kann thermodynamisch bestimmt und durch Versuche in jedem speziellen Fall kon-
trolliert und erhärtet werden. Auch für die uns interessierende
Reaktion ist diese Beziehung bekannt.

Im Luftgas ist noch Stickstoff anwesend. Die Beziehungen
der Massenwirkung tangieren jedoch nur den Reaktions-
verlauf. Nicht daran teilnehmende Stoffe stören weiter nicht.
Danach gilt die Beziehung von CO_2 und CO bzw. C auch
für das Luftgas. Zu den obigen Gleichungen (41) kommen
noch folgende andere Beziehungen: $p_{CO} + p_{CO_2} + p_N = 1$,
d. h. die Einzeldrücke geben zusammen den Atmosphärendruck, unter welchem das Luftgas eben steht. Da ferner, wie
wir oben gesehen haben, beim Verwandeln von O_2 der Luft in
CO_2 keine Volumveränderung eintritt, dagegen beim Verwandeln in CO doppelt soviel Molekeln CO gebildet werden,
kann folgende Beziehung für die Zusammensetzung der Ver-
gasungsluft in Raumteilen des entstandenen CO_2 und CO und
des sich nicht verändernden N_2 aufgestellt werden:

$$\frac{\frac{1}{2}CO + CO_2}{N_2} = \frac{0,21}{0,79} \quad \ldots \ldots \ldots \quad (42)$$

Da die Partialdrücke den Raumteilen, d. h. den Volumpro-
zenten an Gasbestandteilen proportional sind, können wir
überall p durch CO, CO_2 usw. ersetzen. Wir erhalten folgende
Grundgleichungen:

$$K_p = \frac{CO^2}{CO_2} \quad \ldots \ldots \ldots \ldots \quad (43)$$

$$CO + CO_2 + N_2 = 1 \quad \ldots \ldots \ldots \quad (44)$$

$$\frac{0,79}{0,21}\,(\tfrac{1}{2}CO + CO_2) = N_2 \quad \ldots \ldots \ldots \quad (45)$$

Daraus folgt:

$$CO = -\,0{,}3025\,K_p \pm \sqrt{(0{,}3025\,K_p)^2 + 0{,}21\,K_p} \quad (46)$$

$$CO_2 = 0{,}21 - 0{,}605 \cdot CO \quad \ldots \ldots \ldots \ldots \quad (47)$$

$$N_2 = 1 - (CO + CO_2) \quad \ldots \ldots \ldots \ldots \quad (48)$$

Daraus berechnet sich die nachstehende Tab. XVI (L. 30), in welche auch die verschiedenen Werte für K_p für verschiedene Temperaturen eingetragen sind[18].

Nutzen wir die errungene Erkenntnis für die kritische Bewertung unseres Versuches aus, so finden wir, daß bei höheren Temperaturen, also schon bei 900°, wie aus der Tabelle zu ersehen, die von uns auf S. 175 angegebene theoretische Zusammensetzung erreicht worden wäre. Berechnen wir nun aus unseren Versuchsresultaten (S. 173) die Gleichgewichtskonstante, die ich schon bei den Analysen im voraus

Tabelle XVI.

Zusammensetzung des idealen (theoretischen) Luftgases bei verschiedenen Temperaturen (nach Menzel).

$t°$ C	K_p	1 Atm.		
		CO	CO_2	N_2
400	0,0001545	0,0056	0,2066	0,7878
450	0,000966	0,0140	0,2015	0,7845
500	0,005468	0,0315	0,1910	0,7775
550	0,02500	0,0653	0,1706	0,7641
600	0,09528	0,1156	0,1402	0,7442
650	0,5035	0,1677	0,1088	0,7235
700	0,9162	0,2417	0,0642	0,6941
750	2,393	0,2891	0,0354	0,6755
800	5,689	0,3170	0,0182	0,6648
850	12,53	0,3350	0,0077	0,6573
900	25,59	0,3450	0,0015	0,6535

eingetragen habe, so ergibt sich, daß sie rund 0,4 beträgt, was darauf deutet, daß das Gas abgeschreckt wurde, d. h. unseren Generator verließ, als die Kohle eine Temperatur zwischen 600 und 650° hatte. Das wäre soweit eine präzise Schlußfolgerung. Weiter wollen wir nicht gehen, da die dynamischen Verhältnisse sehr kompliziert sind und wir zu dem oben Gesagten nichts mehr hinzufügen wollen, da es uns zu tief in Spezialfragen hineinführen würde.

Im praktischen Betriebe greifen in die Reaktionsgleichgewichte auch H_2, CH_4 und andere Kohlenwasserstoffe ein; hierfür sind auch zum Teil Reaktionskonstanten ermittelt worden. Wir übergehen jedoch diese mehr oder weniger komplizierten Vorgänge. Zum Abschlusse dieser Gedanken-

---

[18]) Die Zahlen der dem Original von Menzel entnommenen Tabelle stimmen nicht ganz, was man an der Kontrolle auf Formel (43) leicht sehen kann.

gänge möge hier angedeutet werden, nach welchen Gesetzen sich die Gleichgewichtskonstante K mit der Temperatur verschiebt. Da der Sinn der Richtungsänderung der Reaktion mit der Temperatur, wie wir oben gesehen haben, davon abhängt, ob wir es mit einer exothermen oder endothermen Reaktion zu tun haben, wird augenscheinlich die Reaktionswärme, d. h. die Zahl der bei der Reaktion auftretenden oder verschwindenden Kalorien (J) eine Rolle spielen. Diese Abhängigkeit ist von Nernst als Gleichung der Reaktions-Isochore aufgestellt worden. Sie lautet:

$$K_p = \int\limits_0^T \frac{J \cdot T}{R\,T^2}\, dT + C \ \ \ \ \ \ \ (49)$$

Die am Laboratoriumsgenerator ausgeführten Experimente führen uns schon, wie man sieht, in theoretisch und praktisch wichtige Betrachtungen. So streiften wir auch während des Versuches vorhin die feuerungstechnisch wichtige Frage der Flammenbildung. Sie kommt erst hier intensiver auf, weil sie mit dem Prozeß der trockenen Destillation der Brennstoffe zusammenhängt, der in jeder Feuerung vor sich geht, im Wesen jedoch auch in der Feuerung den Charakter eines mit der Vergasung verbundenen Entgasungsprozesses darstellt. Die trockene Destillation nennt man Entgasen, das Verwandeln des Brennstoffs in Generatorgas Vergasen.

Als Ausgangspunkt für das Verständnis des Vorganges der Flammenbildung nehmen wir folgende Betrachtungen.

Wenn man Knallgas — ein Gemisch von Sauerstoff und Wasserstoff, das diese Gase in demselben Verhältnis enthält, wie sie im Wasser aneinander gebunden sind — entzündet, explodiert es. Läßt man das Knallgas aus einem Gefäß durch ein Rohr austreten, so läßt sich durch einen Versuch nachweisen, daß die an der Rohrmündung eingeleitete Explosionsreaktion, nennen wir sie vorsichtiger Verbrennungsreaktion, nicht mehr in das Gefäß zurückschlägt, sobald die Ausströmungsgeschwindigkeit des Knallgases eine gewisse Größe überschritten hat, die offenbar der Geschwindigkeit der Explosionswelle gleicht. Natürlich kann die Explosionswelle nicht in das Gefäß zurückschlagen, wenn die Ausströmungsgeschwindigkeit größer ist.

Wir haben hier aber auch zugleich damit eine Beziehung zwischen Ausströmungsgeschwindigkeit und Flammenlänge, denn je schneller wir das Gas ausströmen lassen, desto weiter ist diejenige Stelle von der Rohrmündung entfernt, wo die Strömungsgeschwindigkeit infolge von Ausbreitung derjenigen der Explosionswelle gleich geworden ist. Wir kommen hier zugleich zu einer Definition der Flamme, die man als im Gleichgewicht befindliche, sagen wir, stehende Explosion bezeichnen kann.

Verbinden wir die so erhaltenen Verhältnisse mit Wärmeerscheinungen, so wird uns die Nichtbrennbarkeit des Luftgases in kaltem Zustande auch verständlich.

Vor allem geht von der Verbrennungswärme eines Gases stets desto mehr auf die Erwärmung der Verbrennungsprodukte auf, je ärmer das Gas ist. Da kann es passieren, daß bei gar zu schwachem Gas die Verbrennungstemperatur unter die Entzündungstemperatur des Gases fällt, wobei noch zu berücksichtigen ist, daß durch Abstrahlung Wärme verlorengeht.

Hier schalte ich wieder eine praktisch wichtige Folgerung ein. Hält man diese Abstrahlung durch einen Isoliermantel ab, besonders durch einen Mantel, der noch einen Teil weiter aus dem Verbrennungsraum kommende strahlende Wärme überträgt, so kann der Verbrennungsprozeß auch bei Schwachgas auf diesem Wege aufrechterhalten werden. Daher gelingt es nur dann, die Dampfkessel mit Generatorgas oder Hochofengas zu heizen, wenn der Verbrennungsraum mit Wänden aus feuerfestem Stein umgeben oder das Flammrohr mit einer Verbrennungskammer versehen ist (Abb. 12), die zuweilen durch einen andern Brennstoff, also durch Verbrennen von reicherem Gas oder Kohlen oder Holz auf einem Hilfsrost vorher glühend gemacht werden muß.

Das in einer früheren Aufgabe (3) erwähnte Rußen der Flamme oder das Auftreten von Produkten unvollkommener Verbrennung schlägt hier mit hinein. Je länger die Flamme nämlich ist, desto mehr kann sie durch Abstrahlung verlieren, desto leichter kann nach der Spitze der Flamme zu die Temperatur unter die Entzündungstemperatur des C fallen.

Auf die Form der Flamme und ihre Länge hat auch Einfluß die konstruktive Anordnung der Ausströmungsöffnungen für Gas und Luft, z. B. in den Regenerativgasöfen. Strömt das leichtere Gas über der schwereren Luft aus, so dauert es, bis sie sich mischen, die Flamme wird lang. Umgekehrt gibt es eine kurze Flamme.

Die Korngröße des Brennstoffs macht in der Praxis

genau ebensoviel aus, wenn nicht mehr, als im Laboratoriumsversuch. Man kann nicht einerseits ganze Blöcke von Brennstoff in den Generator wälzen und andererseits auch nicht
den Rost oder richtiger die Luftzufuhröffnungen im allgemeinen mit Brennpulver verstopfen. Es müssen vielmehr
Korngröße, Zugstärke und Schichthöhe in einem harmo-
nischen Verhältnis stehen, das in empirischen Daten seinen
praktischen Ausdruck findet und mathematisch nicht ohne
weiteres faßbar ist.

Wie die Konstruktionsbestrebungen gerade, vielleicht un-
bewußt, dem Prinzip der Kontinuität und Gleichmäßigkeit
des Generatorprozesses zustreben, darüber wird später die
Rede sein.

2. Das Mischgas.

Vorbemerkungen.

Verdichtung wirtschaftlicher und technischer Prozesse. Luftgas und
Mischgas.

Während man früher das Schwachgas und das Mischgas
auch praktisch mehr auseinanderhielt, läßt sich jetzt in praktischer Hinsicht keine strenge Trennung durchführen. Es
wird nämlich fast immer nur Mischgas, und zwar schwächeres
oder stärkeres, erzeugt.

Es hat sich bisher nicht Gelegenheit geboten, ein praktisch
wichtiges Prinzip zu berühren, dessen Durchführung nicht
derart hauptsächlich wärmetechnischen Charakters ist wie
das Prinzip der Kontinuität und Gleichmäßigkeit technischer
Prozesse. Das ist das im Wirtschaftsleben immer mehr zutage tretende Streben nach Verdichtung, nach Intensivierung der wirtschaftlichen und technischen
Prozesse.

Wählen wir ein Beispiel, das unseren Betrachtungen eine
breitere Grundlage gibt.

Die primitivste Form der Nutzung des Kapitals besteht
wohl darin, daß man es auf Zinsen legt. Das ist das einfachste
und nächstliegende Verfahren. Offenbar kann doch wohl
derjenige, der das Kapital zur Nutznießung aufgenommen
hat, nicht dasselbe tun, sonst hätte er nichts davon. Er muß
es also in einem Prozeß ausnutzen, der mehr Zinsen abwirft,
damit für ihn etwas nachbleibt. Er muß es mehr umlaufen,
d. h. intensiver zirkulieren lassen, was nur durch Finanz-
operationen geschehen kann, die abseits der großen allgemein

begangenen Straße liegen. Oder aber durch industrielle Betätigung, wobei diese nur dann Frucht bringen kann, wenn dort dasselbe Prinzip maximaler Intensität angestrebt wird.

Man sieht daraus, daß der auf der technischen Apparatur lastende Druck des Kapitals sie zu intensivster Funktion anspornt.

Der im Apparat umlaufende Prozeß muß mit maximalster Geschwindigkeit gehen, um in gleichen Zeiträumen mehr Produkte hergeben zu können. Die mit einem gewissen Kapitalaufwand erworbene Dampfkessel- oder Generatorgasanlage muß in der Zeiteinheit möglichst viel Dampf bzw. Generatorgas liefern. Die Technik strebt danach und erreicht es auch, in ein und demselben Raum mehr Kesselheizfläche zu vereinigen und dieselbe außerdem aufs intensivste zu beanspruchen. Der Durchsatz der Generatoren, d. h. die Menge des in der Stunde vergasten Brennstoffes, wird immer größer. Der eingeblasene Luftstrom nimmt dadurch immer größere Geschwindigkeiten an. Die Temperatur der Feuerstelle steigt immer mehr, die den Brennstoff tragenden Eisenteile, wie Hauben, Roste u. dgl., müssen eine immer stärkere Hitzewirkung aushalten. Da scheint nun technisch das einfachste zu sein, vom Luftgasprozeß zum Mischgasprozeß überzugehen. Dort wird nämlich infolge der Beimischung von Wasserdampf zur Luft durch die endotherme Umsetzungsreaktion des Wasserdampfes mit Kohle die Temperatur im Feuerherd herabgesetzt und die oben erwähnten, den Brennstoff tragenden Konstruktionsteile dadurch gekühlt. Aus allem Obigen wird verständlich, daß man es jetzt meist wohl nur mit Mischgasanlagen zu tun hat.

Zehnte Aufgabe.
Darstellung von Mischgas.

Für die Herstellung von Mischgas müssen wir unsere Apparatur im allgemeinen und auch insbesondere unseren Laboratoriumsgenerator vervollkommnen. Im praktischen Betrieb steht einem Dampf von bestimmtem Betriebsdruck stets zur Verfügung, und man ist der Sorge enthoben, sich beliebige Mengen Dampf von gleichem Druck beschaffen zu müssen. Da nicht in allen Laboratorien Dampf von der für die jeweiligen Versuche erforderlichen Spannung zur Verfügung steht, müßte erst ein entsprechender Laboratoriumsdampfkessel konstruiert werden, zumal, wenn er auch bei der Mischgasdarstellung zur Not entbehrlich wäre, er sich für die Darstellung von Wassergas immerhin als unentbehrlich erweist. Abb. 48 zeigt die von mir angewandte Konstruktion.

Durch den Korken eines gewöhnlichen Laboratoriumskessels geht ein Glasrohr a, welches bis fast an den Boden reicht und oben einen

Dampfdruckregulator trägt. Der Regulator funktioniert folgendermaßen: In seinem oberen Teil, der mit dem Wasserraum des Dampf-

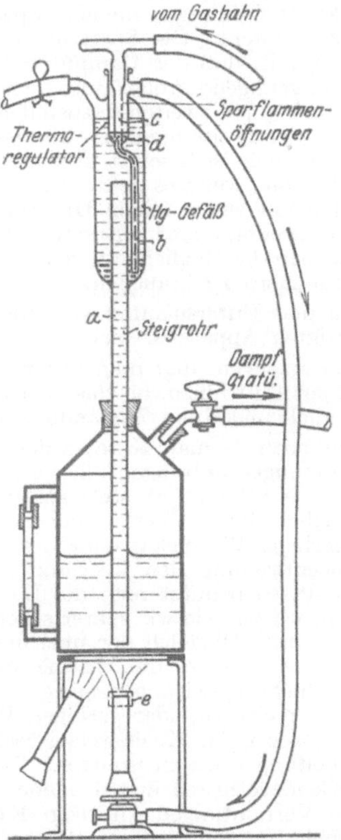

Abb. 48. Dampfkessel mit automatischer Einstellung des Dampfdruckes (nach C. Blacher).

Der Dampfdruck treibt das Wasser in das durch den Korken gehende Glas-Steigrohr *a* hinauf in das Quecksilbergefäß, dessen Verbindung mit der Außenluft durch Quetschhahn abgeschlossen wird. In diesem Gefäß drückt das Wasser weiter auf das Quecksilber, welches ins enge Quecksilber-Steigrohr *b* hinaufgetrieben wird, bis im Dampfkessel ein bestimmter Druck, etwa 0,1 Atm., erreicht ist. In diesem Augenblick sperrt das Quecksilber im Regulator den Gaszutritt *d* ab. Damit die Flamme im Brenner nicht verlöscht, sind im Gaseintrittsrohr *c* mehrere kleine Öffnungen vorhanden, die das Gas in ganz geringer Menge zum Brenner zulassen. Bei fallendem Druck öffnet sich wieder der Gaszutritt und die Brennerflamme entzündet sich von neuem. Genügt der eine Brenner für den Dampfverbrauch nicht, so muß ein zweiter aufgestellt werden, der konstant den Fehlbetrag deckt. In diesem Falle gibt man den vollständig automatischen Betrieb auf. *e* ist ein Drahtnetz, das ein Zurückschlagen der Bunsenflamme verhindert.

kessels kommuniziert, befindet sich Quecksilber. In dieses Quecksilber taucht ein Rohr *b* ein, welches mit dem gasdurchströmten Raum *c* eines Gasregulators in Verbindung steht, und zwar derart, daß bei zunehmendem Druck das Wasser das Quecksilber in dieses Rohr hinauftreibt, wo es schließlich bis an die Gaseinströmungs-öffnung d gelangt und das Gas abschließt. Über d befinden sich im Gaszuleitungsrohr kleine Öffnungen für eine Sparflamme, damit der Brenner nicht ganz verlöscht. Die Summe: Wassersäule + Queck-silbersäule ist so gewählt, daß der Dampfdruck stets auf 0,1 Atm. gehalten wird. Ist ein genügend großer Bunsenbrenner nicht anwend-bar, so kann man auch einen zweiten dazustellen. Der eine Brenner gibt dann den Dampf, der zweite reguliert. In diesem Falle kann man natürlich den Apparat nicht sich selbst überlassen, während das bei einem Brenner allein ohne weiteres geht. Die Brennermündung be-deckt man am besten mit einem feinen Drahtnetz b, auf dem dann die Sparflamme weiterbrennt, ohne ins Brennerrohr zurückzuschlagen. Auf diese Weise hat man die Möglichkeit, sich um die Dampfproduk-tion nicht weiter kümmern zu brauchen.

Die Darstellung und Untersuchung von Mischgas führte ich in der in Abb. 49 gezeigten Apparatur aus.

Um Mischgas zu erzeugen, fügt man unten in den Generator so lange Wasserdampf zur Luft hinzu, bis das Generatorgas sich so weit anreichert, daß es auch in kaltem Zustande weiterbrennt.

Nun müssen wir noch — man gestatte den Ausdruck — einige Betriebsvervollkommnungen anbringen. Der aus einem Dampfkessel strömende Dampf ist ja bekanntlich stets gesättigt, d. h. er enthält Wasser, das man freilich durch Überhitzung nachverdampfen kann. Da aber wegen der geringen Wärmekapazität des überhitzten Dampfes eine geringe Wärmeentziehung den überhitzten Dampf in bereits gesättigten verwandelt, so benutzt man die Dampfüberhitzung nur für Dampfmaschinen, wo sie, wie wir später sehen werden, eine ganz besondere Bedeutung hat. Obgleich der überhitzte Dampf, wie wir wissen (S. 105), als Gas schwerer die Wärme an die Wand abgibt, also gegen Wärmeverluste in Leitungen besser gesichert sein müßte, so zieht man es doch meist vor, der geringen Wärmekapazität des überhitzten Dampfes wegen für Kochzwecke gesättigten Dampf an-zuwenden und die Leitung stark zu isolieren. Das danach sich doch noch infolge von Wärmeverlusten ausscheidende Wasser muß dann durch automatische Vorrichtungen, die sog. Kondenstöpfe, die nur das Wasser durchlassen und nicht den Dampf, abgeleitet werden.

Muß man schon in der Praxis mit der Bildung von Kondenswasser rechnen, so wird dieses erst recht bei unserer kleindimensionierten Dampfleitung auftreten, wo eine richtige Isolierung kaum zweckmäßig erscheinen dürfte und das Verhältnis von Umfang zu Querschnitt, d. h. Wärmeverlust zu Inhalt, äußerst ungünstig ist. Am besten stellt man daher, kurz vor dem Eintritt des Dampfes in den Generator, einen Wasserabscheider aus Glas ein, aus dem man von Zeit zu Zeit das Wasser herausläßt. Wie die Verhältnisse hier ungünstig sind, sieht man daran, daß trotz dieser Vorsichtsmaßregeln sich auf dem Wege vom Abscheider zum Generator bald viel Kondenswasser bemerkbar macht.

Die Herstellung von Mischgas gestaltet sich in dieser Apparatur (Abb. 49) sehr einfach und leicht, wenn man alle die Vorsichtsmaß-regeln beobachtet, die bei der Darstellung von Schwachgas beschrieben worden sind, wie richtige Korngröße des Brennstoffes, zeitiges Schüren u. dgl. Auch die Probenahme muß richtig vorgenommen werden.

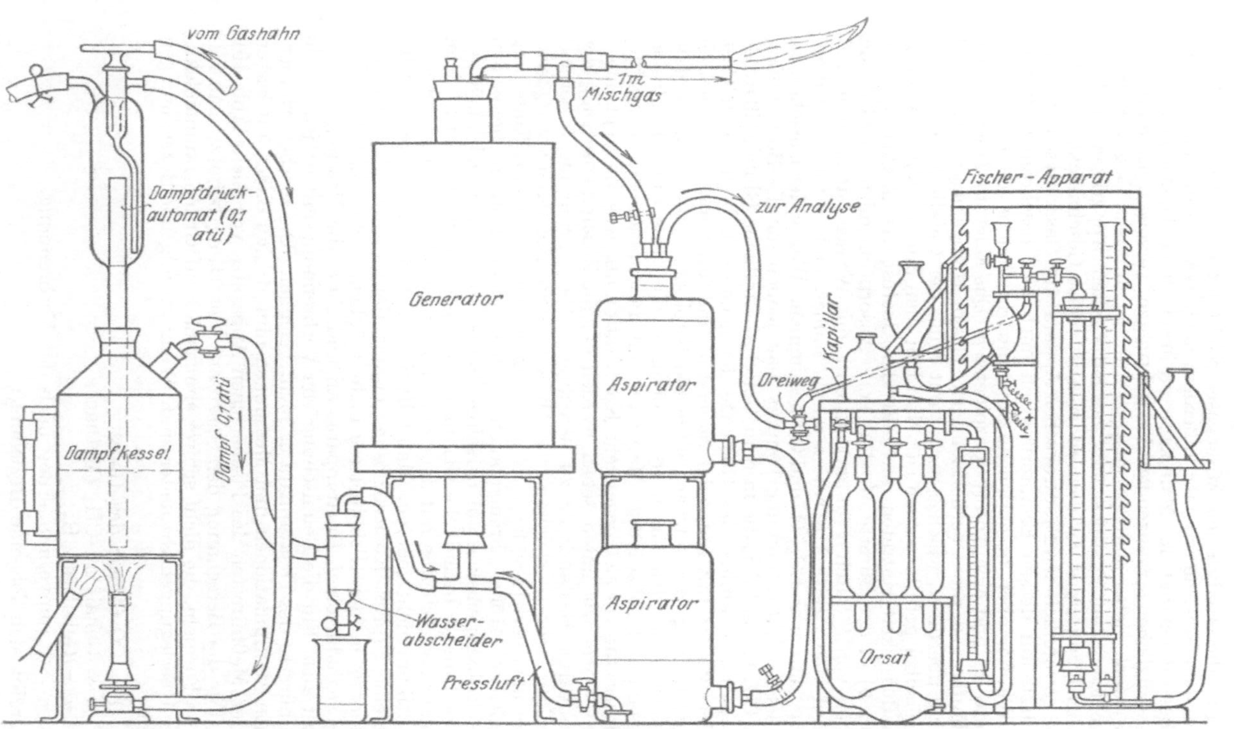

Abb. 49. Apparatur zur Darstellung und Untersuchung von Generatorgas (Mischgas) nach C. Blacher.

Für die Analyse des Mischgases reicht jedoch der Orsatapparat nicht mehr aus, da wir hier außerdem noch Wasserstoff und Methan zu bestimmen haben. Man kann natürlich einen Orsatapparat mit diesbezüglichen ergänzenden Vorrichtungen versehen, es empfiehlt sich jedoch, lieber eine Spezialapparatur zu benutzen. Es gibt nun die verschiedensten Systeme von gasanalytischen Apparaten, und die Bevorzugung eines vor dem anderen ist meist Geschmacksache. Ich habe gewöhnlich den Fischerschen Apparat für Gasanalyse (Abb. 50) benutzt, auf dessen Erläuterung ich mich hier beschränken werde.

Wie der oben beschriebene Orsatapparat, hat er auch eine Meßbürette M und eine Absorptionspipette g. Das Meßrohr D wollen wir vorläufig noch nicht berücksichtigen. Das in M abgemessene Gas wird nach g überführt, welches vorher mit Hilfe der Gefäße F und L mit Quecksilber gefüllt worden ist. Nun läßt man durch Hahn n Absorptionsflüssigkeit eintreten und mißt den Gasrest wie im Orsatapparat (Abb. 9) in der Bürette M. Das erste Absorptionsmittel wird durch Heben von F durch d (unten) entfernt, mit Wasser nachgespült und darauf eine zweite Absorption vorgenommen und so fort. Auf diese Weise kann man CO_2, O_2 und CO bestimmen. Wegen der Unsicherheit der letzteren Bestimmung benutzt man jedoch für die Bestimmung von CO, H_2 und CH_4 die in dem Gefäß g befindliche Glühkapillare A. Mischt man nämlich das Gemenge der genannten brennbaren Gase in der Bürette mit Luft oder Sauerstoff und leitet man das Gemisch langsam über die schwach glühende Kapillare, was mehrere Male wiederholt werden kann, so verbrennen die Gase ohne Explosion langsam und vollständig. Man bestimmt die entstandene Menge CO_2 und liest die vor sich gegangene Kontraktion ab, was die Möglichkeit gibt — wie wir unten sehen werden —, die Zusammensetzung der brennbaren Bestandteile zu berechnen. Das vorhin nicht berücksichtigte Rohr D erleichtert die Ablesung beim Benutzen von Quecksilber als Sperrflüssigkeit. M und D haben genau dieselbe Einteilung in gleicher Höhe. Stehen auch in den beiden Röhren die beiden Quecksilbermenisken auf derselben Skala, so befindet sich auch das in der Bürette befindliche Gas unter dem jeweiligen Luftdruck. Nun ist aber das Arbeiten mit dem so teuren Quecksilber in einem großen Praktikum nicht geboten. Man hilft sich so, daß man als Sperrflüssigkeit eine 20proz. Kochsalzlösung nimmt, dann ist natürlich das Absorbieren in der Glaspipette g nicht möglich. Man schließt an den Dreiweghahn einen Orsatapparat an und führt die Messungen dortselbst aus. Für die Beimischung von Verbrennungsluft ist jedoch die Meßbürette des Orsatapparates nicht geeignet. Die hierbei erforderlichen Manipulationen und Messungen nimmt man daher am besten in den Meßbüretten des Fischerschen Apparates vor (siehe Abb. 49).

Für die Berechnung der Gaszusammensetzung benutzt man folgende Formeln, die nicht schwer sinngemäß auf Grund raummolekularer Überlegungen abzuleiten sind. Wenn wir folgende Bezeichnungen wählen:

c = CO-Gehalt des Gases,
m = Gehalt an CH_4 (Methan),
w = Gehalt an H_2,
n = Raumverminderung nach der Verbrennung,

so ergibt sich folgende Beziehung:

$$n = \tfrac{1}{2}c + 2m + \tfrac{3}{2}w \quad \ldots \ldots \ldots \quad (50)$$

Bezeichnet man ferner mit

v die Raummenge der aus CO und CH_4 entstandenen CO_2,
$k =$ die brennbaren Bestandteile des Gases,

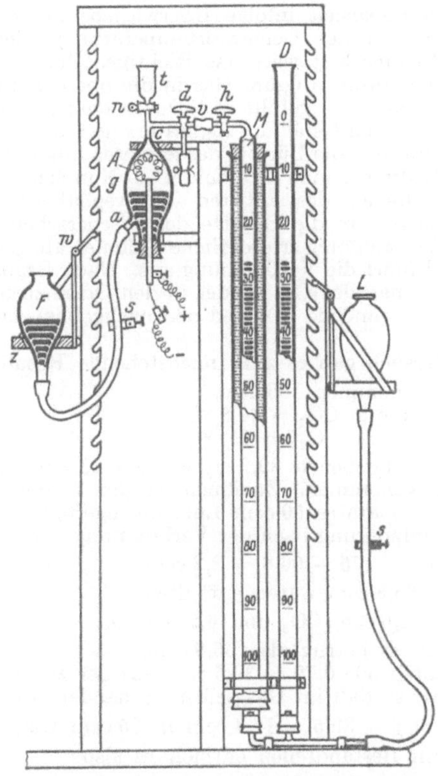

Abb. 50. Apparat für Gasanalyse nach F. Fischer.

Die Gasanalyse wird unter Quecksilberverschluß vorgenommen. Um genauer ablesen zu können, sind zwei Meßbüretten M und D angebracht, deren Skalen genau in gleicher Höhe sich befinden, so daß das Quecksilber in ihnen durch Heben oder Senken des Gefäßes L in gleicher Höhe eingestellt werden muß, damit in M Luftdruck herrscht. Nach Anfüllen der Gefäße mit Quecksilber saugt man durch Dreiweghahn d die Gasprobe an und mißt sie in der Bürette M ab. Die Absorptionsanalysen werden in einem Gefäß g vorgenommen, indem man aus t durch n die absorbierenden Flüssigkeiten (KOH, Pyrogallol) einführt. Nach jeder Absorption mißt man den Fehlbetrag in der Bürette M, entfernt das Reagenz durch d (unten) und spült mit Wasser nach. Die Verbrennung wird im Gefäß g durch eine schwach glühende Platinspirale A (Grizometer) vorgenommen. Ein Teil des Gasrestes wird mit Luft gemischt und durch langsames Vorbeiführen am Platin verbrannt. Aus dem nach der Verbrennung entstandenen CO_2 und der Kontraktion ermittelt man die Menge der brennbaren Bestandteile.

so erhalten wir folgende Schlußformeln:

$$w = v - k, \quad c = \tfrac{1}{3}k + v - \tfrac{2}{3}n, \quad m = \tfrac{2}{3}k - v + \tfrac{2}{3}n \qquad (51\,\text{a, b, c})$$

Nun sind wir für den Versuch selbst vorbereitet. Wir entzünden

den Brennstoff, wie S. 172 beschrieben, von oben und warten, bis das Luftgas reich genug ist. Dann öffnen wir das Dampfventil und bemerken, daß das Gas noch reicher wird und ohne Entzündungsflamme weiterbrennt. Es ist Mischgas entstanden. Gibt man zuviel Dampf, so nimmt die Brennbarkeit infolge Überwiegens der endothermen Vorgänge und Sinken der Generatortemperatur wieder ab. Das Maximum der Brennbarkeit wäre das Richtige. Zur Analyse saugt man durch den Aspirator langsam Gas in die obere Flasche, bis sie etwa zu $^1/_4$ bis $^1/_2$ mit Gas gefüllt ist. Durch entsprechendes Manipulieren mit dem unteren Gefäß des Aspirators und dem Füllgefäß des Orsatapparates füllt man die Bürette des letzteren mit 100 ccm Mischgas. Im Orsat bestimmt man CO_2 und O_2. Nun leitet man unter entsprechendem Drehen des äußeren Dreiweghahnes des Orsatapparates den Gasrest in die Bürette des Fischerschen Apparates, mißt das für die Verbrennung erforderliche Volumen ab, gibt Luft oder Sauerstoff zu und führt die Verbrennung aus. Nach Ermittelung der Kontraktion führt man das Gas wieder in den Orsat zurück und bestimmt dort das entstandene CO_2 und den nachgebliebenen O_2. Der Rest ist N_2.

Bei einem Versuch gab es z. B. nachstehende Resultate:

Zur Analyse genommen 100 ccm.

Im Orsat bestimmt: $CO_2 = 10{,}8$ $^v/_0$,
$$O_2 = 0 \text{ } ^v/_0 .$$

Von den nachgebliebenen $89{,}2$ $^v/_0$ wurden 25 ccm für die Verbrennungsanalyse genommen. Zu ihnen wurden in der Meßbürette des Fischerschen Apparates 50 ccm Luft hinzugefügt.

Die Raumverminderung nach der Verbrennung betrug

$$75 - 66{,}8 = 8{,}2 \text{ ccm.}$$

Im Rest von 66,8 ccm waren enthalten:

$$3{,}6 \text{ ccm } CO_2 \text{ und } 6{,}2 \text{ ccm } O_2 .$$

Der Stickstoffrest betrug also 56,9 ccm.

Davon stammten $50 \cdot 0{,}79 = 39{,}5$ ccm aus der zur Verbrennung genommenen Luft, so daß im Gas selbst vorhanden waren

$$N = 56{,}9 - 39{,}5 = 17{,}4 \text{ ccm in 25 ccm Gas.}$$

An brennbaren Bestandteilen enthielt es also

$$25 - 17{,}4 = 7{,}6 \text{ ccm.}$$

Setzt man die erhaltenen Werte in die Formeln ein, so erhält man den Gehalt in Kubikzentimetern in 25 ccm des Gases, wie es nach der Absorption von CO_2 im Orsat erhalten wurde. Da dort noch 89,2 ccm verblieben waren, müssen wir die durch die Formel ermittelten Werte mit dem Faktor 89,2/25 multiplizieren, um auf die ursprünglichen 100 Raumteile zu kommen.

Die volle Gaszusammensetzung stellt sich danach wie folgt dar (I):

		I	II
CO_2		$10{,}8$ $^v/_0$	$11{,}7$ $^v/_0$
O_2		0 $^v/_0$	0 $^v/_0$
$CO = (\tfrac{1}{3}k + v - \tfrac{2}{3}n) \cdot 89{,}2/25$		$12{,}2$ $^v/_0$ ⎫	$10{,}6$ $^v/_0$ ⎫
$H_2 = (v - k) \cdot 89{,}2/25$		$14{,}3$ $^v/_0$ ⎬ 27,2	$19{,}7$ $^v/_0$ ⎬ 32,8
$CH_4 = (\tfrac{2}{3}k - v + \tfrac{2}{3}n) \cdot 89{,}2/25$		$0{,}7$ $^v/_0$ ⎭	$2{,}5$ $^v/_0$ ⎭
$N = 17{,}4 \cdot 89{,}2/25$		$62{,}0$ $^v/_0$	$54{,}7$ $^v/_0$

Eine zweite Reihe zeigte die Zusammensetzung II.

Folgerungen und anschließende Betrachtungen.

Theoretische Zusammensetzung des Mischgases. Wassergasgleich-gewicht. Darstellung von Mischgas im großen. Systematisierung der Gasgeneratoren nach der Gleichmäßigkeit und Kontinuität des Gene-ratorprozesses. Urteergeneratoren und Generatorentechnik. Urteer und Dampfkesselfeuerung. Kraft- und Sauggas. Nutzeffekt der Gene-ratoren. Praxis.

Eine theoretische Kontrolle auf die richtige oder, sagen wir, günstigste Zusammensetzung des Mischgases ist hier sehr schwer. Wir können ja einen Versuch wagen, die theore-tische Zusammensetzung des Mischgases zu ermitteln und zusehen, wie weit wir kommen. Zunächst mögen die Luftgas- und die Wassergasreaktionen in thermisches Gleich-gewicht gesetzt werden. Das ergibt sich, wie zu sehen (nach S. 168), ganz leicht von selbst:

$$\left.\begin{aligned} 2\,C + O_2 &= 2\,CO & = + 58800 \text{ kg-kal} \\ 2\,H_2O + 2\,C &= 2\,H_2 + 2\,CO = - 57600 \text{ kg-kal} \end{aligned}\right\} \quad (51)$$

In den aufgeschriebenen gewichtsmolekularen Verhält-nissen halten sich, wie man sieht, exotherme und endotherme Reaktion für praktische Zwecke genau genug die Wage. Dar-aus ergibt sich, wie folgt, die theoretische Zusammensetzung des so erhaltenen Mischgases. Wir stützen uns auf die Volu-mina CO, die bei beiden Reaktionen in gleicher Menge ent-stehen. Nach der ersten Reaktion bilden sich, wie bereits beim Schwachgas erläutert, 42 Raumteile CO aus 100 Raum-teilen Luft, also 79 Raumteile N und 42 Raumteile CO. Ebensoviel CO und auch ebensoviel H_2 entstehen bei der endothermen Reaktion. Auf 100 Raumteile Luft bilden sich

$$\begin{aligned} 42 \text{ Raumteile } & CO \\ 79 \quad\quad „ \quad\quad & N \\ 42 \quad\quad „ \quad\quad & CO \\ 42 \quad\quad „ \quad\quad & H_2 \end{aligned}$$

oder in Hundertteilen:

$$\left.\begin{aligned} 41{,}0\ ^v/_0\ CO \\ 20{,}5\ ^v/_0\ H_2 \end{aligned}\right\} 61{,}5\ ^v/_0\ \text{brenn-bare Best.}$$
$$38{,}5\ ^v/_0\ N$$

So einfach ist aber die Sache nicht. Diese Zusammen-setzung des Gases erhalten wir unter den angenommenen Raumteilverhältnissen, wenn jeder Wärmeverlust ausge-schlossen ist, auch der in den abziehenden Gasen enthaltene, also auch bei absoluter Wärmeisolierung, wenn man vorher — und das ist auch eine Grundbedingung — die Temperatur recht hoch, jedenfalls über $1000°$ hinaufgetrieben hat. Bei Wärmeabgang ist diese theoretische Zusammensetzung des Mischgases natürlich nicht zu erreichen. Man kann ja den Wärmeverlust durch mehr Zumischen von Luftgas ersetzen. Das Gas wird aber dadurch ärmer. Aus dem Vergleich der Analyse mit der Theorie sehen wir, und zwar aus dem N-Gehalt (rund 60 gegen 38,5), daß bei unserem Versuch die Luftgasreaktion bei weitem die Wassergasreaktion überwog; aber auch, daß diese Maßregel nicht geholfen hat, die nötige Temperaturhöhe zu halten, worauf die großen Mengen CO_2 deuten. Die Grundidee einer rechnerischen Verfolgung dieser Vorgänge ist ja in dem soeben Angeführten enthalten.

Für die Ausführung ist, wie beim Luftgas, das Massenwirkungsgesetz maßgebend. Die Verhältnisse sind hier nur komplizierter, da viel mehr Faktoren in Wirkung treten: C, CO_2, CO, H_2O, H_2, die alle durch Reaktionsmöglichkeit miteinander verbunden sind und sich mithin aus dem Gleichgewichtssystem nicht ausscheiden lassen. Wie beim Luftgas, kann auch hier die geringe Gastension des Kohlenstoffs ausgeschaltet werden, zumal hier mehr die Vorgänge im oberen Teil des Generators für die Endzusammensetzung wichtiger sind, besonders das Wassergasgleichgewicht zwischen den anderen vier Bestandteilen. Hier gilt die Reaktion

$$CO_2 + H_2 \rightleftarrows H_2O + CO. \quad\ldots\ldots \quad (52)$$

und das Gleichgewicht

$$K_p = \frac{CO \cdot H_2O}{CO_2 \cdot H_2} \quad\ldots\ldots\ldots \quad (53)$$

aus welchem man sieht, daß auch die Menge des eingeblasenen Wasserdampfes eine Rolle spielt (vgl. die Überlegungen oben S. 177). Wir können hier auf die komplizierten Verhältnisse nicht eingehen, verweisen nur auf die gründlichen theoretischen und praktischen Untersuchungen von Neumann, welcher auch die für die Praxis wichtige Frage des Optimums der zuzufügenden Dampfmenge studiert hat. Dasselbe soll bei 0,4 kg Dampf auf 1 kg Koks liegen (L. 31. Siehe auch 30).

Die bereits oben erwähnte Dynamik der Gasreaktionen ist hier besonders wichtig. Es stellt sich heraus, daß das Wassergasgleichgewicht ohne Katalysatoren (Reaktionsbeschleuniger oder -hinderer) meist sehr schwer zu Ende geht und labil bleibt. Es kommt dadurch ein gewisses Zufallsmoment in die chemischen Vorgänge, da alles mögliche (Koks, Aschebestandteile) katalytisch wirken kann.

Das Mischgas, das mehr brennbare Bestandteile enthält als das Schwachgas, verdankt diesem Umstande und besonders seiner Brennbarkeit im kalten Zustande seine größere Anwendungsmöglichkeit in der Industrie. So kann es ähnlich wie Leuchtgas überall hingeleitet und entzündet werden. Durch die natürliche Steigerung der Temperatur des Verbrennungsraumes während des Brennens bleibt diese Brennbarkeit selbsttätig erhalten.

Ein weiteres Anwendungsgebiet ist die Benutzung des Mischgases als Kraftgas, d. h. als Gasmotorbrennstoff. Die mit starker Kompression arbeitenden Großgasmotoren können ja auch sehr armes Gas, wie z. B. Hochofengas, bewältigen. Mit Mischgas lassen sich jedoch auch kleinere Motoren treiben, so daß der billige und von den Leuchtgasanstalten unabhängige Gasmotorenbetrieb auch an entlegenen Orten und auf dem Lande ausgenutzt werden kann. Die Brennbarkeit des Mischgases macht es auch für mit niedrigerer Temperatur arbeitende Öfen, z. B. Schweiß-, Wärme-, Kühlöfen, verwendbar.

Galt es, den Generator im Laboratorium vor Wärmeabgabe zu schützen, um ein genügend reiches Gas zu erhalten — was im Großbetriebe bei Darstellung von Schwachgas nicht so sehr in Betracht kommt, da ja das Gas sowieso beim Abkühlen Wärme verliert —, so ist dies auch beim Erzeugen von Mischgas im Großbetrieb zu beachten, da wir es ja dort mit der wärmebindenden Wassergasreaktion zu tun haben. Mit anderen Worten: Je mehr Wärme wir nach außen verlieren, desto größer muß der Anteil der exothermen Reaktion sein, d. h. desto weniger Wasserdampf können wir zusetzen, desto ärmer wird das Gas. Nicht nur, daß man durch gute Isolierung die Wärmeverluste zu verhindern sich bemüht, man bemüht sich auch, durch Anwärmen von Luft und Überhitzen von Wasserdampf dem Generator noch Wärme zuzuführen, was natürlich nach dem Gesagten sehr günstig wirken muß. Man tut natürlich dabei gut, die Wärme der im abziehenden Gas enthaltenen oder der dem Generatorkörper ausstrahlenden zu entnehmen.

Hat man nun alles getan, was in dieser Hinsicht getan werden konnte, so muß man den allgemeinen technischen Forderungen nachkommen, die oben als maßgebendes Prinzip aufgestellt wurden. Das ist die Gewährleistung eines ununterbrochenen und gleichmäßigen Ablaufes des Prozesses der Generatorgaserzeugung, was wieder durch die Regelung der einzelnen Prozesse erreicht werden kann. Diese Einzelprozesse sind folgende: I. Die Zufuhr von Brennstoff, II. das Niedergehen des Brennstoffs im Generatorschacht, III. die Entfernung der Rückstände. Alle diese drei Prozesse müssen eben gleichmäßig und ununterbrochen ablaufen, zu welchem Zweck besondere Konstruktionen angewandt werden — ein reiches Feld für die Tätigkeit erfinderischer Köpfe. Die diesbezügliche Patentliteratur ist im Zusammenhang damit schier unübersehbar, bleibt aber von dieser Grundlage aus verständlich. Um nun einen kurzen Überblick zwecks besserer Orientierung in dem Wust von Neuigkeiten zu geben, bringe ich hier eine von mir an anderer Stelle (L. 1e) veröffentlichte Tafel (Abb. 51).

Sie stellt eine Abbildung dar, in welcher die diesbezüglichen Konstruktionen in freier Wahl eingestellt sind, und zwar so, daß von oben nach unten die Konstruktionen die Aufgabe der gleichmäßigen und ununterbrochenen Durchführung der Einzelprozesse immer vollkommener lösen. In Nr. 1 wird die Einführung des Brennstoffes nach Öffnen eines einfachen Deckels bewirkt. Nicht allein, daß von einer Kontinuität nicht die Rede sein kann, vielmehr dringt beim Abheben des Deckels Luft ein, welche einen Teil des Gases verbrennt, wodurch es ärmer wird. Nr. 2 stellt einen Generator mit eingesenkter Beschickungsglocke dar, welche stets gefüllt gehalten werden muß. Die während des Öffnens eindringende Luftmenge wird durch den Reibungswiderstand in der Brennstoffschicht ganz bedeutend gehemmt. Faßt man die eingehängte Glocke als Vorratsbehälter für den Brennstoff auf, so ergibt sich auch von selbst die Einhaltung einer gleichmäßigeren Schicht, da ja das wechselnde Brennstoffniveau in der Glocke nicht maßgebend ist. Skizze 3 zeigt die einfachste Konstruktion für die Verhinderung des Eintritts von Luft beim Beschicken. Man hebt den oberen Deckel und schüttet den Brennstoff in den Beschickungskasten, schließt den Deckel und öffnet den als Konus ausgestalteten Boden, indem man ihn nach unten senkt. Nr. 4 zeigt dieselbe Konstruktion, nur hat dieses System (Kerpely) außerdem eine mittlere Öffnung im Konus, wodurch eine mehr gleichmäßige Verteilung des Brennstoffs über den ganzen Querschnitt des Generators erreicht wird. Das System Blezinger (Nr. 5) schlägt eine gleichmäßige Zufuhr von Brennstoff durch eine Transportschnecke vor. Noch vollkommener ist dieses selbe System von dem gleichen Erfinder in der in Nr. 6 gezeigten

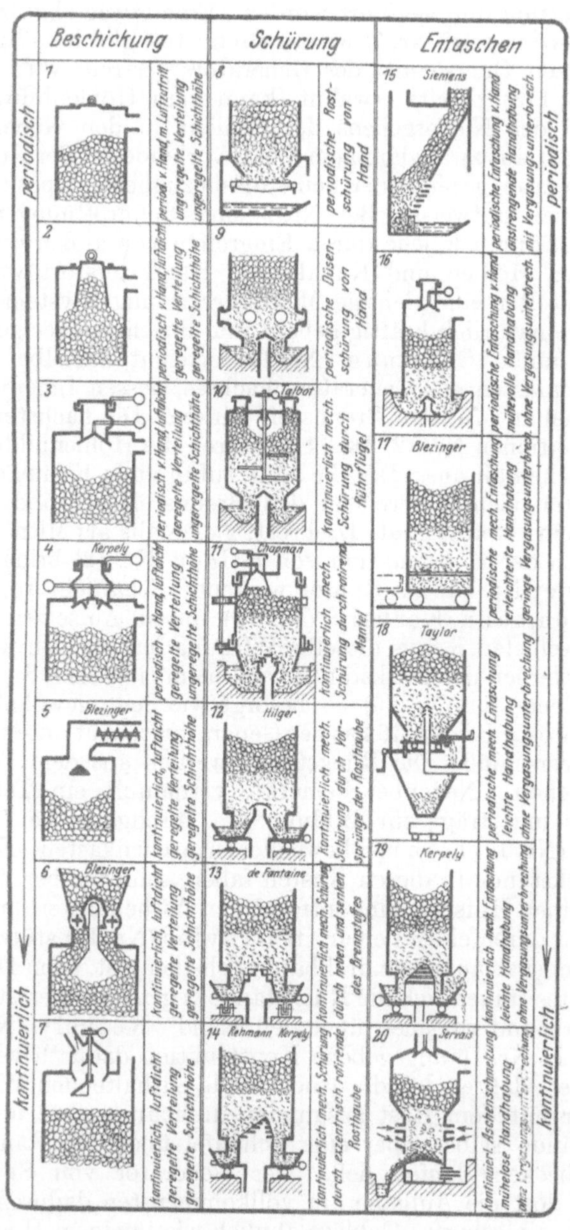

Abb. 51. Vorschlag einer pädagogischen Systematisierung der Gasgeneratoren von Prof. C. Blacher.

13*

Konstruktion durchgeführt worden. Eine etwas abgeänderte Konstruktion zeigt Nr. 7, wo der Brennstoff gleichmäßig über den ganzen Querschnitt des Generators gestreut wird. Wie oben (S. 173) bereits erwähnt, kann man Höhlenbildungen während des Niedergehens der Schicht in den Generatorkörper nur auf zwangläufigem Wege verhindern. Bei Nr. 8 ist ein Generator gezeigt, der keine diesbezüglichen Spezialkonstruktionen aufweist. Bei Nr. 9 sind Schüröffnungen angebracht, durch welche durch Eingreifen von außen die sich bildenden Höhlen und Kanäle von Hand zerstört werden. Nr. 10 besitzt eine richtige Mischvorrichtung (System Talbot), die natürlich kräftig gebaut und durch Wasser gekühlt werden muß. Chapman (Nr. 11) erreicht dasselbe durch Umlaufenlassen des Generatorschachtes, dessen Innenwände als Mitnehmer für den Brennstoff wirken. Die nächsten drei Konstruktionen Nr. 12, 13, 14 zerstören die Höhlenbildungen vom Aschenfall aus. Der die Luft zuführende Konus dringt von unten ziemlich weit in den Brennstoff ein und wirkt durch seine Rotation als Drehrost, gleichfalls als Mitnehmer. Entgegen der Konstruktion von Hilger (Nr. 12) bringt Lafontaine (Nr. 13) als Rührer wirkende Schaufeln an, während Rehmann-Kerpely (Nr. 14) durch Aufsetzen eines großen schiefen Konus dieselbe Wirkung hat erzielen wollen. Das Entfernen der Rückstände wird beim einfachen Siemensschen Generator (Nr. 15) so besorgt wie beim gewöhnlichen Treppenrost. Bei Nr. 16 hat der Generatorschacht unten einen Wasserverschluß. Die Rückstände werden aus dem Wasser herausgeholt. Nebenbei bemerkt, verdampft ein Teil des Wassers und trägt zur Bildung des Mischgases bei. Blezinger (Nr. 17) hat einen beweglichen Aschenkasten. Er läßt die Rückstände in diesen Kasten fallen, schiebt über diesem Roste einen Hilfsrost ein, entfernt den Aschenkasten und ersetzt ihn durch einen neuen. Bei Taylor (Nr. 18) stützt sich der Brennstoff auf einen drehbaren Scheibenrost, beim Drehen des Rostes stauen sich die Rückstände gegen einen feststehenden Stab und rutschen über den Rand. Kerpely (Nr. 19) hat die in Nr. 16 angegebene Konstruktion dadurch vervollkommnet, daß er den die Rückstände enthaltenden Wasserbehälter mit dem Rost zusammen drehbar machte und die Rückstände selbst über eine Schaufel über den Rand des Wasserbeckens laufen ließ. Der Generator von Servais (Nr. 20) löst die Aufgabe am vollkommensten dadurch, daß er durch ein scharfes Gebläse ähnlich wie in einem Hochofen eine sehr hohe Temperatur erzeugt, so daß die Schlacke flüssig wird und abfließt. Man nennt einen solchen Generator Abstichgenerator.

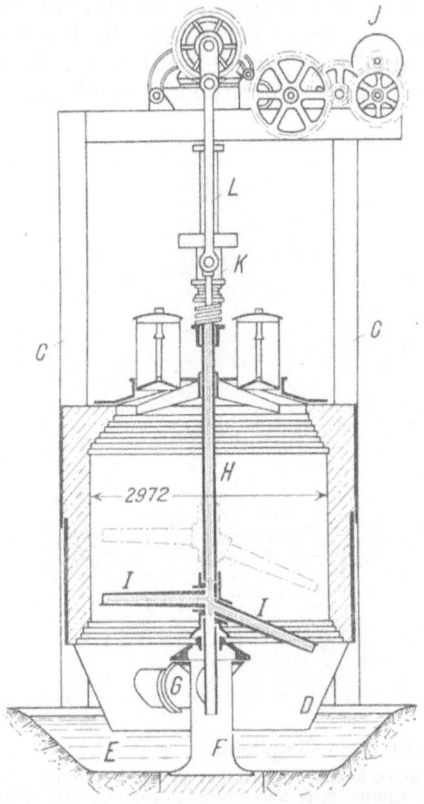

Abb. 52. Gasgenerator Frazer-Talbot.

Das regelmäßige Niedergehen des Brennstoffes wird befördert durch ein verstellbares Rührwerk *I*, welches durch Wasserkühlung vor dem Verbrennen geschützt ist. Die Luft wird durch Rohr *G* zugeführt, Asche und Schlacke fallen ins Wasser *E*.

Um auch die genauere konstruktive Durchbildung zu zeigen, bringe ich als Beispiel drei Generatortypen: den Generator von Talbot (Abb. 52), den Generator von Chapman (Abb. 53) und den Abstichgenerator von Sépulchre und Fichet & Heurtey (Abb. 54).

Je schwierigere Probleme man der Generatortechnik stellt, d. h. je mehr man von den Generatoren ein einwandfreies

Arbeiten verlangt, je labiler die dynamischen Verhältnisse in den Generatoren werden, desto gleichmäßiger und ununterbrochener müssen die Generatoren arbeiten. Es wird daher verständlich, daß man schon zur Darstellung von Wassergas und erst recht bei den Generatoren, die für die gleichzeitige Gewinnung von Urteer gebaut werden, für die sog. Urteergeneratoren, in allen Einzelteilen die vollkommensten soeben

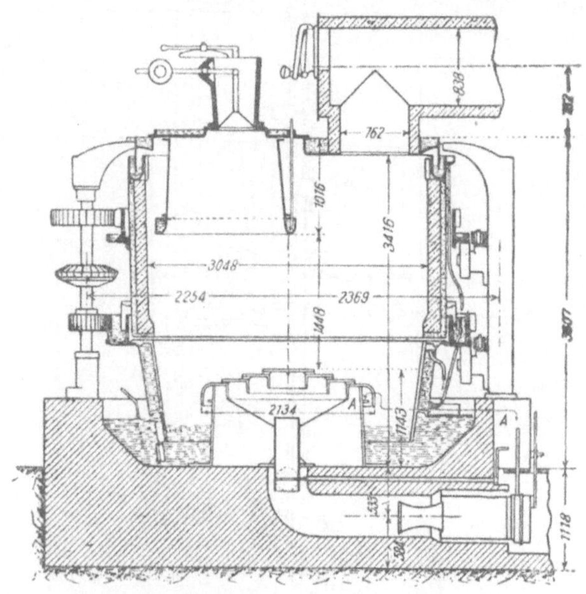

Abb. 53. Gasgenerator von Chapman.

Der Generatorschacht ist in einen oberen und unteren Teil geteilt, die sich beide jedoch mit verschiedener Geschwindigkeit drehen, was ein gleichmäßiges Niedergehen des Brennstoffes gewährleistet.

besprochenen Konstruktionen wählen muß. In Abb. 55 und 56 bringe ich zwei Beispiele solcher Urteer-Generatoren. Bei beiden sieht man den Drehrost, beim zweiten die mechanische Beschickung. Ersterer ist mit einem Schwelaufsatz versehen, in dem der Prozeß sehr gleichmäßig gehen muß. Noch mehr muß letzteres beim zweiten Generator beachtet werden, der einen viel kleinraumigeren Einsatz hat. Die für die Urteergewinnung erforderlichen Temperaturgrenzen von 400 bis 500° können da nur richtig eingehalten werden, wenn der verhältnismäßig kleine Raum, der für die Unterbringung des zu

destillierenden Brennstoffes bestimmt ist, mit einer Mischvorrichtung versehen ist, die eben die unbedingt notwendige
Homogenisierung besorgt und die Gleichmäßigkeit der Temperatur garantiert. Die Temperaturhöhe des Ganzen wird

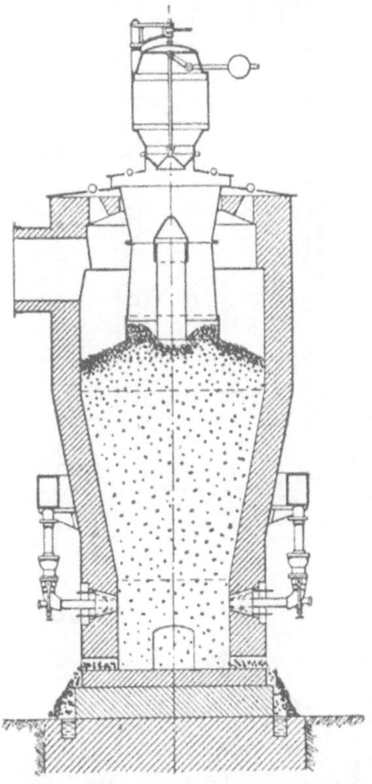

Abb. 54. Abstichgenerator von Sépulchre und Fichet & Heurtey.
urch die durch Düsen unter hohem Druck eindringende Luft (Hochofen) wird eine so
hohe Temperatur erzielt, daß die Schlacke schmilzt und kontinuierlich abfließt. Die Brenn-
stoffzuführung ist nahezu kontinuierlich, die Verteilung desselben gleichmäßig.

reguliert durch Durchsaugen einer entsprechend größeren oder
geringeren Menge heißen, vom Rost aufsteigenden Gases. Der
Rest des sog. Heißgases wird vorher abgenommen. Das mit
den Destillationsprodukten (Urteer) beladene, durch den
Schwelraum gegangene Gas tritt als sog. Schwelgas aus.
J. Pintsch (Berlin) hat auch den Versuch gemacht, Dampfkesselfeuerungen mit Schwelanlagen auszustatten. Infolge

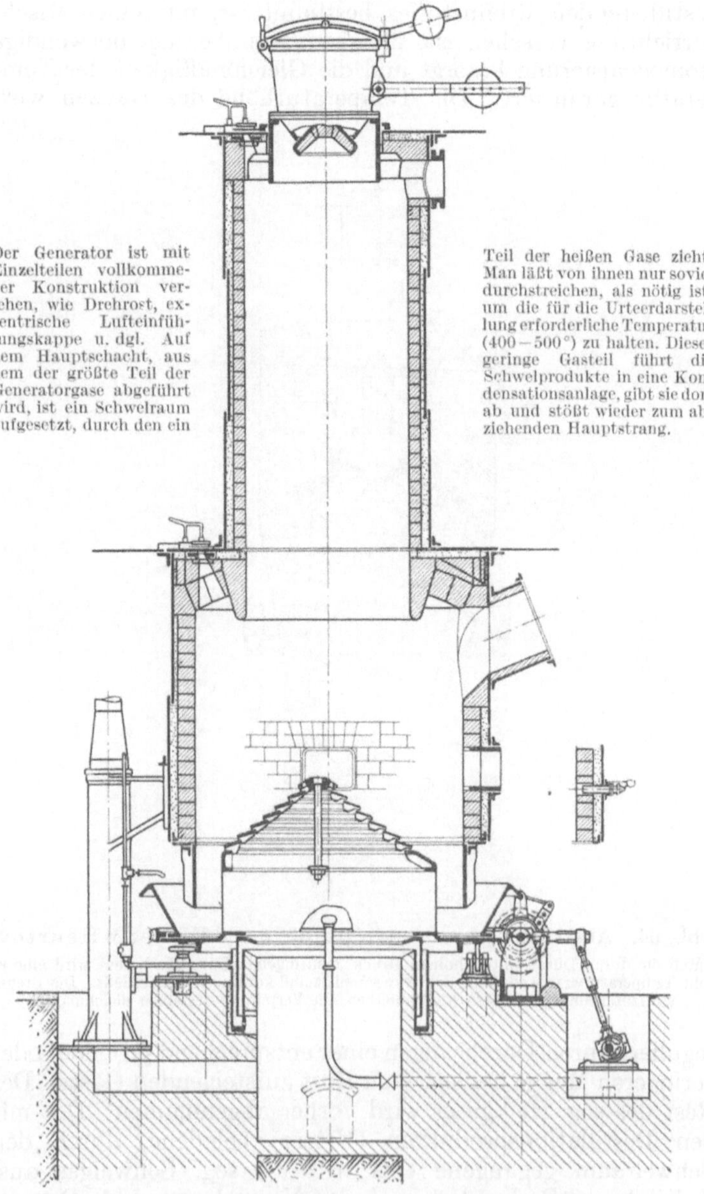

Der Generator ist mit Einzelteilen vollkommener Konstruktion versehen, wie Drehrost, exzentrische Lufteinführungskappe u. dgl. Auf dem Hauptschacht, aus dem der größte Teil der Generatorgase abgeführt wird, ist ein Schwelraum aufgesetzt, durch den ein Teil der heißen Gase zieht. Man läßt von ihnen nur soviel durchstreichen, als nötig ist, um die für die Urteerdarstellung erforderliche Temperatur (400—500°) zu halten. Dieser geringe Gasteil führt die Schwelprodukte in eine Kondensationsanlage, gibt sie dort ab und stößt wieder zum abziehenden Hauptstrang.

Abb. 55. Schwelgenerator von Julius Pintsch A. G.

des noch geringeren zur Verfügung stehenden Raumes sind sie noch labiler. Der Durchsatz im Schwelschacht geht bis etwa 800 kg Kohle je Stunde und Quadratmeter Querschnitt.

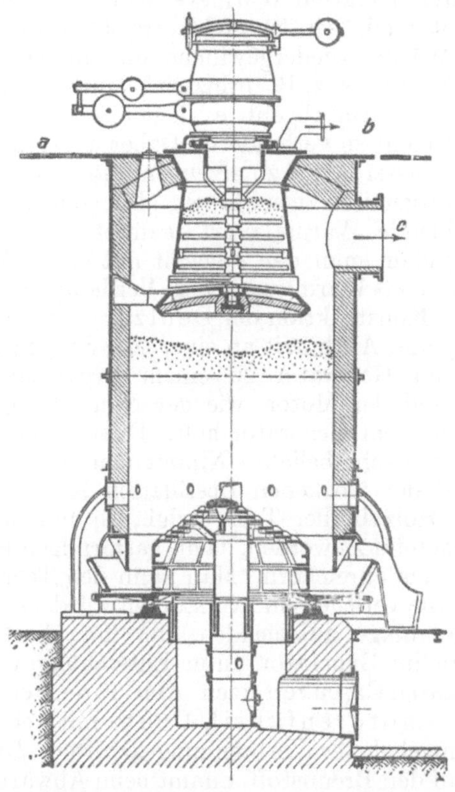

Abb. 56. Drehrost-Gaserzeuger mit selbsttätiger Entaschung der Deutschen Mondgas- und Nebenprodukten G. m. b. H.

Im Hauptschacht ist ein kleiner Schwelraum eingebaut. Um die durch die Kleinheit des Schwelraums erschwerte Einhaltung der erforderlichen Temperatur zu sichern, wird das dynamische Gleichgewicht dadurch gefördert, daß man den Inhalt des Schwelraums durch eine Rührvorrichtung homogenisiert. Die erforderliche Temperatur wird wie in Abb. 55 eingehalten.

(Näheres über Darstellung von Urteer und Verflüssigung der Kohle in L. 32.)

Prägt sich die durch geeignete Konstruktion erreichte Kontinuität und Gleichmäßigkeit des technischen Prozesses bei den Mischgasgeneratoren darin aus, daß wir verhältnismäßig reicheres Gas erhalten, so kann man in dieser Beziehung noch mehr erreichen, wenn man nach wärmeökonomischen Gesichtspunkten vorgeht. Hier muß in erster Linie nicht nur alles getan werden, um nach den oben auseinandergesetzten Erwägungen durch Isolation Wärmeverluste zu verhindern, sondern man muß auch, wo das nicht erreicht werden kann, die abziehende Wärme wiedergewinnen und in den Prozeß zurückführen. So ist es z. B. prinzipiell unnütz, daß das Mischgas heiß oder warm abgeht, es liegt aber in der Natur der Sache und ist nicht zu verhindern. Daher nutzt man diese Wärme aus, um Wasserdampf zu erzeugen und zu überhitzen oder das Dampfluftgemisch zu erwärmen. Die vom Generatorschacht ausstrahlende Wärme führt man oft auch in den Prozeß zurück, indem man den Schacht mit einem Wassermantel umgibt und das Warmwasser dem Verdampfer zuführt. Abb. 57 zeigt eine Konstruktion der **Deutzer Gasmotorenfabrik** für Koks und Anthrazit an einer sog. Sauggasanlage, wo Gasmotor und Generator zu einem Organismus verschmolzen sind und der Motor, wie der Name besagt, sich das Gas selbst aus dem Generator holt. Diese Kombination ist für Kleinanlagen sehr beliebt. Nimmt man einen Brennstoff, welcher bei der trockenen Destillation Kohlenwasserstoffe gibt, wie Holzabfälle, Torf u. dgl., so braucht kein Wasserdampf zugesetzt zu werden, da die gasförmigen Kohlenwasserstoffe das Gas anreichern. Man kann den Teerdampf, der die Motorventile verlegen und verstopfen würde, entweder in einer Reinigeranlage ausscheiden, um ihn absetzen zu können, oder ihn im Generator unter Entstehung von permanenten brennbaren Gasen zersetzen. Abb. 58 zeigt eine Konstruktion der **Gasmotorenfabrik Deutz** mit Teerzersetzung, die mit umgekehrter Verbrennung arbeitet. Die Luft trifft von oben auf den Brennstoff, nimmt beim Abwärtsgehen die Teere mit, welche beim Durchgang durch die heiße Rostzone zerlegt werden. Zur endgültigen Reinigung wird noch ein Skrubber angeschlossen. (Über Kraftgas s. L. 33.)

Aber auch für Anlagen größter Dimensionen werden Generatorgase benutzt. Da der Hochofen auch gewissermaßen einen Gasgenerator (Abstichgenerator, S. 199) darstellt, so gibt er ein dem Luftgas gleiches, wenn auch verhältnismäßig armes Gas, dessen Heizwert oft unter 1000 Kal. liegt. Die Zündung wird, wie oben erwähnt, durch starke Kompression des Gasluftgemisches erleichtert.

Man kann natürlich auch von einem Nutzeffekt der Generatoren sprechen, indem man die im heißen (chemische

Energie + fühlbare Wärme) oder im kalten Gase (chemische Energie) enthaltene Energie zu dem Wärmewert des Brennstoffes in Beziehung setzt.

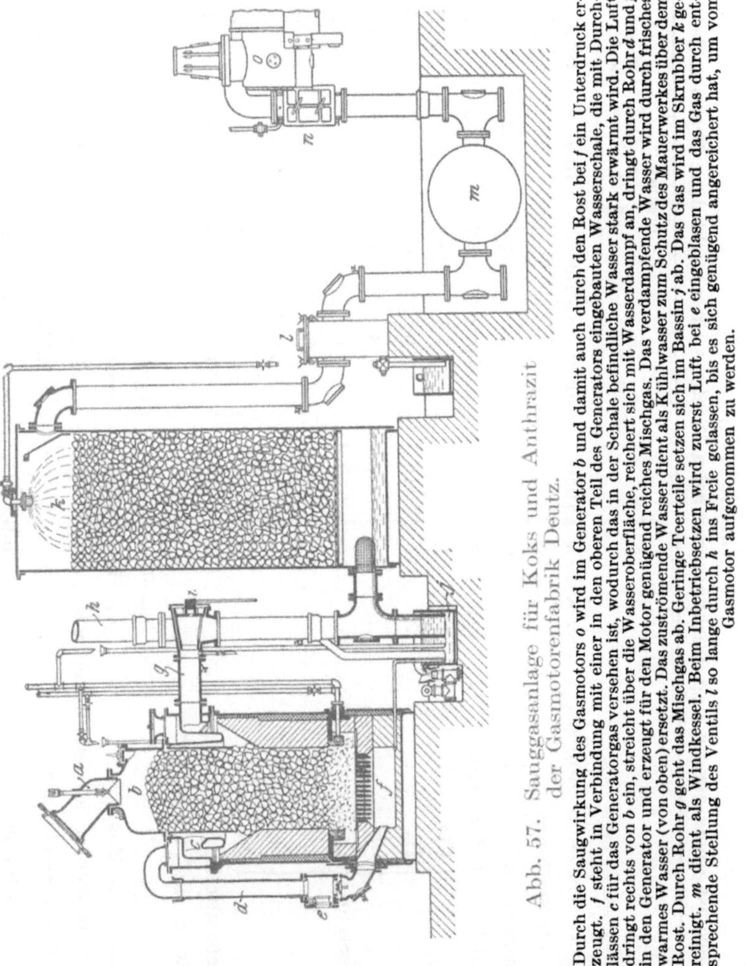

Abb. 57. Sauggasanlage für Koks und Anthrazit der Gasmotorenfabrik Deutz.

Durch die Saugwirkung des Gasmotors o wird im Generator b und damit auch durch den Rost bei f ein Unterdruck erzeugt. f steht in Verbindung mit einer in den oberen Teil des Generators eingebauten Wasserschale, die mit Durchlässen c für das Generatorgas versehen ist, wodurch das in der Schale befindliche Wasser stark erwärmt wird. Die Luft dringt rechts von b ein, streicht über die Wasseroberfläche, reichert sich mit Wasserdampf an, dringt durch Rohr d und f in den Generator und erzeugt für den Motor genügend reiches Mischgas. Das verdampfende Wasser wird durch frisches warmes Wasser (von oben) ersetzt. Das zuströmende Wasser dient als Kühlwasser zum Schutz des Mauerwerkes über dem Rost. Durch Rohr g geht das Mischgas ab. Geringe Teerteile setzen sich im Bassin j ab. Das Gas wird im Skrubber k gereinigt. m dient als Windkessel. Beim Inbetriebsetzen wird zuerst Luft bei e eingeblasen und das Gas durch entsprechende Stellung des Ventils l so lange durch h ins Freie gelassen, bis es sich genügend angereichert hat, um vom Gasmotor aufgenommen zu werden.

Wir bringen zum Schluß eine Tabelle (XVII), die eine ganze Reihe von Zahlen gibt, welche nach Durchführung der Laboratoriumsexperimente zum mindesten in großen Zügen verständlich sein werden (L. 28).

Tabelle XVII.

Gaszusammensetzung und Wirkungsgrad beim Mischgas für verschiedene Brennstoffe.

		Brennstoff				
		Anthrazit		Koks		Braunkoh-lenbriketts	Braun-kohle
Unterer Heizwert des Brennstoffes . . . kg-kal/kg	7630	7630	7000	7000	4839	4212
Eingeblasener Wasserdampf . . . . kg/kg	0,468	—[1]	0,345	—[1]	—[2]	0,214
Absoluter Dampfdruck . . . . Atm.	7,9	—	8,0	—	—	7,8
Erzeugte Gasmenge (15° 1 Atm.) . . . . cbm/kg	5,34	5,45	5,26	5,43	3,47	2,49
Gaszusammensetzung { CO . . . . %	27,9	27,1	29,9	30,6	20,8	27,0
H₂ . . . . %	16,5	8,9	8,8	1,4	16,2	13,5
CH₄ . . . . %	0,9	1,3	0,1	0,0	1,4	4,9
C₂H₄ . . . . %	0,0	0,0	0,0	0,0	0,2	0,3
CO₂ . . . . %	3,4	3,2	2,4	0,9	9,2	4,7
O₂ . . . . %	0,0	0,0	0,0	0,0	0,5	0,2
N₂ . . . . %	51,3	59,5	58,8	67,1	51,7	49,2
Brennbare Bestandteile . . . . %	45,3	37,3	38,8	32,0	38,6	45,7
Unterer Heizwert des Gases (15°, 1 Atm.) kg-kal/cbm	1198	1035	1045	889	1107	1495
1 kg Kohle liefert im Gas . . . . kal	6390	5640	5500	4810	3840	3700
Auf 1 qm Schacht werden stündlich vergast . kg	122,0	89,3	214,0	209,0	184,5	108,1
Wirkungsgrad des Gaserzeugers	0,80	0,73	0,76	0,69	0,79	0,77

[1]) Luftgas.   [2]) Sauggas. Anm. Die in der unteren Tabelle mit * bezeichneten Werte sind geschätzt.

Wärmebilanzen von Kerpely-Gaserzeugern.

			Steirische Braunkohle	Brennstoff Nichtbackende Steinkohle	Backende Steinkohle
Zusammensetzung der Brennstoffe	C	%	57,7	63,2	68,65
	H_2	%	4,43	3,92	4,08
	N_2	%	0,78	1,05	0,93
	O_2	%	15,55	10,4	5,62
	S	%	1,28	1,43	0,92
	H_2O	%	7,17	11,5	7,49
	Asche	%	13,1	8,5	12,35
Mittlere Zusammensetzung des Gases	CO_2	%	2,8	1,4	4,5
	CO	%	30,5	31,0	25,4
	CH_4	%	2,0	2,2	3,33
	H_2	%	14,0	12,4	8,6
H_2O-Gehalt in 1 cbm Gas		g	80	29,6	42,5
Teergehalt in 1 cbm ,,		g	25,0	11,5	8,7
C im Teer je 1 cbm ,,		g	19,4	8,2	5,2
Heizwert des Brennstoffes		Kal.	5400	5850	6520
,, ,, Gases		,,	1420	1450	1350
,, ,, Teeres in 1 cbm Gas		,,	200	90	—
Temperatur des Gases am Austritt		° C	430	455*	750*
Fühlbare Wärme im Gase		Kal.	158	155	250
Wärme des verbrauchten Dampfes		,,	118	164	78
Brennbares in der Asche		%	3,0	5,8	9,26
Brennstoffverlust der Asche		%	0,41	0,52	1,26
Aus 1 kg Brennstoff entsteht Gas		cbm	2,77	3,26	3,74
Kohlenstoff in 1 kg Brennstoff		g	577	632	686,5
,, ,, den brennbaren Gasbestandteilen des daraus erzeugten Gases		g	522,4	607	595,4
Nutzbare Kohlenstoffumsetzung		%	90,5	96,0	89,1
Wirkungsgrad		%	88,89	91,38	86,56

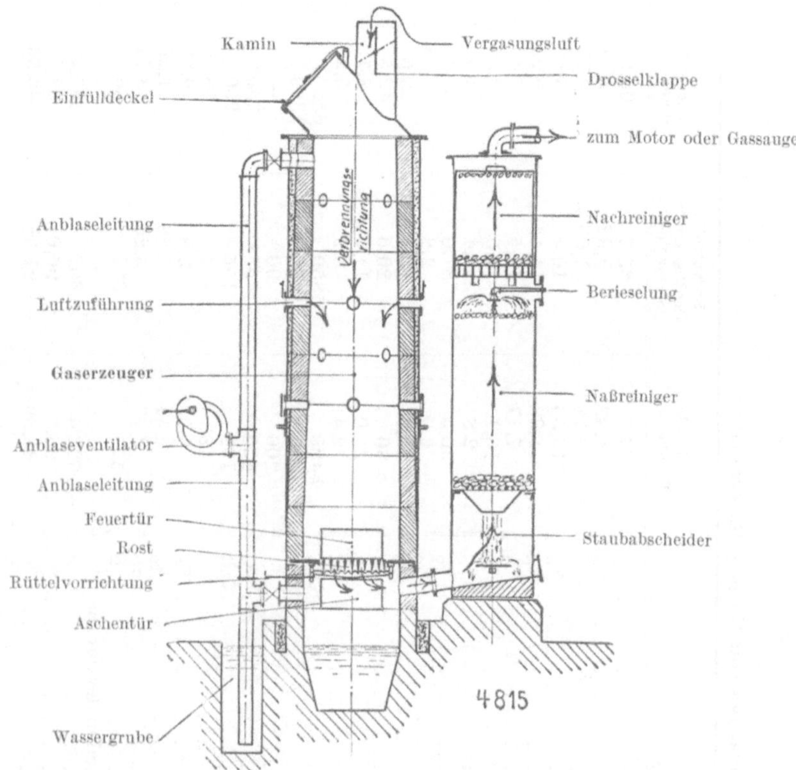

Abb. 58. Sauggasgenerator mit umgekehrter Verbrennung der Deutzer Gasmotorenfabrik für Holzabfälle, Torf u. dgl.

Die Luft tritt von oben wie auch zum Teil durch seitliche Schaulöcher ein, das Gas wird unter dem Rost abgeleitet, über dem die Teerbestandteile zersetzt werden. Zur endgültigen Reinigung von Teerspuren genügt ein Skrubber, der auch den Staub ausscheidet. In Betrieb gesetzt wird der Generator durch einen Ventilator, der die Luft zuerst von unten und dann von oben so lange hineinpreßt, bis die Temperatur für die normale Arbeit des Absaugens erreicht ist.

3. Wassergas.

Vorbemerkungen.

Wesen des Wassergasprozesses. Heißblasen und Kaltblasen.

Will man noch reicheres Gas als das Mischgas erzeugen, so muß man zur Darstellung von Wassergas greifen. Nach Gleichung (32) und (33) auf S. 168 kann es hochwertiges Wassergas geben, das zu 100 Teilen aus brennbaren Bestandteilen besteht, oder ärmeres Gas.

Das Wassergas wird arm, wenn die Temperatur sinkt, da der erste Wassergasprozeß nur bei sehr hoher Temperatur vor sich geht. Da nun aber beide Reaktionen endotherm sind, so muß die erforderliche Wärme durch vorheriges Erhitzen des Kokses bis zu sehr hoher Temperatur aufgebracht werden, was durch Einblasen von Luft bewirkt wird. Man nennt es das Heißblasen. Die Einleitung von Wasserdampf zwecks Darstellung von Wassergas nennt man Kaltblasen, wobei die fühlbare Wärme des Kokses verbraucht wird. Der Koks kühlt dabei schnell ab.

Es ist natürlich nicht gleichgültig, wie weit man mit dem Heißblasen heraufgeht. In der Praxis macht das keine Schwierigkeiten, da man die Dauer der einzelnen Perioden empirisch ermittelt. Theoretisch läßt sich der Prozeß auch übersehen, was durch neuere Arbeiten möglich geworden ist. Bevor wir uns genauer ansehen, wie die Theorie in diesem Gebiete arbeitet und wie die Praxis aus ihren Ergebnissen Nutzen zieht, führen wir unseren Laboratoriumsversuch aus.

In unserem Experiment richten wir uns nach der Zusammensetzung der beiden Gasarten. Wie oben beschrieben, deutet die Brennbarkeit des Schwachgases auf die hohe Temperatur im Generator und zugleich damit darauf, daß der Prozeß des Heißblasens beendet ist: Dampf leitet man so lange ein, bis das entstandene Wassergas an Brennbarkeit verliert, was an der Flamme leicht zu erkennen ist.

Elfte Aufgabe.
Darstellung von Wassergas.

Die in der Vorbemerkung enthaltene Beschreibung des Wassergasprozesses deutet bereits an, daß die Aufgabe, die wir uns hier stellen, sowohl was die Apparate, wie auch was die ganze Durchführung anbetrifft, schon schwieriger ist. Abb. 59 zeigt die für diesen Versuch zusammengestellte Apparatur. Ein Dampfkessel, dem man nach Wunsch beliebige Mengen Dampf von gleichem Druck entnehmen kann, steht uns aus der vorhergehenden Aufgabe her bereits zur Verfügung. Das Umschalten von Heißblasen auf Kaltblasen stellt sich als eine praktisch nicht ganz einfache Operation dar. Beim Umstellen auf Kaltblasen müssen nämlich einerseits der Lufteinlaß und der Luftgasauslaß geschlossen und andererseits der Wasserdampfeinlaß und der Wassergasauslaß geöffnet werden. Und zwar muß das gleichzeitig geschehen. Ist z. B. die Luftzufuhr etwas zu spät abgestellt worden, so wird ein Teil des Wassergases verbrennen, da, wie aus Abb. 59 zu ersehen, die Luftzufuhr und der Wassergasauslaß sich beide unten befinden. In der Praxis werden durch besondere Vorrichtung alle vier Ventilhebel zu gleicher Zeit betätigt. Im Laboratorium benutzen wir die in der Abb. 59 rechts angegebene Konstruktion. Die Wirkungsweise und der Aufbau der ganzen Apparatur sind aus der

Abb. 59 zu ersehen. Da das Wassergas unmittelbar aus der glühenden Kohlenschicht kommt und eine sehr hohe Temperatur aufweist, muß das Glasrohr, das das Wassergas abführt, außen mit Asbest umgeben sein (Abb. 46), damit der Korken nicht anbrennt. Das Wassergas

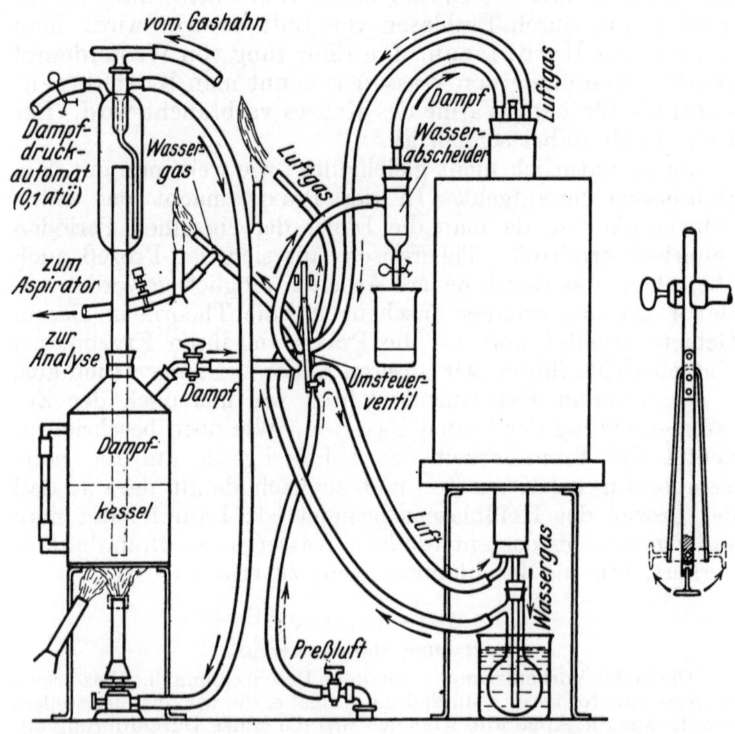

Abb. 59. Wassergasapparat (Nach C. Blacher).

Beim Heißblasen werden alle Ventile geöffnet, welche die – – → Richtungen betätigen, für das Gasmachen bzw. Kaltblasen muß der Weg für die Richtungen → frei sein.
Rechts ist die Umsteuerklammer vergrößert dargestellt. Der nach unten hängend gezeichnete Bügel wird über die federnden Hebel abwechselnd rechts und links zum Kalt-, bzw. Heißblasen gezogen. Rechts wird die Luft-, links die Dampfzufuhr geschlossen. Der Federverschluß kann durch die im Bügel befindliche Schraube noch angezogen werden.

selbst wird durch eine Kühlvorrichtung (Abb. 59) geleitet, um die Gummischläuche vor Verbrennen zu schützen.

Die Gasprobe entnehmen wir vermittels eines Aspirators (Abb. 49). Wir führen nun den Versuch wie folgt aus: Den Generator bringen wir durch Einleiten von Luft von unten und Anzünden der obersten Kohlenpartien, wie oben beschrieben, bei abgenommenem Deckel in Gang. Sobald das Gas brennt, schließen wir den Deckel und lassen das Luftgas in einen Bunsenbrenner treten.

Sobald das Luftgas reich genug ist, betätigen wir unser Wechselventil. Die Luftgasflamme erlischt, und es tritt am Wassergasausflußrohr ein Gas aus, welches sich nach einiger Zeit an dem Brenner entzündet und weiterbrennt. Dabei fällt es sofort auf, daß das Gas nicht etwa in einem gewissen Abstande von der Mündung brennt, sondern direkt am Austritt. Das deutet darauf, daß man es mit einem reichen Gase zu tun hat. Die Geschwindigkeit der Explosionswelle seines Gemisches mit Luft ist so groß, daß sie erst da haltmacht, wo die Luftzumischung aufhört. Nun setzt man den Aspirator, wie in Aufgabe 10 beschrieben, in Tätigkeit und entnimmt von dem ausströmenden Gase einen Teil, solange es noch einigermaßen gut brennbar ist. Bei brennender Wassergasflamme kann natürlich keine Luft in den Aspirator gelangen. Wird das Gas zusehends ärmer, so steuert man wieder auf Heißblasen um, bis man reicheres Luftgas bekommt usf. Nach etwa dreimaligem Entnehmen von Wassergas mit dem Aspirator hat man eine genügende Menge von gutem Durchschnitt. Die Wassergasanalyse wird genau so ausgeführt wie die Mischgasanalyse. Man erhielt z. B. folgende Resultate:

	I		II	
	I		II	
CO_2	23,4 v/₀		22,9 v/₀	
O_2	1,6 v/₀		0,3 v/₀	
H_2	48,9 v/₀	69,0	53,2 v/₀	68,5
CO	20,1 v/₀		14,4 v/₀	
CH_4	0 v/₀		0,9 v/₀	
N	6,0 v/₀		8,3 v/₀	

Der Versuch der Darstellung von Wassergas gelingt meist gut und macht mit der Apparatur zusammen einen ganz eleganten Eindruck.

Wie bereits mitgeteilt, brauchen sich die an den Apparaten vorzunehmenden Versuche nicht durch das zu erschöpfen, was hier ausgeführt ist. Ein einigermaßen findiger Leiter wird leicht eine ganze Reihe von Sonderaufgaben daran knüpfen, die gerade das betriebstechnische Denken und Beobachten stärken können. Eine zufällige Erscheinung bietet Gelegenheit, hier ein charakteristisches Beispiel zu bringen.

Der Versuch, Wassergas zu erzeugen, wollte zuerst nicht gelingen, da beim Anstellen des Dampfes der Generatordeckel durch den Dampfdruck von 0,1 Atm. herausgedrückt wurde. Offenbar lag es daran, daß der Widerstand beim Ableiten des Wassergases größer war als der Widerstand des Generatordeckelverschlusses. Der Widerstand in der Leitung konnte zufälliger Natur sein. Es war daher geboten, ein Sicherheitsventil anzulegen, um bei eintretenden Hindernissen das Gas durch das Sicherheitsventil ausströmen zu lassen. Um die Wassersäule festzustellen, die solch ein Sicherheitsventil als Maximaldruck zulassen durfte, wurde folgender Versuch unternommen:

Das oben am Ende des Kessels sitzende Dampfzufuhrrohr wurde mit dem Lufthahn verbunden und in die Leitung ein Piezometer eingestellt. Die andern Öffnungen wurden alle geschlossen. Und nun steigerte man den Luftdruck, bis der Deckel in die Höhe getrieben wurde. Das fand bei 70 mm Wassersäule statt. Ein Sicherheitsventil, das bei 60 mm Wassersäule dem Gas den Austritt in das Freie gewährte, mußte bereits ein Herausheben des Deckels verhindern. Als man mit dieser Vorrichtung experimentierte, stellte sich heraus, daß die anfangs gewählte Kühlvorrichtung (für das Wassergas) einen Widerstand gab, der größer als 70 mm war. Als diese Vorrichtung durch eine andere von größeren Dimensionen ersetzt worden war, trat die Betriebsstörung nicht mehr auf.

Folgerungen und anschließende Betrachtungen.

Theoretische Zusammensetzung des Wassergases. Vorteile und Nachteile des Wassergasprozesses. Bekämpfen der Luftgas-Verluste. Neuere Wassergasverfahren.

Nach den oben S. 168 angegebenen Wassergasgleichungen besteht das Wassergas im günstigsten Falle aus 50 $^v/_0$ CO und 50 $^v/_0$ H_2, also nur aus brennbaren Bestandteilen, oder es gibt 66,6 $^v/_0$ H_2 und 33,4 $^v/_0$ CO_2. Vergleicht man dieses mit dem im Laboratorium erhaltenen Wassergas, so sieht man, daß die Resultate dort keine sehr glänzenden waren. Das ist auch weiter nicht zu verwundern, da, was Wärmeausstrahlung, Abgrenzung von Kalt- und Heißblasen u. a. m. anbetrifft, in der Praxis die Verhältnisse bedeutend günstiger sind. Der N-Gehalt deutet übrigens ganz klar auf Beimengung von Luftgas.

Wie beim Luft- und Mischgas, lassen sich auch hier die im Generator vor sich gehenden Prozesse unter Zuhilfenahme der Thermodynamik und des Massenwirkungsgesetzes verfolgen. Die mehr oder weniger komplizierten Betrachtungen übergehen wir jedoch hier, nachdem wir uns im vorhergehenden im Prinzip mit der diesbezüglichen Methodik bekanntgemacht haben.

Im Laboratorium erhält man das Wassergas kostenlos. Die Grenzen der Einzeloperationen verwischen sich jedoch derart, daß man sie gar nicht beachtet. Die Darstellung von Wassergas ist nun ein Beispiel dafür, wie einzelne im Laboratorium scheinbar selbstverständlich erscheinende Operationen, um deren Bedeutung man sich gewöhnlich nicht kümmert, in der Betriebspraxis für den ganzen Prozeß ausschlaggebend werden können.

Man müßte doch den Prozeß der Gewinnung eines so reichen Gases, wie es das Wassergas ist, als für die Industrie äußerst nützlich begrüßen. Leider ist die wärmewirtschaftliche Seite des Prozesses und der Kostenpunkt ein größeres Hindernis. Man hat nämlich nicht immer Verwendung für das beim Heißblasen erzeugte Generatorgas. Es in die Luft ausströmen zu lassen, gefährdet die Rentabilität der ganzen Anlage. In den Fällen, wo das reiche Gas z. B. zum Schweißen benutzt wird, kann man tatsächlich mit dem Generatorgas nichts anfangen. Man verwendet z. B. das Wassergas als Zusatz zum Leuchtgas, was besonders in dem Falle unternommen wird, wenn es gilt, die Leistungsfähigkeit der Gasanstalt schnell und ohne große Anlagekosten zu erhöhen.

Es ist viel Mühe und Erfindungsgeist daran gewandt worden, hier einen Ausweg zu finden. So treibt man nach Dellwik-Fleischer beim Heißblasen die Luft unter so starkem Druck herein, daß der Sauerstoff noch in der Schicht sich unter Wärmeerzeugung mit dem Gas verbindet und das entströmende Reaktionsprodukt viel Kohlensäure, aber wenig Kohlenoxyd enthält (vgl. Abb. 47, S. 174). Oder man kombiniert einen Ölgasprozeß mit dem Wassergasprozeß und erzielt auf diese Weise ein karburiertes Wassergas. Das Schwachgas wird zur Erhitzung von Ziegelgitterkammern benutzt, in denen eingespritztes Öl zu kohlenwasserstoffreichem Ölgas zersetzt wird. Letzteres wird dem Wassergas beigemischt.

Die für die endotherme Reaktion der Wassergasdarstellung erforderliche Wärme kann aber auch von außen zugeführt werden, wodurch der Prozeß zu einem kontinuierlichen wird, dessen Vorteil wir oben ausreichend geschildert haben.

Darauf gründen sich die Verfahren von Klaus u. a.

Klaus bläst z. B. ein Gemisch von Wasserdampf und pulverisierter Kohle oder Öl in eine hocherhitzte Kammer (2200°). Die Kammer wird erhitzt durch Verbrennen eines Teils des Gases. Dadurch erhält man auch einen kontinuierlich arbeitenden Wassergasprozeß. Leider ist über die praktische Durchführung noch nichts bekannt geworden.

Eine weitere Unbequemlichkeit ist die Verwendung des teuren Kokses. Der Ersatz des letzteren durch destillierbaren Brennstoff muß eine Konstruktion zeitigen, bei welcher die Destillationsprodukte nicht verlorengehen. Dieses Problem ist von Strache zuerst durch den sog. Doppelgasgenerator und später von der Dellwik-Fleischer Wassergas-Ges. durch den Trigasgenerator gelöst worden.

Wir bringen hier die Abbildung einer gewöhnlichen sog. Essenschen Wassergasanalage (Abb. 60) wie auch die Abbildung eines Trigasgenerators (Abb. 61) mit den nötigen Erläuterungen (Näheres in L. 28).

Tab. XVIII enthält Analysen von Wassergas vom Essener Generator in den verschiedenen Stadien des Kaltblasens, wie auch Zusammensetzung und Bilanz des Doppelgases. Auch hier sind die Zahlen auf Grund der vorhergehenden Betrachtungen ohne weiteres verständlich.

14*

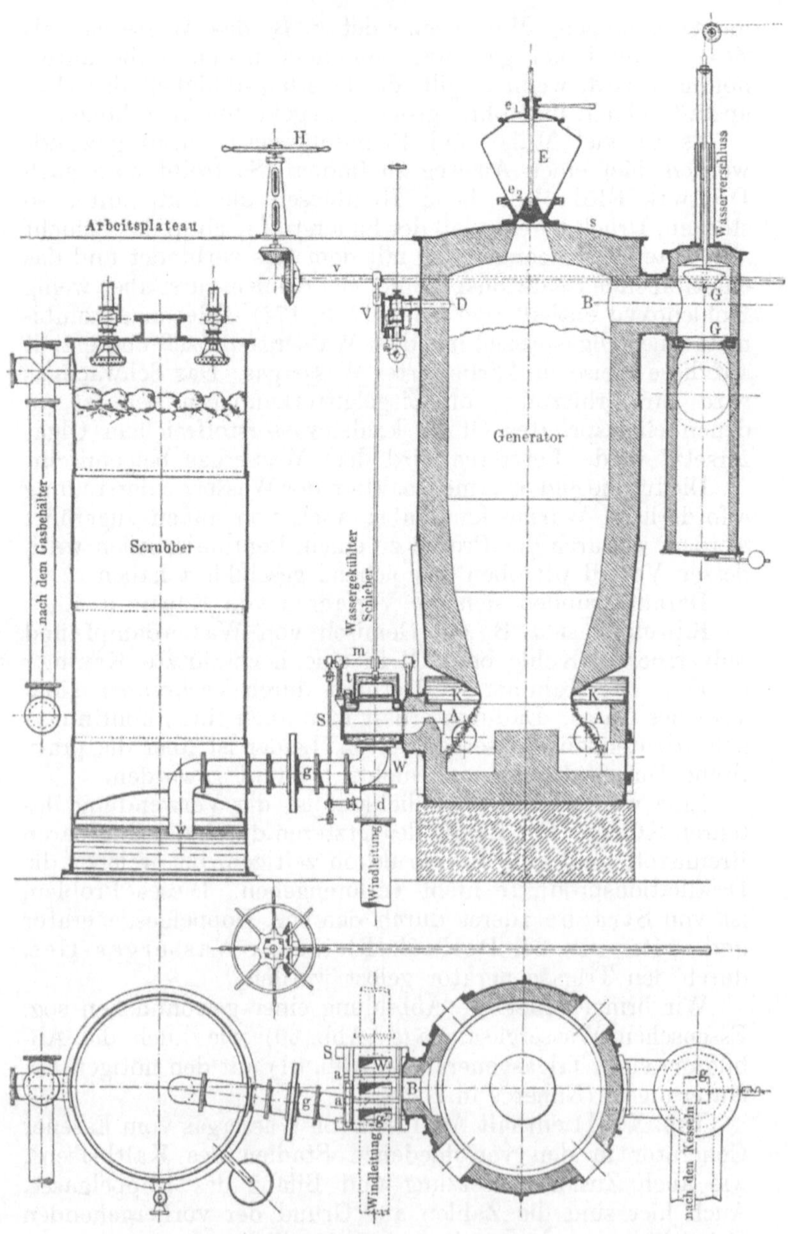

Abb. 60. Ältere Wassergasanlage (Essengenerator).
Arbeitet, wie bei Abb. 59 beschrieben.

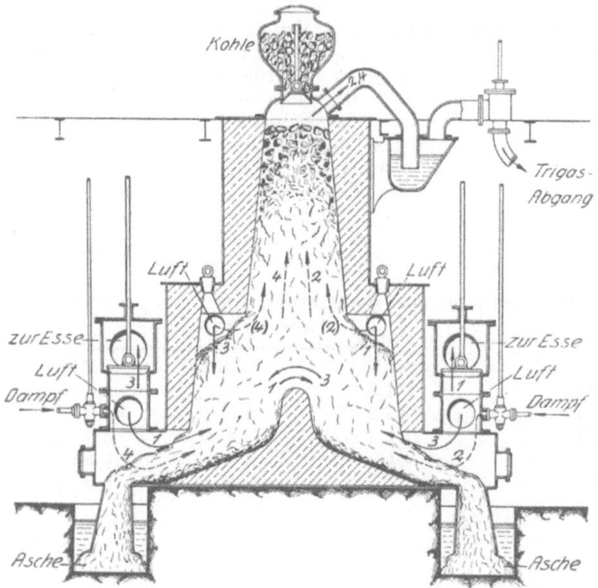

Abb. 61. Trigasgenerator der Dellwik-Fleischer-Wassergas-Gesellschaft.

Der Vorgang spielt sich in 4 Stadien ab: 1. Heißblasen. Die Luft tritt rechts oben ein, durchstreicht das Brennstoffbett nach unten und tritt in Luftgas verwandelt rechts aus zur Esse. Zur Unterstützung des Ausbrennens der Rückstände kommt in diesem Stadium außerdem noch links unten Luft hinzu. Die Luft streicht also nur durch garen Brennstoff, also den Koks (Vergasen), so daß teerige Bestandteile in diesem Stadium nicht in die Esse mitgenommen werden. Stadium 2: Kaltblasen. Der Dampf tritt rechts ein, durchzieht den Brennstoff von unten nach oben, bewirkt die Schwelung (Entgasen) und geht als Trigas mit Teer beladen oben in die Kondensationsvorrichtung ab. Stadium 3 ist analog 1, Stadium 4 analog 2 in anderer horizontaler Richtung. Bei schwer zu entgasenden Kohlen nimmt das Wassergas aus den oberen Eintrittsöffnungen etwas Luft mit.

<h3 align="center">Tabelle XVIII.</h3>

<h3 align="center">Wassergasanalysen.</h3>

<h3 align="center">1. Doppelgas nach Strache.</h3>

<table>
<tr><td>7,8% CO_2</td><td>50,1% H_2</td></tr>
<tr><td>33,8% CO</td><td>2,3% N_2</td></tr>
<tr><td>5,0% CH_4</td><td>0,2% O_2</td></tr>
<tr><td>0,8% C_nH_m</td><td></td></tr>
</table>

Die Bilanz stellte sich wie folgt:

1. Aufgewendet:
    a) fühlbare (Eigen-) Wärme des Brennstoffes 0,1%
    ,,   ,,   ,,   ,, Dampfes 0,8%
    ,,   ,,   ,, der Luft 0,4%
    b) Verbrennungswärme des Brennstoffes 98,7%
                                                        100,0%

2. Abgeführt:
   a) fühlbare (Eigen-) Wärme des Doppelgases 2,2%
       „   „   „   „   Dampfes 1,4%
       „   „   „   „   Teerdampfes 0,1%
       „   „   „   der Abgase 6,6%
       „   „   „   „   Schlacke 0,1%
   b) Verbrennungswärme des Doppelgases 60,2%
       „   der Abgase 7,3%
       „   des Teeres 8,3%
       „   „ C in Schlacke und Flug-
                         asche 3,3%
                                                   ─────────
                                                   100,0%

Zusammensetzung des Wassergases im Essengenerator.

Dauer des Kaltblasens

	1 Min.	2,5 Min.	4 Min.
CO_2	1,8 v/₀	3,0 v/₀	5,6 v/₀
CO	45,2 v/₀	44,6 v/₀	40,9 v/₀
CH_4	1,1 v/₀	0,4 v/₀	0,2 v/₀
H_2	44,8 v/₀	48,9 v/₀	51,4 v/₀
N_2	7,1 v/₀	3,1 v/₀	1,9 v/₀

III. Die Leistung der Motoren.

Einführung.

Erzeugen von mechanischer Energie.
Technische Arbeitseinheit und technische Leistungseinheit. Kritische
Betrachtungen über den Maßstab.

So übersichtlich sich vom energetischen Standpunkte aus die Arbeitsleistung eines Gewichts oder gar einer Feder darstellt, so kompliziert und nur auf thermodynamischem Wege erfaßbar werden die Energiewandlungen, sobald es sich darum handelt, die potentielle Energie der Brennstoffe oder auch nur diejenige des gespannten Wasserdampfes derart zu verwandeln, daß sie Arbeit leisten. Und zwar beginnen die Schwierigkeiten erst dann, wenn es heißt, mit einem beliebigen Maßstabe an diese Prozesse heranzugehen oder gar ihren Nutzeffekt zu ermitteln. Wir wollen es versuchen, schrittweise in dieses Gebiet einzudringen. Dabei soll die elektrische Energie gleich mit hinein, da sie ja in der Praxis diejenige Form ist, in welcher große Energiemengen auf größere oder kleinere Entfernungen vorzugsweise übertragen werden. Es gibt ja bekanntlich kaum einen Betrieb, in dem nicht ein Elektromotor oder eine Dynamo steht.

Die Reihenfolge der Versuche wählen wir so, daß sie von den einfacheren zu den schwierigeren Problemen führen.

Im wesentlichen besteht unsere Aufgabe darin, zu bestimmen, wieviel von der angewandten Energie in mechanische Energie verwandelt wird. Die dafür erforderlichen energetischen Beziehungen gibt uns die auf S. 24, 25 befindliche Tab. I.

Wir haben es also mit der Erzeugung von Arbeit, d. h. mit einer Leistung zu tun. Es müssen mithin in erster Linie die Begriffe der Arbeits- und Leistungseinheit festgelegt werden, was wir hier rekapitulieren wollen. Wenn man ein Gewicht von 1 kg 1 m hoch hebt, so beträgt die geleistete Arbeit ein Meterkilogramm. Das wäre die technische Arbeitseinheit. Die Leistung, d. h. die Arbeitsschnelligkeit, wird davon abhängen, in welcher Zeit man diese Arbeit vollbringt. Sie bedeutet also kein Arbeitsquantum, sondern eine Charakteristik. Die Leistung von 75 m-kg in der Sekunde nennt man eine **Pferdekraft**. Das ist die technische Leistungseinheit. Mit dem Ausdruck „ein 100 Pferde starker Motor" bezeichnet man mithin nicht die Arbeit, die die Maschine geleistet hat, sondern die Leistungsfähigkeit der Maschine. Man weiß, was man aus der Maschine herausholen und wieviel Arbeit sie einem geben kann.

Wenn wir nun pedantisch sein wollten, so müßten wir uns überlegen, ob die von uns benutzten Einheiten: Gewicht, Raum und Zeit, wirklich eindeutig sind. Ohne auf dieses Problem näher einzugehen, möge darauf hingewiesen werden, daß die in den von uns benutzten Gewichten enthaltene Masse nur dank der besondern Anziehungskraft der Erde die Wirkung eines Kilogramms ausübt. Bei einer anderen Art Bestimmung könnte diese Wirkung anders sein. Ebenso könnte dieselbe Masse auf einem hohen Berge, wo die Anziehungskraft der Erde geringer ist, anders wirken. Da aber alle, die diese Versuche ausführen wollen, sich nicht weit über dem Meeresspiegel befinden werden, so dürften unsere Annahmen und Meßmethoden genügen (Näheres in Tab. I). Dasselbe gilt von dem Raum- und Zeitmaß.

Es sind freilich Beobachtungen gemacht worden, die dazu führten, anzunehmen, daß die Begriffe Zeit und Raum relativ und auch die absoluten Maßstäbe nur relativ gültig sind, was eine gewisse Unsicherheit in unseren Grundmaßstab hineinbringt. Doch sind die Abweichungen minimal, so daß sie uns weiter nicht stören. Sie haben mehr theoretisches Interesse (Relativitätstheorie; siehe Fußnote 1, S. 23).

Um unsere praktische Aufgabe lösen zu können, müssen wir also messen, wieviel Energie aufgewandt und wieviel von der aufgewandten Energie in dem betreffenden Umwandlungsapparat in Form von Arbeit oder Leistung (d. h. in statischem oder dynamischem Maß ausgedrückt) zurückerhalten worden ist.

1. Ein mechanisches Triebwerk.

Vorbemerkungen.

Aufbau der Versuche im Laboratorium. Mechanische Vorgänge beim Heben eines leichteren Gewichtes durch ein schwereres. Beharrungszustand.

Wir wählen zuerst möglichst einfache Verhältnisse. Die Arbeitseinheit haben wir mit dem Ausdruck Kraft mal Weg definiert, die Leistung mit dem Begriff der Arbeit in der Zeiteinheit. Wählen wir nun eine bestimmte mechanische Leistungsgröße, die wir, als aktiv, eine zweite, passive, erzeugen lassen. Offenbar muß die aktive etwas größer sein als die passive, um die Reibungsverluste mit überwinden zu können. Wir müssen also sozusagen an dem aktiven Ende ein Gewicht auf einer Strecke wirken und damit am passiven Ende ein anderes, dem ersten nicht gleiches Gewicht in die Höhe ziehen lassen. Die Verhältnisse und Rechnungen scheinen hier so einfach, daß wir direkt an unsere Aufgabe herangehen könnten.

Vermittels eines Übertragungsmechanismus soll ein leichtes Gewicht durch ein schwereres bewegt werden.

Bevor wir an den Versuch selbst gehen, müssen wir uns über die Konstruktion dieses Mechanismus klar werden. Das eingangs als Leitmotiv aufgestellte Prinzip der Einfachheit muß auch hier gewahrt bleiben. Alle die mechanischen Übertragungsvorrichtungen dürfen nicht für jede erforderliche Versuchskombination neu hergestellt werden. Die Aufgabe müßte so gelöst werden, daß eine derartige Vorrichtung jeden Augenblick leicht aufgebaut und wieder ummontiert werden kann. Abb. 62 gibt die von mir benutzten Mechanismen wieder. Es soll nicht behauptet werden, daß diese Aufgabe ideal gelöst ist, vielmehr soll nur mitgeteilt werden, bei welcher Konstruktion man vorläufig haltgemacht hat. Abb. 62 erläutert nur die Einrichtung der Übertragungsteile, der Scheiben und der Lager. Wie man sieht, wird dabei das bereits vorhandene Konstruktionsmaterial der Laboratorien, wie Stative, Klammern u. dgl., unter Anfügung einiger Vervollkommnungen ausgenutzt. Den Aufbau der Apparatur aus ihm stellt Abb. 63 dar.

Es stellte sich heraus, daß bei einem etwas weiter in die Höhe auszudehnenden Aufbau, wie es für vorliegende Zwecke erforderlich war, wegen der Elastizität des Konstruktionsmaterials die Stabilität so manches zu wünschen übrigließ. Wir haben uns dabei so geholfen, daß wir Zugketten anlegten. Die erforderliche Höhe erhielten wir durch Aufeinanderstellen zweier durch Muffen verbundener Stativstangen. Durch Zugkettenverbindung ließ sich das Ganze gut stabilisieren. Die Stativplatten wurden an den Tisch angeschraubt. Ein gewöhnlicher Laboratoriumstisch ist für diese Versuche nicht zu brauchen. So wurde denn das auf Abb. 63 gezeigte bankartige Gebilde konstruiert, an dessen 3 Planken die Stativplatten durch starke Klammern befestigt wurden. Für die Versuche wurden je nach Bedarf die entsprechenden Übertragungskombinationen zusammengestellt und die Apparate und Maschinen an die Bankplanken oder besondere auf der Bank

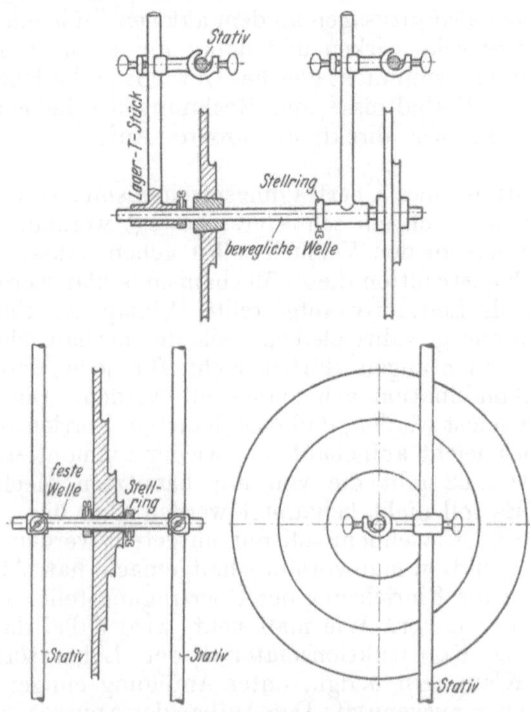

Abb. 62. Übertragungsmechanismen.

Unten ist eine auf fester Welle sich bewegende lose Schnurscheibe abgebildet, deren Tille durch Stellringe in der gewünschten Lage festgehalten wird. Die Welle wird durch gewöhnliche Laboratoriumsdoppelklammern an Stativen befestigt. Die obere Abb. erläutert durch eine Aufsicht die Konstruktion einer beweglichen Welle, die in Tillen läuft, welche, T-stückartig gebaut, sich an Stativen anklammern lassen. Das Einstellen der Welle in der gewünschten Lage wird durch Stellringe besorgt. Die Scheiben kann man auch, wie zu sehen, durch Gummistopfen auf die Welle ziehen.

befestigte Gestelle angeschraubt. Da die Übertragungskonstruktion fast überall dieselbe war, beschreibe ich sie gleich hier. Von der Wasserturbine oder dem Elektromotor wurde eine (dieselbe) Dreischnurscheibe durch ihren größten Umfang angetrieben. Durch entsprechende Übertragung verlangsamte man die Bewegung der Dreischeibe 2. Ihre kleinste Scheibe nahm die an beiden Gewichten angebrachte Schnur

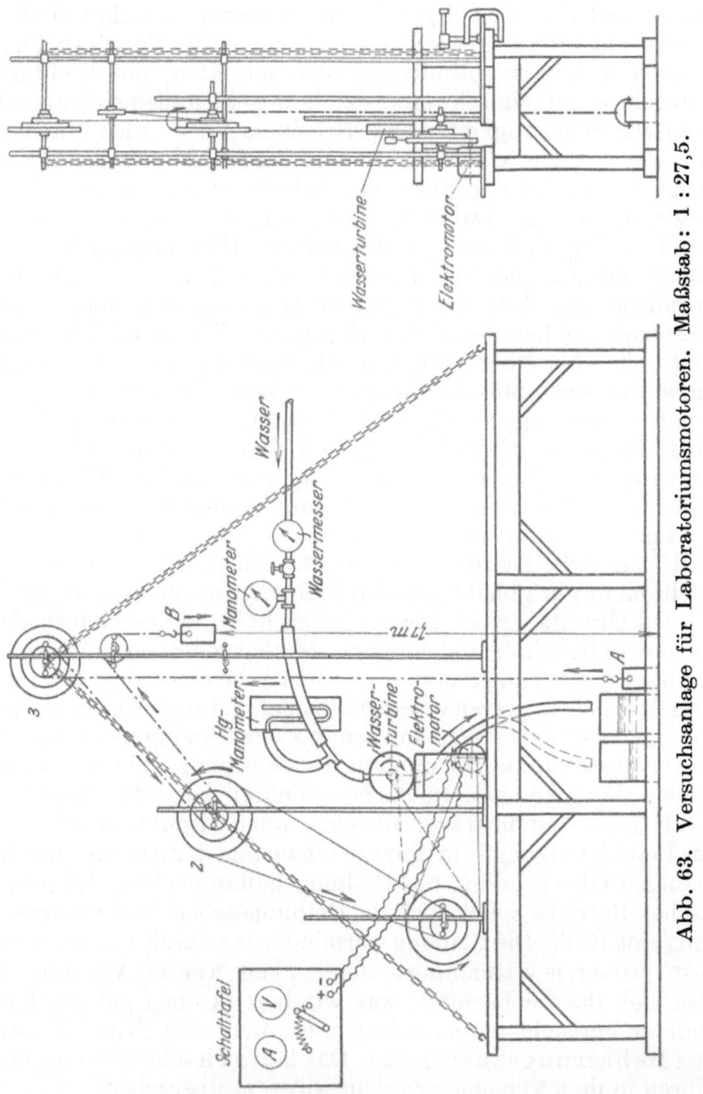

Abb. 63. Versuchsanlage für Laboratoriumsmotoren. Maßstab: 1 : 27,5.

auf, welche noch über zwei Leitrollen: *3* (auch eine Dreischeibe) und eine kleine Scheibe darunter, ging. Das Arbeiten mit dieser Maschinerie ist bei den einzelnen Versuchen beschrieben. Der

Raum, in welchem sie steht, ist mit einer Schalttafel ausgerüstet, auf der die nötigen Meßinstrumente montiert sind.

Sobald wir zum Versuche selbst und an die Verwirklichung unserer scheinbar primitiven Idee schreiten, ein leichteres Gewicht durch ein schwereres zu bewegen, stellen sich experimentelle Schwierigkeiten ein. Bei einem Vorversuch brachten wir zwei gleiche Gewichte an und fügten dem ziehenden so lange Masse, etwa in Form von Schrot, hinzu, bis es sich zu bewegen anfing. Dabei merkten wir, daß die Bewegungsgeschwindigkeit immer größer wurde. Hier müssen wir uns zuerst einmal darüber Rechenschaft geben, was vor sich gegangen ist. Ein frei fallender Gegenstand gehorcht den Gesetzen der beschleunigten Bewegung. Wenn wir also zwei ungleiche über einer Rolle liegende Gewichte sich selbst überlassen, so wird, falls die Maschinerie keine Reibung gibt, diejenige Bewegung des Gewichtsüberschusses entstehen, die er als frei fallendes Gewicht hätte. Ist aber Reibung vorhanden, so wird das Übergewicht dazu benutzt, um die Reibungswiderstände zu überwinden. Es muß schließlich eine gleichmäßige Bewegung auftreten, indem die Anziehungskraft der Erde zur Arbeitsleistung verwandt wird und kein freies Gewicht mehr übrigbleibt, das den Fallgesetzen gehorchen würde.

Die Gravitation wird dann eben nicht in die Energieform der Geschwindigkeitsbeschleunigung (Aufspeicherung von kinetischer Energie) umgesetzt, sondern in Arbeitsleistung. Wir verfuhren also bei unseren Überlegungen im Prinzip richtig, als wir so lange Schrot zusetzen wollten, bis eine Bewegung entstand. Die beobachtete Beschleunigung der Bewegung ist hier aber auf andere Weise zu erklären. Es bedarf nämlich einer bestimmten Kraft, um zuerst die trägen Massen — auch wieder in zunehmender Beschleunigung — in Gang zu setzen und dann bei der gleichmäßigen Überwindung der Reibung haltzumachen. Im praktischen Betriebe spielt noch die Reibungsarbeit in der Schmierung eine Rolle. Die Reibungsverminderung durch dieselbe wird desto größer, je wärmer die laufenden Teile werden. Wir müssen also hier das beobachten, was wir bereits oben gelegentlich anderer Versuche berücksichtigen mußten: die Einstellung des Beharrungszustandes. Das läßt sich sehr leicht durchführen in dem Versuche, zu dem wir jetzt übergehen.

Die Arbeit, welche erforderlich ist, um die Massen in Bewegung zu setzen, kommt in der Hydrodynamik in der reinen Geschwindigkeitshöhe (oben, S. 118f.) besser und klarer zum Ausdruck.

Zwölfte Aufgabe.

Nutzeffekt (Wirkungsgrad) einer Gewichtsmaschine.

Zur Ausführung dieses Versuchs benutzen wir die in Abb. 63 beschriebene Zusammenstellung. Durch Belasten des Gewichtes B ziehen wir das Gewicht A auf der Strecke $AB = 1{,}7$ m in die Höhe. Das Inbewegungsetzen der Massen nimmt man am besten derart vor: Man merkt sich ungefähr die Geschwindigkeit, welche das Gewicht zum Schluß annimmt, wo die Bewegung dem Beharrungszustande am nächsten ist, und zieht bei einem erneuten Versuch das Gewicht gleich am Anfang von Hand möglichst schnell bis zu dieser Geschwindigkeit herunter, das Inbewegungsetzen der Massen auf diese Weise auf kürzester Strecke durch eine Wirkung von außen durchführend. Die weitere Bewegung verläuft dann gleichmäßig fast im Beharrungszustande.

Ein derart unternommener Versuch ergab, daß im Verlauf von 18 Sekunden ein Gewicht von 1202 g ein anderes von 804 g hob. Daraus ergibt sich der Nutzeffekt bzw. der Wirkungsgrad — wie man jetzt häufiger sich ausdrückt — der Arbeit zu 67 %.

Als das bewegende Gewicht vergrößert wurde, gab eine Wiederholung des Versuchs folgende Zahlen: 5 Sekunden und 804 g bzw. 1404 g. In diesem Falle betrug der Nutzeffekt nur 57 %.

Folgerungen und anschließende Betrachtungen.

Nutzeffekt, Reibung und Geschwindigkeit. Leistung. Ihre Abhängigkeit von der Geschwindigkeit. Einige einfache im praktischen Leben benutzte Mechanismen. Messung der Maschinenleistung. Bremszaum.

Das Gegenüberstellen dieser beiden Versuche gibt uns Veranlassung, uns einige Begriffe genauer einzuprägen. Die Verschlechterung des Nutzeffektes ist nämlich den durch die Vergrößerung der Geschwindigkeit gesteigerten Reibungsverlusten zuzuschreiben. Man sieht daraus, daß unsere oben S. 60 dargestellte Auffassung, daß der Nutzeffekt als das zu bezeichnen ist, was von den Verlusten nachbleibt, begründet ist. Mit anderen Worten: Die eigentliche Arbeitsleistung geht so vor sich, daß Leistung und Gegenleistung sich gerade die Wage halten. Man hat sich also nur mit den Verlusten abzugeben.

Aus diesem Versuch können wir aber weiter den Leistungsbegriff ableiten, die Leistungsgröße in Pferdekräften ausdrücken und auch die Leistungsarbeit in beiden Fällen vergleichen. Da zeigt es sich denn nun, daß, abgesehen von der an sich vergrößerten Reibung, es auch darauf ankommt, in wie schneller Zeit man eine Arbeit vollbringt; also in diesem Falle das Heben des Gewichtes durch ein anderes. Die Leistung errechnet sich wie folgt: Die Arbeit des Hebens von 0,804 kg auf 1,7 m ist im ersten Falle in 18, im zweiten in 5 Sek. durchgeführt worden. Das ergibt in 75 m-kg/sek, d. h. in Pferdestärken ausgedrückt:

$$1. \quad \frac{0,804 \cdot 1,7}{75 \cdot 18} = 0,001 \text{ PS}; \qquad 2. \quad \frac{0,804 \cdot 1,7}{75 \cdot 5} = 0,0036 \text{ PS}.$$

Dazu wurden aufgewendet:

1. $0,001 : 0,67 = 0,0015$ PS;   2. $0,0036 : 0,57 = 0,0063$ PS.

Die (Reibungs-)Verluste in der Apparatur betrugen mithin:
33% bzw. 43%.

In dieser Aufgabe sind, wie wir sehen, bereits die dynamischen Begriffe der Motoren und ihrer Leistung in der Industrie vorhanden.

In der soeben geschilderten Versuchsanordnung ist bereits die Konstruktion einer mit Gewichten versehenen Uhr enthalten. Man wird bei dem Versuch die Beobachtung gemacht haben, daß es nicht ganz leicht ist, eine gleichmäßige Bewegung zu erzielen. Gibt man zuviel Schrot, läuft es zu schnell, und gibt man zu wenig Schrot, so ist die Bewegung nicht gleichmäßig genug. Die in unserer Übertragungseinrichtung vorhandenen Widerstände sind den anderen dynamischen Einflüssen gegenüber so klein, daß sie von ihrem unregelmäßigen und zufälligen Ablauf beeinflußt werden. Das Wesen der Konstruktion von Uhren besteht nun darin, Bewegungswiderstände einzustellen, die sich auf möglichst gleicher Höhe halten. Als solche dienen: Pendel (Pendeluhren), an Federn gebundene hin und her schwingende Massen (Unruhen und Anker) u. dgl. Auch benutzt man schnell rotierende Windflügel, wobei natürlich dieser Teil des Raumes vor Zug geschützt sein muß. In der Industrie und besonders in Fabriken, welche viel mechanische Kraft in kleinen Mechanismen verbrauchen (z. B. Spinnereien), strebt man das entgegengesetzte Prinzip an. Man verringert, soweit es nur einigermaßen angeht, die Reibung durch zweckmäßige Konstruktion mit geringen Reibungsflächen, durch Anwendung besonderer Lager, z. B. Kugellager, u. dgl. Damit aber auch das oben angeführte Gesetz der Gleichmäßigkeit der Bewegung zu seinem Recht kommt, muß die Sicherung dieser Gleichmäßigkeit in den Antriebsmotor verlegt werden. Dampfmaschinen und Verbrennungsmotoren sind mit diesbezüglichen Regulatoren ausgestattet. Die Elektromotoren sind auf Tourenzahl einkonstruiert (was ja natürlich nicht immer, besonders bei Einzelantrieb, nötig ist) u. dgl.

Hier hinein gehört auch gedanklich die Messung der Maschinenleistung, die z. B. durch den sog. Pronyschen Bremszaum ausgeführt werden kann. Wir wollen sie hier angesichts ihrer großen allgemeinen Bedeutung kurz besprechen.

Man legt um eine Motorwelle Klammern, die einen langen Hebel tragen, der lose durch einen feststehenden Rahmen gesteckt ist, um nicht von der Welle mitgenommen zu werden. Das Ende des Hebels trägt eine Wagschale. Beim Ingangsetzen des Motors entsteht eine Reibung, da der Hebel nicht

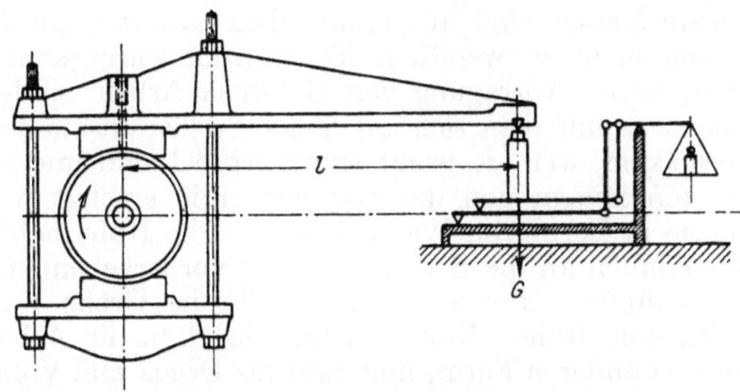

Abb. 64. Pronyscher Bremszaum.

Die Bremse ist auf eine Scheibe geklemmt, die auf der Welle einer Kraftmaschine oder einer mit ihr verbundenen beliebigen Welle befestigt ist. Der Hebel, der die Länge l besitzt, drückt mit seinem Ende auf eine Dezimalwage und entwickelt die Kraft G, die durch Gewichte gemessen werden kann. Sind die Bremsbacken leer, so arbeitet die Kraftmaschine mit Leerlauf. Bremst man die Backen an, so treten Reibung und Wärme auf, und es entsteht ein Druck auf die Dezimalwage. Das Druckmoment Gl entspricht der Leistung der Maschine, die sich bei der Erzeugung der Reibung totläuft, d. h. für die Reibungsarbeit aufgebraucht wird.

herumschwingen kann, eine Reibung, die desto größer ist, je fester man die Klammern anzieht. Die Reibung frißt dann gewissermaßen die Arbeit des Motors auf. Anstatt nun durch den Rahmen den Hebel am Herumlaufen zu hindern, belastet man die Schale mit Gewichten, bis Gleichgewicht eintritt. Man kann auch, wie auf Abb. 64 dargestellt, den Bremshebel auf eine Dezimalwage drücken lassen. Die von der Maschine hergegebene Kraft kann man nun wie folgt bestimmen: Der Bremszaum mißt augenscheinlich in erster Linie die Reibungsarbeit, die natürlich der Maschinenleistung gleich ist. Wir können nun den Versuch gedanklich anders ausführen. Um dieselbe Reibung zu erzeugen, können wir die Welle feststehen und den Hebel mit den Gewichten um sie schwingen lassen.

Die geleistete Arbeit wird dann offenbar Weg mal Gewicht in der Zeiteinheit sein. Da der Radius bekannt ist, kennen wir auch den Weg, und damit ist die Maschinenleistung in Pferdestärken berechnet. Man kann natürlich im Laboratoriumsversuch (12) auch Gewicht mit Bremszaum kombinieren.

2. Wassermotor.

Vorbemerkungen.

Die atmosphärischen Wassermassen und ihre technische Ausnutzung.

In potentieller Energie auf hoch gelegenen Stellen befindliche feste Massen sind aus praktischen Gründen zur Krafterzeugung nicht verwendbar. Theoretisch wäre es ja wohl denkbar, durch Abtragung von Gebirgen Arbeit zu leisten. Anders ist es mit dem sich auf hohen Stellen ansammelnden Wassermassen, weil sie leicht transportabel sind und immer wieder von neuem von der Sonnenenergie erzeugt werden, welche sie in Form von Wasserdampf in die Höhe hebt[19]).

Wir können an die Betrachtung der vorhergehenden Aufgabe anknüpfen. Hier spielt gleichfalls die Größe Gewicht mal Weg eine Rolle. Nur erscheint sie, d. h. die Arbeit, in einer etwas anderen Form, und zwar als Druck mal Volumen. Wir können aber das eine auf das andere zurückführen. Die Einheit für die Arbeit Druck mal Volumen ist die Literatmosphäre (Tab. I, S. 24, 25).

Wenden wir uns nun den Versuchen an den Wassermotoren zu, so haben wir es hier mit Druck- und Volumeinheiten zu tun. Führen wir den Versuch derart aus, daß wir mit einer kleinen Laboratoriums-Wasserturbine ein Gewicht heben, so setzen wir die in Druck und Volumen ausgedrückte Arbeit in eine Arbeit um, die uns in der Form Kraft mal Weg gegeben ist.

Dreizehnte Aufgabe.

Bestimmung des Nutzeffekts einer Laboratoriumswasserturbine.

Wie aus Abb. 63 zu ersehen, treibt die Wasserturbine durch eine besondere Übertragungsvorrichtung eine Art Winde, welche ein Gewicht hebt. Das zu hebende Gewicht wird durch Reibung

---

[19]) Wenn Hörbiger mit seiner Welteislehre Recht hat, so würden die Wasserfälle nicht nur das greifbare Ergebnis der Sonnenstrahlung darstellen, sondern uns die Möglichkeit gewähren, kosmische Urkräfte aus dem Gebiet der Gravitation auszunutzen. Seiner Ansicht nach sind Fluten und Wirbelstürme den Einbrüchen kosmischer Eismassen zuzuschreiben.

mitgenommen. Es hängt an einer Schnur, die über drei Holzrollen geht und am andern Ende ein Gegengewicht trägt. Auf diese Weise ist die Vorrichtung leicht in Betrieb zu setzen und wieder auszuschalten.

Vor Beginn des Versuchs läßt man das schwerere Gewicht auf dem Boden ruhen. Für die Bestimmung des Nutzeffekts sind folgende Angaben erforderlich: Der Druck des einströmenden Wassers; je nach Konstruktion der Turbine wird das Wasser, bevor es an die Schaufeln kommt, stärker oder schwächer gedrosselt. Die Drosselungsverluste gehen jedoch schon zu Lasten der Turbine, so daß das Manometer den Druck kurz vor der Düse anzeigen muß. Besser ist es daher, ein Manometer dicht vor der Turbine anzubringen (Abb. 63, Quecksilbermanometer), aber man kann auch an der Schalttafel ablesen, wenn die Leitung nicht zu eng ist. Das Übergewicht wird gewogen und die durchlaufene Strecke gemessen. Man richtet es am besten so ein, daß man den Versuch abbricht, wenn das leichtere Gewicht den Boden berührt hat. Die Wassermenge wird entweder durch den Wassermesser bestimmt oder besser noch durch Abmessen der in ein Gefäß abgeflossenen Menge. Ein zweites Gefäß nimmt das Wasser vor Beginn und nach Schluß des Versuches auf (s. Abb. 63).

Nun erfordert das Inbewegungsetzen der beiden Gewichte bis zur konstanten Geschwindigkeit eine bestimmte Arbeitsleistung, die wir jedoch ausschalten, indem wir den Versuch beginnen sofort, nachdem die Gewichte sich in Bewegung gesetzt haben. Nötigenfalls kann natürlich die für das Ingangsetzen der Gewichte erforderliche Arbeit berechnet und abgezogen werden. Auch die Dauer des Versuchs muß entsprechend bestimmt werden. Man beginnt den Versuch derart, daß man durch Festhalten der Schnur sie auf den Scheiben gleiten läßt und das Wasserventil allmählich öffnet, bis bei umlaufender und die Reibung überwindender Turbine der gewünschte Wasserdruck erreicht ist. Dann stellt man auch den Wasserabfluß an.

Nun kann man den Druck und auch das zu hebende Gewicht beliebig steigern, wodurch auch die Dauer des Versuchs sich ändert. Die erhaltenen Größen stehen natürlich miteinander in Beziehung; genau so wie bei einer großen Turbinenanlage. Bei einer Versuchsreihe wurden z. B. folgende wechselnde Werte erhalten:

Laufende Nr.	Atm. Wasserdruck	Verbrauchte Liter Wasser	Verbrauchte Energie in Literatmosphären	Aufgewendete Energie (Arbeit) in Meterkilogramm (m-kg)	Verflossene Zeit (sek)	Leistung ($A\,s$) Pferdekräfte (PS) $\times 10^{-3}$ (Belastung)	Gehobenes Gewicht (kg)	Hubhöhe (m)	Geleistete Arbeit (m-kg)	Leistung (PS) $\times 10^{-3}$ (Belastung)	Nutzeffekt (%)
1.	2,04	2,94	6,00	61,8	21,7	38,0	2,77	1,7	4,71	2,97	7,63
2.	2,70	2,04	5,51	56,7	13,3	56,7	3,27	1,7	5,56	5,56	9,80
3.	2,70	1,09	2,95	30,4	8,2	49,4	1,77	1,7	3,01	4,88	9,90
4.	2,52	1,33	3,35	34,5	11,6	39,4	2,27	1,7	3,86	4,42	11,20
5.	2,70	1,36	3,67	37,9	7,3	67,2	2,77	1,7	4,71	8,67	12,50

Die Berechnungsmethoden sind der Tab. I zu entnehmen.

Der Klarheit wegen gebe ich kurz die Durchrechnung für die erste Reihe:

6 l-at wurde gefunden aus $= 2,04$ at $\cdot$ 2,94 l.

61,8 m-kg $= 6,0$ l-at $\cdot$ 10,3.

$38 \cdot 10^{-3}$ PS $= 61,8$ m-kg/(75 m-kg $\cdot$ 21,7 sek).

4,71 m-kg $= 1,7$ m $\cdot$ 2,77 kg.

$2,90 \cdot 10^{-3}$ PS $= 4,71$ m-kg/(75 m-kg $\cdot$ 21,7 sek).

7,63% Nutzeffekt $= (4,71$ m-kg $\cdot$ 100)/61,8 m-kg $=$
$(2,97 \cdot 10^{-3}$ PS $\cdot$ 100)/38 $\cdot 10^{-3}$ PS.

Der Klarheit wegen möge hier der Beweis angefügt werden, daß man die Arbeit in l-at direkt erhält, wenn man das Volumen des durchströmenden Wassers mit dem Druck in at multipliziert, unter welchem das Wassers steht. Nach S. 25 ergibt eine Volumveränderung von 1 l gegen den Druck von 1 at auf 1 qdm $= 1$ l-at. Läßt man die Arbeit gegen den Atmosphärendruck auf der Fläche 1 qcm ausführen, so muß das Liter auf $10 \cdot 100 = 1000$ cm $= 10$ m langgezogen werden. Wir erhalten: $10 \cdot 1,03$ mkg $= 1$ l-at.

Folgerungen und anschließende Betrachtungen.

Wirkungsgrad und Belastung. Bedeutung der Belastung in der großen Praxis. Die Beziehung zum Prinzip der Gleichmäßigkeit und Kontinuität der technischen Prozesse. Die Bedeutung der gleichmäßigen Stromabnahme bei Kraftwerken. Überlandstationen und Zusammenschluß der Großkraftwerke. Ausschaltung der Spitzenwirkung. Heizung durch Elektrizität. Elektrolytische Gase als Energieakkumulatoren. Überschreiten der Landesgrenzen durch wirtschaftliche und technische Organisation. Vereinigte Staaten von Europa. Pan-Europa. Hydraulisches Potential und Wassermasse.

Wenn man die in der Tabelle zusammengestellten Zahlen genauer betrachtet, so sieht man in erster Linie die Abhängigkeit des Nutzeffektes von der Belastung. Da, wo die Belastung mit 0,0672 bzw. 0,0087 PS vermerkt ist, war der höchste Nutzeffekt erreicht worden (Nr. 5). Der kleinste Nutzeffekt hatte sich bei der geringsten Belastung gezeigt. Eine noch stärkere Belastung hätte vielleicht einen noch höheren Nutzeffekt ergeben. Unsere ganze Apparatur schien aber eine höhere Belastung nicht mehr ertragen zu können. Wenn auch die Reihenfolge der Belastung mit der Reihenfolge des Nutzeffekts nicht streng übereinstimmt, so zeigen doch die Versuche, daß ein Maximum des Wirkungsgrades auch für unsere kleine Turbine nur unter bestimmten Verhältnissen erreichbar ist. Wieweit man bei der Konstruktion einer so kleinen Turbine bewußt auf eine Höchstleistung ausgeht, vermag ich nicht zu sagen. Man müßte die Konstrukteure fragen, wieweit sie sich dafür interessiert haben. Es ist jedoch kaum anzunehmen, daß sich hier die Verwendung von viel Zeit und Geistesarbeit gelohnt hätte. Anders liegen die Verhältnisse im großen, z. B. beim Bau von Wasserkraftwerken. Wenn man auch aus bestimmten wirtschaftlichen Gesichtspunkten heraus nicht übertreiben darf, so muß man doch möglichst das Maximum des Wirkungsgrades anstreben. Hier kommen wir schon in etwas kompliziertere Verhältnisse betriebstechnischer Natur herein. Der Wirkungsgrad hängt, wie wir ja schon aus dem kleinen Versuch gesehen haben, von der Belastung ab. Diejenige Belastung, für welche die Turbine berechnet und konstruiert worden ist, nennt man die normale Belastung. Es liegt in der Natur der Sache, daß der höchste Wirkungsgrad gerade bei dieser Belastung erreicht werden wird. Bei geringerer Belastung und bei Überlastung fällt er (siehe S. 228). Je nach Betriebsverhältnissen kann man entweder einen sehr hohen Wirkungsgrad in geringen Belastungsgrenzen verlangen oder aber einen noch genügend hohen Wirkungsgrad für weitere Grenzen fordern. Hier schlägt wieder das so oft schon zitierte Prinzip der anzustrebenden Gleichmäßigkeit und Kontinuität der technischen Prozesse hinein. Bedient die Turbine einen gleichmäßigen Energieverbraucher, so ist die erstere Forderung die richtige. Schwankt der Energieverbrauch, so darf natürlich der Wirkungsgrad beim Abweichen von der Norm nicht gar zu sehr fallen. Die meisten Wasserturbinen stehen wohl in hydroelektrischen Kraftwerken. Man sieht daraus zugleich, wie wichtig die gleichmäßige Stromabnahme für die Kraftwerke ist. Das Sichhäufen des Energieverbrauchs in einigen Stunden ist energiewirtschaftlich sehr unbequem (Spitzenwirkung). Das ist nun in unserem heutigen Großkraftbetrieb ein sehr wunder Punkt. Je mehr Kraftwerke sich zu einem Organismus verbinden, desto leichter werden sie aber mit den Verbrauchsschwankungen fertig. Daß aber auch auf diesem Wege die Resultate nicht befriedigend sind, ersieht man daraus, daß ganz neuerdings die Betriebsorganisation der Großkraftwerke nicht vor den Landesgrenzen haltmacht.

So sind die süddeutschen Kraftwerke durch die Schweiz mit den oberitalienischen verbunden und die letzteren auf diesem Wege mit den übrigen deutschen, z. B. mit dem Ruhrgebiet. Dieses alles hilft aber auch nur dann, wenn in dem großen Gesamtareal den ganzen Tag über gleichmäßiger Stromverbrauch herrscht. Dem ist jedoch der Wechsel von Tag und Nacht mit seinen verschiedenen Lichtbedürfnissen hinderlich. Da heißt es, durch eine richtige Tarifpolitik, also durch eine billigere Stromabgabe, zu Zeiten geringeren Verbrauchs neue Kunden unter relativen Opfern heranzuziehen.

So bemüht man sich, außer der Förderung des Stromabsatzes zu Kraftzwecken die elektrische Heizung durch Locktarife einzuführen, elektrolytische Gase als Energie-Akkumulatoren darzustellen (Wasserstoff) u. dgl. Aus allem diesem sieht man, wie Technik, Energiewirtschaft, Wirtschaftspolitik, große Politik ein großes Ganzes bilden, das mit in die Idee der Vereinigten Staaten von Europa, bzw. von Paneuropa seine Ausläufer schickt.

Die Aufgabe des Technikers, mit der wir es hier zu tun haben, ist in erster Linie, konstruktiv den Verwandlungsprozeß von potentieller Wasserenergie in kinetische Energie

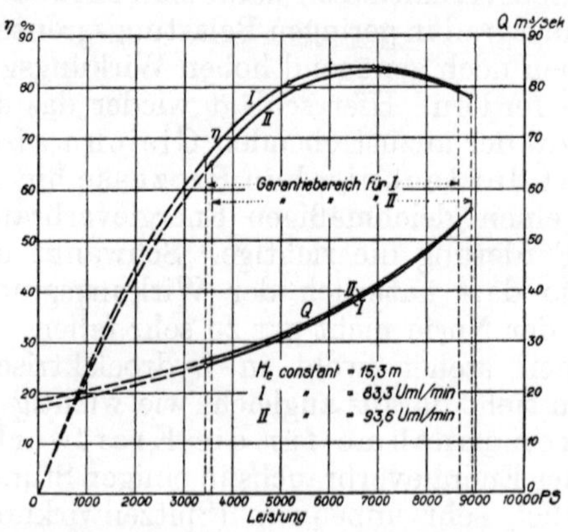

Abb. 65. Belastungskurven der Gösgener Wasserturbine.

Die Linie η zeigt, wie der Wirkungsgrad bei sehr schwacher Belastung niedrig ist, sehr schnell mit wachsender Belastung steigt und bei 6500 PS den Höchstwert von 84% erreicht, um mit eintretender Überlastung wieder zu fallen. Der Wasserverbrauch Q steigt besonders bei hoher Überlastung. Die Kurven sind bezogen auf konstantes effektives Gefälle (H_e) bei zweierlei Geschwindigkeiten (I und II).

sich bewegender Maschinenteile und von da zur Stromerzeugung möglichst günstig zu gestalten. Er darf dabei auch wirtschaftliche Gesichtspunkte nicht außer acht lassen. So sind z. B. zweierlei Aufgaben technisch faßbar: wenn man wenig Wasser und eine große Höhe zur Verfügung hat, d. h. ein hohes Potential von geringerer Intensität, und zweitens viel Wasser und eine geringe Fallhöhe. Wirtschaftlich ist der erstere Fall günstiger, weil im zweiten Fall große Kanalbauten und Maschinen von großen Dimensionen verwandt werden müssen, wodurch Anlagekosten und damit Zinsen und Abschreibegebühren bis zur Unrentabilität anwachsen können.

Ohne auf dieses große Gebiet näher einzugehen, das uns viel zu weit führen würde, bringe ich hier für eine Turbine ein Diagramm (Abb. 65), welches die Abhängigkeit von

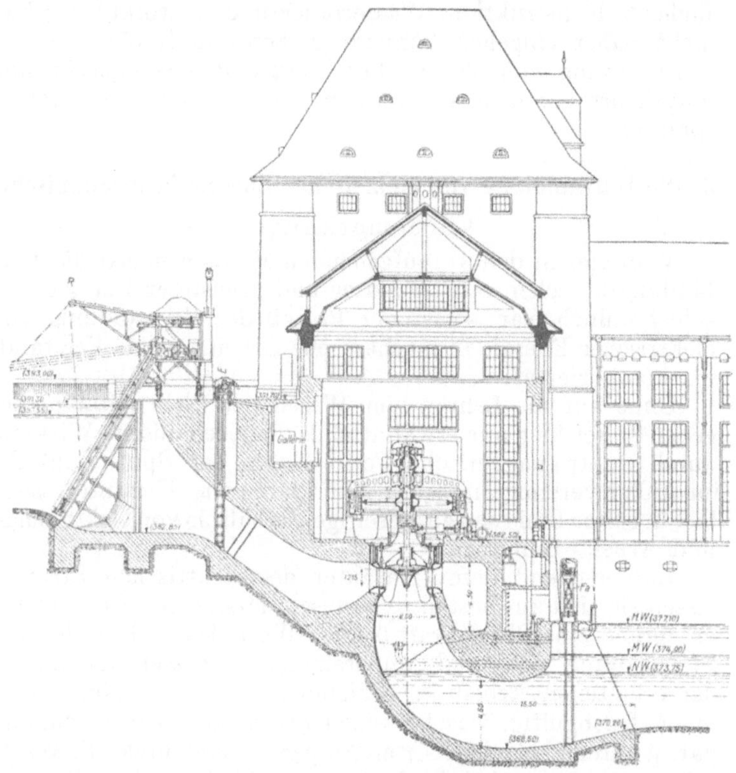

Abb. 66. Querschnitt durch das Kraftwerk Gösgen-Olten in der Schweiz.

Das aufgestaute Aare-Wasser wird zunächst, wie links auf der Abb. zu sehen, durch einen Siebrechen von mechanischen Beimengungen, die die Turbinenflügel gefährden könnten, befreit und fließt nach Abgabe seiner Energie an die Turbine rechts unten aus. Das Gefälle beträgt im Mittel 16 m. Auf der Turbine sitzt auf gemeinsamer vertikaler Welle ein 6500 PS-Generator; solcher Generatoren sind eine ganze Reihe vorhanden.

Wasserverbrauch, Nutzeffekt und Belastung voneinander zeigt. Auch der Einbau einer Turbine in ein Großkraftwerk soll an Hand des Durchschnitts durch das Kraftwerk Gösgen in der Schweiz (Abb. 66) gezeigt werden. Das Potential ist dort nicht sehr hoch. Am günstigsten liegen in dieser Beziehung die Bedingungen in Norwegen, wo riesige Wassermassen von einem mit Firnen und Gletschern (Akkumulatoren) bedeckten Hochplateau steil in tief einschneidende Meeresbuchten (Fjorde) stürzen.

Es gibt natürlich andere Wassermotoren und Turbinen einfacherer Konstruktion, Wasserräder u. dgl., worauf wir hier nicht näher eingehen können (Näheres in L. 37). Auf die Verwandlung von elektrischer Energie in mechanische und umgekehrt kommen wir in dem nun folgenden Kapitel zu sprechen.

3. Die Umwandlung von elektrischer Energie in mechanische.

Vorbemerkungen.

Während in den voraufgehenden Betrachtungen die Verbindung zwischen aufgewandter und geleisteter Energie von selbst faßlich war, so ist der Prozeß der Verwandlung von elektrischer Energie in mechanische Arbeit für das Verständnis komplizierter.

Ohne auf die Lehren vom Wesen der Elektrizität einzugehen[20]), sei hier nur erwähnt, daß die mechanische Wirkung durch elektromagnetische Fernwirkung der Spulen auf die im Anker vereinigten Leiter zu erklären ist. Uns interessiert hier in erster Linie das gegenseitige Verhältnis von elektrischen und Arbeits-Einheiten.

Entsprechend dem Charakter des elektrischen Stromes lassen sie sich am besten dynamisch darstellen. Nach Tab. I entspricht eine Pferdekraft 0,736 k-Watt. Wir haben also den Strom durch Volt- und Amperemeter zu messen und ihn zu der erhaltenen Arbeit in Beziehung zu setzen. Nun ist es nicht gleichgültig, was für einen Strom man zur Verfügung hat. Während bei Gleichstrom Ampere $\times$ Volt direkt die Wattzahl angibt, sind bei Drehströmen noch besondere Korrekturen anzubringen.

Vierzehnte Aufgabe.
Bestimmung des Nutzeffektes eines Laboratoriums-Elektromotors.

Für diesen Versuch benutzt man gleichfalls die in Abb. 63 dargestellte Apparatur. Auch der ganze Verlauf des Versuchs ist prinzipiell derselbe. Man läßt das schwerere Gewicht auf dem Boden ruhen und schaltet den Motor ein, indem man einen geeigneten Widerstand dazwischenlegt. Die Ohmzahl des Widerstandes richtet sich nach Art des Motors und der vorhandenen Stromspannung. Für die Berechnung des Nutzeffektes spielen nur die an den Meßapparaten

---

[20]) Davon weiß man trotz exakter Forschung und menschlicher überheblicher Klugheit eigentlich so gut wie gar nichts.

angegebenen Volt- und Amperezahlen eine Rolle. Natürlich kann man auch einen Zähler anwenden. Um das Inbewegungsetzen der Massen auszuschalten, nimmt man den Amperesprung am Anfang des Versuchs nicht mit. Der Beharrungszustand ist sehr schnell erreicht[21].

Folgende Tabelle enthält die bei einer Reihenbestimmung erhaltenen Zahlen.

Lau-fende Nr.	Am-pere	Volt	Volt · Ampere = Watt = Leistung (A_8)	Leistung (m-kg · sek)	Leistung PS $\cdot 10^{-3}$	Dauer (sek)	Gehobenes Gewicht (kg)	Hubhöhe (m)	Arbeit (m-kg)	Leistung PS $\cdot 10^{-3}$	Nutzeffekt
1	0,55	55	30,3	3,06	40,8	12,4	3,87	1,7	6,60	7,1	17,4
2	0,55	53	29,2	2,98	39,7	19,9	4,37	1,7	7,42	5,0	12,6
3	0,63	80	50,5	5,15	68,8	5,2	4,37	1,7	7,42	19,0	27,6

Wie bei der vorigen Aufgabe ergeben sich auch hier die Berechnungen aus Tab. I. Als Beispiel, wie die Werte der Reihe nach erhalten wurden, diene die erste Reihe:

30,3 Watt wurde gefunden aus = 0,55 Amp. · 55 Volt.

3,06 m-kg für die Sekunde = 30,3 Watt · 0,102.

$40,8 \cdot 10^{-3}$ PS = 3,06 m-kg für die Sekunde: 75.

6,6 m-kg = 1,7 m · 3,87 kg.

$7,1 \cdot 10^{-3}$ PS = 6,6 m-kg/(75 m-kg · 12,4 sek).

17,4% Nutzeffekt = $7,1 \cdot 10^{-3}$ PS $\cdot 100/40,8 \cdot 10^{-3}$ PS.

Nach Tab. I geben Volt · Ampere = Watt die Leistungsfähigkeit (den Charakter) an. Die Arbeit bezieht sich also — in denselben Zahlengrößen ausgedrückt — auf einen Zeitraum = 1 sek. Für die elektrischen Größen gibt es keinen selbständigen Ausdruck für die Arbeit (m-kg). Es gibt nur Wattsekunden oder Kilowattstunden (kWst).

Folgerungen und anschließende Betrachtungen.

Nutzeffekt der Elektromotoren und Belastung. Konstruktion von elektrischen Maschinen. Kupferverluste, Eisenverluste und Reibungsverluste. Wirkungsgrade von Gleichstrommaschinen. Beziehung zwischen Volt $\times$ Ampere und Watt bei Wechselstrommaschinen. Phasenverschiebung. Abhängigkeit des Wirkungsgrades von Wechselstrommaschinen von Belastung und Phasenverschiebung. Wirkungsgrad von Wechselstrommaschinen. Transformatoren.

Wie wir sehen, ist der Nutzeffekt des Elektromotors sehr niedrig ausgefallen. Natürlich war zu erwarten, daß die

---

[21] Hier möge eine Andeutung eingeflochten werden, die die elektrische Übertragung charakterisiert. Hinter dem Elektromotor können große Energiereserven stehen. Der auf konstante Tourenzahl eingestellte Nebenschluß-Elektromotor kann prinzipiell unbegrenzt große Energiemengen für den erforderlichen Augenblick aus der Reserve heraus wirkbar machen, ohne seine Tourenzahl wesentlich zu ändern. Die Grenze liegt nur an dem Querschnitt der in ihn hineingebauten Leiter, welche durch Sicherungen vor dem Durchbrennen geschützt werden müssen.

Transmission in ihrer Unvollkommenheit viel Energie absorbiert. Ein diesbezüglich schon früher (S. 222) vorgenommener Versuch ergab rund 40% Verluste in der Transmissionsanlage. Es ergibt sich aber immerhin noch für den Elektromotor ein Nutzeffekt von bloß ganz roh gerechnet: $20 + 40 = 60\%$. Nun ist es natürlich nicht gleichgültig, wieviel wir elektrische Energie bei diesem Umwandlungsprozeß verschwenden, nachdem wir uns bemüht haben, die Darstellung von elektrischer Energie mit möglichst hohem Nutzeffekt vorzunehmen.

Hier kommt nun ein rein praktisches Problem in Frage. Das ist die richtige Herstellung der Elektromotoren.

Zu dem Zweck muß man wissen, wo die Verluste liegen. Ich gebe einige kurze Andeutungen. Beim Fließen des Stromes durch die kupfernen Leiter setzen sie ihm einen Widerstand entgegen. Die Folge davon sind Erwärmung und Energieverluste. Man nennt diese Verluste Kupferverluste. Aber auch in den eisernen konstruktiven Teilen, z. B. in den Elektromagneten, den Ankerkernen entstehen alle möglichen Wirbelströme, wie auch Verluste durch molekulare Umlagerung infolge Polwechsel beim Magnetisieren (Hysteresisverluste) u. dgl. Auch hier entsteht überall Wärme. Diese Verluste faßt man als Eisenverluste zusammen. Bei den Bürsten, den gleitenden Kohlenabnehmern gibt es auch Widerstände. Hier sind auch noch wie überhaupt überall in der Maschine die gewöhnlichen Reibungsverluste vorhanden. Die Größe aller dieser Verluste hängt von der zweckmäßigen Gesamtanordnung und Ausführung der Maschine ab.

Einige Daten sollen zeigen, welchen Wirkungsgrad diese Verluste übriglassen.

6-PS Gleichstrom-Elektromotor		Gleichstrom-Generator	
Belastung	Wirkungsgrad	Normalbelastung	Wirkungsgrad
0,5 PS	45%	1000 kW	95%
1,0 „	60%	100 „	89%
2,0 „	75%	10 „	84%
3,0 „	82%	1 „	73%
4,0 „	84%	0,1 „	50%
5,0 „	85%		
6,0 „	86%		
7,0 „	85,5%		
8,0 „	85%		

Die in unserer Aufgabe erhaltenen Zahlen stimmen, wie man sieht, im allgemeinen mit diesen Daten überein.

Beim Gleichstrom erhält man durch die in den Kreis eingebauten Volt- und Amperemeter die in ihm fließende Energiemenge direkt durch Multiplikation:

$$\text{Volt} \times \text{Ampere} = \text{Watt} = 0{,}001\ \text{kW}.$$

Beim Wechselstrom stimmt das nur dann, wenn keine Phasenverschiebung der einzelnen Stromteile (Zweiphasenstrom, Dreiphasenstrom oder Drehstrom) in der Konstruktion gewählt ist. Ist diese vorhanden, so gilt

$$\text{Watt} = \text{Volt} \times \text{Ampere} \times \cos \varphi,$$

wo φ die Winkelverschiebung der Phasen im Vektordiagramm bedeutet. Ist $\varphi = 0$, so ist eben $\cos \varphi = 1$.

Die Verluste hängen in der Wechselstrommaschine nicht von der wirklichen Leistung (Watt) ab, sondern sind funktionell gebunden an das Produkt Volt $\times$ Ampere. Sie sind nach dem Sprachgebrauch der Praxis auf die Größe KVA = Kilo-Volt-Ampere (nicht Kilowatt) zu beziehen. Sie wachsen daher in diesen Maschinen mit der Phasenverschiebung $\cos \varphi$.

Die Firmen, welche Wechselstrommaschinen bauen, müssen daher ihre Angaben über Wirkungsgrad nicht allein auf die Belastung beziehen, sondern auch auf $\cos \varphi$.

Im großen und ganzen bewegen sich die Wirkungsgradszahlen bei den Wechselstrommaschinen in denselben Grenzen, wie bei den Gleichstrommaschinen.

Die Transformatoren — es gibt naturgemäß solche nur für Wechselstrom, da nur beim Wechsel der Stromstärke in einem Leiter Strom in einem zweiten induziert wird —, die nur aus gegeneinander ohne metallische Berührung geschalteten in Öl isolierten Leitern bestehen, weisen Nutzeffekte bis zu 99% auf. Kleinere Typen haben etwas geringere Nutzeffekte. (Näheres L. 38.)

4. Die Umwandlung der chemischen (potentiellen) Energie der Brennstoffe in mechanische Energie.

Vorbemerkungen.

Mechanische Kraft aus gespannten Gasen und Dämpfen. Erklärung mit Hilfe des Carnotschen Kreisprozesses der Verwandlung von Wärme in Kraft. Nutzeffekt der Prozesse.

Sind wir bei der vorigen Aufgabe ohne irgendwelche Erkenntniszweifel nur mit der Messung der verbrauchten und ausgenutzten Energie ausgekommen, so werden die Verhältnisse undurchsichtiger, wenn wir darangehen, die Erzeugung von mechanischer Kraft aus gespannten Gasen oder Dämpfen zu studieren. Rein oberflächlich betrachtet, wird der Prozeß der Verwandlung der Energie der Wärme in Kraft, wie wir sehen werden, auch in seinen Einzelheiten, außerordentlich kompliziert. Um in das scheinbare Wirrwarr Ordnung hineinzubringen, müssen wir uns der Thermodynamik bedienen, mit der wir schon im vorhergehenden zu tun gehabt haben. Wir bauen nun unsere Betrachtungen auf das dort Erkannte auf.

Als wir oben auf S. 138 die Gradeinteilung des Luftthermometers auf thermodynamischem Wege auf den Begriff der Arbeit zurückführten, stießen wir bereits auf den Nutzeffekt des Carnotschen Kreisprozesses. Da wir ferner dort bereits mit Wärmeeinheiten (Kalorien) und den ihnen äquivalenten Arbeitseinheiten (Meter-Kilogrammen) zu tun hatten, war damit auch die Beziehung zwischen aufgewandter Wärme und geleisteter Arbeit gegeben; diese Beziehung drückten wir durch folgende Formel aus:

$$\frac{T_1 - T_2}{T_1} = \frac{Q_1 - Q_2}{Q_1},$$

wo Q_1 die während des Kreisprozesses im System von dem idealen Gas aufgenommene und Q_2 die von ihm abgegebene Wärme bedeuten. Da eben infolge Abwesenheit innerer Arbeit — was für die idealen Gase Definitionsbedingung ist — es nur Wärmewechsel und äußere Arbeitsleistung gibt, so muß sich der fehlende Wärmeteil in Arbeit verwandelt haben. Setzen wir ihn in Beziehung zur angewandten, d. h. vom System aufgenommenen Wärme, so erhalten wir eben den Wirkungsgrad des Prozesses der Verwandlung von Wärme in Arbeit.

So theoretisch einfach und klar dieses alles auch sein mag, ist die Inbeziehungsetzung zur Gasmotoren- oder Dampfmaschinen- resp. Dampfturbinenpraxis — auch die Gasturbine gehört hier mehr oder weniger hinein — nicht ganz leicht. Es empfiehlt sich hier, die Dampfmotoren später getrennt zu behandeln, da die bei der Zustandsänderung des gesättigten Dampfes auftretenden höheren Beträge innerer Arbeitsleistung (Verdampfung, Verdichtung) Komplikationen hineinbringen, welche pädagogisch ungünstig wirken. Wir nehmen zuerst die reinen Wärmemotoren vor.

A. Heißluft- und Verbrennungsmotoren.

Heißluftmotoren. Indikator und Indikatordiagramm. Motor-Wirkungsgrade. Nutzeffekt und Carnot'scher Kreisprozeß. Allgemeingültigkeit des Carnot'schen Kreisprozesses. Die maximale äußere Arbeit. Der Thermodynamische Wirkungsgrad. Verbrennungsmotoren. Typen von Verbrennungsmotoren. Konstruktion und Kreisprozeß. Wirkungsgrade von Verbrennungsmotoren.

Auch hier wäre ein entsprechender Laboratoriumsversuch als Ausgangspunkt erwünscht. Leider können wir ihn noch nicht durchführen, weil bei der Ausarbeitung verschiedene Schwierigkeiten sich einstellten. Wir müssen uns daher vorläufig damit begnügen, nur gedanklich zu operieren. Als Versuchsobjekt kämen die im Laboratorium sehr viel gebräuchlichen sog. Heißluftmotoren in Betracht. Sie sind derart konstruiert, daß durch die Bewegung des Schwungrades ein Verdränger die im Zylinder eingeschlossene Luft bald in den unteren Teil befördert, der durch einen Gasbrenner von außen auf eine hohe Temperatur erhitzt ist, bald in den oberen hinübertreibt, der mit einer Wasserkühlung versehen ist. Die sich beim Erwärmen ausdehnende Luft treibt den Kolben heraus, während durch die Abkühlung dem Luftdruck die Möglichkeit gegeben wird, den Kolben in entgegengesetzter Richtung zu bewegen. Verbinden wir nun den Luftraum mit einem Manometer, und zwar am besten mit einem Apparat, welcher Druck und Hub, d. h. Druck und Volumänderung, aufzeichnet, so haben wir dadurch, wie oben erläutert, die Arbeitsleistung und können aus der Aufzeichnung die geleistete Arbeit direkt entnehmen. Dabei wissen wir schon aus dem Vorhergehenden (S. 137), daß diese Aufzeichnung die während des Hin- und Herganges des Motors geleistete Arbeitsgröße zu messen gestattet, die eben gerade durch das Koordinatensystem $p - v$ gegeben ist, d. h. der von dem zeichnenden Stift umschriebenen Fläche entspricht. Man mißt diese Fläche am besten durch den Flächenmesser, den sog. Planimeter. Solch ein Druck und Volumen als Kraft mal Weg registrierendes Manometer nennt man Indikator, die erhaltene Kurve das Indikatordiagramm. Der Indikator ist in Abb. 67 erläutert.

Wenn wir die Möglichkeit hätten, diesen Versuch durchzuführen, würde uns die Form dieses Diagramms beim Heißluftmotor interessieren. Da das aber leider noch nicht der Fall ist, begnügen wir uns hier mit der Erkenntnis, daß uns das Indikatordiagramm tatsächlich eine Arbeit bzw. eine

Leistung anzeigt, welche offenbar von der Luft infolge der Zustandsänderung ausgeführt wird.

Den Versuch könnten wir nun wie folgt für eine weitere, sämtliche Motoren betreffende Erkenntnis, die die Nutzleistung dieser Maschine betrifft, auswerten. Die verbrauchte

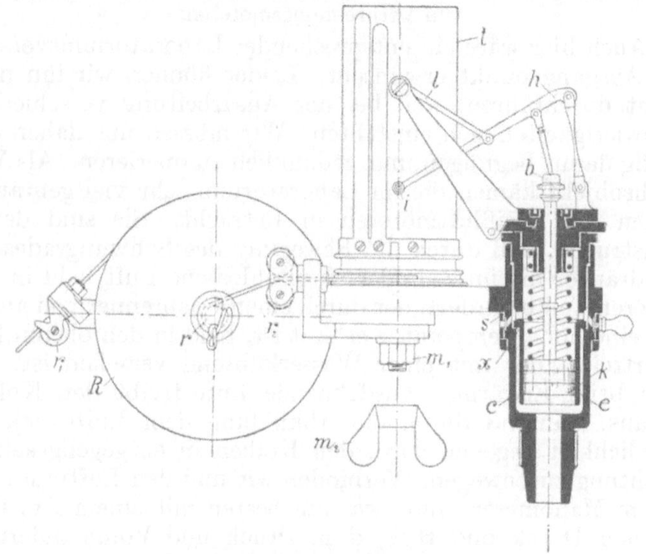

Abb. 67. Richards Indikator von Dreyer, Rosenkranz & Droop Hannover.

Der im Zylinder einer Maschine jeweilig herrschende Arbeitsdruck wird durch Zusammendrücken (oder Ausziehen) einer Feder gemessen, auf welche von unten durch Vermittlung des Kolbens k der Druck ausgeübt wird. Die kleine Veränderung der Federhöhe vergrößert der Mechanismus b, h, l, und überträgt sie zum Schreibstift i, der die Druckkurve auf der drehbaren Trommel t auf Papier aufzeichnet (Abb. 72). Die Bewegung der Trommel entspricht dem Hin- und Hergang des Maschinenkolbens, also dem Hub. Durch eine z. B. am Kreuzkopf befestigte Schnur wird das große Rad R des Hubverminderers gedreht und von r aus verkleinert auf die Trommel übertragen. Dabei wird eine in der Trommel befindliche Rollfeder gespannt, welche beim Rückgange des Kreuzkopfs die Trommel in entgegengesetzter Richtung bewegt.

Gasmenge gibt uns zugleich den ursprünglichen Energieverbrauch, wie in Aufgabe 2 angegeben. Das Indikatordiagramm würde uns die auf dem Kolben ausgeführte Arbeitssumme der heißen Luft ergeben. Es vermittelt den Übergang zu der von der Hauptwelle des Heißluftmotors übergebenen Leistung, die auf großen Umwegen etwa durch einen Pronyschen Bremszaum gemessen werden kann. Direkt erhält man sie durch ein zwischengeschaltetes Dynamometer, das die Beanspruchung der Motorwelle zu messen gestattet. Die elektrische Kraftübertragung ist auch in dieser Hinsicht technisch vollkommener, da die Wattzahl auch dem Kraftverbrauch entspricht. Wir kommen zu einer ganzen Reihe von Wirkungsgraden.

Die Betätigung des Heißluftmotors geht von der Erwärmung der Wände aus, und der Prozeß der Erwärmung der Wände durch das Gas geht mit einem gewissen Wirkungsgrad vor sich. Dieser würde sich also sozusagen auf die Feuerungsanlage beziehen und gleichwertig sein der Bestimmung des Wirkungsgrades des Dampfkessels[22]). Praktisch ist er jedoch beim Heißluftmotor schwer zu bestimmen, weil wir nicht die von der Luft aufgenommene Wärmemenge messen können, während beim Dampfkessel das Messen des zu verdampfenden Wassers sehr leicht ist. Die Beziehung der mit dem Indikator gemessenen Energiemenge zu der von dem Motor aufgenommenen Wärmemenge wäre der thermische Wirkungsgrad. Das Verhältnis der durch den Bremszaum bestimmten Leistung zu der mit dem Indikator aufgenommenen nennt man den mechanischen Wirkungsgrad. Die Verluste liegen in der Bewegung von Massen und in der Reibung. Nun kann man den thermischen Wirkungsgrad noch weiter unterteilen. Wir müssen uns hier die bei der Betrachtung des Kreisprozesses gewonnenen Erkenntnisse zunutze machen.

Wir beginnen am besten mit einem konkreten Fall. Nehmen wir an, daß die Luft ein ideales Gas ist, vernachlässigen die durch diese Annahme entstehenden Fehler, so erhalten wir auf diese Weise die Möglichkeit, zu prüfen, mit welchem Nutzeffekt man überhaupt rechnen kann. Ebenso machen wir uns vorläufig keine Sorgen darüber, ob wir einen echten Carnotschen Kreisprozeß vor uns haben oder nicht, da es uns ja nur auf eine Überschlagsrechnung ankommt.

---

[22]) Der Wirkungsgrad der Feuerung wird meist vom Wirkungsgrad der Kesselanlage nicht getrennt, da er sehr schwer faßbar ist. Wem ist z. B. der Wärmeverlust durch das Mauerwerk zuzuschreiben? Der Feuerung oder der ganzen Anlage? Schreibt man es der Gesamtanlage zu, so wäre der Wirkungsgrad der Feuerung sinngemäß bloß der Vollkommenheit der Verbrennung gleich. Diese ist jedoch wieder ihrerseits von der Konstruktion der ganzen Anlage abhängig. Ich habe den Eindruck, daß hier von den Spezialisten, die, möchte ich sagen, gern mathematisch spekulieren, zu sehr theoretisiert wird. Die Praxis muß demgegenüber eine gewisse Vorsicht beobachten, und auch in pädagogischer Beziehung können solche Spekulationen eher Komplikationen als Klärung bringen. Bei ins Tiefe gehenden Detailuntersuchungen könnten sie evtl. wohl nicht zu umgehen sein.

Mit andern Worten: wir benutzen die Gleichung, welche uns zeigt, daß der Wirkungsgrad hauptsächlich von dem Abstande der beiden Isothermen, also vom Wärmepotential abhängt; er wächst jedenfalls mit dieser Differenz. Hätten wir nun die Möglichkeit, dem die Wärme entziehenden Gefäß die Temperatur $T = 0$ zu geben, so würden alle diese Prozesse mit einem Wirkungsgrad von 100% laufen. Nehmen wir nun an, in unserem Heißluftmotor würde die Luft auf 500° erwärmt werden und würde den Motor mit einer Temperatur von 200° verlassen, so würde der Wirkungsgrad blos betragen

$$\frac{500 - 200}{773} = 0,39, \quad \text{d. h. } 39\%.$$

Was für Koeffizienten man hier erwarten kann, zeigt die Tab. XIX. Gelänge es also, den Prozeß zwischen der Verbrennung des Brennstoffes bei 1200° und der umgebenden Luft von 20° mit voller Ausnutzung zu führen, so hätte man einen Nutzeffekt von 81%.

Tabelle XIX.

Abhängigkeit des Nutzeffektes des Carnotschen Kreisprozesses vom Abstand der Temperaturhöhen (der Wärmepotentialdifferenz).

(Untere Grenze des Potentials 20°.)

Obere Temperatur	1200	1000	800	600	400	200	100	° C
„ „	1473	1273	1073	873	673	473	373	absol. Grade
Nutzeffekt . . .	0,81	0,77	0,73	0,66	0,56	0,38	0,21	

Die durch diese Betrachtung gewonnene Erkenntnis ist, wie man sieht, äußerst wichtig, so daß wir wohl oder übel darangehen müssen, uns darüber klar zu werden, ob die für den Carnotschen Kreisprozeß gültige Nutzeffektsgleichung hier anwendbar ist. Da ist es nun sehr angenehm, zu wissen, daß die Carnotsche Nutzeffektsgleichung für sämtliche Wärmekraftmotoren gültig ist, unabhängig davon, was man für einen Stoff für den Carnotschen Kreisprozeß benutzen würde. Der Beweis läßt sich nur indirekt führen, wobei wir vorläufig ausschließlich die rein theoretische Seite der Frage im Auge behalten wollen.

Wir machen zunächst die Annahme, daß es keine Reibung gibt, dann ist der Prozeß ohne weiteres umkehrbar (reversibel), wir können auch durch Kraft Wärme (+ oder —) erzeugen, d. h. eine bestimmte Wärmemenge von einem niedrigeren Temperaturpotential auf ein höheres bringen (Kältemaschine), da alle Einzeloperationen umkehrbar sind, sowohl die isothermischen, als adiabatischen, was aus Abb. 33 (S. 133) leicht zu ersehen ist. Wäre nun die Nutzeffektsregel nur für das ideale Gas gültig, so könnte man ein reibungsloses Perpetuum mobile konstruieren. Zunächst möge man nicht übersehen, daß, mit je höherem Wirkungsgrad ein Prozeß in der einen Richtung läuft, desto niedriger er in der umgekehrten Richtung sein wird, d.h. je weniger man Wärme vom höheren auf ein niedrigeres Potential bringt, um eine bestimmte Arbeitsleistung zu vollbringen (d. h. je höher der Wirkungsgrad des Motors ist), desto weniger Kälte wird man beim Umkehren des Prozesses mit derselben Arbeitsmenge erzeugen (d. h. desto schlechter wird der Wirkungsgrad der Kühlanlage sein). Je kleiner der Wirkungsgrad eines Motors ist, ein desto höheres Temperaturpotential habe ich für dieselbe Leistung nötig, auf desto höhere Temperatur komme ich natürlich beim Anwenden derselben Leistung bei der Umkehrung des Prozesses zurück. Verwende ich also zwei Prozesse vom selben Wirkungsgrad hin und zurück, so komme ich auf meine Ausgangstemperatur zurück. Wähle ich auf dem Rückwege einen andern Stoff anstatt des idealen Gases, der einen geringeren Wirkungsgrad gibt, so muß ich schließlich, ohne mehr Arbeit auf dem Rückwege zu verwenden, auf ein höheres Temperaturpotential zurückkommen, wonach ich eine Mehrleistung aus nichts bekommen würde. Das gibt's aber nicht. Daraus ersieht man, daß der Wirkungsgrad des Carnotschen Kreisprozesses stets derselbe bleiben muß, unabhängig davon, welche Stoffe ich nehme.

Vervollständigen und ergänzen wir diese Betrachtungen noch weiter. Der Carnotsche Kreisprozeß stellt nämlich den für den Wirkungsgrad günstigsten Spezialfall dar, und zwar denjenigen Fall, bei welchem die sog. maximale äußere Arbeit erhalten wird. Dieser Spezialfall ist eben an die Bedingungen der Umkehrbarkeit des Prozesses gebunden. Wir können nämlich in einer Maschine nur dann einen Prozeß zuerst in der einen Richtung, also sagen wir von Wärme zu Kraft, und ein anderes Mal in anderer Richtung von Kraft zu Wärme so laufen lassen, daß wir zum Ausgangspunkt zurückkommen, ohne daß das System seinen Energieinhalt verändert hat, wenn beim Hingang und natürlich auch beim Rücklauf, sagen wir einmal vorläufig, keine Reibungsverluste auftreten. Die sind natürlich nicht mehr zurückzuholen. Mit andern Worten: Die Umkehrbarkeit eines Prozesses zeigt, daß solche Verluste nicht stattgehabt haben, wodurch eben die maximale Arbeit garantiert wird. Es brauchen aber auch nicht allein Reibungsverluste zu sein, sondern solche, die das Prinzip tangieren. Es kann z. B. ein Mehraufwand an Wärme nötig werden, der nicht in Arbeit verwandelt wird, oder eine Abkühlung erforderlich werden, wodurch Wärme, ohne Arbeit zu leisten, dem System entzogen wird. Man kann das an Hand von Abb. 35 (S. 137) sehen. Führt man die isotherme Expansion von A nicht bis Punkt B, sondern bis zum Punkte B', also nicht streng isotherm, und da weiter bis Punkt C', so würde es uns nicht gelingen, unter denselben Verhältnissen des Wärmewechsels zum Ausgangspunkt zurückzukommen.

Wir sind auf diese Weise aus dem Spezialfall herausgefallen und müssen, um in ihn zurückzukommen, nachhelfen. Unsere Gasmasse hat eine zu hohe Temperatur und ein zu großes Volumen bekommen, wir müssen durch Wärmeentziehung nachhelfen, was einen unrentablen Wärmetransport zur Folge hat; auch dadurch verliert der Prozeß seine Umkehrbarkeit. Ich erwähne noch, daß es eine ganze Reihe technisch prinzipiell nicht umkehrbarer Prozesse gibt, wie z. B. die Verbrennung des Brennstoffes. Die Technik muß also danach streben, wo nur irgend möglich, dem Carnotschen Kreisprozesse nahezukommen, die Prozesse zu carnotisieren.

Hier könnte noch ein Einwand prinzipieller Natur aufkommen. Man könnte die oben angeführten Erwägungen etwas anders gestalten. Es wäre denkbar, für die Umkehrung nicht einen Carnotschen Kreisprozeß, sondern einen anderen, der einen niedrigeren Wirkungsgrad hat, zu wählen, dann könnten wir gleichfalls aus nichts Arbeit erzeugen. Wie wir jedoch soeben gesehen haben, erfordert das Abweichen von dem Carnotschen Kreisprozesse Abkühlungs und Erwärmungsoperationen, die den neuen Kreisprozeß im Prinzip nicht mehr umkehrbar machen, wodurch also diese Maschine wiederum nicht realisierbar wird[23]).

Kehren wir nun zu unserem Heißluftmotor zurück, so könnte man ermitteln, wieviel der vor sich gegangene Prozeß durch Wärmeverluste und andere Umstände von dem Normal-

---

[23]) Übrigens sind diese Verhältnisse durchaus noch nicht endgültig geklärt und allgemein anerkannt. Besonders gilt letzteres vom 2. Satz der Thermodynamik. Es sollen die innere Arbeit betreffende Vorgänge die Verhältnisse derart verschieben, daß z. B. ein gegen den 2. Satz sprechendes perpetuum mobile 2. Grades doch realisierbar wäre (Genauer in L. 41a).

prozeß abweicht, was durch den Begriff thermodynamischer Wirkungsgrad ausgedrückt wird. Bei Heißluft wie auch bei Gasmotoren nennt man diesen Koeffizienten auch den Gütegrad der Maschine.

Die hier ausgeführten Betrachtungen kann man ohne weiteres auf die Verbrennungsmotoren übertragen, d. h. auf solche Kraftmaschinen, in welchen der Brennstoff in den Zylinder eingeführt und dort verbrannt wird. Der Unterschied besteht offenbar nur darin, daß wir den Brennstoff hier im Zylinder und bei dem Heißluftmotor außerhalb des Zylinders verbrennen, und daß im ersten Falle die Verbrennungsgase selbst das den Kolben bewegende Medium darstellen. Theoretisch ist der prinzipielle Unterschied nur klein, praktisch können jedoch bedeutende Schwierigkeiten entstehen durch saure Verbrennungsgase, Ausscheidung von Teer und Ruß, anorganischen Bestandteilen u. dgl. So ist es daher verständlich, wenn es bis jetzt noch nicht gelungen ist, festen Brennstoff im Zylinder zu verbrennen.

Der Kolben des Motors wird weniger durch das Entstehen von Verbrennungsgasen getrieben, da ja durch den Verbrennungsprozeß das Luftvolumen nur wenig verändert wird, sondern durch die durch die Verbrennungswärme erzeugte Gasspannung. Das sofortige Herauslassen der heißen komprimierten Gase würde nur einen schlechten Wirkungsgrad ergeben. Man muß vielmehr die Gase expandieren lassen. Anders kommt man nicht auf ein niedrigeres Wärmepotential. Um nun eine bessere Zündung zu erreichen, komprimiert man z. B. bei flüssigem Brennstoff die Luft durch die Energie des Schwungrades und spritzt den Brennstoff zwecks Zündung hinein. Man sieht daraus, daß diese Prozesse ziemlich komplizierter Natur sind. Sie können durch die Konstruktion der Maschine zwangsläufig gesteigert werden und geben verschiedene Möglichkeiten der Lösung der Aufgabe (Zweitaktmotoren, Viertaktmotoren u. dgl.). In Abhängigkeit von Type und Konstruktion sind auch die in den Motoren vor sich gehenden Kreisprozesse verschieden. Ein jeder Erfinder und Konstrukteur bemüht sich, von den sehr vielen Arten von Kreisprozessen einen möglichst günstigen zu realisieren.

Ohne auf diese Spezialfragen näher einzugehen, die in den betreffenden Lehrbüchern nachzusehen sind, bringen wir hier die Tab. XX, welche die in der Praxis erreichten (nicht sehr hohen) Nutzeffekte der Verbrennungsmotoren gibt. Es wäre noch hinzuzufügen, daß die Motorzylinder natürlich gekühlt werden

Tabelle XX. Aus der Praxis der Verbrennungsmotoren (nach Oelschläger, L. 39).

Motor für	Wärmewert des Gases	Gasverbrauch cbm/PS		Motor für	Wärmewert	Brennstoffverbrauch kg/PS	
	kg-kal/cbm	10 PS_{eff}	50 PS		kg-kal/kg	10 PS	50 PS
Leuchtgas	5000	0,52	0,47	Petroleum	10 500	0,46	0,38
Anthrazit-Luftgas . .	1250	2,70	2,25	Benzin	11 000	0,25	0,24
Koks-Luftgas . . .	1150	2,90	2,40	Alkohol, 90proz. . .	9 300	0,44	0,43

Gasmotoren 50 bis 5000 PS

Motor für	Gasverbrauch	Wärmewert	Wärme	Nutzeffekt	Im Kühlwasser		Temperatur der Abgase	In den Abgasen	
	cbm/PS	kg-kal/cbm	kg-kal/PS	%	kal	%	° C	kal	%
Leuchtgas . . .	0,5—0,67	4500—6000	2800	22,6	1100	39	350—660	1100	35
Koksofengas . .	0,80	3500—4500	3200	19,7	1250	38	400—500	1250	35
Generatorgas .	2,0—2,3	1100—1500	2600	24,5	1050	38	350—500	750	30
Gichtgas	2,80	750—850	2200	28,8	950	38	380—420	660	32

Dieselmotoren.

Motor normal	15 PS			70 PS			250 PS			300 PS			1000 PS		
Zylinderzahl	1			1			5			3			4		
Touren . . . . je Min.	230			170			350			160			125		
Nutzbelastung	0,5	0,75	1,0	0,5	0,75	1,0	0,5	0,75	1,0	0,5	0,75	1,0	0,5	0,75	1,0
Wärme- { kg-kal/PS	2830	2510	2280	2210	1970	1900	2380	2390	2285	2360	1490	1890	2423	2174	2143
verbrauch { %*)	22,3	25,1	27,7	30,0	32,1	33,3	26,5	26,4	27,6	26,8	42,5	33,4	26,1	29,0	29,5
Kühlwasser bei 10 und 70° in . . . kg/PS-st	16,0	13,2	11,2	9,1	9,0	8,8	10,5	9,8	9,2	13,6	—	8,6	15,3	14,1	13,4
Abgastemperatur	—	—	—	247	398	371	290	350	420	290	390	497	194	235	295

*) Über die Berechnung siehe S. 257.

müssen, da sie sonst die hohe Verbrennungstemperatur nicht aushalten würden. Diese oft stark anwachsenden Verluste sind auch in der Tabelle angegeben. (Näheres L. 40.)

B. Die Dampfkraftanlage.

Praxis der Dampferzeugung. Ermittelung des Wirkungsgrades einer Auspuffmaschine. Die bei der Expansion des Dampfes vor sich gehenden Veränderungen. Niederschlagung von Wasser. Der Begriff der Entropie. Der zweite Grundsatz der Thermodynamik. Das Entropiemaximum und der Kältetod. Dampfdiagramme nach Mollier. Dampfmaschinenkreisprozeß und Carnotscher Kreisprozeß. Wirkungsgrade des Dampfkraftprozesses. Erhöhung des Wirkungsgrades in der Praxis. Die praktischen Wirkungsgrade. Beziehung des Indikatordiagramms zur Praxis. Dampfturbinen.

Gehen wir nun zu den Dampfmaschinen über, so gestalten sich die Verhältnisse viel komplizierter, und zwar in dem Teil, in welchem es sich um die Verwandlung des Energieinhaltes des Dampfes in mechanische Energie handelt. Vorher müssen wir aber noch die potentielle bzw. chemische Energie des Brennstoffes in Wärme verwandeln. Dieses Gebiet haben wir jedoch bereits eingehend besprochen, es genügt daher, hier eine Tabelle einzuschalten, welche vom pädagogischen Gesichtspunkt aus gewählte, an den verschiedensten Dampfkesselanlagen ausgeführte Verdampfungsversuche wiedergibt und zugleich dem Anfänger erleichtert, sich ein Urteil darüber zu bilden, was in der Praxis erreicht wurde bzw. erreichbar ist. Alle diese Angaben sind in Tab. XXI zusammengestellt.

Um nun die thermodynamischen Vorgänge besser zu verstehen, welche im Zylinder einer Dampfmaschine beim Verwandeln der Dampfenergie in mechanische Energie vor sich gehen, halten wir uns an ein praktisches Beispiel. Um mechanische Energie zu erzeugen, stellen wir einen Dampfkessel von 5 atü (Atmosphären Überdruck) auf und eine mit Auspuff arbeitende Maschine. Für die hier erforderlichen Berechnungen müssen wir vor allen Dingen den Energiegehalt des Dampfes kennen. Dazu verhilft uns Tab. XXII. Aus ihr entnehmen wir, daß der Dampf von 6 ata (Atmosphären absolut) 158° heiß ist, und daß sein Energiegehalt 660 Kal. beträgt. Wenn das Speisewasser eine Temperatur von 10° hat, sind es 650 Kal. Der Energiegehalt des Auspuffdampfes beträgt bei 100° 640 bzw. 630 Kal. Auf dieser Grundlage ergibt die Berechnung einen Wirkungsgrad von

$$\frac{650 - 630}{650} = 3{,}08\%.$$

Tabelle XXI. **Aus der Praxis**

	Kesselbesitzer	Kesselsystem	Feuerung	Hilfseinrichtungen
1	*1 und 2 zeigen den Einfluß der Kesselkonstruktion.*	Wasserrohrkessel Babcock-Wilcox.	Horizontalplanrost mit Handbesch.	Dampfüberhitzer.
2		Wasserrohrkessel	Horizontalplanrost mit Handbesch.	Dampfüberhitzer.
3 a	*3a und b zeigen die Wirkung der Anwärmung der Verbrennungsluft.*	Schwed. Wasserrohrk. „Velox".	Halbgasfeuerung m. horizont. Rost.	Dampfüberhitzer.
3 b	*1, 2, 3, 4 sind Feuerungen für Holz und Holzabfälle.*	Schwed. Wasserrohrk. „Velox".	Halbgasfeuerung m. horizont. Rost.	Dampfüberhitzer und Luftvorwärmer Ljungström.
4		Babcock-Wilcox-Höchsteffekt-Schiffskessel.	Vorfeuerung, Horizontalplanrost, Unterwind.	Dampfüberhitzer und Ekonomiser.
5	In Oldenburg.	Zweiflammrohrkessel.	Handbesch. Planrost, Innenfeuerung.	Dampfüberhitzer.
6	*5, 6, 7 veranschaulichen die Verfeuerung von Torf versch. Zersetzung.*	Einflammrohr- mit Rauchrohrkessel.	Schrägrostvorfeuerung mit autom. Besch. Varel & Co.	Dampfüberhitzer.
7		Wasserrohrkessel.	Kettenrost.	Dampfüberhitzer und Ekonomiser.
8 a	Baumwollspinnerei Eickert & Co., Riga.	Einflammrohrkessel.	Planrost von Hand.	
8 b	*8 a, b, c, d zeigen den Einfluß des Luftüberschusses auf den Wirkungsgrad.*	Einflammrohrkessel.	Planrost von Hand.	
8 c		Einflammrohrkessel.	Planrost von Hand.	
8 d		Einflammrohrkessel.	Planrost von Hand.	
9	Zementfabrik C. Ch. Schmidt & Co., Riga.	Zweiflammrohrkessel.	Planrost, Handbeschickung.	
10 a	*9 Starke Beanspruchung. Sekundärluft durch Öffnen der Feuertür.*	2 Einflammrohrkessel.	Planrost, Handbeschickung.	
10 b	*10 Nutzeffektserhöhung durch Ekonomiser.*	2 Einflammrohrkessel.	Planrost, Handbeschickung.	Ekonomiser.
11 a	Städt. Elektrizitätswerk Riga.	Wasserrohrkessel Gehre.	Horizontalplanrost, Handbesch.	Dampfüberhitzer.
11 b	*11 Einfluß der Brennstofftype.*	Wasserrohrkessel Gehre.	Horizontalplanrost, Handbesch.	Dampfüberhitzer.
12	Kraftstation Tiefsack, Hamburg.	2 Steilrohrkessel Syst. Dürr.	Kettenrost.	2 Dampfüberhitzer, 2 Ekonomiser.
13	Rochester Gas & El. Co.	Steilrohrkessel Bigelow-Hornsby.	Lopulcofeuerung für Staubkohle.	Dampfüberhitzer, Ekonomiser, Wasserrohrrost 14,6 qm im Feuerraum.
14	Elektr. Kraftstation Moskau (ehem. 1886er, Rauschufer).	Schiffskessel Babcock-Wilcox.	14 Naphthabrenner Babcock-Wilcox. Mech. Zerstäubung.	2 Dampfüberhitzer, 1 Ekonomiser, Ventilator-Unterwind, Saugzug.
15	Hochofen- und Stahlwerk Hoesch & Co., A.-G.	Zweiflammrohrkessel.	Gas-Rotorbrenner System Eickworth.	
16	Städt. Elektrizitätswerk, Reval.	Wasserrohrkessel Babcock-Wilcox.	Schräg-Vorschubrost.	Dampfüberhitzer, Ekonomiser.

der Dampfkesselanlagen.

	Heizfläche qm			Rostfläche R qm	$H_k : R$	Brennstoff			Heizfl.-Beanspruchung kg/qm/st	Rostfl.-Beanspr. kg/qm/st	kg Dampf von 1 kg Brennst.
	Dampfkessel (H_k)	Überhitzer	Ekonomiser			Benennung	Wärmewert (unt.)kg-kal/kg	Wasser und Asche %			
1	150	25		4,5	33	Prima Birkenholz.	3000		10,0	111	3,19
2	150	30		3,36	45	Gutes Birkenholz.	2900		12,6	229	2,45
3 a	300	69		9	33	Sägereiabfall, Hobel-, Sägespäne.	1477	60 H_2O	19,7	435	1,5
3 b	300	69		9	33	Sägereiabfall, Hobel-, Sägespäne.	1503	59,5 H_2O	25,6	487	1,75
4	491	176	381	16	31	Holzabfälle (Ribbflies), Sägespäne.	1490	58,2 H_2O	20,8	397	1,61
5	86,2	30		2,46	35	Gemisch v. Maschinen- u. Stichtorf.	3100	40 H_2O	17,8	208	2,99
6	56	10		1,2	46,7	Stichtorf versch. Vertorf.-grades.	2540	46 H_2O	9,3	202	2,88
7	325	105		8,28	39,8	Gebrochener Maschinentorf.	3931	etwa 20 H_2O	15,9	158	4,13
8 a	86			2,3	37,3	Schottische Bunkerkohle,	6190	12,3 u. 4,08 ($H_2O + A$)	15,7	107	5,47
8 b	86			2,3	37,3	Schottische Bunkerkohle.	6120	13,2 u. 4,7	18,8	89	5,81
8 c	86			2,3	37,3	Schottische Bunkerkohle.	6098	13,8 u. 5,12	18,5	111	6,22
8 d	86			2,3	37,3	Schottische Bunkerkohle.	6144	12,8 u. 4,71	19,8	113	6,50
9	73,5			2,03	36,2	Schott. Watson-Hartley.	6430	11,6 u. 4,87	26,7	145	6,64
10 a	2×86			2×2,2	39,0	Schott. Watson-Hartley.	6324	12,1 u. 4,4	15,7	92	6,64
10 b	2×86		192	2×2,2	39,0	Schott. Watson-Hartley.	6390	11,5 u. 5,05	18,7	92	7,94
11 a	196,5	46		4,5	43,6	South-Yorkshire (Index 35/70).	6805	6,19 u. 5,08	17,5	112	6,82
11 b	196,5	46		4,5	43,6	Watson-Hartley (Index 39/66,5).	6088	13,2 u. 5,31	18,6	124	6,56
12	2×600	2×129	2×520	2×23,8	25,3	Westfäl. Nußkohle IV.	7526		36,6	101	9,1
13	813	98	222			Pensylvanische Staubkohle.	7355 [oberer]	4,6 u. 9,7	23,8	17,27 je qm Verbrenn.-Raum	9,41
14	1445	375	922			Naphtharückstände.	9727	3,56 u. 0,03	41,2		13,3
15	91,1			Gasdruck i. Brenner 72		Gichtgas 33,7°					
16	376	134	140	12,4	30	Estl. Schiefer I. Sorte.					

Tabelle XXI. Aus der Praxis

		Dampf atü	°C	Speisewasser °C	Unterdruck i. Fuchs mm Wassers.	Rauchgase	
						CO_2 v/₀	Temperatur °C
1	Wasserrohrkessel, Handbesch., Holz.	7,8	218		2	12,0 (CO = 0,1)	246
2	Wasserrohrkessel, Handbesch., Holz.	18,9	312		12	13,2 (CO = 0,1)	352
3 a	Wasserrohrkessel, Halbgasfeuerung, Holzabfälle.	17,8	351	75,4	16, i. d. Feuer. 9	14,7	310
3 b	Wasserrohrkessel, Halbgasfeuerung, Holzabfälle.	16,9	358	75	16, Feuer. 8, u. d. Rost 1,5	14,9	335, vor Luftvorw. 325, nach 159
4	Babcock-Wilcox, Schiffskessel, Handbesch., Sägespäne.	12,4	328	12,9, n. d. Ek. 98,3	20, Feuer. 8	12,4	227, n. Ek. 154
5	Zweiflammrohrkessel, Innenf., Planrost, Handf., Torf.	8	174	55	8, Feuer. 2	13,4 (CO = 1,6)	295
6	Einflammrohr-Rauchrohrkessel, autom. Schrägrostfeuerung, Torf.	6,8	310	8, n. d. Ek. 76,5	7, Feuer. 1,7	10,8 (CO = 0,4)	243
7	Wasserrohrkessel, Kettenrost, Torf.	13,2	324	55		7,2	274
8 a	Einflammrohrkessel, Planrost, Handbesch., Steinkohle.	10,4		10		8, Flammrohr 9	405
8 b	Einflammrohrkessel, Planrost, Handbesch., Steinkohle.	11,5		14		8,7, Flammrohr 9,7	370
8 c	Einflammrohrkessel, Planrost, Handbesch., Steinkohle.	11,8		12		10,4, Flammrohr 13,0	362
8 d	Einflammrohrkessel, Planrost, Handbesch., Steinkohle.	11,7		14		11,4, Flammrohr 14,8	352
9	Zweiflammrohrkessel, Planrost, Handbesch., Steinkohle.	5,7		18,5		13,8 (CO = 0,7), Flammrohr 15,2	447
10 a	2 Einflammrohrkessel, Planrost, Handbesch., Steinkohle.	11,5		17		11,0, Flammrohr 11,5	388
10 b	2 Einflammrohrkessel, Planrost, Handbesch., Steink., mit Ekonomiser.	11,5		40, n. d. Ek. 132		11,5, vor Ek. 9,6, nach Ek. 8,0	363, n. Ek. 191
11 a	Wasserrohrkessel, Planrost, Handbesch., Steink.	10,1	280	74	13	7,6 (CO = 0,8)	312
11 b	Wasserrohrkessel, Planrost, Handbesch., Steink.	10,4	291	77	13,5	9,91 (CO = 0,38)	330
12	2 Steilrohrkessel, Kettenrost, 2 Ekonomiser.	14	365 u. 373	40 u. 120 39 u. 112	18, Feuer. 8 u. 4, vor Ek. 16 u. 15	12,7 u. 10,9 (CO = 0,15)	198 u. 204
13	Steilrohrkessel, Staubfeuerung, Steinkohle.	14,25	253	34,5, n. d. Ek. 65	3,8, i. d. Feuer. 1,8	12,8 (n. Ek.)	301, n. Ek. 192
14	Babcock-Wilcox, Naphthafeuerung.	13,2	232 u. 314	85, n. d. Ek. 84	42,4, i. d. Feuer. 13,5, n. Ek. 55,1	11,3, vor Überh. 14,9, n. Ek. 11,0	288, n. Ek. 152
15	Zweiflammrohrkessel, Gichtgas.	7,7		17	7	22,8 (O = 0,2) (CO = 0)	292
16	Babcock-Wilcox, Estl. Schiefer.	14,1	352	42, n. d. Ek. 100	40	7,3 (CO = 0,2)	303

...er **Dampfkesselanlagen** (Fortsetzung).

	Luftüber-schuß im Fuchs n.	Wärmebilanz				Tag und Dauer des Versuchs
		Nutzbar gemacht (Wirkungsgrad)	Verluste			
			in den Abgasen	in den Rück-stän-den	Rest, Leitung und Strahlung	
1	1,6	**67,9** ohne Überh. 65,4	16,4		15,7	1923 8,25 st
2	1,5	**60,7** ohne Überh. 55,8	22,1		17,2	1923 8,83 st
3 a		**68,9** ohne Überh. 60,4	25,9		5,2	1924 10,12 st
3 b	$t = 30$, n. d. Vor-wärmung: 244°	**79,2** ohne Überh. 68,8 (Ersparung durch Luft-anwärmung 13,0%)	11,1		9,7	1924 10,16 st
4	1,6	**78,9** ohne Ekon. 67,7 ohne Überh. 61,8	18,3		7,8	1923 8 st
5		**62,2** ohne Überh. 60,0	13,7		24,1 (Rest + unv. V.)	25. 8. 1921 6 st
6		**72,5** ohne Überh. 64,2	14,5	2	11 (+ unv. V.)	8. 6. 1922 6 st
7		**77,8** ohne Ekon. 72,3 ohne Überh. 64,6	14,5		7,7	6. 5. 1922 4 st
8 a	2,17 Flammr. 1,9	**57,3**	31,0	5,1	6,6	28. 1. 1900 6,7 st
8 b	1,94 Flammr. 1,7	**61,8**	24,7	7,5	6,0	31. 1. 1900 8,05 st
8 c	1,72 Flammr. 1,38	**66,7**	21,8	4,1	7,4	14. 2. 1900 9 st
8 d	1,53 Flammr. 1,22	**69,3**	19,3	4,8	6,6	18. 2. 1900 8,17 st
9	1,29	**66,4**	20,3 unvollk. Verbr. 4,0	2,1	7,2	26. 8. 1900 7,75 st
10 a	1,66 Flammr. 1,58	**68,0**	22,2	1,8	8,0	23. 8. 1900 8 st
10 b	1,49 nach Ek. 2,15	**77,8** ohne Ekon. 66,2	14,1 ohne Ek. 23,9	1,4	8,5	14. 9. 1900 7,9 st
11 a	2,3	**65,3**	20,6 unv. V. 7,6	1,9	5,2	7. 11. 1905 6,24 st
11 b	1,7	**71,3**	20,3 unv. V. 2,5	0,7	4,8	9. 11. 1905 6,9 st
12	1,5 u. 1,7	**86,9** ohne Ekon. 77,7 ohne Überh. 66,6	9,2 unv. V. 0,7	1,4	1,8	6. 11. 1925 8 st
13		**84,8** ohne Ekon. 80,6	11,9		3,0	Juli, Aug. 1924, 15,1 st
14	1,33, vor Überh. 1,02, n. Ek. 1,37	**91,7** ohne Ekon. 85,1 (für Unterwind u. Feuer. 3,7)	5,8 ohne Ek. 12,7		1,7 ohne Ek. 1,3	10. 1. 1925 6 st
15	$n = {\sim}\,1$, $t =$ 29,3	**78,5**	17,6		3,9	1899 3 st
16	2,4	**67,8** ohne Ekon. 62,1	14,6 unv. V. 1,5	11,3	4,9	7. 6. 1926 6,5 st

Tabelle XXII.

Physikalische Konstanten des Wasserdampfs.

Tem-peratur ° C	Druck			Energie des Dampfes in kal.*)		
	mm Queck-silber	Atmosphä-ren absolut (ata)	kg/qcm	kal. Gesamt-wärme (J) kg-kal/kg	Ver-dampfungs-wärme kg-kal/kg	Äußere Ver-dampfungs-wärme kg-kal/kg
10	9,21	0,0121	0,0125	599,5	589,5	31,3
20	17,5	0,0230	0,0238	604,3	584,3	32,3
30	31,8	0,0418	0,0432	609,2	579,2	33,4
40	55,3	0,0728	0,0752	614,0	574,0	34,4
50	92,5	0,1217	0,1260	618,4	568,5	35,4
60	149,4	0,1966	0,2028	622,8	562,9	36,5
70	233,7	0,3075	0,3175	627,0	557,1	37,5
80	355,1	0,467	0,4827	631,0	551,1	38,6
90	527,8	0,692	0,7198	634,9	545,0	39,6
100	760,0	1,000	1,0333	639,7	538,7	40,7
110	1075	1,414	1,416	643,6	532,1	41,5
120	1489	1,960	2,025	647,4	525,3	42,2
130	2026	2,666	2,755	651,0	518,2	43,0
140	2711	3,576	3,685	654,5	510,9	43,7
150	3571	4,698	4,855	657,8	503,8	44,5
160	4636	6,100	6,303	660,8	476,6	45,1
170	5942	7,818	8,079	663,7	489,4	45,7
180	7521	9,896	10,225	666,3	481,0	46,4
190	9414	11,387	12,799	668,8	472,0	46,6
200	11661	15,343	15,854	671,1	463,0	46,7
210	14308	18,826	19,453		452,8	46,8
220	17399	22,893	23,655	667 675	442,0	46,9
230	10982	27,608	28,527		430,5	46,7
240	25105	33,033	34,132	666 680	418,2	46,4
250	29823	39,241	40,547		404,0	45,4
260	35195	46,309	47,850	665 682		
270	41270	54,303	56,110			
280	48115	63,309	65,42	655 677		
290	55812	73,44	75,88			
300	64450	84,80	87,63	640 672		
310	74050	97,43	100,68			
320	84710	111,46	115,17	620 655		
330	96540	127,03	131,25			
340	109620	144,24	149,04			
350	124040	163,21	168,64			
360	139940	184,13	190,26			
370	157750	207,56	214,47			

*) Der Energiegehalt der unter dem Dampf befindlichen Flüssigkeit ist gleich der Differenz von Gesamtwärme und Verdampfungswärme.

Nun hat aber der Dampf beim Expandieren eine Arbeit geleistet durch Überwinden des Druckes der Atmosphäre. Die äußere Verdampfungsarbeit beträgt für 1 kg Wasser bei 100° und 1 Atm. 40,7 Kal. Bei 158° und 6 Atm. 45 Kal., die Differenz ist eben die Mehrarbeit, die der Dampf noch leisten kann, die bzw. in Betracht kommen könnte. Diese merkbare äußere Arbeit ist aber sehr klein gegenüber der ganzen Verdampfungswärme (40 Kal. von 539 bei 1 Atm. und 45 Kal. von 497 bei 6 Atm.). Sie ändert auch wenig an den obigen 3,08%. Der Rest der Verdampfungswärme wird auf innere molekulare Arbeit verbraucht. Es ist, wie man sieht, der größere Teil.

Berechnet man nun den Wirkungsgrad nach dem Carnotschen Kreisprozeß, so erhält man:

$$\frac{158 - 100}{153 + 273} = 13\%.$$

Das sind natürlich Differenzen, die ohne weiteres nicht in Einklang zu bringen sind. In der Praxis beobachten wir, wie aus der weiter unten befindlichen Tab. XXIII zu ersehen, Nutzeffekte von etwa 10%. Mithin dürfte in unserer ersten Rechnung ein prinzipieller Fehler stecken. Dieses um so mehr, als, wie wir gesehen haben, die Ermittelung des Wirkungsgrades nach dem Carnot-Prozeß mehr Allgemeingültigkeit hat, als es bei oberflächlicher Betrachtung aussieht. Die Sache ist nämlich die, daß wir bei unserer ersten Energierechnung die bei den idealen Gasen prinzipiell ausgeschalteten inneren Arbeitsprozesse nicht berücksichtigt haben, welche bei den Gasen und erst recht bei den Dämpfen nicht übersehen werden dürfen.

Es stellt sich nämlich heraus, daß der Dampf beim Expandieren die Energie nicht allein aus seiner Spannung nimmt, sondern auch einen Teil des Dampfes kondensiert, wodurch bedeutende Mengen Energie, und zwar etwa 530 kg-kal pro 1 kg, aus innerer Arbeit frei werden, die natürlich bei der Dampfbildung aufgewandt worden sind. Den Carnot-Prozeß tangiert es seiner Allgemeingültigkeit wegen eben weiter nicht. Beim Eindringen in das Wesen der Zustandsänderungen des Wasserdampfes finden wir gerade die innere Arbeit als ausschlaggebendes Moment. Es kommt noch dazu, daß nicht der Carnotsche, sondern andere Kreisprozesse in Frage kommen. Das Verständnis und die praktische Erfassung der komplizierten Vorgänge wird ganz wesentlich gefördert, wenn wir in unsere thermodynamischen Betrachtungen einen weiteren Begriff, und zwar den Begriff der **Entropie,** einführen. Wir tun es um so lieber, als kein akademisch gebildeter Ingenieur ohne diesen Begriff auskommen sollte.

Gehen wir hier von dem Begriff der Arbeit, d. h. der Größe Kraft mal Weg aus. Beide Faktoren können unabhängig voneinander nicht bestehen. Wenn wir eine beliebige Spannung, ein Potential, haben, so muß sie, um Arbeit leisten zu können, eine Dimension, eine Art Weg, haben, auf der sie sich betätigen kann. Ohnedem kann sie nichts leisten. Ist die Spannung ein direktes Gewicht, so schafft sie Arbeit, indem das Gewicht sich auf der Dimension „Weg" betätigt. Die betreffende Arbeitseinheit ist das Meterkilogramm. Steht ein Gas unter einem bestimmten Druck, der in Atmosphären je Quadratze᛫ timeter gemessen wird, so kommt die Wirkung dieses Potentials zwecks Arbeitsleistung in der Volumverminderung bzw. -vermehrung zum Ausdruck. Die Dimension ist hiermit bei dieser Art Arbeit, wie wir eben ausgeführt haben, die „Volumänderung". Wir haben aber vor kurzem einen weiteren Begriff einer Spannung kennengelernt: das ist die Temperaturdifferenz, in deren Grenzen sich der Arbeitsprozeß abspielt. Fehlen diese Temperaturgrenzen, so kann auch keine Arbeit geleistet werden. Die Analogie mit den soeben betrachteten Prozessen ist nicht zu übersehen.

Hier hat uns unsere Entwicklung zu einer prinzipiell äußerst wichtigen Erkenntnis geführt, was eine Abschweifung durchaus berechtigt erscheinen läßt.

Wir haben hier nämlich den Ausdruck für den sog. zweiten Grundsatz der Thermodynamik, welcher lautet: Arbeit kann nur in dem Falle von einer Wärmequelle geleistet werden, wenn eine Temperaturdifferenz besteht, d. h. Wärme von höherer Temperatur zu niedrigerer Temperatur fließt. Die im warmen Meerwasser aufgespeicherten gewaltigen Wärmemengen können daher nur ausgenutzt werden, wenn wir irgendwo ein genügend großes Reservoir von niedrigerer Temperatur haben[24]). Den ersten Grundsatz der Thermodynamik, daß Energie nicht verlorengehen kann, setze ich als genügend bekannt voraus.

Wir müssen nun zu dem in dem Kreisprozeß zum Ausdruck

---

[24]) Etwa am Meeresboden. Neuerdings sind von vielen Seiten Vorschläge zur praktischen Ausnutzung dieser von der Natur gebotenen Temperaturdifferenz gemacht worden. Über den zweiten Satz der Thermodynamik s. auch Fußn. 23.

kommenden Temperaturpotential die dazugehörige Dimension aufsuchen, welche erst die Möglichkeit schafft, Arbeit zu leisten. Wollen wir dabei mathematisch zu Werke gehen. Bezeichnen wir mit P die Schwere eines Gewichts, mit s den Weg, auf welchem sich das Gewicht bewegt, und mit L die Arbeit, die das Gewicht leistet, so gilt, wenn dL ein sehr kleines Stück Arbeit, das Arbeitsdifferenzial, und ds ein kleines Stück Weg, die unendlich kleine Strecke, bedeuten,

$$dL = P \cdot ds \quad \ldots \ldots \ldots \quad (54)$$

Nehmen wir die Arbeitsleistung eines Gases, welches in komprimiertem Zustande einen konstanten Druck, etwa den Luftdruck $= 1$ Atm., überwindet, so erhalten wir, wenn wir mit p den Druck und mit v das Gasvolumen bezeichnen, das hinzugekommen oder verschwunden ist, den Ausdruck

$$dL = p \cdot dv \quad \ldots \ldots \ldots \quad (55)$$

Die Einheiten sind mechanische. Das Wärmeäquivalent gibt die Beziehung zur andern Energieform, zur Wärme (Tab. I, S. 24), wobei folgende Beziehungen gelten:

$$Q = \frac{L \, \text{m-kg}}{427} \, \text{kal} \quad \ldots \ldots \ldots \quad (56)$$

Wir können nun einen analogen Ausdruck für die Arbeit des Kreisprozesses finden. Das Potential, das dem Gewicht und dem Druck entspricht, ist in diesem Falle die Temperatur T. Die Arbeit ist, wie wir eben gesehen haben, die hervorgebrachte Energie, in diesem Falle die Wärme, also Q, und das noch unbekannte Etwas, die Dimension, bei welcher erst die Arbeit geleistet werden kann, bezeichnen wir vorläufig mit S. Wir haben dann

$$dQ = T \cdot dS \quad \ldots \ldots \ldots \quad (57)$$

und

$$dS = \frac{dQ}{T} \quad \ldots \ldots \ldots \quad (58)$$

d. h. S bedeutet die Veränderung der Energiemenge mit der Temperatur, d. h. mit dem Potential. Diesen Begriff nennt man eben Entropie. Da Arbeit aus Energiegehaltsänderung nur durch Zustandsänderung (z. B. in Kreisprozessen) möglich ist, so zeigt die Entropie also an, ob in dem Energiegehalt des Gases eine Änderung im Sinne einer gewissen Richtungsverschiebung (etwa des Alterns) vor sich gegangen ist oder nicht.

Versuchen wir, uns nun noch den Begriff der Entropie etwas anschaulicher zu machen. Aus der Formel (58) ist zu ersehen, daß die Entropie umgekehrt proportional der Temperatur ist. Fällt die Temperatur, so steigt die Entropie. Mit der Temperatur fällt aber durch Zustandsänderung der Energiegehalt des Gases, mithin könnte man die Entropie als Gehalt an Energie des Gegengefäßes ansehen, wohin die verschwundene Energie abfließt. Ist die gesamte Weltenergie verbraucht, so ist dieses Gefäß sozusagen zum Überlaufen voll. Man sagt: die Entropie hat ihr Maximum erreicht. Technisch gedacht, strebt der Ablauf der Weltmaschine dem Entropiemaximum, dem sog. Kältetod zu.

Neue Forschungen und Betrachtungen naturphilosophischer Natur haben aber gezeigt, daß die Sache nicht so einfach ist.

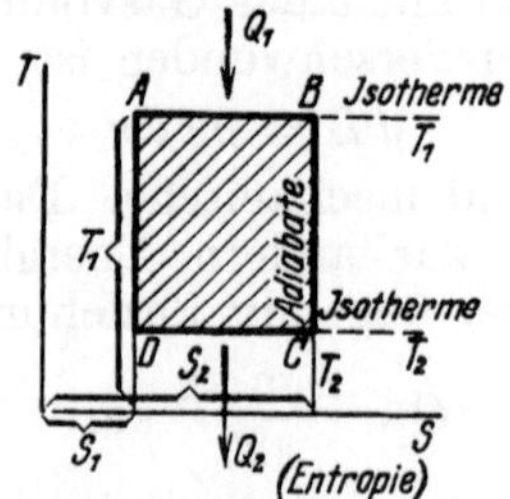

Abb. 68. Entropiediagramm des Carnotschen Kreisprozesses.

Das in der Abb. veranschaulichte Arbeitsdiagramm stellt sich hier sehr einfach dar, weil die Zustandsänderungen einesteils bei konstanten Temperaturen, d. h. isotherm (T = const.), also parallel zur Abszisse, oder bei konstanter Entropie, d. h. isentropisch = adiabatisch (S = const.), also parallel zur Ordinate verlaufen.

Kehren wir nun zu unseren nüchterneren Betrachtungen zurück, so finden wir in erster Linie, daß durch die Einführung des Begriffes der Entropie sich manches wesentlich vereinfacht. Wählen wir als Abszisse die Entropie und als Ordinate die Temperatur, so erhalten wir ein System, das sinngemäß dem Koordinatensystem $p - v$ entspricht. Der Carnotsche Kreisprozeß stellt sich aber hier besonders einfach dar (Abb. 68). Da bei der adiabatischen Expansion im isolierten Gefäß kein Wärmewechsel des Gases mit der Umgebung vor sich geht, bleibt $dQ = O$ und mithin auch $dS = O$, damit auch seine Entropie konstant (daher heißt die adiabatische Expansion auch die „isentropische"). Die adiabatische Expansionskurve wird mithin zur Abszisse senkrecht stehen. Natürlich wird bei der isothermischen Expansion, wo keine Temperaturänderung vor sich geht, die betreffende Kurve eine Linie darstellen, welche zur Ordinate senkrecht steht.

Führen wir nun einen Carnotschen Kreisprozeß vom Punkte A ausgehend durch, so wird bei der isothermischen Expansion, entsprechend dem von uns gewonnenen Begriffe der Entropie, diese sich vergrößern. Wir müssen also die Linie von links nach rechts ziehen, müssen darauf für die adiabatische Expansion die Linie BC senkrecht zur Abszisse führen und erhalten schließlich ein Rechteck als Entropiediagramm des Carnotschen Kreisprozesses.

Die Benutzung des Koordinatensystems TS bringt auch praktische Vorteile mit sich. Da nämlich sowohl die Adiabaten als auch die Isothermen durch gerade Linien ausgedrückt werden, läßt sich der praktische Verlauf von Zustandsänderungen sowohl nach der einen als nach der anderen Expansion durch das Lineal leicht konstruktiv verfolgen. So läßt sich aus Versuchen und theoretisch-thermodynamischen Überlegungen heraus für den Dampf eine Entropie-Temperaturtafel konstruieren, welche die Zustände des Dampfes für das ganze Gebiet des gesättigten und überhitzten Dampfes enthält. Noch übersichtlicher werden die Verhältnisse, wenn man im Entropiediagramm als Ordinate anstatt der Temperatur die Wärmeinhalte J einführt, da sie ja der Temperatur proportional sind. Sie sind freilich nicht genau proportional, doch wird der Sinn der Darstellung nicht verändert. Die Adiabaten bleiben dabei vor allem gerade Linien.

Abb. 69 zeigt ein solches von Mollier stammendes Diagramm. Dortselbst ist außer Temperatur und Druck des Dampfes noch der Gehalt an trocknem Dampf (x) bei verschiedenem Druck angegeben. Diese Tafel gibt uns nun die Möglichkeit, die zu Beginn dieses Kapitels gestellte Aufgabe zu lösen. Zieht man nämlich von dem Punkt des bei 6 ata gesättigten Wasserdampfes eine senkrechte Linie auf die Abszisse S zu, was eine adiabatische Expansion darstellen würde, so kommt man bei 1 Atm. auf einen Punkt, welcher den Dampfgehalt des Dampfes zu 90,3% angibt. Der Auspuffdampf enthält mithin rund 9,7% Wasser. Da der Dampfzylinder wärmeisoliert ist, so entspricht in ihm die Expansion einer adiabatischen. Der Dampf hatte also bei der inneren Arbeit der Expansion durch den sich kondensierenden Teil abgegeben

$$650 \cdot 0{,}097 = 63 \text{ kal.}$$

Ferner ist sein Energie- bzw. Wärmeinhalt von 650 auf 630, also um 20 Kal. gesunken, im ganzen hat er also 83 kal. hergegeben, das gibt den noch immer sehr geringen Betrag

$$\frac{83 \cdot 100}{650} = 12{,}7\%.$$

Die von dem Dampf geleistete Arbeit des Überwindens des Atmosphärendruckes brauchen wir nicht zu berücksich-

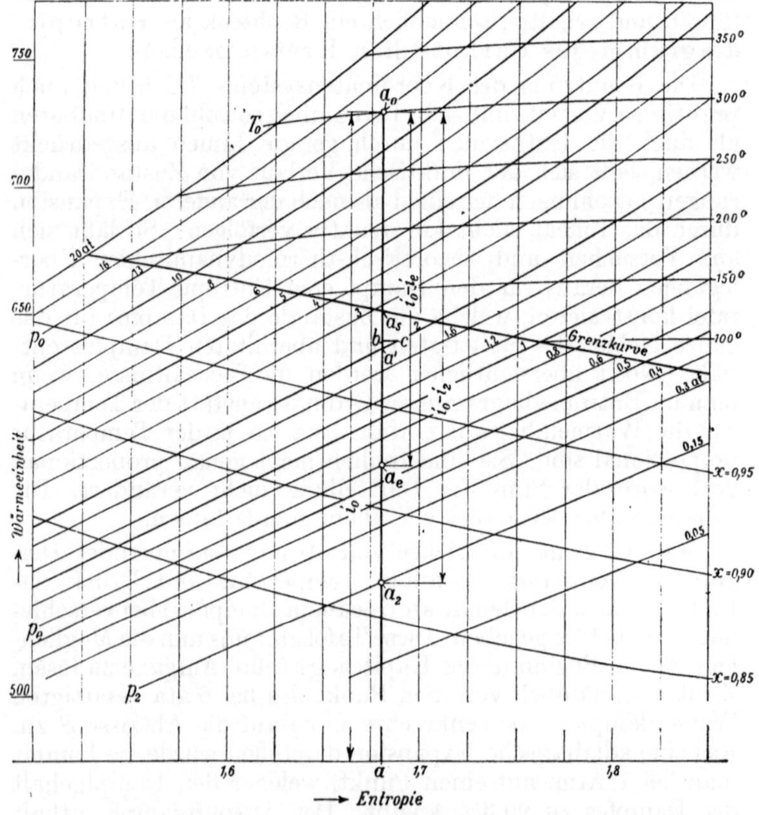

Abb. 69. I.-S.-Diagramm nach Mollier für Wasser.

Die Abszisse gibt die Entropiewerte, die Ordinate den Wärmeinhalt des Wassers für verschiedene Aggregatzustände (Phasen). Die Grenzkurve ist der Zustand des gesättigten trocknen Dampfes. Darüber ist überhitzter, darunter nasser Dampf. Den Gehalt an trocknem Dampf des letzteren geben die Zahlen x an. Die Werte p sind Dampfdrucke.

tigen, weil sie sehr gering ist. (S. 249.) Die erhaltene Zahl kommt natürlich der praktischen Zahl wie auch der nach dem Catornchen Kreisprozeß berechneten sehr nahe.

Der in den Dampfmaschinen sich abspielende Prozeß ist

natürlich wegen der dort auftretenden Beträge von innerer Arbeit kein Carnotscher. Man bemüht sich jedoch, sich des

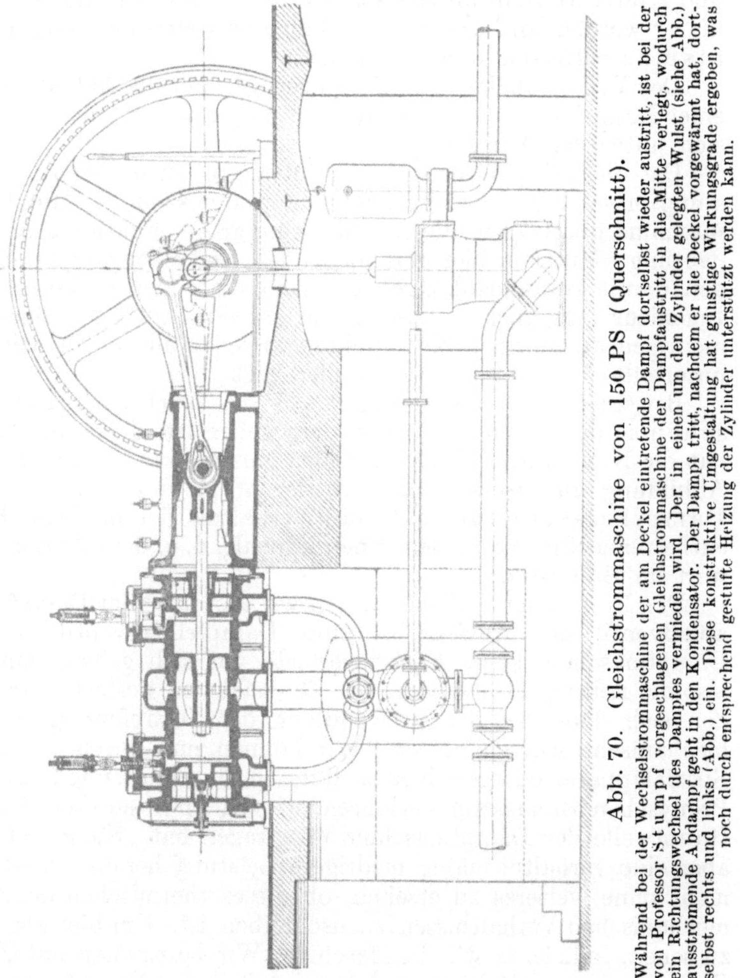

Abb. 70. Gleichstrommaschine von 150 PS (Querschnitt).

Während bei der Wechselstrommaschine der am Deckel eintretende Dampf dortselbst wieder austritt, ist bei der von Professor Stumpf vorgeschlagenen Gleichstrommaschine der Dampfaustritt in die Mitte verlegt, wodurch ein Richtungswechsel des Dampfes vermieden wird. Der in einen um den Zylinder gelegten Wulst (siehe Abb.) ausströmende Abdampf geht in den Kondensator. Der Dampf tritt, nachdem er die Deckel vorgewärmt hat, dortselbst rechts und links (Abb.) ein. Diese konstruktive Umgestaltung hat günstige Wirkungsgrade ergeben, was noch durch entsprechend gestufte Heizung der Zylinder unterstützt werden kann.

hohen Nutzeffektes des letzteren wegen ihm zu nähern, d. h. den Kreisprozeß der Dampfmaschine zu carnotisieren, wobei man die Ideen des Kreisprozesses nicht ausschließlich auf die Vorgänge im Dampfzylinder beschränkt, sondern auch auf den Dampfkessel ausdehnt, was ja durchaus dem Begriff des thermischen Nutzeffektes entspricht. Es ist auch ohne weiteres verständlich, wenn man die ganze Dampf-, Wärme- und Kraftwirtschaft als Kreisprozeß betrachtet, was uns noch klarer werden wird, wenn wir später den Betrieb als Organismus auffassen lernen werden.

Der Vollständigkeit halber bringen wir hier die Abbildung einer Dampfmaschine (Abb. 70). Die Erläuterungen befinden sich unter der Abbildung.

Die oben S. 237 für den Heißluftmotor angegebene Leistungsbilanz läßt sich sinngemäß ohne weiteres auf die Dampfmaschine übertragen und hat hier eine große praktische Bedeutung. Mit dem hier einschlagenden Gedankengange und den damit zusammenhängenden Zahlen hat der praktische Ingenieur tagtäglich zu tun, indem er beim Auftreten eines niedrigen allgemeinen Nutzeffektes wissen muß, wo in dem unterteilten Nutzeffekte der Fehler liegt.

Bei einer Dampfanlage ergibt sich ein Wirkungsgrad- schema, das durch Abb. 71 wiedergegeben ist. Bekanntlich hat die Kesselanlage ihren speziellen Nutzeffekt, wie aus der Abbildung zu ersehen. η_k wäre der Wirkungsgrad der Dampfkesselanlage, d. h. das Verhältnis der im Dampf enthaltenen Energie zu dem Energiegehalt, d. h. dem Wärme- wert im Brennstoff.

Der Einfachheit halber nehmen wir an, daß vom Dampf- ablaßventil des Kessels bis zum Dampfeinlaßventil der Dampfmaschine keine Energieverluste vor sich gehen, daß also die Leitung ideal isoliert ist. Die nächsten Verluste wer- den sich dann bei der Verwandlung der Dampfenergie in mechanische Energie zeigen. Wir können nun durch einen Spezialapparat oder zur Not auch durch die Benutzung eines Pronyschen Bremszaums erfahren, wieviel Pferdestärken die Hauptwelle der Dampfmaschine übertragen hat. Stellt sich aber eine verhältnismäßig niedrigere Leistung heraus, so ist nicht ohne weiteres zu ersehen, ob dieses thermischen oder mechanischen Verhältnissen zuzuschreiben ist. Um hier klar zu sehen, indizieren wir die Maschine. Wir bestimmen unter Benutzung eines Indikators das die Arbeit des Dampfes im Zylinder wiedergebende pv-Diagramm und erhalten die sog. indizierte Leistung. Sie gibt uns die Möglichkeit, den ther- mischen Prozeß vom mechanischen zu trennen.

Der Dampfverbrauch wird durch Messen des Kesselspeise- wassers bestimmt. (Natürlich muß in diesem Falle der Dampf

nur für die Dampfmaschine entnommen werden.) D_w sei die
je indizierte Pferdekraft verbrauchte Dampfmenge.

Da das mechanische Wärmeäquivalent (Tab. I) 427 kg beträgt, so wäre die einer Pferdekraftstunde gleichwertige
Wärmemenge

$$\frac{3600 \cdot 75}{427} = 632 \text{ Kal.}$$

Wenn das Kesselspeisewasser $t_{spw}°$ warm ist, und J den
Wärmeinhalt des Dampfes bedeutet (Tab. XXII), so ist der
Wärme- bzw. Energieinhalt des Dampfes in Kalorien aus-

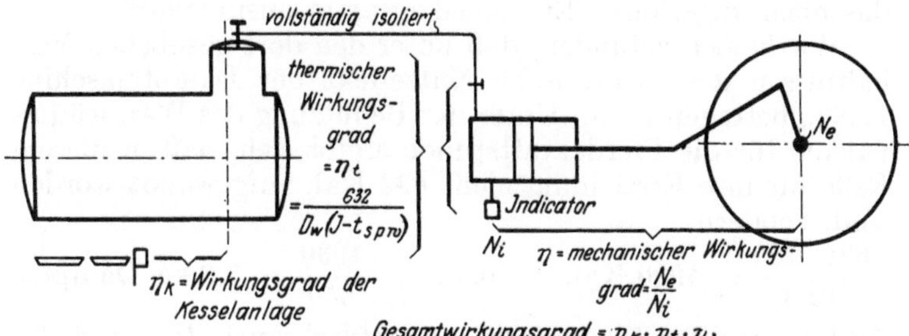

Abb. 71. Wirkungsgradschema einer Dampfkraftanlage.
Der Wirkungsgrad der Gesamtanlage wird durch Einzelfaktoren bestimmt. Der Wirkungsgrad
der Kesselanlage ist das Verhältnis der im ausströmenden Dampf enthaltenen Energie zur
chemischen Energie des verheizten Brennstoffes. Der thermische Wirkungsgrad der Dampfmaschine (η_t) ist das Verhältnis der im Indikatordiagramm in Erscheinung tretenden Energie zu der im einströmenden Dampf enthaltenen und der mechanische Wirkungsgrad (η)
das Verhältnis der durch die Dampfmaschine übertragenen Kraft zu der dem Indikator-
Diagramm entsprechenden.

gedrückt $J - t_{spw}$. Dann finden wir die im Zylinder für
Arbeitsleistung ausgenutzte Wärmemenge des Dampfes, d. h.
den thermischen Wirkungsgrad, wie folgt:

$$\eta_t = \frac{632}{D_w(J - t_{spw})} \quad \ldots \ldots \ldots \quad (59)$$

Wenn wir mit N_e die durch die Hauptwelle der Dampfmaschine übertragene Kraft bezeichnen, so erhalten wir, falls
N_i die indizierte Leistung bedeutet, den mechanischen
Wirkungsgrad

$$\eta = \frac{N_e}{N_i} \quad \ldots \ldots \ldots \ldots \quad (60)$$

Nun müssen wir noch den Begriff für den thermodynamischen
Wirkungsgrad festlegen.

Es können Kondensationsverluste und Verluste durch unvollkommene Ausnutzung der Expansion u. dgl. m. auftreten, welche, wenn man so sagen soll, die Güte des Kreisprozesses vermindern und die Einführung des Begriffes — thermodynamischer Wirkungsgrad — erforderlich machen.

Das wäre das Verhältnis der theoretisch je Pferdekraft erforderlichen Dampfmenge D_{th} zu dem bereits oben erwähnten tatsächlichen Dampfverbrauch D_w. Man könnte hier für die Feststellung des Begriffes D_{th} den Carnotschen Kreisprozeß heranziehen. Da aber der Kreisprozeß der Dampfmaschine im Wesen von dem Carnotschen abweicht, muß man hier die Eigenschaften des Wasserdampfes berücksichtigen und mithin das oben angeführte Entropiediagramm ausnutzen[25]).

Wir hatten gefunden, daß unter den dort gegebenen Verhältnissen der theoretische Nutzeffekt der Dampfmaschine 12,8% betragen muß. Unter der Benutzung des Wärmeäquivalents für die Pferdekraftstunde ergibt sich, daß in diesem Falle für ihre Erreichung nicht 632 Kal. aufgewandt worden sind, sondern

$$\frac{632 \cdot 100}{12,8} = 4930 \text{ Kal.} \qquad \text{oder} \qquad \frac{4930}{650} = 7,6 \text{ kg Dampf.}$$

7,6 kg wäre der theoretische Dampfverbrauch D_{th}, und der thermodynamische Wirkungsgrad würde dann sein:

$$\eta_{th\,d} = \frac{D_{th}}{D_w} \quad \dots \dots \dots \dots \quad (61)$$

Im Zusammenhang mit dem früher Gesagten ergeben sich auch Richtlinien, wie der Nutzeffekt des Dampfmotors — die Dampfturbinen sind hier mit einbegriffen — erhöht werden kann. Praktisch muß alles vermieden werden, was Reibungs- und Abkühlungsverluste gibt. Die theoretische Lösung ist vorgezeichnet durch das Erfordernis, die Potentialdifferenz möglichst hoch zu gestalten, d. h. den Ausdruck $T_1 - T_2$ möglichst hoch zu wählen. Wie oben bereits auseinandergesetzt, steigt der Nutzeffekt auf 100, wenn man zum absoluten Nullpunkt heruntergeht. Wir müssen uns natürlich mit dem begnügen, was uns die Umgebung liefert. Unter die Temperatur des uns von der Natur gelieferten Kühlwassers, etwa 10°, können wir im Mittel nicht gehen.

Wie bereits erwähnt, kann man dagegen mit dem oberen Potential weit hinaufgehen durch Dampfüberhitzung, was

---

[25]) Man wählt auch als Grundlage einen vom Carnotschen abweichenden, dem Wasserdampf mehr angepaßten Normalkreisprozeß für den Vergleich mit dem praktisch abgelaufenen.

vom rein thermodynamischen Standpunkt geboten ist. Auch der Druck im Dampfkessel kann hinaufgetrieben werden, was jedoch mit teils praktischen, teils theoretischen Schwierigkeiten verbunden ist. Daher hat man trotz einzelner Versuchsanlagen mit weit über 100 atü in der Praxis vorläufig bei etwa 30 atü haltgemacht [26]).

Auch hier führe ich eine die praktischen Daten betreffende Tabelle (XXIII) an, deren Zahlen durch die vorhergehende Auseinandersetzung ganz wesentlich dem Verständnis nähergebracht worden sind (L. „Hütte").

Es liegt nicht in dem Sinn unserer Aufgabe, in die speziellen Details der konstruktiven Ausgestaltung der Dampfmaschinen einzudringen, die sehr komplizierter Natur sind. Ich bringe hier nur das Indikatordiagramm einer Auspuffmaschine (Abb. 72).

Wenn man mehrere Zylinder benutzt, die hintereinander geschaltet werden, erhält man eine mehrstufige Expansion des Dampfes, die einige konstruktive Vorteile bringt, wie Verringerung des Einflusses der schädlichen Räume und der Niederschläge, aber auch ihre Nachteile hat, wie komplizierteren Bau, größeren Ölverbrauch u. dgl.

Aus der unter der Abbildung befindlichen Erläuterung ersieht man, wie die Arbeitsart in Abhängigkeit von der konstruktiven Ausgestaltung im Diagramm zum Ausdruck kommt. Auf die verschiedenen hier mit hineingehörenden Typen der Dampfmaschine, wie Gleichstrommaschinen u. dgl., kann ich hier nicht weiter eingehen. Um zu zeigen, wie diese scheinbar theoretisch nebensächlichen Verhältnisse auch die wirtschaftlichen Gesichtspunkte beeinflussen können, zitiere ich einen Abschnitt aus Pohlhausen (L. 44, S. 8):

„Die Größe des Dampfeintrittes oder der Füllung wird durch das Verhältnis S_1/S des Füllungsweges S_1 zum Kolbenhube S ausgedrückt. Es wird als Füllungsgrad oder kurz auch als Füllung bezeichnet. Bei Maschinen mit Füllungsregelung heißt ferner der meistgebrauchte Füllungsgrad die normale Füllung. Sie wird zur besten normalen oder wirtschaftlich günstigsten, wenn die Ausgaben für Brennstoff, Wartung, Schmierung und Unterhaltung,

---

[26]) Man baut jetzt wohl Dampfanlagen bis 200 atü, aber nur zu dem Zweck, um eine bessere Dampfüberhitzung zu erhalten, da das Überhitzen des Dampfes der schlechten Wärmeleitfähigkeit des überhitzten Dampfes wegen gar nicht so einfach ist. Es bleiben nämlich aus diesem Grunde in ihm lange viele Wassertropfen schweben. Von je höherem Anfangsdruck man ausgeht, desto vollkommener wird die Überhitzung, da ja bei der kritischen Temperatur der Meniskus zwischen Flüssigkeit und Dampf verschwindet.

Tabelle
Aus der Praxis der

Maschine			Einströmungs-spannung	Verbrauch kg/PS$_i$-st
Ein-zylinder-maschine	Auspuff	Gesättigter Dampf . . . 300 bis 350° Überhitzung	10 bis 12 at	10 bis 8,5 7,25 bis 6
	Konden-sation	Gesättiger Dampf . . . 300 bis 350° Überhitzung	8 bis 10 at 10 bis 12 at	7,5 bis 7 5,2 bis 4,5
Zwei-zylinder-maschine	Konden-sation	Gesättigter Dampf . . . 270° Überhitzung . . . 300 bis 350° Überhitzung	8 bis 12 at	7,5 bis 5,5 6 bis 4,8 5 bis 4,2
Drei-zylinder-maschine	Konden-sation	Gesättigter Dampf . . . 270° Überhitzung . . . 300 bis 350° Überhitzung	12 bis 15 at	6 bis 5,1 5 bis 4,5 4,5 bis 4

einschließlich derjenigen für Verzinsung und Abschreibung der
Anlage, wozu auch die Rohrleitungen, das Maschinenhaus, unter
Umständen auch noch andere Zubehörteile zu rechnen sind, bezogen
auf die Nutzpferdestärke, ein Minimum werden. Die normale
Füllung fällt nicht mit derjenigen des kleinsten Dampfverbrauches
zusammen; sie ist größer als diese. Bei einer verlustlosen Maschine
würde die Füllung des kleinsten Dampfverbrauches diejenige sein,
bei der das Indikatordiagramm am Ende der Expansion in eine
Spitze ausläuft, weil dann die Diagrammfläche und also auch die
indizierte Arbeit am größten wird. Das lange spitze Ende des Diagramms bietet indes verhältnismäßig wenig Arbeit, vergrößert aber
den Hub, die Verluste und Anlagekosten der Maschine bedeutend.
Bei Berücksichtigung der Verluste ergibt sich deshalb als Füllung
des kleinsten Dampfverbrauches für Einzylindermaschinen eine
Expansionsspannung p, die um 0,3 bis 0,5 Atm. größer als die
Austrittsspannung p_2 ist. Bei der wirtschaftlich günstigen Spannung
liegt p noch höher.

An neuen Maschinen bemißt man die zur normalen Belastung
gehörige Füllung gewöhnlich so, daß sie zwischen der wirtschaftlich
günstigen und derjenigen des kleinsten Dampfverbrauches liegt.
Dabei ist zu beachten, daß bei derselben Leistung mit wachsender
Füllung die Anlage-, Verzinsungs- und Abschreibungskosten wegen
der kleineren Abmessungen der Maschine sinken, die Brennstoff-
kosten dagegen steigen, weil mit der größeren Füllung auch die
Expansionsendspannung steigt, die Dampfausnützung schlechter
wird. Mit abnehmender Füllung findet bis zu einer gewissen Grenze
das Umgekehrte statt. Bei hohen Brennstoffpreisen und unterbrochenem Betriebe, wo die Anlage-, Verzinsungs- und Abschreibe-
kosten weniger ins Gewicht fallen, wird man daher die normale
Füllung kleiner als bei niedrigen Brennstoffpreisen bzw. mehr
unterbrochenem Betriebe wählen.‘‘

XXIII.
Dampfmaschinen (Nach „Hütte").

Wärme-verbrauch WE/PS$_i$-st	Thermischer Wirkungsgrad	Thermo-dynamischer Wirkungsgrad	Speisewasservorwärmung erzielbar bis
6670—5680 5300—4530	0,095—0,110 0,119—0,140	0,645—0,716 0,768—0,810	über 90°
5300—4670 3800—3400	0,127—0,135 0,166—0,186	0,520—0,534 0,636—0,674	30 bis 45°, je nach Luftleere
5000—3700 4300—3400 3660—3200	0,127—0,172 0,147—0,184 0,173—0,199	0,520—0,665 0,591—0,695 0,682—0,722	30 bis 40°, durch Dampfent-nahme aus dem Aufnehmer 60 bis 100°
4000—3400 3600—3200 3300—3000	0,158—0,185 0,177—0,197 0,192—0,209	0,606—0,680 0,667—0,717 0,714—0,735	20 bis 30°. Dampfentnahme zur Vor-wärmung, nur bei Schiffsmaschinen mitunter im Gebrauch.

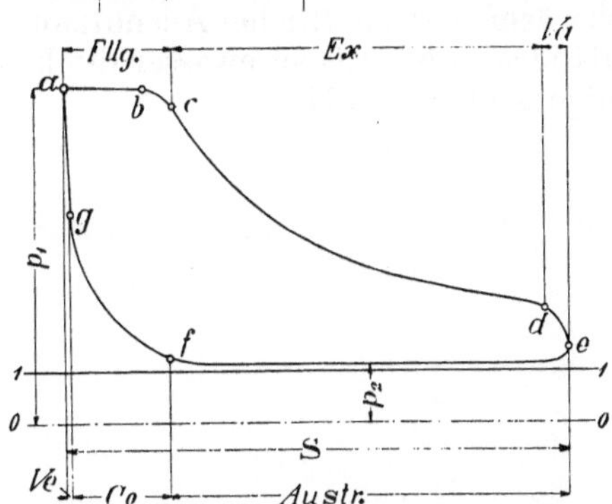

Abb. 72. Der Deckselseite einer Auspuffdampfmaschine entnom-menes Diagramm.

Die Form des Diagramms entsteht zwangläufig infolge entsprechend gewählter Konstruktion der Dampfeinström- und Auslaßventile, wodurch die Zeit ihres Eingreifens im Verhältnis zum Hubweg geregelt ist. In vorliegendem Diagramm entspricht: abc dem Dampfeintritt, bei dem die Eintrittsspannung p_1 so weit sinkt, als es die verschiedenartigen Widerstände und Umstände bedingen; cd der Expansion, während welcher die Spannung des frischen Dampfes mit zunehmendem Volumen und Kolbenweg fällt; de dem Dampfvoraustritt, durch den der Dampfdruck auf den Gegendruck p_2 gebracht wird; ef dem Dampfaustritt bei konstantem Gegendruck p_2; fg der Kompression, bei der die Spannung des Restdampfes mit abnehmendem Volumen steigt; ga dem Dampfvoreintritt, durch den der Restdampf auf die Eintrittsspannung p_1 gebracht wird. Die Linie $1-1$ entspricht dem äußeren Atmosphärendrucke, diejenige $0-0$ der Nullpressung. Jene heißt die atmosphärische, diese die Nullinie. Bei Kondensationsmaschinen liegt die Austrittslinie ef, dem geringeren Gegendruck p_2 entsprechend, tiefer als bei Auspuffmaschinen und unterhalb der atmo-sphärischen Linie. Das Indikatordiagramm ist wie jedes pv-Diagramm ein Arbeitsdiagramm. Seine im Arbeitsmaßstab gemessene Fläche ist also, wenn die Ordinaten die Dampfspan-nungen in at darstellen, gleich der Arbeit, die der Dampf auf der betreffenden Kolben-seite pro Quadratzentimeter der nutzbaren Kolbenfläche während einer Umdrehung der Maschine leistet. Diese Arbeit heißt die indizierte Arbeit von 1 cm² der Kolbenseite während eines Doppelhubes.

Wie die in diesem Kapitel geschilderten Verhältnisse weiter im ganzen Bilde der Dampf- bzw. Energiewirtschaft zum Ausdruck kommen, werden wir im Schlußkapitel sehen.

Die Dampfturbinen, die sich in konstruktiver Beziehung prinzipiell von den Dampfmaschinen unterscheiden, man könnte sagen vorteilhaft unterscheiden, da sie in der Grundidee, wie die Wasserturbine, einfacher sind, sind besonders für große Aggregate, etwa von 100 PS an, der gegebene Dampfkraftmotor. Die Einfachheit der Konstruktion bringt es auch mit sich, daß die mehrstufige Expansion viel leichter durchzuführen ist. Auch in den weiter unten geschilderten komplizierten Betriebsorganismus der modernen energiewirtschaftlichen Anlagen ist die elastischere Turbine bequemer einzuschalten.

Aber auch als kleiner Antriebsmotor bürgert sich die Turbine, z. B. für Pumpenantrieb, immer mehr ein. So liegt schon ein großer Vorteil darin, daß der ölfreie Abdampf der Turbinen nach wärmewirtschaftlicher Ausnutzung seiner latenten Energie als ideales Kesselspeisewasser direkt zu brauchen ist. Siehe übrigens oben S. 164.

IV. Betriebsorganismus und Energiewirtschaft.

Einführung.

Es ist nicht sehr lange her, daß der Begriff der Energiewirtschaft seine jetzige Bedeutung erhalten hat. Auch heute stellt er in manchen Betrieben etwas mehr oder weniger Abstraktes dar. Es liegt nicht so weit zurück, als daß die „ältesten Leute" sich nicht mehr dessen erinnern könnten, daß man beim Einrichten eines Betriebes darauf ausging, in erster Linie mechanische Kraft, Dampf oder Wärme, zu erzeugen und sich erst in zweiter Linie dafür interessierte, ob der Nutzeffekt der Anlage wirklich genügend hoch war. Sind doch Zeitschriften, wie das „Archiv für Wärmewirtschaft" u. dgl., welche die Energiewirtschaft besonders betonen, erst nach dem Kriege entstanden. Charakteristisch ist es vielleicht, daß die „Zeitschrift für Dampfkessel- und Maschinenbetrieb", die vor dem Kriege die Betonung auf die Apparate legte, sich neuerdings die Bezeichnung „Die Wärme" beigelegt, d. h. die Betonung auf die Energie übergeführt hat. Diese Schwerpunktsverlegung ist in allen Ländern zu sehen.

Angesichts der Bedeutung der Energiewirtschaft habe ich nicht nur jede Gelegenheit benutzt, um in dem Buche sie durchblicken zu lassen, sondern habe das ganze Thema so entwickelt, daß zugleich mit der technischen Schulung des Geistes und der Entwicklung der Beobachtungsgabe auch das Verständnis für energiewirtschaftliche Probleme geweckt werden sollte. Folgerichtig müßte nun das Gebotene in ein organisches Ganzes zusammengefaßt werden. Ich will es versuchen, zu tun, so gut es in beschränkter Form geht. Dabei könnte man entsprechend der in der Überschrift gestellten Aufgabe so vorgehen, daß man von folgenden Gesichtspunkten aus das Thema entwickelt: In einem Industrieunternehmen muß zuerst ein Organismus geschaffen werden, der lebensfähig ist, d. h. mit dem man wirtschaften kann. Darauf muß man zusehen, daß auch richtig gewirtschaftet wird.

1. Der Betriebsorganismus.

Lebensfähigkeit eines industriellen Organismus. Abhängigkeit von wirtschaftlichen und politischen Momenten. Beziehung zum Kapital. Valutafragen. Technische Grundsätze der Energiewirtschaft. Forderung der Gleichmäßigkeit und Kontinuität für alle industriellen Prozesse gleich wichtig. Anwendung auf Dampfkraftbetrieb. Schaubilder der Energieverteilung. Bedeutung der Energiewirtschaft in der Kesselanlage. Ihre Beziehung zur Kraftwirtschaft. Unterbau der Wärmewirtschaft unter die Kraftwirtschaft. Dampfspeicher. Ihre allgemeine und spezielle Bedeutung. Beispiele. Erzielung der Betriebsgleichmäßigkeit durch Anschluß an ein Überlandnetz. Regulierung des Betriebes durch Automaten.

Die Lebensfähigkeit eines industriellen Betriebsorganismus wird natürlich in erster Linie vom rein wirtschaftlichen Gesichtspunkt einzuschätzen sein. Es kommen Gegenstände in Frage, wie die Größe des ins Unternehmen gesteckten Kapitals, dessen Zinsen zur Amortisation und zum Reingewinn im richtigen Verhältnis stehen müssen; wie der Einkaufspreis der Rohmaterialien und Brennstoffe und Verkaufspreis der Fertigprodukte u. a. m. Ja, es dürften dabei auch politische Momente nicht außer acht gelassen werden, wie ja auch die damit zusammenhängende Stabilität des Geldwertes einen Einfluß ausüben kann, indem politische Wirren die Valuta ins Wanken bringen und jedwede Kalkulation illusorisch machen.

Eine wankende Valuta ist aber im Grunde genommen nichts anderes als das vielleicht unerwartete, unter den Augen vor sich gehende Schwinden oder Wachsen eines als fest angenommenen Grundmaßstabes. Bei längerem Fabrikationsturnus kann z. B. bei Valutaschwankungen das letzten Endes sich ergebende Verhältnis von Einkaufspreis der Rohware zum Verkaufspreis des Fertigproduktes die ganze Kalkulation über den Haufen werfen. Die einzige Rettung sind dann sehr große Kapitalreserven, die aber auch schließlich versagen können.

Die aus der Kapitalanlage zu ziehenden Gewinne sind technisch bestimmt. Ob es Gewinne sind, das ergeben die jeweiligen Marktverhältnisse. Von der Vollkommenheit der Apparatur, von der richtigen technischen Leitung hängt die Höhe der Einnahmen ab. Ein hierher gehörendes und hier sich praktisch auswirkendes Problem haben wir schon oben (S. 183) gestreift; das ist die Intensivierung der technischen Prozesse. Je größere Stoff- und Energiemengen man durch ein und dieselbe Apparatur treibt, desto günstiger wird der dynamische Prozeß, desto geringer werden die Produktionsausgaben, desto größer wird der Gewinn.

In allem soeben Erwähnten sind die Grundbegriffe flüchtig gestreift, welche bei der Beurteilung der Lebensfähigkeit eines Betriebsorganismus in Frage kommen. Daß geeignetes Personal in sämtlichen Stellungen von größter Bedeutung ist, nehme ich als selbstverständlich an. Wir haben aber noch ein zweites Prinzip oben aufgestellt und ausgenutzt, das noch mehr rein technischen Charakters ist; das ist die Forderung, die technischen Prozesse so zu führen, daß sie möglichst ununterbrochen und gleichmäßig ablaufen[27]).

Wir wollen nun uns hier damit begnügen, den Betriebsorganismus von diesem Gesichtspunkte aus zu betrachten, um so mehr, als wir dadurch leichter Anschluß an früher Gesagtes und überall Hervorgehobenes bekommen.

Stellen wir uns die konkrete Aufgabe, die Energiewirtschaft eines Betriebes so zu führen, daß man dem Prinzip der Kontinuität und Gleichmäßigkeit am nächsten kommt.

Ich schicke voraus, daß dieses Prinzip sich nicht allein auf die Energienutzung im Betriebe erstreckt. Es ist vielmehr nicht schwer nachzuweisen, daß man bei jedem Einzelprozeß daran denken muß. Ich wähle zwei Beispiele: eine Mahl- und eine Filtrieranlage. Will man eine Filterpresse benutzen, so muß man zusehen, daß die mit dem Niederschlag versehene Flüssigkeit gleichmäßig der Filterpresse zuläuft. Geht es zu schnell, so gibt es Stockungen und Verstopfungen, und geht es zu langsam, so sinkt die Leistungsfähigkeit der Filterpresse. In Ergänzung der in diesem Buch beschriebenen Aufgaben

---

[27]) Mir scheint, daß man für pädagogische Zwecke, um dem angehenden Praktiker das Verständnis der schwierigen wirtschaftlichen Probleme zu erleichtern, folgende drei **technische Grundsätze der Energiewirtschaft** hervorheben müßte.

· I. Das Bestreben muß dahin gehen, möglichst viel von der in einem Prozeß eingeführten Energie in nutzbarer Form zurückzuerhalten. Die Energieverluste muß man bestrebt sein, in einer Form erscheinen zu lassen, die die Möglichkeit der Ausnutzung durch andere Wirtschaften möglich macht. Es kann dabei nach besonderer Abmachung wirtschaftlich günstiger erscheinen, den Hauptnutzeffekt geringer zu gestalten, um auf dessen Kosten die Verlustenergie für andere Betriebe brauchbarer zu machen.

II. Die technischen Prozesse sind möglichst gleichmäßig und ununterbrochen zu führen. Man hat sie dadurch leichter in seiner Gewalt, kann ihre Einzelstufen leichter und zweckentsprechender verändern und überhaupt höhere Nutzeffekte erzielen.

III. Der Energiestrom muß in bezug auf Raum und Zeit möglichst verdichtet werden (Intensivierung), was rein wirtschaftlich günstigere Verhältnisse schafft.

ließen sich sehr leicht auch andere diesem Gebiet entlehnte Aufgaben anfügen. So kann man über einer Laboratoriumsfilterpresse ein Glasgefäß aufstellen, dessen Inhalt durch einen einfachen Luftrührer in homogenem Zustande gehalten wird. Der so ausgeführte Versuch ist sehr instruktiv. Eine Mahlanlage stellt erst recht einen typischen Organismus dar. Bekanntlich arbeiten die vollkommensten Anlagen so, daß man den Vorzerkleinerer mit einer besonderen Beschickungsvorrichtung ausrüstet, das zerkleinerte Material in Sortiermaschinen derart behandelt, daß man das genügend zerkleinerte absiebt und das übrige dem Zerkleinerungsmechanismus zuführt. Dadurch wird die den höchsten Nutzeffekt des Apparates gebende Normalbelastung gewährleistet. Dieselbe Grundidee wird auch in der Schrot- und Mahlabteilung durchgeführt.

Was nun die Energieanlage anbetrifft, so haben wir bereits oben aus unseren Versuchen abgeleitet, wie wichtig eine normale Belastung einer beliebigen Maschine ist, da eben der höchste Nutzeffekt naturgemäß bei gleichmäßiger und ununterbrochener Belastung erreicht wird. Wir haben gesehen, wie sich daraus der Zusammenschluß der großen Elektrizitätswerke zu Gruppen ergab, welche sogar die Grenzen mehrerer Staaten überschreiten und konsequent zu der Idee der Vereinigten Staaten von Europa bzw. zu Pan-Europa führen.

Wir wollen jetzt von diesem Gesichtspunkte aus eine Dampfanlage besonders ins Auge fassen und unsere Betrachtungen auf den ganzen Betrieb ausdehnen.

Das von uns oben aufgestellte Schema der Dampfkesselfeuerungen (Abb. 15) zeigt uns z. B. die mit Brenner oder Kettenrost ausgerüsteten Feuerungssysteme als die vollkommensten. Was für einen hohen Nutzeffekt sie ergeben, zeigt Tabelle XXII. Je gleichmäßiger nun der ganze Betrieb geführt wird, desto höher der Nutzeffekt. Hat der Betrieb wechselnden Dampfverbrauch, so muß an einer mechanischen Feuerung — vorläufig sind es die meist angewandten — herumreguliert und herumgestellt werden, was den Beharrungszustand stört und Energieverluste im Gefolge hat. Es muß also dafür gesorgt werden, daß man der Dampfkesselanlage den Dampf möglichst gleichmäßig entzieht. Die produzierenden Betriebe schließen sich eben deshalb an ein Überlandnetz an, nehmen aus ihm fehlende Energie und geben ihm ihren Überschuß ab (siehe Abb. 84), was die Einhaltung der Gleichmäßigkeit wesentlich erleichtert.

Aber auch im Dampfbetriebe selbst sind Maßnahmen möglich, welche dasselbe Ziel, wenn auch nicht in so hohem Maße, zu erreichen gestatten.

Es ergibt sich aus diesen Betrachtungen ein ziemlich kompliziertes Gebilde des Betriebsorganismus. Um dieses zu verstehen, müssen wir etwas ausholen. Übrigens darf man sich, wie wir oben S. 88 gesehen haben, durch die Kompliziertheit

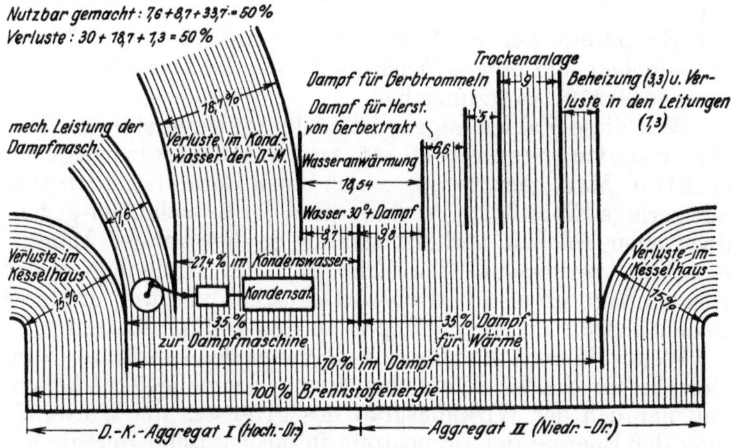

Abb. 73. Schaubild der Energieverteilung einer Sohllederfabrik (I).

Die Grundlage stellt 100% der in Form von Brennstoff in den Betrieb tretenden Energie da. Sehr groß sind schon, im Verhältnis zum ausgenutzten Teil, die im Kesselhaus vor sich gehenden Verluste, welche, wenn der Kessel mit einem Nutzeffekt von 70% arbeitet. 30% der eingeführten Energie betragen. Vom Kraftaggregat, das 50% der eingeführten Energie beansprucht, werden bloß 7,6% in mechanische Energie übergeführt, das sind also 15,2% auf den Dampfkraftbetrieb gerechnet. 27,4 bezw. 54,8% bleiben im Kondenswasser. Da der chemische Betrieb viel Wärme braucht, gelingt es, wenn auch einen verschwindenden Teil davon, 8,7 bzw. 17,4% als warmes Kondenswasser auszunutzen. Man beachte, daß das so ausgenutzte immerhin mehr beträgt, als das in der Dampfmaschine in Form von mechanischer Energie insgesamt nutzbar gemachte. Im Wärmeaggregat liegen die Verhältnisse viel günstiger. Dort wird alles, was nicht im Kesselhaus verlorengegangen ist, für Fabrikationszwecke verwandt. Wie es sich verteilt, ist aus der Abb. zu ersehen.

nicht irre machen lassen. Um in dieses Gebiet tiefer eindringen zu können, müssen wir zuerst Einblick in den Charakter der Energieverteilung im Betriebe haben. Ich nehme als Beispiel den Energieverbrauch einer Lederfabrik. Schema Abb. 73 zeigt, wo die mit der Kohle eingeführte Energie hingeht (Von mir berechnet aus L. 45).

Aus diesen Verhältnissen heraus läßt sich ein sehr wichtiger Umstand ableiten, der merkwürdigerweise in der Praxis nicht immer genügend in seiner Auswirkung beachtet wird.

Wir stellen uns zunächst folgende Fragen: 1. Um wieviel wäre der Nutzeffekt der Gesamtanlage geringer, wenn man eine mit einem 25% kleineren Wirkungsgrad arbeitende Dampfmaschine hätte? 2. Durch welch einen Nutzeffektzuwachs in der Dampfkesselanlage ließe sich solch eine Minderleistung wettmachen?

Die Dampfmaschine würde dann von der Gesamtenergie

$$\frac{8,7 \cdot 25}{100} = 1,9\% \text{ weniger ausnutzen. Dementsprechend müßte}$$

der Nutzeffekt der Kesselanlage blos auf $70 + 1,9 = 71,9\%$ heraufgehen, um eine schlechtere Arbeit der Dampfmaschine um ganze 25% wettzumachen.

Was diese Zahlen sagen, ist nicht mißzuverstehen. Die Hauptaufmerksamkeit ist auf die Kesselanlage zu richten. Man sieht daraus, welch einen Gesamtschaden eine nur geringe Einbuße im Wirkungsgrad der Kesselanlage gegenüber einer solchen verhältnismäßig großen an der Dampfmaschine verursacht. Die Erhöhung des Nutzeffektes der Kesselanlage ist also betriebswirtschaftlich von weit größerer Bedeutung als die Bemühungen an den Dampfmotoren.

Weiter kommt uns die Schädlichkeit des Umstandes zum Bewußtsein, den wir schon oben S. 238f. kennengelernt haben, daß nämlich der Wirkungsgrad des Prozesses der Umwandlung der Energie der Brennstoffe in mechanische Energie ein sehr geringer ist, indem die meiste der Dampfmaschine zugeführte Energie, in Form von Abdampf oder Kondenswasser, verlorengehen kann. Daraus ergibt sich von selbst die gebieterische Forderung, die Betriebe so zu organisieren — in dieser Hinsicht befinden sich eben die chemischen Betriebe in einer günstigeren Lage —, daß der Abdampf als solcher, d. h. als Wärmespender, mit seinem ganzen Inhalt an latenter Wärme ausgenutzt werden kann. Aber auch das Kondenswasser kann sich als nützlich erweisen, wobei es geboten sein könnte, mit einem geringeren Vakuum zu arbeiten, um Gebrauchswasser von höherer Temperatur zu bekommen.

In dem Schema Abb. 73 sind Andeutungen solch einer Wirtschaft vorhanden, sie könnten jedoch noch mehr ausgebaut werden. Alles dieses tritt aber vollständig in den Schatten, wenn die Kesselanlage nicht auf der nötigen Höhe gehalten wird. Das zeigt das Schema Abb. 74, wo durch falsche Feuerführung, wie sie zuweilen praktischen Verhältnissen entspricht, gewaltige Verluste auftreten.

Aus der thermodynamischen Betrachtung, speziell dem

Carnotschen Arbeitsdiagramm, geht hervor, daß das höhere Temperaturpotential des Arbeitsprozesses den Wirkungsgrad bestimmt. Stellt man diese Umstände, die aus der Tabelle XIX sich ergeben, der Tatsache gegenüber, daß die Verdampfungswärme nur wenig mit der Temperatur schwankt, so ergibt sich von selbst ein wärmewirtschaftlich außerordentlich wichtiges Schema. Hätte man z. B. für Kochzwecke Dampf von etwa 6 Atm. nötig, so könnte man den Arbeitsprozeß über dem entsprechenden Wärmepotential führen und die reine Dampfwirtschaft sich unter dieser Grenze abspielen lassen.

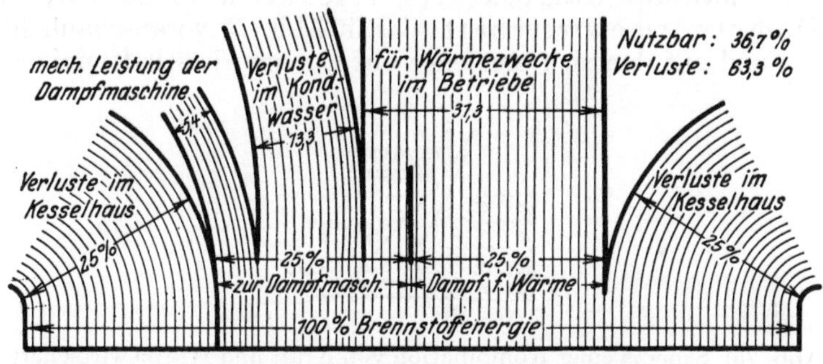

Abb. 74. Schaubild der Energieverteilung der Lederfabrik (II), wie in Abb. 73 mit größeren Kesselverlusten.

Bei Vernachlässigung des Feuerprozesses in der Dampfkesselanlage, besonders bei Abwesenheit von Rauchgasvorwärmern, steigt leicht unmerklich der Luftüberschuß und damit der Verlust in den Abgasen so, daß die Gesamtkesselverluste auf 50% hinaufgehen. Im Zusammenhang damit verschlechtert sich die ganze Energienutzung und fällt auf 36,7%. Kein Erhöhen der Nutzeffekte in einzelnen Stationen kann diese Verluste wettmachen.

Wir wollen diese Verhältnisse an Hand einer Überschlagsrechnung prüfen und folgendes zu ermitteln suchen. Wie stellt sich der Wirkungsgrad einer Dampfmaschine, wenn wir einmal einen Dampf von 6 ata nehmen und sie mit einem Gegendruck von 2 ata arbeiten lassen, so daß wir für Heizzwecke Dampf von 1 atü zur Verfügung haben? Und das zweite Mal der Dampfmaschine Dampf von 26 atü geben und sie auf einen Gegendruck 6 ata einstellen, so daß wir Dampf von 5 atü für Kochzwecke erübrigen?

Um die Rechnung zu vereinfachen, wählen wir einen Carnotschen Kreisprozeß, der ja, wie wir oben S. 238 und 254 gesehen haben, annähernd auch die Nutzeffekte der Dampfmotoren finden läßt. Die Rechnung wird sehr einfach. Jedenfalls ist er für die Beschaffung von Vergleichswerten brauchbar. Wir haben dann nur aus Tabelle XXII die Temperaturen zu benutzen.

Im ersten Falle erhalten wir:

$$\frac{158 - 120}{431} \cdot 100 = 8,8\%,$$

im zweiten Falle

$$\frac{225 - 158}{498} \cdot 100 = 13,4\%.$$

Es ergibt sich also von selbst als rationeller Ausweg ein Überbau der Dampfkraftwirtschaft über der reinen Dampfwärmewirtschaft, der in Abb. 75 veranschaulicht ist, und auf den sich ein jeder auf Energiewirtschaft einiger-

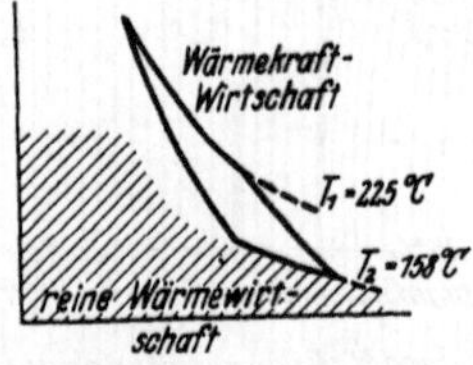

Abb. 75. Schema einer Kombination von Kraft und Wärmewirtschaft.
Die im Gebiet hoher Temperaturpotentiale vor sich gehende Verwandlung von Wärme in Kraft (z. B. zwischen 26 ata, entsprechend 225° C und 6 ata entsprechend 158° C) vollzieht sich mit hohem Nutzeffekt und ergibt, auf den Dampfmotor angewandt, Abdampf von 158° C als Abwärmeenergie, die sich vorzüglich für Koch- und Wärmezwecke eignet.

maßen achtende Betrieb einstellen muß. Ein Mißachten dieser Verhältnisse ist besonders in chemischen Betrieben unverzeihlich, wo sie für diese Kombination am günstigsten liegen.

Durch solch eine Ausgestaltung wird der Betriebsorganismus vollkommener, aber auch komplizierter. Daher müssen wir desto eher darauf achten, daß das von uns oft vorangestellte Prinzip der Gleichmäßigkeit und der Kontinuität eingehalten wird. Eine komplizierte Apparatur wird durch Schwankungen viel leichter desorganisiert.

In dieser Richtung ist in letzter Zeit ein großer Fortschritt zu verzeichnen, durch die Anwendung der sog. Dampfspeicher, welche beim Fallen des Dampfverbrauchs den überschüssigen Dampf direkt oder in ihrem Wasser aufnehmen, ihn speichern und beim steigenden Verbrauch abgeben. Abb. 76 zeigt solch einen Wasserraumspeicher System Ruths. An

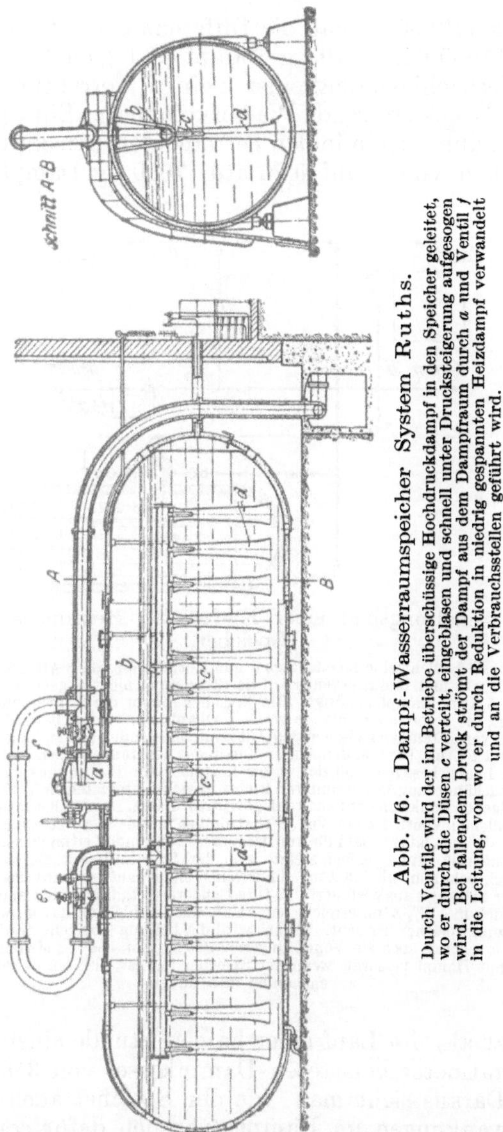

Abb. 76. Dampf-Wasserraumspeicher System Ruths.

Durch Ventile wird der im Betriebe überschüssige Hochdruckdampf in den Speicher geleitet, wo er durch die Düsen c verteilt, eingeblasen und schnell unter Drucksteigerung aufgesogen wird. Bei fallendem Druck strömt der Dampf aus dem Dampfraum durch a und Ventil f in die Leitung, von wo er durch Reduktion in niedrig gespannten Heizdampf verwandelt und an die Verbrauchsstellen geführt wird.

einer Rechnung können wir sehen, was ein derartiger Speicher leisten kann. Wie aus Tab. XXII sich ergibt, enthält 1 cbm Wasser von etwa 1,25 ata 104 000 kg/kal, 1 cbm Wasser von 7 ata 149000 kg/kal, die Differenz beträgt 45000 kg/kal, entspr. 45000/650 = 70 kg Dampf je 1 cbm Speicherwasser (unter Vernachlässigung einer kleinen Korrektur auf das bei höherem Druck steigende Wasservolumen). Ein Speicher von 100 cbm kann mithin in den betreffenden Druckgrenzen, d. h. beim Fallen von 6 auf 0,25 atü, 7000 kg Dampf hergeben.

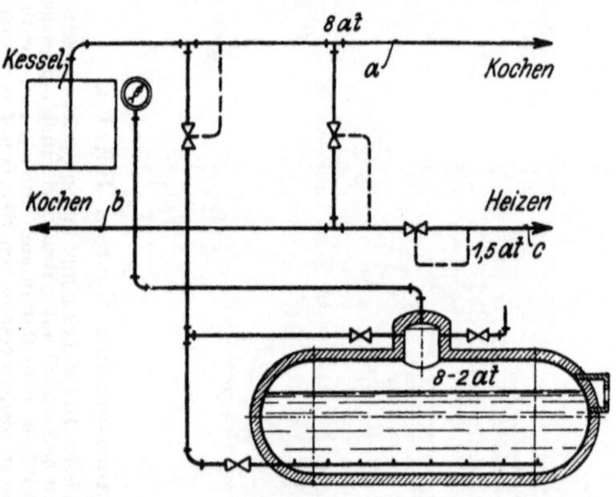

Abb. 77. Schaltungsbild einer Koch- und Heizanlage mit Ruths-Speicher.

Der Dampfkessel bedient eine Kochanlage a mit Kochdampf von 8 Atm., eine zweite b von 1,75 Atm. (Druck- und Reduzierventil auf der Zeichnung nicht angegeben) und eine Heizanlage, die 1,5 Atm. Dampf benötigt. Ein Speicher nimmt die Schwankungen im Dampfverbrauch auf, die besonders durch die große Kochanlage a veranlaßt werden. Im Speicher selbst und der vermittelnden zwischen den Automaten liegenden Leitung schwankt der Druck zwischen 8 und 2 Atm. Die von den Automaten in der Zeichnung zu den Leitungen gehenden gestrichelten Linien besagen, daß der Druck in ihnen von den Automaten bestimmt wird, bzw. eine Druckänderung in bestimmter Richtung den Automaten in Tätigkeit setzt. Danach wäre folgende Funktion der Schaltanlage herauszulesen. Das den Kessel mit dem Speicher direkt verbindende Ventil ist ein sog. Überströmventil, das den überschüssigen Dampf in den Speicher strömen läßt, sobald die am Dampfkessel liegende Leitung einen höheren Druck als 8 Atm. aufweist. Im Speicher steigt dann der Druck. Damit die Heizanlage keinen höheren Druck bekommt als 1,5 Atm, für welchen sie gebaut ist, wird das betr. Reduzierventil von der Leitung c aus gesteuert. Es ist so eingerichtet, daß es die Dampfzufuhr stoppt, wenn der Druck in c $1\frac{1}{2}$ Atm. erreicht hat. Und das unabhängig davon, welcher Druck in der Leitung zum Speicher herrscht. Ebenso wird die Leitung b bedient. Zwischen Leitung c und Leitung a scheint noch ein Ventil eingeschaltet zu sein, das das Mittelstück direkt aus dem Kessel mit Dampf versorgt, wenn der Speicher leer ist, also bei übermäßiger Dampfentnahme in b und c.

Er ersetzt also im Lauf einer halben Stunde einen mit 20 kg je Quadratmeter belasteten Dampfkessel von 350 qm Heizfläche. Daraus sieht man, wie der Speicher auch bei größeren Schwankungen im Dampfverbrauch dafür sorgen kann, daß die Gleichmäßigkeit der Dampfentnahme im großen und ganzen erhalten bleibt. Was das aber für den Nutzeffekt der Kesselanlage bedeutet, haben wir oben (S. 266) gesehen. Und was sogar einige Hundertteile mehr im Kesselnutzeffekt für die Gesamtenergiewirtschaft besagen, haben wir uns auch oben (S. 268) klargemacht.

Jetzt möge das Gesagte durch einige aus der Literatur herausgegriffene, der Praxis entlehnte Beispiele erläutert werden.

Abb. 77 zeigt einen reinen Dampfbetrieb mit Speicherung. Es könnte z. B. eine Zellulosefabrik sein, in welcher der Kraftbedarf durch billigen Strom von außen gedeckt wird. Bekanntlich verschlingt das Anwärmen und Zumkochenbringen der Sulfitzellulose-Kocher viel Dampf. Will man es schnell ausführen, um Zeit zu sparen und damit die wirtschaftlich so wichtige Intensität des Prozesses im Sinne der rentabeleren Ausnutzung der Anlage zu steigern, so muß man zu einem Speicher greifen. In dem angeführten Beispiel steht für das Kochen Dampf von 8 ata zur Verfügung. Beim Anwärmen geht der Kesseldampf hauptsächlich in den Sulfitkocher, während Heizung, Kochen bei niedrigem Druck, Papiermaschine u. a. m. vom Speicher aus versorgt werden. Fällt nämlich durch scharfe Dampfentnahme der Druck im Dampfkessel, so schließt sich das Überströmventil zum Speicher, und der Speicher geht unter Druckabfall in Arbeit. Ohne Speicher wäre der Dampfkessel ohne den ganzen Betrieb schädigendes starkes Fallen des Dampfdruckes nicht imstande, soviel Dampf in kurzer Zeit herzugeben (L. 46).

Abb. 78 erläutert einen mit Speicherung ausgestatteten Wärmebetrieb mit sog. Zwischendampfentnahme einer Rohzuckerfabrik. Der Dampfmotor, in diesem Falle eine Turbine, arbeitet mit dreifacher Expansion, mit einem Anfangsdruck von 19 atü und mit 3 und 0,5 atü zwischen den Stufen. 3 atü-Dampf wird für Kochprozesse und 0,5 atü-Dampf für Trockenzwecke entnommen. Die mit diesem Druck gehenden Abteilungen werden aber auch vom Dampfspeicher versorgt, in welchem der Druck zwischen 3 und 0,5 atü pendelt.

Die Dampfkraftanlage greift also hier harmonisch in den Wärmebetrieb ein, indem sie sich mit ihren Zwischenstufen an den Wärmebetrieb anlagert. Es ergibt sich dadurch eine Vervollkommnung des in Abb. 75 schematisierten Prinzips, indem die Anlage sowohl mit Kondensator als auch mit Abdampf arbeiten kann. Der Kondensator nimmt eben nur das an Abdampf auf, was in der Heizanlage nicht verbraucht ist. Dieses System paßt sich auch gut den Verbrauchssteigerungen in den 3 und 0,5 atü-Betrieben einzeln und unabhängig an, ohne den Wirkungsgrad der Kraftanlage über Gebühr zum Fallen zu bringen.

Dieses verhältnismäßig komplizierte System gibt seiner vielseitigen Ausgestaltung wegen nicht nur die Möglichkeit der gleichmäßigen Belastung der Kesselanlage, sondern sorgt auch dafür, daß keine Abteilung mit dem von ihr benötigten Dampf zu kurz kommt. Fehlt es irgendwo, so greift irgendeine andere Quelle ein. Die Apparatur ist bereits hier derart kompliziert, daß man ohne Automaten nicht auskommen kann, die natürlich, sollen sie ihren Zweck erfüllen, tadellos funk-

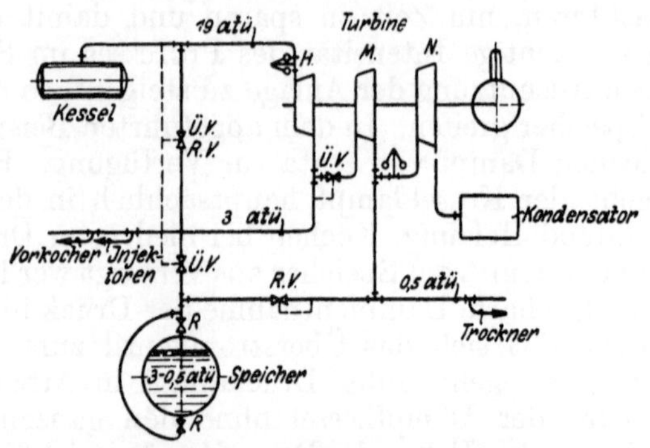

Abb. 78. Schaltungsbild einer Koch- und Kraftanlage einer Zucker-
fabrik mit Ruths-Speicher.

Der Dampfkessel gibt Dampf von 19 atü; im Speicher, der die niedrigste Stufe bedient, schwankt der Druck zwischen 3 und 0,5 atü. Zwischen beiden ist eine Stufe von 3 atü. eingeschaltet. Der Dampf wird durch ein durch die Hauptleitung bestimmtes Überströmventil ($\ddot{U}.V.$) vor Drucksteigerung bewahrt. Das gleich hinter dem Überströmventil sitzende Reduzierventil ($R.V.$) läßt den überströmenden Dampf nur dann in das Mittelstück (3 atü), wenn der Druck dort unter 3 atü fällt. Der vom Mittelstück nicht aufgenommene überschüssige Dampf geht dann direkt durch die unterste Stufe in den Speicher. Dafür, daß im Mittelstück der Druck nicht zu hoch steigt, sorgt ein Überströmventil ($\ddot{U}.V.$). Die Trockner arbeiten mit Dampf von 0,5 atü. Ein Reduzierventil verhindert eine Drucksteigerung. Der Anschluß der Dampfkraftanlage ist durch Zwischenstufen der Expansion (3 atü und 0,5 atü) von selbst gegeben. In der höheren Stufe ist ein von der Verbrauchsleitung aus gesteuertes Überströmventil eingeschaltet.

tionieren müssen. Gerade der Betrieb mit Dampfspeichern erfordert eine ganze Reihe solcher Automaten. Patentrechtlich ist auch meines Wissens nicht die Dampfspeicherung als solche geschützt, sondern die den Effekt und Nutzen der Speicherung garantierende Apparatur.

Das Vorstehende ergänzende und für unsere Zwecke mehr oder weniger erschöpfende Erörterungen entnehme ich einer Arbeit von Philipp, der die Dampf-, Wärme- und Kraftwirtschaft einer Textilfabrik analysiert (L. 47). Ich bringe seine Gedankengänge in Kürze, wie auch seine sehr instruktiven Abbildungen. Einleitend sagt der Verfasser folgendes:

„Wenn wir unsere Erzeugung erhöhen wollen, müssen wir den Umlauf des Arbeitsgutes beschleunigen und die einzelnen Arbeitsvorgänge abkürzen. Es gibt heute noch viele Betriebe, die den großen Wert der Dampfspeicherung für diesen Zweck noch nicht voll erkannt haben. Weniger die Brennstoffersparnisse, die infolge der stets gleichbleibenden Kesselbelastung und des damit erzielbaren höheren Wirkungsgrades eintreten, sondern vor allem der Gewinn an Zeit und die wesentlich raschere Abwicklung der Vorgänge der Erzeugung können daher für den Einbau eines Speichers sprechen.“

„Wieviel kostbare Zeit geht heute noch in Färbereien, Bleichereien, Kochereien und vor allem in chemischen Betrieben dadurch verloren, daß Kochvorgänge infolge von Dampfmangel nicht rasch genug durchgeführt werden können. Andere Betriebsabteilungen müssen dann oft warten, da ihnen die zu verarbeitende Ware nicht so rasch geliefert werden kann wie die fortlaufende Erzeugung verlangt.“

„Heute, wo die Arbeitszeit in jedem Betriebe ganz genau bemessen ist, ist es eine schwierige Aufgabe für die Betriebsleitung, die Fabriken so zu gestalten, daß die einzelnen Arbeitsvorgänge ohne Stockung aufeinanderfolgen, daß ferner die einzelnen Abteilungen voll ausgenutzt sind und trotzdem keine Übereilung und deshalb ungenaues Arbeiten eintritt, daß aber auch keine Abteilung auf die andere zu warten braucht. Wo die Fabrikation zu langsam geht, muß man ausgleichen, zunächst einmal nicht durch Aufstellen weiterer Maschinen, sondern durch Ausnutzung der vorhandenen bis an die Grenze ihrer Leistungsfähigkeit.“

„Bei der Beschleunigung der Kochvorgänge stößt man jedoch in bezug auf die Leistungsfähigkeit der Kesselanlage meist auf Schwierigkeiten. Will man das Ankochen schneller durchführen, so sinkt infolge der gesteigerten Dampfentnahme der Druck im Kessel derart, daß der Fabrikbetrieb, am ehesten die Dampfmaschine, in Mitleidenschaft gezogen wird. Vielfach muß man daher auf das schnellere Kochen verzichten und Überstunden in die Kocherei einlegen, wobei ein Teil der Maschinenanlage im Betrieb bleibt, ohne voll ausgenutzt zu sein.“

„Bei stark schwankender Dampfentnahme hat auch das Kesselpersonal keinen leichten Stand, namentlich, wenn zwischen Dampfverbrauch und Kesselhaus kein Einvernehmen herrscht. Beide haben den besten Willen; der Bleicher z. B. möchte rascher kochen, kann jedoch nicht, weil ihm der

Dampf dazu fehlt, der Kesselheizer kann nicht mehr Dampf hergeben als seine Anlage erzeugt. Selbst das für solche Fälle günstige Kesselsystem, der Zweiflammrohrkessel, hat nur eine geringe Speicherfähigkeit, vom Wasserrohrkessel ganz zu schweigen."

Diese klaren Ausführungen greifen mitten in die Betriebssorgen der täglichen Praxis hinein, stammen also aus der Psyche des bewußt arbeitenden „Praktikers". Und doch hoffe ich, daß sie für denjenigen, der sich an Hand der Aufgaben und der an sie angeschlossenen Ausführungen bis hierher durchgearbeitet hat, nicht ein unverständliches Kauderwelsch darstellen, sondern im Gegenteil sein Interesse fesseln. Ich glaube auch, daß die nun folgende Analyse und das damit zusammenhängende Ergebnis nicht nur verständlich sein, sondern auch ihm meist Bekanntes und hoffen wir bereits Verstandenes bringen wird.

Die weiteren Ausführungen Philipps bringe ich in möglichst gedrängtem Auszuge.

Die Anlage ist in Abb. 79 schematisch dargestellt. Man denke sich zunächst den Dampfspeicher weg. Bei normaler Beanspruchung der Kesselheizfläche mit 17 kg Dampf je Quadratmeter und Stunde ergibt sich der in Abb. 80a skizzierte Dampfverbrauch. Für Beschaffung von Kochdampf müßte der Kessel stark forciert werden. Des entfernten Schornsteins und des damit zusammenhängenden geringen Zuges wegen kommt die Belastungsfähigkeit der Heizfläche bei 24 kg schon an ihre äußerste Grenze. Das reicht aber für einen intensiven Betrieb auch nicht aus. Wie aus Abb. 80b zu sehen, bleiben für die Kocherei in dem Falle nur 930 kg/st nach. Zum langsamen Weiterkochen braucht die Kocherei wohl nur 300 kg/st, das Ankochen beansprucht aber im ganzen 1280 kg. Es bleiben je Stunde für das Ankochen 630 kg, so daß es etwa 2 Stunden in Anspruch nehmen würde. Das hält die Produktion auf, kann auch unerwünscht vorzeitig verschiedene chemische Wirkungen auslösen. Man kann nun die stündlich beim Kochen übrigbleibenden 630 kg ausnutzen und sie sozusagen für das Ankochen konzentrieren. Ohne Energiespeicher geht es, wie aus dem soeben Angeführten hervorgeht, nicht. Und da ist nun der Dampfspeicher am Platz. Die für das Ankochen erforderlichen 1280 kg bekommt der Speicher während des Kochens ohne weiteres, und ist er groß genug, so kann er sie auch in 20 Minuten hergeben. Für das Weiterkochen ist der chemischen Reaktionen wegen eine Minimalzeit von 2,5 Stunden nötig. Dann dauert der ganze

Prozeß keine 3 Stunden, während er sonst mit Mühe und bei Kesselanstrengung erst in 5 Stunden erledigt werden kann.

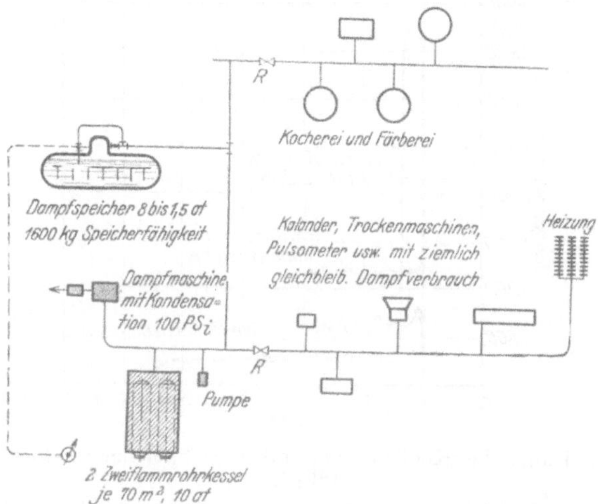

Abb. 79. Dampfverteilung einer Textilfabrik mit Speicher.

Abb. 81 illustriert diese Verhältnisse graphisch. Wie durch den Speicher der Prozeß der Dampfentnahme günstig be-

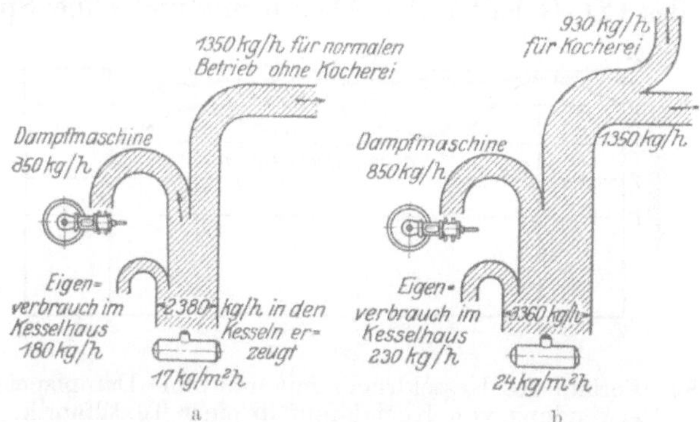

Abb. 80. Dampfdiagramme einer Textilfabrik

a zeigt den normalen Betrieb bei Verwendung von Dampf für gleichmäßigen Verbrauch, b bei überlastetem Betrieb nach Einstellen der viel Dampf brauchenden und mit stark schwankendem Wärmebedarf arbeitenden Kocherei und Färberei.

einflußt wird, sieht man an dem Verlauf des während des Kochprozesses in beiden Fällen zu beobachtenden Dampfdruckes. Diese Verhältnisse zeigt Abb. 82, aus der zu ersehen ist, wie er sich nach Einbau eines Speichers gleichmäßig hält.

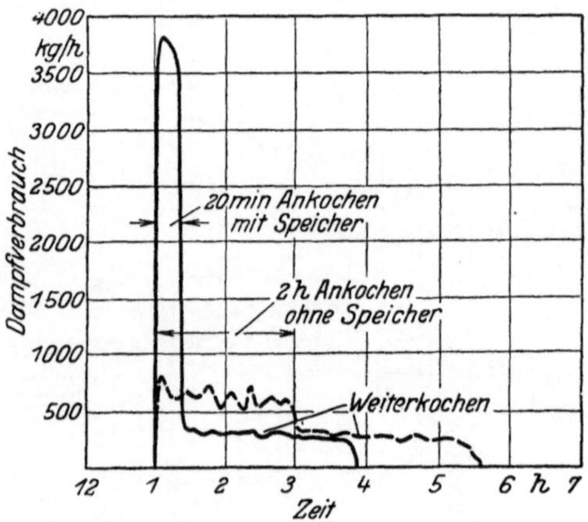

Abb. 81. Dauer des Kochens mit und ohne Speicher in einer Textilfabrik.

Der beschränkte Wasservorrat einer gewöhnlichen Kesselanlage, zieht den Prozeß des Ankochens weit heraus (gestrichelte Linie), da zu dem Zweck nur 500 kg-st. zur Verfügung stehen. Ein Speicher gibt jedoch während kurzer Zeit 3700 kg-st. her, so daß das Ankochen in 20 Min. erledigt werden kann.

Als Ergänzung gibt der Verfasser noch das Bild des Schwankens des CO_2-Gehaltes der Abgase mit und ohne Speicher.

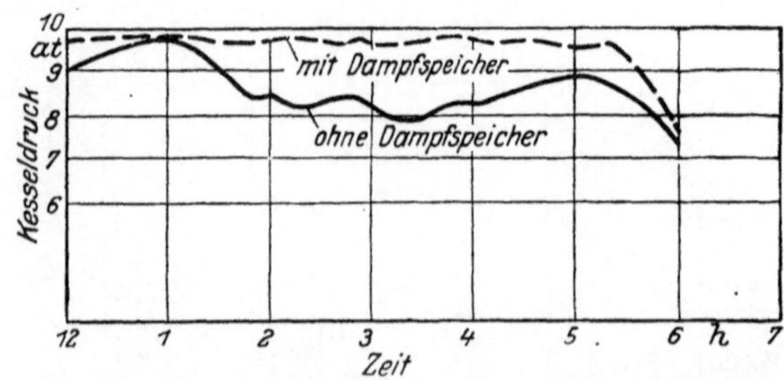

Abb. 82. Verlauf des Kesseldrucks mit und ohne Dampfspeicher bei Verwendung von Kochdampf in einer Textilfabrik.

Der gleichmäßige Verlauf der Dampfdruckkurve deutet auf eine gleichmäßige Dampfentnahme und entsprechend höheren Nutzeffekt der Anlage.

(Abb. 83.) Unsere Betrachtungen, die die Abhängigkeit der Vollkommenheit der technischen Prozesse von der Gleichmäßigkeit ihres Verlaufes darlegten, lassen diese charakteristischen Bilder ohne weiteres verständlich erscheinen.

Additional material from *Vom Laboratoriumspraktikum Zun Praktischen Wärmetechnik,*
ISBN 978-3-662-35412-4, is available at http://extras.springer.com

Einen großen Schritt in der Vollkommenheit energiewirtschaftlicher Organisation weist die in der Tschechoslowakei belegene Nestomitzer Zuckerraffinerie-A.-G. auf, welche in Abb. 84 (Tafel I) schematisch erläutert ist. Sie gilt gewissermaßen als Musteranlage. Der auf 400° C überhitzte Dampf von 14 at (jetzt sind wohl schon die 30 at Kessel und der 450° gebende Überhitzer in Betrieb) speist zwei Vielradturbinen von

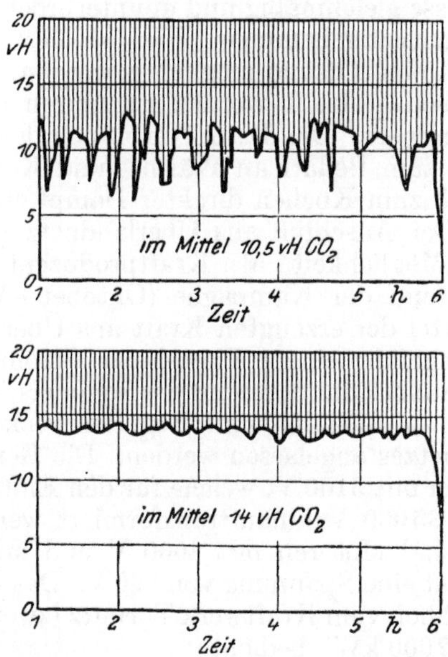

Abb. 83. CO_2-Diagramme einer Dampfkesselanlage einer Textilfabrik mit und ohne eingeschalteten Dampfspeicher.

Die CO_2-Kurve läßt mit Deutlichkeit den viel regelmäßigeren Verbrennungsprozeß in Gegenwart eines Dampfspeichers (unten) erkennen, im Gegensatz zu dem Schwanken der Gaszusammensetzung bei der Arbeit ohne Speicher (oben). Der im ersteren Fall viel höhere Kohlensäuregehalt (14 Vol.-% gegen 10,5 Vol.-%) deutet auf viel geringeren Luftüberschuß in der Feuerungsanlage und dadurch viel höheren Nutzeffekt des Kesselbetriebes.

je 2500 kVA (siehe oben, S. 233). Der Abdampf von 0,5 atü und 50° geht in einen Dampfverteiler, der die Raumheizung, die Kocher, die Trockenapparate bedient und auch den Deckdampf für die Zentrifugen liefert. Die drei ersteren geben Kondensat zum Speisen der Dampfkessel. Die Speisepumpe schafft das Kondensat durch einen Greenschen Ökonomiser in die Kessel. Außerdem kann das Wasser in die Dampfspeicher eingespritzt werden, um überschüssigen Dampf niederzuschlagen. Die noch mit 380° abgehenden Verbrennungsprodukte bedienen einige Abhitzekessel, in denen der Turbinenabdampf überhitzt wird. Auch da wird Wasser eingespritzt, um zusätzlichen Niederdruckdampf zu erhalten, was im vorliegenden Falle sehr erwünscht war, da der Dampfverbrauch der Turbinen sich sehr niedrig stellte, 8,9 kg je kWst. Kraft- und Dampfbedarf sind in solch einer Anlage außerordentlich schwer derart in Übereinstimmung zu bringen, daß alle Prozesse gleichmäßig und ununterbrochen laufen und sich nicht gegenseitig hemmen. Hier ist diese Gleichmäßigkeit nur durch eine Lösung möglich geworden, deren Bedeutung schon oben gestreift worden ist: durch den Anschluß an ein Überlandnetz. Der Dampfverbrauch der Turbinen ist im Verhältnis zum Bedarf an Wärme- und Kochdampf derart gering, daß zum Kochen direkter Dampf eingestellt werden müßte. Der Anschluß ans Überlandnetz gibt nun dem Betriebe die Möglichkeit, als Kraftproduzent sich zu betätigen. Während der Kampagne (Oktober—März) werden etwa drei Viertel der erzeugten Kraft ans Überlandnetz verkauft, was ungefähr einem Viertel der Stromlieferung des Stromnetzes entspricht. Während des Sommers kann auch die Fabriksanlage zu Aushilfs- und Regulierzwecken zugunsten des Überlandnetzes angelassen werden. Die Generatoren der Fabrik arbeiten mit 3100 V, welche für den Eintritt ins Überlandnetz auf 35000 V hinauftransformiert werden müssen. Im Betriebe sind Motoren mit 3000 V und mit 380 V, die Lichtleitung hat eine Spannung von 220 V. Das Überlandnetz wird hauptsächlich vom Kraftwerk Türmitz (zweimal 6000 kW und einmal 12000 kW) bedient.

In betreff der näheren Angaben über die Bedingungen und Wirkungsverhältnisse, unter denen die Anlage arbeitet, sehe man den Originalbericht von Niethammer. Die Wirkungsgrade sind hier ganz besonders günstig ausgefallen, was wohl dem erreichten hohen Grad an Gleichmäßigkeit zuzuschreiben ist (Näheres in L. 48).

Aber diese ganze Entwicklung in der Richtung der Vervollkommnung des Betriebsorganismus und seines Verwandelns in ein automatisch arbeitendes, man könnte fast sagen, Wesen, setzt, wie gesagt, auch die Schaffung wesentlicher Bestandteile dieses Organismus, der Automaten, voraus.

Natürlich wird man nicht eine besondere Bedienung hinstellen, die entsprechend den Druckverhältnissen in den Leitungen das eine oder das andere Ventil z. B. zum Füllen oder Entleeren des Dampfspeichers zu leiten hat. Die in die Anlage eingebauten Automaten müssen daher tadellos funktionieren, im Falle ihres Versagens müssen Sicherheitsapparate in Funktion treten. Alle diese Automaten müssen auch dauernd instand gehalten werden, sonst bringen sie mehr Schaden als Nutzen[28]).

Im Prinzip sind jedoch automatische Regulatoren als ein Zeichen der Vollkommenheit eines Organismus aufzufassen. Arbeitet doch der menschliche Organismus so großartig nur Dank seinen wunderbaren im Körper verstreuten automatischen Vorrichtungen der verschiedensten Art.

Die Kontrolle des Betriebes hat sich natürlich auch auf diese Teile zu erstrecken.

2. Die Betriebsüberwachung.

Einführung.

Bedeutung wissenschaftlicher Versuche im Betriebe. Bedeutung der Übergangsaufgaben.

Kein Betrieb kann das wachsame Auge und die geistige Führung des Menschen entbehren. Je komplizierter der Betriebsorganismus ist, je intensiver er ausgenutzt wird, und je mehr man von ihm verlangt, desto mehr Einblick müssen die Ingenieure in die im Betriebe zirkulierenden Energieströme haben, desto besser muß der Betrieb mit Kontrollapparaten ausgestattet sein. Aber die dauernde Kontrolle genügt nicht, wenn nicht von Zeit zu Zeit durch besondere wissenschaftlich einwandfrei begründete Betriebsversuche ein möglichst getreues Abbild der Vorgänge aufgestellt wird, da die Kontrollapparatur doch nicht imstande ist, die direkten wissenschaftlichen Methoden in ihrer Zuverlässigkeit zu ersetzen (vgl. unten, S. 284 Nr. 10, 11).

Hier bekommen wir nun den unmittelbaren Anschluß an unsere in diesem Buche beschriebenen Aufgaben.

---

[28]) Auf meiner letzten Reise in Schweden wurde mir sehr instruktiv die Bedeutung dieser Automaten vor Augen geführt. Auf S. 274 erwähnte ich, daß für das richtige Funktionieren der Ruthsschen Dampfspeicher eine ganze Reihe speziell dafür konstruierter Automaten unerläßlich sind, und daß diese Automaten den eigentlichen Patentschutz ausmachen. Ich sah in dem Kesselhaus einer Zellulosefabrik einen alten abmontierten Großwasserraumkessel stehen, wie wenn er zu einem speziellen Zweck aufgestellt worden wäre. Durch dringendes Ausfragen bekam ich heraus, daß der Versuch gemacht worden war, einen Dampfspeicher nach Ruths ohne Automaten aufzustellen. Der Versuch scheiterte.

Wir setzen hier gewissermaßen unser Praktikum fort.

Wählen wir uns ein ganz einfaches und bequemes Beispiel, die Bestimmung der Bilanz eines Dampfkessels, so kommen wir zu einer neuen Aufgabe, die sich an unsere frühere zweite und dritte Aufgabe direkt anlehnt und für die Praxis in eine Aufgabe zusammengefaßt werden muß, und die wir als Übergangsaufgabe bezeichnen wollen. Wir können es aber versuchen, den Plan noch weiter zu fassen, und unsere Untersuchungen nicht nur auf den Prozeß der Erzeugung von Dampf, sondern auch auf denjenigen der Verwandlung von Wärme in Kraft und Kraft in Elektrizität ausdehnen. Solcher Übergangsaufgaben kann es natürlich unzählige geben.

Vorbemerkungen.

Charakter der wissenschaftlichen Betriebsversuche. Ihre Beziehung zur Praxis. Verdampfungsversuch als Beispiel. Regeln für Abnahmeversuche an Dampfanlagen.

Bisher haben wir uns mit Dingen abgegeben, auf die der fanatische Praktiker als auf ein Spiel herabsieht. Wir haben im Laboratorium herumexperimentiert, haben wohl auch wirtschaftliche Probleme behandelt, aber mehr sozusagen vom akademischen Standpunkte aus. Jetzt wird aber die Sache ernst. Wir treten heran an eine in der Industrie arbeitende Anlage, deren Wirkungsgrad in den verschiedenen Stadien wir bestimmen, die wir also bewerten wollen. Mag auch ein überaus hoher Wirkungsgrad oder auch ein sehr schlechtes Resultat uns Experimentatoren ganz interessant erscheinen und uns gar zuweilen scherzhaft anmuten, so sind wir jedoch bei diesem Versuch nicht allein interessiert, sondern auch der Besitzer und der Schöpfer der Anlage, die wohl kaum gleichgültig den von uns erhaltenen Resultaten gegenüberstehen werden. Scheint dem einen oder dem anderen das Resultat unwahrscheinlich — und das kann leicht passieren, wenn es seine wirtschaftlichen Interessen tangiert —, so wird er eine Nachprüfung vornehmen lassen.

Werden auf diesem Wege von den unseren abweichende Resultate erhalten, so müssen wir uns verteidigen und alles daransetzen, um nachzuweisen, daß wir keinen Fehler begangen haben oder aber ehrlich sein und aufsuchen, wo unsere Fehler stecken, falls solche vorhanden sind.

Aus diesen eigenartigen Beziehungen ersieht man ganz

deutlich, wie die Arbeit in den Betrieben psychologisch ganz anders aufzufassen ist als die pädagogischen Laboratoriumsversuche. In beiden Fällen müssen Gewissenhaftigkeit und Korrektheit nach allen Richtungen hin beobachtet werden, die Folgen einer Nichtbeachtung sind aber in beiden Fällen ganz andere. Daraus müssen wir aber für unsere Laboratoriumsübungen den Schluß ziehen, daß wir gerade dieselbe rücksichtslose Gewissenhaftigkeit und Korrektheit bei unseren Übungen beobachten müssen, eben eingedenk ihres eigentlichen Zwecks und Sinnes.

Wir haben oben (S. 53f.) im allgemeinen und auch im besonderen in bezug auf die Dampfkessel bereits genauer auseinandergesetzt, was alles zu beobachten ist, und wie die Schwierigkeiten wachsen, wenn man zu dem Versuch im großen übergeht. Das, was dort ausgesprochen war, galt aber nicht immer als das allein Richtige, das Absolute. Wir haben oben auch gerade darauf hingewiesen, daß es in der Praxis aus ihrem Sinn heraus keine absoluten Stellungnahmen geben und erst recht von einem „Ding an sich“ nicht die Rede sein kann. Deshalb müssen wir in dem vor uns stehenden Ernstfalle den Weg beschreiten, der als der in der Praxis allein mögliche hingestellt worden ist. **Wir müssen uns nach den für den besonderen Zweck ausgearbeiteten Normen ausschließlich richten.**

Schon aus rein taktischen Gründen müssen wir es den Interessenten gegenüber tun. Wenn man sich nach den geltenden Normen richtet, so ist man — eben unabhängig davon, ob sie richtig und zweckentsprechend sind oder nicht — vor allen Angriffen geschützt. Das, was man unternimmt, muß aber natürlich von Kenntnis und Erfahrung zeugen.

Ich stelle daher die Regeln für Abnahmeversuche an Dampfanlagen voran, die der Verein Deutscher Ingenieure 1925 probeweise für 2 Jahre zur Anwendung vorgeschlagen hat. Unter den Unterschriften befinden sich erste Namen, wie **Klingenberg, Matschoss, Doerffel, Lippart, Hellmich** u. a.

Ich bringe nur einen kurzen Auszug, wobei ich die wichtigsten Stellen im Wortlaut gebe.

Regeln für Abnahmeversuche an Dampfanlagen.

Einleitung.

Allgemeines.

1. „Die Abnahmeversuche dienen zum Nachweis von Gewährleistungen und sind unter möglichster Einhaltung der vereinbarten Umstände und des Beharrungszustandes auszuführen. Wenn nichts anderes erwähnt wird, gelten die vorliegenden Bestimmungen.‘‘

2. Art, Zahl, Dauer der Versuche, Vereinbarung.

3. Über Vorversuche. Ein Vorversuch kann auch als Hauptversuch angesehen werden.

4. Untersuchungen werden durch Abmachungen bestimmt.

Maßeinheiten und Grundwerte[29]).

5. Metrisches Maß obligatorisch.

6. Über Temperaturskala und Kalorie.

7. Drücke.

8. Meßeinheiten für die Leistung und Arbeit.

9. Wärmeinhalt des Dampfes nach Entropietafeln[30]) zu bestimmen.

Meßgeräte.

10. „Alle verwendeten Meßgeräte müssen zuverlässig sein.‘‘

„Schreibende Meßgeräte sind zu wichtigen Untersuchungen nur insofern zulässig, als ihre Angaben zu jeder Zeit, auch im Betriebe, nachgeprüft werden können.‘‘

11. „Feste und flüssige Brennstoffe werden gewogen, gasförmige werden gemessen.‘‘

„Wassermengen werden entweder gewogen oder in geeichten Gefäßen gemessen; im letzten Falle sind die Gefäße entweder bei der Temperatur des zu messenden Wassers zu eichen oder ihr Inhalt ist nach dieser Temperatur zu berichtigen.‘‘

„Besonders große Wassermengen, bei denen sich eines der vorerwähnten Verfahren wegen der erforderlichen Größe der Gefäße nicht anwenden läßt, werden durch Ausflußdüsen gemessen. Woltmann-Flügel und Wehrüberlauf sind für Abnahmemessungen unzulässig.‘‘

„Wassermesser sind im allgemeinen für Abnahmeversuche nicht zulässig, jedoch empfiehlt es sich, sie zur Sicherung gegen Aufschreibfehler regelmäßig zu beobachten, vorausgesetzt, daß sie geeicht und ausreichend verläßlich befunden worden sind.‘‘

„Wassermessung durch Ausflußdüsen ist nur zulässig bei hinreichend gleichmäßigem Wasserzu- und -abfluß und unter der Bedingung, daß die Meßvorrichtung für die in Betracht kommende Ausflußmenge bei der entsprechenden Temperatur geeicht wird. Für Dampfmessungen sind vorläufig nur geeichte Düsen zulässig.‘‘

12. Genaue Angaben über Thermometer, Pyrometer und Bedingungen der Temperaturbestimmung. Einbau. Schutz vor Einstrahlung und Abstrahlung (Vgl. S. 145). Obligatorische Eichung vor dem Versuch.

13. Druckmessung.

---

[29]) Entspricht einer Auswahl aus Tab. I, S. 24/25.
[30]) Siehe z. B. Abb. 69. S. 254.

14. Anbringung von Indikatoren.

15. Prüfung der Indikatoren. Obligatorische Benutzung der Feinmeßgeräte nach den Regeln des Verbandes deutscher Elektrotechniker.

Dampferzeugeranlagen.

Benennungen und Vergleichswerte.

16. Bestimmung der Begriffe: Rostfläche, Heizfläche, Trennung der Heizflächen.

17. Begriff der Überhitzerheizfläche.

18. „Als Maß für die Leistung einer Dampferzeugeranlage gilt die in einer Stunde verdampfte Wassermenge in Kilogramm Dampf von 640 kgcal (Normaldampf). Die spezifische Leistung ist die stündlich auf 1 qm Heizfläche erzeugte Anzahl Kilogramm Normaldampf."

19. „Als Heizwert kommt wissenschaftlich nur der obere, d. h. auf 0° Endtemperatur und flüssiges Wasser bezogene Heizwert in Betracht. Mit Rücksicht auf die notwendige Anpassung an den bisherigen Gebrauch sowie den erheblichen Unterschied, der sich bezüglich der Wirkungsgrade ergibt zwischen unterem und oberem Heizwert bei wasser- und wasserstoffreichen Brennstoffen, empfiehlt es sich, auch den unteren Heizwert, bezogen auf dampfförmiges Wasser, vorläufig mit anzugeben und zu berücksichtigen."

„Der Heizwert wird bezogen:

bei festen und flüssigen Brennstoffen auf 1 kg des beim Versuch abgewogenen Brennstoffes (ohne Abzug von Asche, Wasser usw.);

bei gasförmigen Brennstoffen auf 1 cbm bei 0° C und 760 mm Q.S."

Abnahmeversuche.

„Bei der Bestellung ist zu vereinbaren, welche Abnahmeversuche zu machen sind. Gegenstand der Abnahmeversuche können sein:

20. Bei einer Dampferzeugeranlage

    a) die Menge des stündlich verheizten Brennstoffes (Brennstoffverbrauch) oder diese Menge bezogen auf 1 qm Rostfläche (Rostleistung) und ihr Wärmewert;

    b) die Menge des stündlich aus Speisewasser von bestimmter Temperatur erzeugten Dampfes von gewisser Spannung und Temperatur und die stündlich nutzbar gemachte Wärmemenge oder diese Menge bezogen auf 1 qm Kesselheizfläche, ausgedrückt in kgcal;

    c) die Verdampfungszahl, d. h. das Verhältnis der verdampften Wassermenge (b) zum verheizten Brennstoff (a);

    d) der Wirkungsgrad der Dampfkesselanlage, d. h. das Verhältnis der nutzbar gemachten Wärme zum Heizwert des Brennstoffes (bzw. die Anteile des Vorwärmers, des Überhitzers und des Kessels an der nutzbar gemachten Wärme) mit oder ohne Unterteilung der Wärmeverluste (Abgas, Rückstands-Durchfallverluste u. a.);

    e) die Zug- und Druckverhältnisse der Verbrennungsluft und der Heizgase an einzelnen Stellen der Dampferzeugungsanlage;

    f) die Zusammensetzung und Temperatur der Heizgase und die Temperatur der Luft;

g) die einzelnen in der Dampfkesselanlage auftretenden Verluste und der zusätzliche Verbrauch der Nebeneinrichtungen
(z. B. mechanische Zugerzeugung, Rostantrieb);
h) das Verhalten der Armaturen;
i) bei vorheriger Vereinbarung im Lieferungsvertrage auch
das Verhalten des Kessels im Betriebe in bezug auf Wasser-
umlauf [31]) und Elastizität.‟

21. Bei einer Feuerungsanlage.
Es sind anzugeben:
a) Brennstoffmengen,
b) Zugverhältnisse,
c) Temperatur- und Gaszusammensetzung,
d) Verluste,
e) Durchfall, Rückstände u. dgl.

22. Bei einer Überhitzeranlage.
Es sind anzugeben:
a) Brennstoffmengen bei selbständigen Anlagen,
b) Eigenschaften der Heizgase,
c) Dampfzustand,
d) Wirkungsgrad bei selbständigen Überhitzern,
e) Anteil am Gesamtwirkungsgrad,
f) Druckverlust,
g) Zugverlust.

23. Bei einer Rauchgasvorwärmeranlage:
a) „Zusammensetzung, Anfangs- und Endtemperatur der durch
den Vorwärmer strömenden Heizgase, ferner die Menge
und der Heizwert des Brennstoffes, dem die Heizgase ent-
stammen;
b) Menge, Anfangs- und Endtemperatur, Anfangs- und Enddruck des durch den Vorwärmer strömenden Wassers
bzw. bei Luftvorwärmern der durch den Vorwärmer strömenden Luft;
c) der Wirkungsgrad der Vorwärmeranlage für sich, d. h.
das Verhältnis der im Vorwärmer nutzbar gemachten
Wärme zu der in den zuströmenden Heizgasen enthaltenen
Wärme und der Anteil am Gesamtwirkungsgrad, d. h. das
Verhältnis der nutzbar gemachten Wärme zum Heizwert
des Brennstoffes;
d) die Zug- und Druckverhältnisse der Heizgase an einzelnen
Stellen der Vorwärmeranlage.‟

24. Bei einer mechanischen Zuganlage.
Neben den Messungen 20—23. a) bis e) Druckmessung, Reglerquer-
schnitt, Dampfdruck bei Strahlgebläsen, Dampf- und Kraftverbrauch.

25. Bei einer Rohrleitungsanlage:
a) „der Druckverlust im Zusammenhange mit Druck, Temperatur, Dampfgeschwindigkeit (Dampfmenge) und Länge
der Leitung;
b) der Niederschlagverlust oder der Temperaturverlust im
Zusammenhang mit Druck, Temperatur, Dampfgeschwindigkeit (Dampfmenge), Länge der Leitung und Art des Wärme-
schutzes;

---

[31]) D. h. wie weit das Konvektionsmaximum (S. 93 f.) erreicht
ist (Bl.).

c) der Anteil, den Ventile und Krümmungen am Druckverlust haben;

d) die Dehnung des Rohrstranges durch die Wärme, wie die Güte der Ausgleichsvorrichtungen;

e) die Lagerung und Beweglichkeit der Rohrleitungen;

f) Wärmeverluste in Kondensat- und Speiseleitungen."

Ausführung der Abnahmeversuche.

Allgemeine Bestimmungen.

26. „Vor Abnahmeversuchen ist die Dampfkesselanlage innerlich und äußerlich zu reinigen, auf ihre Dichtheit zu untersuchen und in ordnungsmäßigen Zustand zu bringen; eine Wasserdruckprobe ist nicht unbedingt notwendig[32])."

27. „Um den Beharrungszustand herbeizuführen, ist die Versuchsanlage je nach ihrer Beschaffenheit einen oder mehrere Tage unmittelbar vor dem Versuch in laufendem Betrieb zu halten, und zwar tunlichst mit demselben Brennstoff und derselben Beanspruchung wie während des Versuches."

Dauer und Gleichmäßigkeit der Versuche.

28. „Ein Versuch zur Bestimmung der Leistung (Rost- oder Dampfleistung) sowie der Verdampfungszahl oder des Wirkungsgrades einer Dampfkesselanlage muß fortlaufend mindestens 6 Stunden dauern."

„Handelt es sich lediglich um die Untersuchung der Heizgase, Zugverhältnisse u. dgl., so sind kürzere Versuche zulässig. Wenn nichts anderes vereinbart, genügt zum Nachweis der vorübergehenden Höchstleistung ein einstündiger Versuch."

29. „Bei Abnahmeversuchen soll die Belastung (Dampfleistung) möglichst gleichmäßig gehalten und erforderlichenfalls künstlich hergestellt werden."

„Im allgemeinen dürfen keine größeren Schwankungen in der Belastung als 15% vom Mittelwert auftreten. Die Schwankungen werden nach dem bei den stündlichen Abschlüssen sich ergebenden Wasserverbrauch ermittelt."

Ermittlung des Brennstoffverbrauchs.

30. „Zur richtigen Ermittlung des Brennstoffverbrauchs ist es erforderlich, daß alle Feuerungsverhältnisse, insbesondere die auf dem Rost befindliche Brennstoffschicht, ihr Wärmeinhalt, die Brenngeschwindigkeit (Zugstärke, Heizgastemperatur), bei Beginn und Abschluß des Versuches übereinstimmen."

„Bei nicht selbsttätig und fortlaufend abschlackenden Feuerungen ist zu diesem Zweck in gleichen Zeiträumen vor dem beabsichtigten Beginn und vor dem Abschluß des Versuches das Feuer zu reinigen und wieder in ordnungsmäßigen Zustand zu bringen."

„Bei selbsttätigen Feuerungen ist während einer genügenden Zeit vor Beginn und vor Abschluß des Versuches oder nach der Reinigung des Feuers mit derselben (Rostnachschub-) Geschwindigkeit, derselben Schichthöhe, Zugstärke usw. zu fahren."

---

[32]) Eine Wasserdruckprobe ergibt, ob der Kessel noch betriebssicher ist. Der Probedruck muß höher sein als der Betriebsdruck. Zu hoher Probedruck schwächt das Eisen.

„Während des Versuches ist die Zugstärke am Austritt der Gase aus dem Kessel vor dem Zugregler, wenn möglich auch noch über und unter dem Rost, regelmäßig zu vermerken."

31. Brennstoffprobenahme. Entspricht ungefähr dem oben auf S. 42 Gesagten. Ermittlung der Menge an Asche und Schlacke. Probenahme.

Ermittlung des verdampften Wassers bzw. des erzeugten Dampfes.

32. „Der Wasserstand und der Dampfdruck (bzw. Wärmewert des Inhaltes bei Vorwärmern) sollen beim Beginn und beim Abschluß des Versuches gleich sein."

„Geringe Abweichungen des Wasserstandes oder des Dampfdruckes am Ende des Versuches sind, falls sie sich nicht vermeiden lassen, nach ihrem Wärmewert, entsprechend den Drücken (bzw. den Temperaturen bei Vorwärmern) bei Beginn und Abschluß des Versuches, in Rechnung zu ziehen. Dabei ist zu berücksichtigen, daß, wenn Berichtigungen nicht zu vermeiden sind, diese für den Wasserstand gemacht werden sollen, während besonders auf Gleichhaltung des Dampfdruckes und des Feuerzustandes, d. h. der Brenngeschwindigkeit, beim Beginn und Abschluß des Versuches zu achten ist, auch wenn nicht gleichzeitig der Brennstoffverbrauch bestimmt wird."

„Besondere Sorgfalt verlangen in dieser Beziehung die Wasserrohrkessel und ähnliche Kessel mit stark schwankendem Wasserspiegel, bei denen außerdem während der Dampfentwicklung die Wassermasse durch die im Wasser enthaltenen Dampfblasen scheinbar erheblich vergrößert wird."

„Es ist deshalb, wenn beim Versuch ununterbrochen gespeist werden kann, was ohnehin bei Kleinwasserraumkesseln sehr erwünscht ist, bei Beginn und Abschluß normal weiter zu speisen. Bei ununterbrochener Speisung ist möglichst lange vor Beginn und vor Abschluß des Versuches die Speisung einzustellen."

33. „Das Speisewasser wird entweder gewogen oder in anderer zuverlässiger Weise gemessen (siehe 10 und 11).

Es ist Sorge zu tragen, daß das gemessene Wasser richtig in den oder die Versuchskessel gelangt; alle nicht zum Versuch nötigen Wasserrohrleitungen und Abzweigungen sind mit Blindflanschen abzusperren."

„Alles Leckwasser an den Ausrüstungsteilen ist aufzufangen und in Rechnung zu bringen."

„Bei Abnahmeversuchen ist es unzulässig, zur Speisung Dampfpumpen, Injektoren oder andere Vorrichtungen zu verwenden, deren Betriebsdampf mit dem Speisewasser in Berührung kommt[33])."

---

[33]) Beides gilt streng genommen nur für Versuche an Dampfmaschinen, wo man die verbrauchte Dampfmenge ermitteln muß. Da darf keine Energie als ungewogener Dampf durch den Injektor in den Kessel gelangen, noch gewogener Dampf durch das Sicherheitsventil verlorengehen. Auch Dampf aus dem Versuchskessel gelangt in ihn erst nach Energieeinbuße infolge Arbeitsleistung im Injektor zurück. Die Einbuße ist jedoch sehr gering: 6 l-at pro kg Dampf = 61,8 mkg, also nicht einmal 1 cal. Natürlich ist etwa mit dem Dampf mitkommendes Kondenswasser als ungewogenes unerwünscht. Auch darf der in den Kessel zurückkehrende Dampf natürlich keine großen Kondensverluste haben.

„Blasen der Sicherheitsventile soll vermieden werden.“

34. „Versuche, bei denen erhebliche Wassermengen durch den Dampf in die Rohrleitungen mitgerissen werden, sind als ungenau zu bezeichnen, wenn diese Wassermengen nicht ermittelt und berücksichtigt werden.“

„Liegen berechtigte Zweifel über Wassermitreißen vor, so ist ein Wasserabscheider einzuschalten, und zwar möglichst nahe am Dampfkessel vor dem Überhitzer.“

35. „Es muß regelmäßig, womöglich ununterbrochen, gespeist werden, und zwar so, daß Wasserstand und Dampfdruck während des Versuches möglichst auf gleicher Höhe erhalten werden.“

36. „Wasserstand und Dampfdruck sind während des Versuches regelmäßig zu vermerken, ersterer ist stündlich zu Zwischenabschlüssen zu verwenden.“

„Die Temperatur des Speisewassers ist an einer Stelle zu messen, wo sie dem Eintritt in den Dampfkessel entspricht.“

„Das Mittel der Speisewassertemperatur kann nur dann richtig bestimmt werden, wenn die Speisung gleichmäßig ist.“

„Ist ein Überhitzer vorhanden, so sind Temperaturen und Druck des Dampfes dicht hinter dem Überhitzer zu messen.“

„Bei Vorwärmern ist die Temperatur des Wassers dicht hinter dem Vorwärmer zu messen. (Bei allen diesen Messungen beachte man die Angaben unter Meßgeräte 12.)“

Untersuchung der Heizgase.

37. „Die Temperatur ist an der Stelle, wo die Heizgase den Kessel verlassen, möglicht aber vor dem Zugregler zu messen.“

38. Bedingungen der Rauchgasuntersuchung.

Auswertung der Ergebnisse und Berichterstattung.

39. „Bauart und Betriebsverhältnisse der Kesselanlage sind im Bericht möglichst vollständig anzugeben und so zu erläutern, daß alles zur Beurteilung und Auswertung der Versuchsergebnisse Erforderliche im Bericht enthalten ist.“

„Bei Schwankungen sind im Bericht neben den Mittelwerten die höchsten und die niedrigsten Werte der hauptsächlichen Ablesungen und Feststellungen anzuführen.“

40. „Weicht bei einem Abnahmeversuch die sich ergebende mittlere Belastung oder Beanspruchung von einem der vertragsmäßig bestimmten Werte ab, so muß das Versuchsergebnis mit den Zusicherungen über Wirkungsgrad oder Verdampfungszahl auf Grund einer Interpolation verglichen werden. Sind im Vertrage die Zusicherungen nur für einen Belastungswert angegeben, so wird angenommen, daß die zugesicherte Zahl auch für einen Mittelwert gilt, der um 7,5 % von dem genannten abweicht.“

41. „Ob und wieviel das Versuchsergebnis von der Zusage abweichen darf, soll im Lieferungsvertrage festgelegt sein. Ist hierüber keine besondere Vereinbarung getroffen, so gelten, um unvermeidlichen Beobachtungsfehlern und Schwankungen während des Versuches Rechnung zu tragen, die Zusagen noch als erfüllt, wenn die erzielten Werte (Ausnutzung, Dampfdruck und Überhitzungstemperatur) um nicht mehr als 5 % des gewährleisteten Wertes von diesem abweichen.“

„Die zugesagte Dampfleistung muß, wenn die vereinbarten Umstände vorliegen, stets voll erreicht werden.“

Kolbendampfmaschinen.

Benennungen und Vergleichswerte.

Abnahmeversuch.

Ausführung der Abnahmeversuche.

Versuchsdauer und Versuchsbedingungen.

Bestimmungen über die Durchführung der Versuche.

Dampfturbinenanlagen.

Wirtschaftlicher Anhang zu den Regeln für Abnahmeversuche an Dampfanlagen.

Wenn zwischen den Parteien nichts anderes vereinbart ist, gilt folgendes:

1. „Die Abnahmeversuche sollen innerhalb zweier Monate nach der Inbetriebsetzung der Anlage erfolgen, auf jeden Fall aber während der Garantiezeit. Die Inbetriebsetzung zählt von dem Tage an, an dem die Anlage betriebsmäßig ohne eine durch ihren Zustand bedingte größere Unterbrechung gearbeitet hat."

2. „Dem Lieferer der zu prüfenden Anlage muß vom Besteller oder Empfänger gestattet werden, sie auf ihren ordnungsmäßigen Zustand zu untersuchen. Hierbei festgestellte Mängel sind, falls

sie der Lieferer verursacht hat, von diesem, sonst vom Besteller (Empfänger) oder auf dessen Kosten zu beseitigen."

3. „Kommen mehrere Einheiten gleicher Art und Größe für Versuche in Betracht, so können letztere nach Vereinbarung auf eine Einheit beschränkt werden."

4. „Die Kosten für die Vorbereitung und Ausführung der Abnahmeversuche trägt der Besteller bzw. Empfänger, und der Lieferer nur die Kosten für von ihm zum Versuch entsandte Personen."

5. „Abnahmeversuche, deren Programm nicht vorher vom Lieferer und vom Bezieher schriftlich oder durch die mündliche Erklärung seines bevollmächtigten Vertreters anerkannt ist, sind für den Lieferer unverbindlich."

Von einem Kommentar zu diesen Regeln können wir wohl absehen, da wir durch alles vorhergehende genügend für die richtige Bewertung ihres Inhalts vorbereitet sind. Die Auflösung etwa nachgebliebener oder während der Untersuchung auftauchender Unklarheiten überlassen wir getrost der Zukunft oder, mit anderen Worten, der Praxis selbst. So vorbereitet gehen wir zu unserer Aufgabe über.

Übergangsaufgabe.

Bestimmung der Wärmebilanz eines Lokomobildampfkessels (wie auch der Energiebilanz der mit ihr verbundenen elektrischen Anlage).

Wir führen den Versuch an einer Wolfschen Lokomobile älteren Systems aus, die im Hofe des Laboratoriums des ehemaligen Rigaschen Polytechnischen Institutes, der jetzigen Lettländischen Universität, steht. Die Heizfläche beträgt 32 qm, die Rostfläche 0,62 qm. Die Dampfmaschine war etwa 40 Pferde stark.

Wir nehmen uns des Interesses halber vor, uns möglichst nach den Regeln zu richten, die wir soeben kennengelernt haben. Und zwar Punkt für Punkt.

1. Beharrungszustand und Bestimmungen werden, wie später zu sehen, nicht ganz einzuhalten sein.

2. Die Dauer ist begrenzt, da die Lokomobile jetzt nur zum Laden einer Akkumulatorenbatterie angelassen wird. Aus dem Grunde ist auch das Einhalten der Regeln für den Beharrungszustand nicht immer ohne weiteres durchführbar. Es müßte denn sein, daß man vorher die Maschine während der erforderlichen Zeit auf einen elektrischen Wasserwiderstand arbeiten ließe, der den Strom aufzehrt.

3. Wir nehmen uns vor, mehrere Versuche durchzuführen und den geeignetsten auszuwählen, wobei die vorhergehenden als Vorversuche gelten können.

4. Gegenstandslos.

5—9. Gegenstandslos, da selbstverständlich.

10—11. Der Brennstoff wird gewogen. Das Wasser wird in einem zylindrischen Gefäß unter Temperaturkorrektur gemessen und durch einen Injektor in den Kessel gepumpt.

12. Die Wassertemperatur wird durch Eintauchen eines Laboratoriumsthermometers bestimmt, die Rauchgastemperatur durch ein hochgradiges Quecksilberthermometer mit Stickstoffüllung (in Stahl-

19*

rohr) gemessen. Abstrahlung und Einstrahlung werden nicht berücksichtigt, da die Versuche sowieso nicht mit dementsprechender Genauigkeit vorgenommen werden und besonders die Ablesungen der Rauchgastemperatur infolge starker Schwankungen keinen guten Durchschnitt ergeben können. Eine Abkühlung ist wohl möglich, da eine eiserne unisolierte Esse vorhanden ist. Da die Rauchkammer auch nicht isoliert ist, ist die Grenze zwischen Abgas- und Restverlusten sowieso verwischt. In der Rauchkammer ist jedoch ein Durchschnitt nicht vorhanden, da die erste Durchmischung erst an der Drosselklappe erfolgt. Die vorhandenen Meßbedingungen genügen mithin für unseren Fall. Das gilt auch von den anderen Meßfaktoren.

13. Bei 12 erledigt.

14—15 wurden angebracht.

16—18 können berücksichtigt werden.

19. Der Einfachheit halber beziehen wir den Nutzeffekt auf den unteren Wärmewert, zumal die Abwärme der Abgase nicht weiter ausgenutzt wird, die Abgasverluste also hoch sind.

20. a) bis d) zu berücksichtigen, von e) nur Schornsteinzug. Natürlich könnte man auch die Druckdifferenz zwischen Rost und Fuchs messen und daraus Schlüsse ziehen (s. oben S. 129). Doch ist es aus pädagogischen Gründen besser, den ersten Übergangsversuch nicht zu schwierig zu gestalten, damit die Genauigkeit nicht leidet. f) wird ermittelt, g) nicht alles nötig h), i) nicht nötig.

21. Außer dem bereits erwähnten bestimmt man noch die Herdrückstände.

22, 23, 24 und 25 fallen weg.

26. Bei einer Lokomobile ist die Reinigung leicht vorzunehmen. Undichtigkeiten wurden nicht bemerkt.

27. Wie bei Punkt 2 ausgeführt, nicht durchführbar. Da jedoch bei einer Lokomobile wenig akkumulierende Massen vorhanden sind (s. oben S. 55) — der Kessel ist nicht von Mauerwerk, sondern von einer dünnen Schicht Isoliermasse umgeben —, so ist der Beharrungszustand schnell erreicht. Auch ist die Dampfabnahme beim Laden des Akkumulators eine sehr gleichmäßige. Der Beharrungszustand der Dampfmaschine und des Dynamo spielen hier keine Rolle.

28. Der Versuch wurde so lange als möglich — 2—3 Stunden — ausgedehnt. Leider war die Kapazität der Batterie sehr gering. Man hätte die Zellen zu lange gasen lassen oder einen Wasserwiderstand benutzen müssen, der nicht vorhanden war. Natürlich muß man dadurch mit einer geringen Genauigkeit der Versuche rechnen. Für ein allgemeines Bild genügt es.

29. Gleichmäßige Belastung war durch die Verhältnisse gegeben.

30. Wurde entsprechend früheren Angaben (oben S. 56) durchgeführt. Das Feuer wurde $1/_2$ Stunde vor Beginn und Schluß gereinigt, die Zugstärke vermerkt.

31. Die Probenahme wird nach früher (S. 42) entwickelten Gesichtspunkten vorgenommen.

32. Wurde beachtet.

33. Siehe bei Punkt 11. Blindflanschen waren nicht erforderlich. Über Verwendung des Injektors ist die Fußnote zu berücksichtigen. Die Injektorleitung ist bis zur Speisevorrichtung ganz kurz und ist gut isoliert.

34. Da die Belastung gering war, 7 kg Dampf je Quadratmeter Heizfläche, ist ein Überreißen von Wasser sehr unwahrscheinlich.

35 und 36 wird beachtet. Zwischenabschlüsse sind nicht erforderlich.

37. Die Heizgastemperatur wird über der Rauchklappe gemessen. Anders geht es nicht.

38 wird beachtet nach den S. 80 f. ausgeführten Prinzipien.

39 wird berücksichtigt.

40, 41 gegenstandslos.

Weitere Punkte kommen nicht in Betracht.

Verdampfungsversuch.

Die Lokomobile wurde vorher angeheizt. Wie erwähnt, nahm man an, daß der Beharrungszustand genügend erreicht war. Die Rauchgasuntersuchung wurde mit dem Hamburger Apparat vorgenommen. Alle 5 Minuten wurde CO_2, alle Viertelstunde eine volle Analyse ausgeführt. Letztere störte die CO_2-Analysen nicht, da man für die O_2- und CO-Bestimmung das Gas in den betreffenden Pipetten stehen lassen, unterdessen schnell eine CO_2-Bestimmung ausführen und die Abmessung der Absorptionsreste von O_2 bzw. CO später vornehmen konnte. Die Rauchgastemperatur wurde gleichfalls alle 5 Minuten notiert. Die Kohlenprobe wurde von jedem Kasten zu etwa $^1/_2$ Schaufel entnommen und das Probengewicht von dem Gesamtgewicht abgezogen. Die in einer mit Deckel versehenen Kiste gesammelte Probe wurde wie oben beschrieben behandelt.

Wie im Nachtrag zu lesen, gab es jedoch Schwierigkeiten und griff man daher auf einen früheren 6 stündigen Versuch zurück.

Notierungen und Rechnungsgrundlagen.

Die Notierungen bringe ich in der in Tab. XXI enthaltenen Reihenfolge und in derselben Vollständigkeit.

Kesselbesitzer Universität Lettlands.

Kesselsystem Lokomobilkessel Wolff, Rauchrohrkessel.

Feuerung: Planrost, handbeschickt.

Heizfläche: (H_k) 32 qm.

Rostfläche: R. 0,62 qm.

$H_k : R = 52$.

Brennstoff.

Benennung: Schottische Steinkohle Watson-Hartley.

Analyse: C —68,34 %

H — 4,59 %

O —10,12 %

N — 0,90 %

S — 0,80 %

Asche — 4,72 %

Hygr. Wasser — 9,43 % ⎱ 10,53 ⎱ 15,25.

Lagerfeucht — 1,10 % ⎰ ⎰

Oberer Wärmewert der tr. Kohle: 7309 cal.

Oberer Wärmewert der verheizten Kohle:

$7309/(1—0,1053) = 6535$ cal.

Unterer Wärmewert der verheizten Kohle (vgl. oben S. 33):

$6535 — (0,1053 + 9 . 0,0459) . 600 = 6225$ cal.

Dauer des Versuches 6 st.

Wasser verdampft im ganzen 1386 kg.

Heizflächenbeanspruchung kg/qm/st 7.

Kohle verbrannt im ganzen 271 kg.

Rostflächenbeanspruchung kg/qm/st 62.
Verdampfungsziffer Dampf/Brennstoff 5,76.
Dampfdruck 5,2 at.
Dampftemperatur 152°.
Speisewassertemperatur 10° C.
Unterdruck in der Rauchkammer 8 mm.
Rauchgase: CO_2 — 5,13 $v/_0$
$\qquad\qquad$ O_2 —15,10 „
$\qquad\qquad$ N —79,77 „
Temperatur 242°.
Raumtemperatur 22°.
Luftüberschuß 3,3.
Bilanz: Nutzbar gemacht . . . . **60,3 %**

Verluste
- in den Herdrückständen . . . . 0,8 %
- durch Ruß (angenommen) . . . . 0,5 %
- in den Abgasen . . . . 25,0 %
- durch Leitung und Strahlung (als Rest) . . 13,4 %

Berechnung des Nutzeffekts.

Nach Tab. XXII enthält Dampf von 5,2 at 663 kal als Energieinhalt. Da die Temperatur des Speisewassers 10° C, der untere Heizwert der Kohle 6225 kal und die Verdampfung 5,76 betrugen, sind ausgenutzt worden:

$$\frac{5,76 \cdot (663 — 10) \cdot 100}{6225} = 60,3\,\%.$$

Berechnung der Verluste:

Im ganzen waren Heerdrückstände 5,8 kg mit 23,5 % Verbrennlichem, was als C angenommen wurde. In den Herdrückständen war mithin 1,36 kg C oder

$$\frac{1,36 \cdot 100}{241 \cdot 6} = 0,6\,\%$$

vom Kohlengewicht. Das sind 49 cal oder 0,8 % des unteren Wärmewerts.

Menge der Rauchgase:

Von 0,6834 kg C (von 1 kg Steinkohle) blieben in den Rückständen 0,6 % und im Ruß 0,5 %, mit den Rauchgasen entwichen 0,672 kg. In der CO_2 von 1 cbm Rauchgas waren enthalten (die Rauchgase waren CO-frei):

$$\frac{0,0513 \cdot 1,98 \cdot 12}{44} = 0,0277 \text{ kg C.}$$

Mithin gab 1 kg Kohle 0,672 : 0,0277 = 21,25 cbm trockne Gase. Wasserdampf war aus 1 kg Brennstoff entstanden:

0,105 + 9 · 0,0459 = 0,518 kg oder 0,518 : 0,805 = 0,643 cbm.

Wärmekapazität je 1° C der aus 1 kg Kohle entwickelten Rauchgasmenge:

Rauchgasbestandteile aus 1 kg Kohle, cbm	Wärmekapazität	Ergebnis kal
CO_2 21,25 × 0,0513 = 1,09	0,50	0,54
O_2 21,25 × 0,1510 = 3,20	0,31	0,99
N_2 21,25 × 0,798 = 16,96	0,31	5,26
H_2O $\qquad\qquad$ 0,64	0,39	0,25
21,89		7,04

Mithin beträgt der Wärmeverlust in den Abgasen je 1 kg Kohle:
$$7{,}04 \cdot (242 - 22) = 1550 \text{ kal}$$
oder
$$1550 \cdot 100/6225 = \text{ca. } 25\,\%.$$

· Eine kritische Bewertung zeigt, daß das Bedienen des Planrostes nicht mit Sachkenntnis ausgeführt worden ist, worauf die hohe Zahl $n = 3{,}3$ deutet. Freilich lag es zum Teil an der schwachen Beanspruchung von 62 kg Kohle je 1 qm Rostfläche und Stunde. Immerhin hätte ein speziell ausgebildeter Heizer, wie sie von Dampfkesselrevisionsvereinen unterhalten und **Lehrheizer** genannt werden, ein weit besseres Ergebnis erzielt.

Über einen Versuch der Bestimmung der Leistung der Dampfmaschine und der Dynamo und der Ermittelung der Wirkungsgrade siehe im Nachtrag.

Folgerungen und anschließende Betrachtungen.

Beschreibung eines erweiterten Versuchs an einer Dampfkesselanlage. Vorschlag einer anschaulichen tabellarischen Darstellung der Resultate. Betriebswirtschaftliche Auswertung der Versuchsergebnisse. Bilanzbilder und Energiestrombilder. Betriebsüberwachung durch registrierende Apparate. Beispiel einer vereinfachten Methode: Feuerüberwachung nach Hamburger Methode durch Aspiratoranalyse. Heizerprämien. Psychischer Nutzeffekt der menschlichen Arbeit. Überwachung des Verbrennungsprozesses durch registrierende Apparate. Wertstrombilder und Verwaltungstechnik. Intellektuelle und intuitive Tätigkeit des Betriebsführers.

Hier haben wir es natürlich mit ziemlich einfachen Verhältnissen zu tun. Die große Praxis stellt einem meist viel schwierigere Aufgaben. Um den Charakter solch einer Arbeit zu bestimmen, wäre es vielleicht ganz angebracht, hier einen Versuch genauer zu beschreiben, den ich vor kurzem an einer Dampfkesselanlage ausgeführt habe. Da jedoch dieser Versuch vollständig ins Gebiet der großen Praxis hineingehört und nicht einmal als Übergangsversuch aufgefaßt werden kann, begnüge ich mich mit einer kurzen Andeutung über den Sinn der ganzen Aufgabe und darüber, wie sie gelöst wurde, zumal die Lösung von der gewöhnlichen Methode der Arbeit etwas abwich. Die untersuchte Anlage bestand aus zwei Einflammrohrkesseln mit je 67 qm Heizfläche und je einem Überhitzer von 54 qm, ferner aus einem Einflammrohrkessel mit einer Heizfläche von 49 qm und einem Gehrekessel mit einer Heizfläche von 138 qm und einem Überhitzer von 12 qm. Das Speisewasser ging zuerst durch einen Ekonomiser, der an die beiden großen Einflammrohrkessel angeschlossen war, dann in den zweiten Ekonomiser, der von den beiden anderen Kesseln bedient wurde, und von da in die Kessel. Der eine Einflammrohrkessel arbeitete auf die Dampfmaschine, die übrigen drei Kessel gaben den Dampf für den

Textilbetrieb her. Sämtliche Kessel hatten Planroste mit Handbeschickung. Für die volle Untersuchung der ganzen Anlage wären viele Apparate und ein größeres Personal erforderlich. Ich versuchte es, die Aufgabe mit drei Gehilfen und zwei Orsatapparaten zu bewältigen. Ein Orsatapparat entnahm den beiden von den Ekonomisern zum Schornstein ziehenden Füchsen abwechselnd eine Abgasprobe. Hier wurden nur CO_2-Bestimmungen und nur alle Stunden Vollanalysen ausgeführt. Der Hamburger Apparat (S. 68) bewährte sich sehr gut. Der zweite Orsatapparat nahm abwechselnd Gasproben aus den Füchsen der drei Kessel.

Der kleine Einflammrohrkessel war nicht in Betrieb. Überall steckten Thermometer, zum Teil auch thermoelektrische Pyrometer, die die Ablesung an verschiedenen Stellen erleichterten. Das Speisewasser wurde durch einen vorher durch Abwiegen kontrollierten Wassermesser bestimmt. Das Wasser, welches die Dampfmaschine bediente, wurde getrennt notiert. Außerdem wurde Anzahl und Zeit der aufgegebenen Schaufeln angeschrieben. Auf diese Weise wurde nicht nur ein statisches, sondern ein volles dynamisches Bild erhalten, das ich gelegentlich an anderer Stelle veröffentlichen werde. Ich erwähne nachstehend die erhaltenen Durchschnittszahlen, wobei ich die Gelegenheit wahrnehme, eine in letzter Zeit von mir ausgearbeitete neue Form der tabellarischen Darstellung der Resultate von Verdampfungsversuchen der allgemeinen Beurteilung zu unterbreiten. Ich glaube, daß sie vor allem sehr übersichtlich ist. Es sind nur die allernotwendigsten Daten verwandt worden. Alles was aus ihnen durch Berechnung gefunden werden kann, wurde, wenn nicht besondere Gründe dagegen sprachen, weggelassen. Tab. XXIV zeigt dieses System.

In der obersten Reihe sind die Charakteristika der Anlage gegeben. Das bei den Versuchen erhaltene Zahlenmaterial ist, wie zu sehen, in drei Gruppen geteilt. In der ersten ist alles auf den Dampf D und den Brennstoff B Bezügliche enthalten. Unter D steht die Heizflächenbelastung (Bel), darunter der den einzelnen Kesseln (Index I, II, IV) zugehörige Dampfdruck, weiter die entsprechenden Temperaturen des überhitzten Dampfes. Wie weit er überhitzt ist, findet man unter Benutzung der Tab. XXII. Darunter stehen die Brennstoffdaten (dort ist auch die Rostbelastung angegeben): Unterer Heizwert, Asche (A), hygr. Wasser (Wh), und mechanisch beigemengtes Wasser (W). Darunter ist die Ver-

Tabelle XXIV.

Verdampfungsversuche.

Anlage:

$$K_I \quad \text{Einflammr. } H_k \frac{67}{R\ 2,8} = 24. \text{ Hü } 54. \quad K_{II} \text{ desgl. } K_{IV} \text{ Wasserr. } H_k \frac{138}{R\ 4,2} = 33 \text{ Hü } 12.$$

Planr. Ek_I 48 Ek_{II} 48 qm.

Dampf und Brennstoff	Luft-Rauchgase und Wasser	Bilanzen
Riga, Nr. 1. 13. 4. 26. 7,20 st. D. Bel. 24,2. 　atü 8_I, $5,9_{II}$, $6,0_{IV}$. 　°C 287_I, 198_{II}. B. Bel. 138_I, 82_{II}, 103_{IV}. 　6680, A 5,86, W_h 4,6, W 5,39. 　Verd. 6,3.	Luft-Rauchgasweg: $20,6° \left\{ \begin{array}{l} K_I - \\ K_{II} - \end{array} \right\} Ek_I \begin{array}{l} 237° \\ 5,1\ v/_0 \end{array} \left. \begin{array}{l} \\ \\ \\ K_{III} - Ek_{II} \begin{array}{l} 207 \\ 5,6 \end{array} \end{array} \right\}$ Esse Wasserweg: °C 46 Ek_I 91 Ek_{II} 116 K I, II, IV.	Ausgenutzt: K.　Übh.　Ek.　Summe 49,6　4,9　6,6　**61,6** Verluste: R-gas　unv. V.　Rückst.　Rest 24,2　4,7　2,0　8,0
Nr. 2. 1. 11. 26. 5,10 st. D. Bel. 25,6. 　atü $8,55_I$, $5,8_{II}$, $5,56_{IV}$. 　°C 256_I, 281_{II}, 171_{IV}. B. Bel. 135_I, 102_{II}, 90_{IV}. 　6640, A 5,83, W_h 4,11, W 2,8. 　Verd. 6,7.	Luft-Rauchgasweg (v/$_0$ CO$_2$): $13,3° \left\{ \begin{array}{l} K_I \begin{array}{l} 367° \\ 7,5v/_0 \end{array} \\ K_{II} \begin{array}{l} 358 \\ 6,1 \end{array} \end{array} \right\} Ek_I \begin{array}{l} 228 \\ 6,1 \end{array} \left. \begin{array}{l} \\ \\ K_{IV} \begin{array}{l} 295 \\ 6,4 \end{array} Ek_{II} \begin{array}{l} 189 \\ 5,4 \end{array} \end{array} \right\}$ Esse Wasserweg: °C 43 Ek_I 82 Ek_{II} 100 K_I, II. IV.	Ausgenutzt: K　Üb.　Ek.　Summe 56,6　3,6　5,8　**66,0** Verluste: R-gas　u. V.　Rückst.　Rest. 21,5　1,9　2,0　8,6

dampfungsziffer, auf Normaldampf bezogen. Für die zweite Gruppe denke ich mir den Weg der Luft bis zur Esse, der, von links nach rechts geschrieben, folgende Reihenfolge aufzeigen muß: Raumtemperatur — Dampfkessel — Temperatur und Zusammensetzung der Abgase im Fuchs — Ekonomiser — Temperatur, Zusammensetzung der Rauchgasse vor der Esse — Esse. Natürlich kann man diesen Weg weiter unterteilen und z. B. die Temperatur in der Feuerung, die Zusammensetzung der Rauchgase in den einzelnen Zügen und ihre Temperatur u. dgl. m. angegeben. Auch die Zugverhältnisse kann man hier mit hineinnehmen. Darunter setze ich den Weg, den das Speisewasser macht. Hier würde sich folgende Reihenfolge ergeben: Rohwasser — beliebiger Vorwärmer — Ekonomiser — Dampfkessel. Man sieht, daß auf diese Weise auch eine kompliziertere Führung von Rauchgas und Wasser, wie sie in unserem Fall vorliegt, darstellbar wird. In der dritten Gruppe ist die Ausnutzung im ganzen sind auch unterteilt auf Kessel, Überhitzer und Ekonomiser, wie auch die Verluste angegeben. Letztere sind in der Reihenfolge: Rauchgase — unvollkommene Verbrennung — Herdrückstände — Restverluste gegeben.

Die Übersichtlichkeit dieser tabellarischen Darstellung läßt sich vielleicht gerade an diesen Beispielen aufzeigen, an denen man sehr gut sieht, wie beim zweiten Male der höhere Nutzeffekt durch die bessere Arbeit des Heizers erreicht worden ist. Der Kohlensäuregehalt war höher, die Abgangstemperatur teils dieselbe, teils niedriger, der Gesamtnutzeffekt höher und in erster Linie die Rauchgasverluste und auch die Verluste durch unvollkommene Verbrennung geringer. Dies würde darauf deuten, daß es angebracht wäre, an die Anschaffung von Kohlensäuregehalt und Temperatur registrierenden Apparaten zu denken oder, falls diese Ausgaben nicht erwünscht sind, ein billigeres Verfahren, etwa das des Hamburger Vereins für Feuerungsbetrieb (S. 301), mit Einstellung von Prämien in Aussicht zu nehmen.

Das Hauptergebnis der Versuche will ich hier kurz streifen, um zu zeigen, wie durch solche Untersuchungen unbeachtet bleibende und ungünstig wirkende Bedingungen gefunden werden. Der geringe CO_2-Gehalt deutete bereits darauf, daß bei den Flammrohrkesseln etwas nicht in Ordnung sei. Er war um so mehr unverständlich, als die Anlage von alten, gut eingearbeiteten Heizern bedient wurde. Es stellte sich heraus, daß für eine später eingerichtete Konstruktion, deren nähere Erläuterung hier zu weit führen würde, an den Einflammrohrkesseln vor den Überhitzern von oben sich hineinsenkende Schieber eingestellt worden waren, um die Überhitzertemperatur nicht zu hoch steigen zu lassen. Bei genaueren Erkundigungen und Besichtigungen ergab es sich, daß die Überhitzertemperatur nur dadurch vor dem zu starken Ansteigen zurückgehalten wurde, daß neben der Schieberklappe kalte Luft eindrang. Dichtete man diese Stelle gehörig ab, so stieg die Überhitzertemperatur auf über 400 und mehr und war nicht zu halten. Es zeigte sich, was eigentlich von vornherein vorauszusehen war, daß die Überhitzerheizfläche zu groß war; sie betrug $54:67 = 80\%$ der Kesselheizfläche, während, wie aus Tabelle XXI zu ersehen, sie meist weit unter 50% liegt. Es stellt sich des ferneren heraus, daß sich dieser Mißstand hielt, weil eine Änderung konstruktiv nicht leicht durchzuführen war.

Die Versuche hatten nun ein Ergebnis gezeitigt, das eine intensive Konstruktions- und Gedankentätigkeit auslöste. Es galt hier, wie oben auf S. 60 charakterisiert, die verschiedenen Verluste möglichst zu beschränken, in diesem Falle den durch hohen Luftüberschuß verursachten hohen Abgasverlust, um das energetische Restglied, den Nutzeffekt, zu heben. Die Aufgabe war in diesem Falle nicht ganz leicht und griff in den ganzen Betrieb hinein im Sinne der oben auf S. 276 an einem Betriebsbeispiel angestellten Betrachtungen.

Derartige Bilanzbestimmungen und Betriebsuntersuchungen sind natürlich an jeder wärme- oder energiewirtschaftlichen Einheit durchzuführen. So z. B. an einem Siemens-Martinofen, an einem Glasschmelzofen, an einer Kalkbrennanlage. Die Grundidee ist überall prinzipiell dieselbe. Ausschlaggebend sind die Findigkeit des Versuchsleiters, seine Kenntnisse und seine Organisationsfähigkeit. Er muß darnach streben, auf kürzestem und billigstem Wege ein möglichst vollkommenes Bild zu erhalten.

Leider würde es zu weit führen, wenn ich hier überall die Versuche anführen wollte. Ich habe die Absicht, die in der Praxis erhaltenen Resultate evtl. in einem besonderen Büchlein zusammenzustellen.

Auf Grundlage solcher Versuche entstehen Bilanzbilder, wie sie in Abb. 73, 74 gezeigt und in der Literatur zerstreut sind. Der vorliegende Versuch gab auch ein ziemlich klares, wenn auch kompliziertes Energiestrombild [34].

---

[34] Das Entwerfen solcher Bilanzbilder ist in das Programm der zeichnerischen Übungen auf der chemisch-technischen Fakultät der

Geben solche Versuche ein möglichst genaues Bild des Energiestromes und der Energienutzung, so ergeben sie doch nicht ein Gesamtbild der Arbeit eines Betriebes, da sie sich nur über eine kurze Zeit erstrecken, besonders deswegen, weil in dieser kurzen Zeit sämtliches Personal das Maximum an Aufmerksamkeit und Energie entwickelt. Die in diesen Versuchen erhaltenen Zahlen geben wohl ein genaues Bild darüber, was die Anlage unter solchen Verhältnissen leisten kann, sie zeigen aber keinesfalls, wie der Betrieb im Durchschnitt läuft. Man erhält nicht das wahre Bild des Betriebes.

Dieses läßt sich nur durch tägliche und man kann sagen stündliche, dauernde Aufzeichnungen erreichen. Das Durchführen solcher Aufzeichnungen ist jedoch kaum realisierbar, da dazu ein sehr großes Personal erforderlich wäre. Da müssen denn nun die registrierenden Apparate eingreifen. Leider sind alle diese Apparate sehr kostspielig. Man kann freilich auch mit einfacherer Apparatur auskommen und möchte ich gerne als Beispiel zeigen, wie der Hamburger Verein für Feuerungsbetrieb auf verhältnismäßig einfache und billige Weise den Nutzeffekt der Dampfkesselanlage zu heben sucht. Durch den in Abb. 85 gezeigten Aspirator wird während einer Schicht, während welcher ein und derselbe Heizer arbeitet, dauernd aus den Rauchzügen Gas angesogen und zum Schluß der Schicht die Zusammensetzung vermittels eines Orsatapparates bestimmt. Aus früheren Auseinandersetzungen ist zu ersehen, wie aus der Gasanalyse die Arbeit des Heizers beurteilt werden kann. Aus dem Gehalt an unverbrannten Gasen oder dem mit der Wertziffer (S. 13f.) zusammenhängenden Verhältnis der Summe $CO_2 + O_2$ zu CO_2 ersieht man, wie weit es dem Heizer gelungen ist, eine

---

Lettländischen Universität eingeführt worden. Dabei erwies sich am praktischsten, diese Übungen mit den Fabrikentwürfen zu kombinieren und den Energiestrombildern eine besondere Form zu geben. Der dafür erforderliche Grundriß wird mit den Apparaten zusammen auf Pausleinwand kopiert und das Bild des Energiestromes den tatsächlichen Verhältnissen angepaßt, d. h. genau nach Aufstellung der Apparate hineingezeichnet. Man erhält auf diese Weise ein pädagogisch sehr instruktives Bild. Über das auch die in diesem Buch beschriebenen Laboratoriumsübungen umfassende, einen geschlossenen Organismus darstellende Programm der technischen Fächer der chemischen Abteilung der genannten Hochschule siehe den Aufsatz: „Über die Organisierung des chemisch-technischen Unterrichts im allgemeinen und über das Programm der chemischen Technologie an der Lettländischen Universität im besonderen" in der Akta Universitatis 1928.

vollkommene Verbrennung zu erzielen. Ein zu hoher Luftüberschuß ist ja auch leicht zu ermitteln. Aus diesen Zahlen
leitet man nun eine Prämie für den Heizer ab, so daß es sein

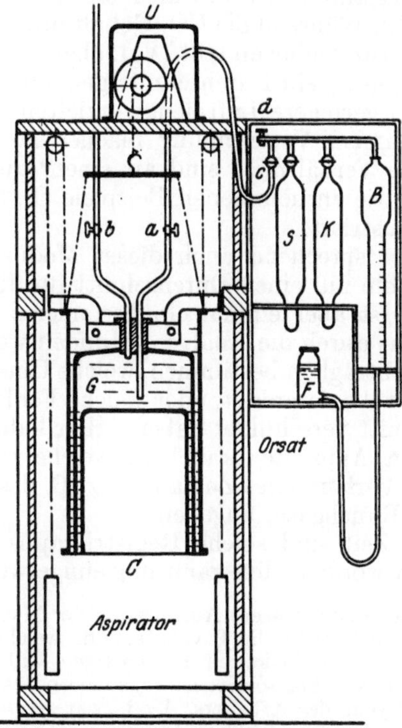

Abb. 85.   Aspirator für Heizungskontrolle des Hamburger Vereins
für Feuerungsbetrieb.

An einem Uhrwerk U, welches nur langsam ablaufen kann, ist ein Wassergefäß von eigenartiger Form C aufgehängt, welches auf diese Weise im Verlauf von ca. 12 Stunden sich langsam senkt. Es bildet den Boden einer Glocke G, welche dadurch zum Aspirator wird. Durch
den Hahn b wird ständig aus einer, Kesselabgase ansaugenden Leitung eine geringe Menge
entnommen, so daß man auf diese Weise den ungefähren Durchschnitt einer Arbeitsschicht
erhält. Nach Schluß der Schicht wird der Inhalt der Aspiratorglocke in den nebenbei befindlichen Orsatapparat gesogen und, wie bekannt, auf CO_2 und O_2 untersucht. Abb. nach
Dittmar & Vierth, Hamburg.

direktes materielles Interesse ist, alles daranzusetzen, um eine
möglichst gute Verbrennung zu erzielen [35]), wodurch auch der
Nutzeffekt der Kesselanlage steigt.

---

[35]) Hier möchte ich das soeben Gesagte in dem Sinne ergänzen,
daß man früher viel zu wenig Gewicht auf den psychischen Faktor
gelegt hat, der doch nicht immer mit den materiellen Interessen
zusammenfällt. Ich meine damit nicht die Bemühungen von Taylor

Bei vollkommener Verbrennung besteht für jede Brennstoff-Wertziffer (S. 38) zwischen dem CO_2-Gehalt und der Menge des niedergeschlagenen Sauerstoffs und damit der Summe $CO_2 + O_2$ ein bestimmtes vom Luftüberschuß abhängiges Verhältnis (S. 73f.). Während der CO_2-Gehalt direkt auf die Größe der Abgasverluste schließen läßt (Vgl. oben S. 85), so muß für den Wert $CO_2 + O_2$ ein Durchschnitt genommen werden, um von der durch geringere Luftmenge erzielten Prämie Abzüge für unvollkommene Verbrennung machen zu können (oben S. 72f.). Diese Verhältnisse sind an einem aus der finnländischen Industrie entnommenen Beispiele (L. 52) in der Tabelle XXV illustriert.

So zweckentsprechend auch dieser Modus sein mag, so gibt er immerhin nur einen Durchschnitt für die ganze Dauer der Schicht. Ist aber einmal ein besonderes Schichtdurchschnittsresultat durch die Analyse gefunden worden, so kann man nicht nachträglich bestimmen, welche Umstände, zu welcher Zeit, dasselbe veranlaßt, oder welche Fehler den schlechten Durchschnitt verschuldet haben. Hier kann man nur die registrierenden Apparate brauchen, welche in Form von Kurven den Verlauf eines Zustandes, z. B. des Kohlensäuregehaltes der Rauchgase, angeben.

In letzter Zeit sind solche Registrierapparate in großer Zahl erfunden worden. Ich kann nur einige wenige Beispiele

---

und Ford, welche eine bessere Ausnutzung der Maschine „Mensch" anstreben, und auch nicht die Psychotechnik, welche den Menschen entsprechend seinen Fähigkeiten beschäftigen will — obgleich es schon ein bedeutender Fortschritt ist —, sondern das **Beobachten und Studieren der Psyche des Arbeiters.** Und zwar geschieht das zu dem Zweck, um ihm die Arbeit angenehm zu machen oder auch sogar psychische Widerstände, die bei ihm entstehen könnten, auszuschalten. Es kommt sozusagen auf eine Erhöhung des psychischen Nutzeffektes der Arbeit heraus. Im Wesen betrifft es das richtige Behandeln und Anfassen des Arbeiters. Ich kann hier nur einige ganz flüchtige Andeutungen geben. Es hat z. B. gar keinen Sinn, den Arbeiter fortwährend mit Schimpfwörtern zu überschütten, es reizt seinen Widerspruch und vermindert seine Arbeitswilligkeit, damit zugleich auch seine Arbeitsfähigkeit. Eine unerklärlich mäßige und langsame Arbeit hat oft unterbewußte Widerstände zur Ursache, die bei richtiger Behandlung nicht in Erscheinung treten. Mißerfolg oder Unglücksfälle können bei falscher Reaktion der Vorgesetzten unauflösbare Komplexe und unüberwindbare Widerstände seelischer Art erwachsen lassen. Es gibt nun eine ganz neue Wissenschaft, die Tiefenpsychologie, die hier klärend und mildernd eingreift. Sie forscht auf dem Wege der Psychoanalyse (L. 53). Diese Andeutungen mögen hier genügen. Das praktische Ergebnis dieser Forschungen, ihr Ideal in der Industrie, ist der stets willige und fröhliche Arbeiter.

bringen, von denen ich die bequemsten und charakteristisch-
sten aussuche (Näheres in L. 54).

In erster Linie möge gezeigt werden, wie man den für uns
so wichtigen Orsatapparat in einen registrierenden um-

Tabelle XXV.

Heizerprämien nach der Aspirator-Analyse.

Mittlerer Holzverbrauch je Schicht: 32 cbm
Preis für 1 cbm Holz ca.   4.60 Fmk

Durchschnittlicher CO_2-Gehalt der Abgase $^o/_o$	Minderverbrauch an Brennstoff %	cbm	Ersparnis Fmk	Heizerprämie 3—4% der Ersparnis Fmk je cbm
9,0	—	—	—	—
9,5	2,44	0,78	3,59	0,10
10,0	4,61	1,47	6.77	0,15
10,5	6,40	2,05	9,44	0,20
11,0	7,98	2,55	11,70	0,25
11,5	9,37	3,00	13,75	0,30
12,0	10,55	3,38	15,55	0,35
12,5	11,75	3,76	17,25	0,40
13,0	12,75	4,08	18,75	0,45
13,5	13,65	4,37	20,10	0,50
14,0	14,55	4,66	21,40	0,55
14,5	15,30	4,90	22,50	0,60
15,0	16,00	5,12	23,50	0,65
15,5	16,55	5,30	24,35	0,75
16,0	17,15	5,50	25,30	0,85

Durchschnittlicher (CO_2+O_2)-Gehalt der Abgase $^o/_o$	Mehrverbrauch an Brennstoff %	cbm	Verluste Fmk	Abzug von der Prämie im Betrage von 3—4% der Verluste Fmk je cbm
20,4	—	—	—	—
20,0	2,3	0,74	3,40	0,05
19,8	3,9	1,25	5,75	0,15
19,6	5,5	1,76	8,10	0,25
19,4	7,2	2,30	10,55	0,35
19,2	9,0	2,88	13,25	0,45
19,0	10,7	3,43	15,75	0,55
18,8	12,6	4,03	18,55	0,65

konstruiert hat. Für die Bestimmung des Kohlensäuregehaltes gibt es natürlich außer der Absorptionsmethode noch
andere Verfahren, welche auf dem spezifischen Gewicht der
Gase, ihrer Durchströmgeschwindigkeit durch Kapillaren,
Wärmeleitfähigkeit u. a. m. begründet sind. Hier bleiben
wir vorläufig bei den Absorptionsapparaten. Unter dies-

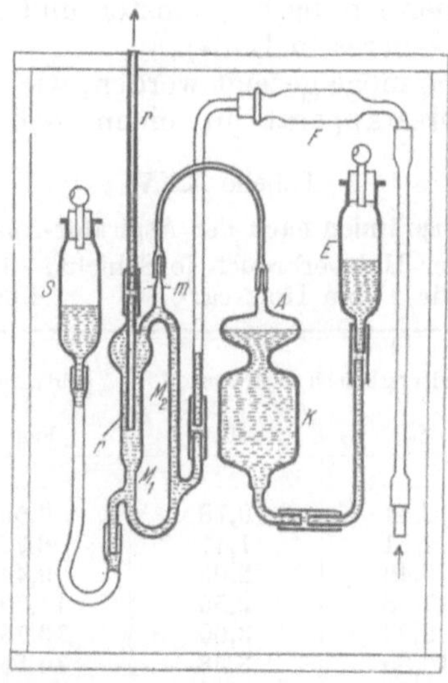

Abb. 86. Kontinuierlich arbeitender Orsatapparat (Ausgestaltet zum „Ados-"Apparat der Ados-Gesellschaft, Aachen).

Das mit Absperrflüssigkeit gefüllte Gefäß S dient zum Ansaugen der Gasprobe, was durch Heben und Senken bewirkt wird. Zunächst bringt man durch Senken von S das Flüssigkeitsniveau bis an den untersten Bogen unter M_1. Das Rohr r wird dabei durch ein Flüssigkeitsventil automatisch geschlossen (in der Zeichnung nicht zu sehen). Das durch Filter F angesogene Gas wird durch Heben von S wieder verdrängt. Nachdem die Flüssigkeit in der Höhe des Anschlusses an das Saugrohr angekommen ist, also etwa in der Höhe M_1, wird es durch die Flüssigkeit abgeschlossen (Flüssigkeitsventil). Beim Weitersteigen verdrängt die Flüssigkeitsoberfläche das Gas durch r nach oben, bis sie an das unterste Ende des Rohres r angekommen ist. Jetzt ist ein Volumen abgemessen, welches das um r befindliche Kugelrohr und das rechts befindliche Rohr M_2 und das darüber befindliche Bogenstück bis zum Beginn der Kapillare bei m füllt. Das sind genau 100 ccm. Gefäß K ist mit Absorptionsflüssigkeit gefüllt. Beim Ansaugen der Gasprobe hebt sich die Flüssigkeit auch in dem darüber befindlichen Teil A. Ein weiteres Herübertreten wird durch den hoch geschwungenen Kapillarbogen A verhindert, wo eine höhere Flüssigkeitssäule nicht aufsteigen kann, als den in der Rauchgasleitung sich befindenden Widerständen entspricht. Nach Abmessen der 100 ccm des Rauchgasvolumens ist mithin das Gefäß A gefüllt. Beim weiteren Heben des Gefäßes S wird nun das abgemessene Volumen in das Absorptionsgefäß A verdrängt und der zu bestimmende Teil, also CO_2 (oder O_2), von der Flüssigkeit aufgenommen. Im Orsatapparat ist hier eine Skala vorhanden, welche den nicht absorbierten bzw. absorbierten Teil zu messen gestattet. Beim Adosapparat benutzt man nun folgende Vorrichtung zum Registrieren: Durch das Verdrängen der Absorptionsflüssigkeit wird im Gefäß E das Niveau gehoben und die dort befindliche Luft ihrerseits verdrängt. Leitet man nun die so verdrängte Luft unter eine Schwimmglocke, welche eine schreibende Feder betätigt, so wird der durch die Feder gezeichnete Strich desto länger, je weniger zu Absorbierendes das untersuchende Gas enthält. Es ist klar, daß durch die Feder auf diese Weise die Menge des absorbierten Gases angeschrieben wird. Abb. 87 zeigt solch eine Kurve. Ist kein CO_2 vorhanden, so hat die Feder die ganze vertikale Länge 21 bis 0 zu schreiben. Bei 6% CO_2 schreibt sie nur bis 6, bei 18% CO_2 bloß das kurze Stück bis 18. Es muß nur das Gefäß S stets auf- und abbewegt werden, um die Registrierung vor sich gehen zu lassen.

bezüglichen registrierenden Apparaturen war lange Zeit der am meisten bekannteste der sog. „Ados"-Apparat.

Er hat für uns besonderes Interesse, weil er eben eine Vervollkommnung des Orsatapparates darstellt. Das ihm zugrunde liegende Prinzip ist auf Abb. 86 angegeben, welche einen kontinuierlich arbeitenden Orsatapparat zeigt. Der Adosapparat ist eine weitere Vervollkommnung dieser Apparatur, die auch unter der Abb. 86 erwähnt ist. Es ergibt sich auf diese Weise eine eine fortlaufende Kurve bildende Reihe von Aufzeichnungen, wie sie in Abb. 87 zu sehen ist. Die CO_2-Bestimmungen könnte man natürlich ergänzen, indem man, wie es beim Hamburger Apparat geschieht, noch den Sauerstoffgehalt dazu nimmt, um, wie auch dort, aus der Summe $CO_2 + O_2$ darauf schließen zu können, ob unvollkommene Verbrennung vorliegt oder nicht. Dies ist jedoch ziemlich umständlich. Ein direktes Verfahren, das eine ganz hübsche Lösung darstellt, zeigt z. B. der schwedische Mono-Apparat. Auch gibt es solche Adosapparate. Ich beschreibe das Verfahren an Hand einer Mono-Kurve (Abb. 87). Der Monoapparat ist dem Ados insofern ähnlich, als ihm das Absorptionsprinzip gleichfalls zugrunde liegt. Für die Ermittlung der unvollkommenen Verbrennung wird der folgende Weg eingeschlagen: zuerst wird mit einer Analyse der CO_2-Gehalt bestimmt, bei der darauf folgenden anderen Analyse wird das Gasgemisch über erhitztes Kupferoxyd geleitet und darauf wieder der CO_2-Gehalt ermittelt. Da es in der Industrie kaum eine Verbrennung ohne Luftüberschuß gibt, so verbrennen durch diese Manipulationen die in den Rauchgasen enthaltenen Produkte unvollkommener Verbrennnung CO, CH_4 u. a. m. in dem Sauerstoff der überschüssigen Luft. Sind also solche Gase vorhanden, so steigt der Kohlensäuregehalt noch höher. Die Anwesenheit der Produkte unvollkommener Verbrennung ist dann, wie Abb. 87 zeigt, an der wechselweisen Aufzeichnung der schreibenden Feder zu sehen. So war unvollkommene Verbrennung besonders deutlich zu sehen zwischen IV und VI und zwischen VII ein halb und IX.

Solche Apparate werden auch mit elektr. Fernanzeigern und Fernschreibern, wie auch für die Bestimmung von in der chemischen Industrie in Betracht kommenden Gasen (Ados) gebaut.

Es gibt nun eine ganze Reihe auf anderen Prinzipien aufgebauter Apparate, die ich hier nicht alle wiedergeben kann. Ich schalte hier nur eine schematische Darstellung (Abb. 88) des Ranarex-Rauchgasprüfer der AEG. Berlin und des elektrischen CO_2-Messers der Siemens & Halske A.-G., Berlin (Abb. 89) ein. Übrigens kann man auch den CO-Gehalt in ihm bestimmen.

Nun gibt es neuerdings eine ganze Reihe von Registrierapparaten für Aufzeichnung von Temperaturkurven, Dampf-
druckkurven, ferner Apparate, welche die wechselnde Zugstärke aufzeichnen, Dampfmesser, welche die Menge des
durchströmenden Dampfes registrieren, Wassermesser, welche
Kurven für Speisewassermengen angeben; Vorrichtungen,
welche die Mengen des aus dem Kessel abgelassenen Wassers
anzeigen; Wagen, welche die Brennstoffe registrieren u. dgl.
mehr[36]). Nimmt man hinzu, daß aus dem ganzen Betriebe, aus
allen Abteilungen Berichte der betreffenden Abteilungschefs

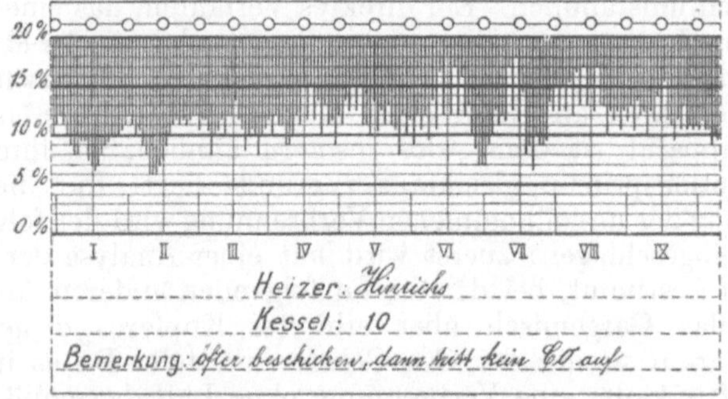

Abb. 87. Aufzeichnungen eines Duplex-Mono für Heizkontrolle.
Die unter den aufgezeichneten Linien befindlichen Größen bezeichnen die CO_2-Gehalte.
Die von dem Apparat angesaugten Gasproben werden abwechselnd auf CO_2 und auf CO_2 plus
brennbare Gasbestandteile geprüft. Das Letztere geschieht dadurch, daß man die Gasprobe
durch eine mit Kupferoxyd gefüllte Heizröhre schickt. Sind keine Produkte der unvollkommenen Verbrennung vorhanden, d. h. ist die Verbrennungsreaktion abgeklungen, so sind
die abwechselnd erhaltenen Resultate die gleichen. Bei Anwesenheit von Produkten der unvollkommenen Verbrennung verbinden sie sich beim Passieren der Verbrennungskapillare
mit dem überschüssigen Luftsauerstoff, wonach es einen höheren CO_2-Gehalt gibt. Der stark
wechselnde CO_2-Gehalt zwischen *IV* und *VI*, dann bei *VII*, ebenso zwischen *VIII* und *IX*
und vorher, deutet eben auf Anwesenheit von Produkten unvollkommener Verbrennung. Es
läßt sich auch ihr Betrag schätzen.

und der Meister über produzierte Ware, Eigenschaft der
Ware u. dgl. einlaufen, so liefert ein jeder Betriebstag eine
ganze Literatur, welche dem Leiter des Unternehmens einen
äußerst wertvollen Einblick in das Leben und Weben des betreffenden Organismus und gewissermaßen in seinen Gesund-
heitszustand, ja man könnte sagen, in seine Seele, gibt. Hier

---

[36]) Sehr vielseitig sind in dieser Beziehung die Apparate der
Askaniawerke, Berlin-Friedenau (Zug- und Druckmesser, Gas-
messer, Dampfmesser. Wassersäulen-Minimeter, Regler u. a. m.). Viele
Firmen sind aus Platzmangel nicht erwähnt worden, wie Hartmann
& Braun, Keiser & Schmidt, Eckardt usw.

figurieren auch gewissermaßen als Abbildungen die von den einzelnen Registrierapparaten gelieferten Kurven.

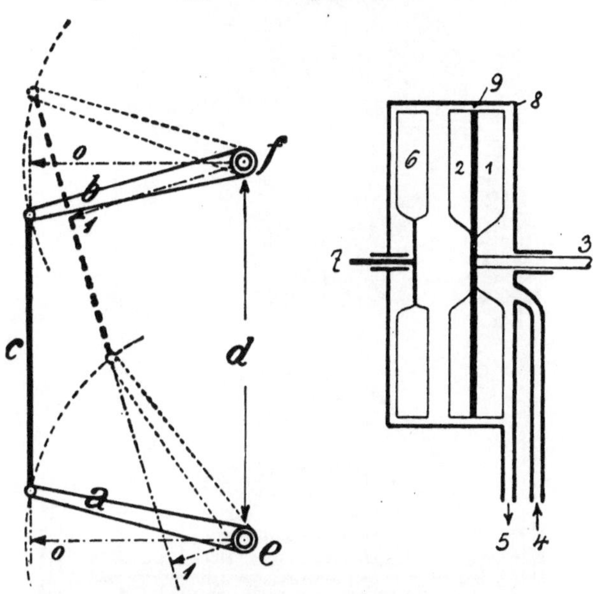

Abb. 88. Ranarex-Rauchgasprüfer der Allgemeinen Elektrizitätsgesellschaft, Berlin.

In dem rechts schematisch dargestellten Meßapparat wird ein hydrodynamisches Drehmoment erzeugt. *9* ist eine, durch Vermittlung von Welle *3* in schnelle Rotation gebrachte Scheibe, die auf beiden Seiten Flügel trägt. Das durch *4* eingeleitete und durch *5* austretende, zu untersuchende Abgas wird vom Saugflügel *1* gepackt und durch die Spalten bei *9* in den Meßraum gedrückt. Dort wird es durch die Flügel *2* in heftige (rotierende) Bewegung versetzt, wodurch eine hydrodynamische Druckhöhe (h, siehe oben S. 119) erzeugt wird, die schließlich als Drehmoment durch Flügel *6* auf Welle *7* wirkt. Die Druckhöhe ist bei gleicher Geschwindigkeit proportional dem spezifischen Gewicht des Gases und nach dem bekannten Gesetz proportional dem Quadrat der Geschwindigkeit, so daß auf diese Weise bedeutende Drücke erzielt werden. Bei einer Antriebsenergie von 25 Watt beträgt das Drehmoment, das vom Meßrade *6* aufgenommen wird, bei reiner Luft 360 cmg, bei 10% CO_2 im Rauchgas 365 und bei 20% CO_2, 380 cmg. Durch eine besondere Ranarexkupplung der beiden, einesteils mit Luft und anderenteils mit Rauchgasen bedienten Gaßmeßapparate wird der Kohlensäuregehalt durch einen Zeiger sichtbar gemacht. Nach der Abb. links sind die beiden Meßradachsen *e* und *f* (entsprechend der Welle *7* rechts) durch zwei gleichlange einarmige Hebel vermittels einer Zugstange *c* gekoppelt, welche etwas kleiner ist als der Abstand der beiden Achsen *d*. Eine durch Veränderung der Drehmomente hervorgerufene Verschiebung verändert, wie aus Abb. zu sehen, die auf die Zugstange wirkenden Momente, bis sich das Gleichgewicht einstellt. Ein z. B. an der Achse *e* angebrachter Hebel kann auf diese Weise den Kohlensäuregehalt direkt anzeigen.

Gerade in letzter Zeit wird in dieser Richtung scharf gearbeitet. Die auch oben genannten Fachzeitschriften bringen viele diesbezügliche Vorschläge, die direkt die Fortsetzung der hier entwickelten Ideen sind. Es fällt mir daher außerordentlich schwer, mir weitere interessante Mitteilungen zu

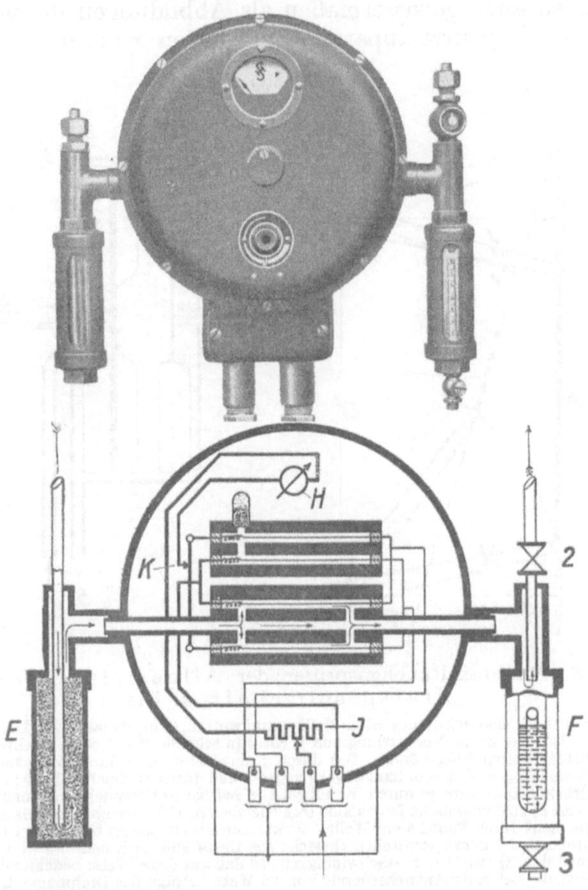

Abb. 89. Meßanordnung und Schaltbild des elektrischen CO_2-Messers der Siemens & Halske-A.-G., Wernerwerk, Siemensstadt bei Berlin.

Das in E gereinigte Rauchgas durchströmt in einen Metallkörper eingebohrte Kapillarröhren, in denen Widerstände eingebaut sind. Die Widerstände werden durch eine Batterie erhitzt, wobei ihr elektrischer Widerstand von der Höhe der Temperatur der Gase abhängig sein wird. Diese ist dynamisch bestimmt durch die Leitfähigkeit der durch die Kapillare strömenden Gase, welche die Wärme auf den Metallkern ableiten. Die Temperatur und der Widerstand werden umgekehrt proportional sein der Leitfähigkeit der Gase. Zum Einstellen des Strommessers H wählt man Luft, welche in den Kapillaren eines zweiten, höher angeordneten Widerstandsapparates enthalten ist. Auf der Skala des Strommessers sind die Kohlensäuregehalte direkt eingetragen. Man hat neuerdings derartige Apparate auch für CO-Bestimmung.

versagen. Ich muß jedoch hier haltmachen. Erstens kann ich den weiteren Ausführungen nicht mehr Raum gewähren

und zweitens gehen sie doch zu weit in die Betriebspraxis
hinein und fallen bereits aus dem Rahmen dieses Buches.

Einen Umstand darf ich jedoch nicht unerwähnt lassen.
Alle die technisch-energetischen und wirtschaftlichen Maßnahmen sind zwecklos, wenn man nicht sein Hauptaugenmerk
auf die eigentliche volkswirtschaftliche Aufgabe der Unternehmungen lenkt, auf das **Schaffen von Werten.** Man hat sich
bisher meist damit begnügt, Werte in den Betrieb zu stecken
und sie mit den im Betriebsresultat zum Vorschein kommenden Endwerten zu vergleichen. Die wachsende Konkurrenz
hat es erforderlich gemacht, gründlicher zu Werke zu gehen.
Jeder unnütze Stillstand der Maschine, jede nicht genügend
zielsichere Bewegung des schaffenden Personals, jede ver-
sehentlich brennen gebliebene Lampe sind Wertverluste. Man
ist neuerdings dazu gekommen Wertstrombilder zu schaffen, die in der Buchführung, also in verwaltungstech-
nischen Maßnahmen (Selbstkostenbestimmung) ihren praktischen Ausdruck finden. In dieser Hinsicht arbeiten soeben
Europa und Amerika gemeinsam an der Lösung der Aufgaben.
Es sind meist Praktiker, die hier Dauerndes geschaffen haben
(Just, Van den Bael, W. H. Bach, Grimshaw, Sperlich,
Leitner, Hornig u. a. L. 55).

Ein auf die oben ausführlich geschilderte Weise erhaltener
Einblick gibt erst dem Leiter die Möglichkeit, zu erkennen, an
welcher Stelle Maßnahmen zur Vervollkommnung des ganzen
Organismus zu treffen sind, und wie sie zu richten sind, damit sie nicht mit der wirtschaftlichen Grundidee des Ganzen
kollidieren.

Aber auch in technischer Beziehung entnimmt der Ober-
ingenieur aus dieser Literatur Hinweise darüber, wo die einzelnen Apparate kranken, aber auch, wo die immer mehr und
mehr in Anwendung kommenden Automaten, die den ganzen
technischen Organismus in dynamischem Gleichgewicht
halten, zu versagen beginnen.

Das Lesen dieser Literatur und das Beobachten der realen
Vorgänge im Betriebsorganismus nützen jedoch gar nichts,
wenn nicht der leitende Ingenieur sozusagen mit Leib und
Seele dabei ist. Zählen wir zum Leibe den Verstand[37]), sagen wir
den Intellekt, so muß er ihn durch Bereicherung seiner Kenntnisse, durch konstruktive und rechnerische Übung und kal-

---

[37]) Man gestatte diese Licentia poetica, da ich die Seele nicht
in ein Haus, sagen wir lieber Zimmer, mit dem Verstande setzen will
und eine Dreiteilung nicht geläufig ist.

kulatorisches Denken so weit trainiert haben, daß er die Auswertung möglichst schnell und richtig durchführt. Das eigentlich Schöpferische ist jedoch in einem jeden tätigen Manne die Seele, deren Aufgabe ist: die neben dem Intellekt vor sich gehende rein intuitive Erfassung des Wesens des betreffenden Organismus zu schaffen. Wie alle großen wissenschaftlichen und technischen Erfindungen nicht allein das Ergebnis einer mechanistisch-intellektuellen Konstruktion sind, sondern intuitiv-spekulative Kombinationen, die sich auf Erfahrungen auf verschiedensten Gebieten, die oft weit auseinanderliegen, stützen, so ist die eigentliche schöpferische Tätigkeit des Betriebsleiters eine intuitive. Diese wird jedoch bereichert und gefüllt durch richtiges Beobachten und durch Erfassen des Wesens des Vorganges, was aber nur am lebenden Organismus des Betriebes geschehen kann. Und das in diesem Buche vorgeschlagene Praktikum sollte den angehenden zielbewußten und intuitiv arbeitenden Ingenieuren schon während der Lehrzeit auf der Hochschule, wenn auch in ganz geringem Maßstabe, solch einen lebenden Organismus bieten, an dem er den Grund zu seinen späteren, im Betriebe so wichtigen Fähigkeiten legen könnte.

Schlußwort.

Rückblick und Ausblick.

Hiermit schließe ich meine Ausführungen. Ich hoffe, daß der Studierende das Buch unbefriedigt aus der Hand legen wird. Hoffentlich nicht deswegen unbefriedigt, weil das Gesagte ihm unverständlich war, sondern unbefriedigt, da es evtl. zu wenig geboten hat. Wenn das der Fall ist, dann hat das Büchlein seinen Zweck erreicht. Denn es sollte gerade ihm einen Vorgeschmack von dem lebendigen Industriebetriebe geben und in ihm das Verlangen nach „mehr" wecken. Dem kann aber nicht entsprochen werden, denn dann hat das Beschreiben kein Ende. Hier muß nun die selbständige Tätigkeit des jungen Ingenieurs einsetzen. Sein erster Ausflug gilt der neuesten Spezialliteratur, insbesondere Zeitschriften, wie „Archiv für Wärmewirtschaft", „Die Wärme", „Feuerungstechnik", „Zeitschrift des Vereins Deutscher Ingenieure", „Chemiker-Zeitung", „Zeitschrift für angewandte Chemie" usw. Überall wird er die Fortsetzung der in dem Buch begonnenen Gedanken finden. Man sehe sich daraufhin die im Nachtrag enthaltene Auswahl von den letzten Heften entnommenen Aufsätzen an. So sollte es aber auch sein. Daraus ergibt sich aber auch von selbst, daß ich mir hier in der Literatur starke Beschränkung auferlegen mußte. In meinem anderen Bändchen der „Monographien für Feuerungstechnik", „Das Wasser in der Dampf- und Wärmetechnik" habe ich ein möglichst vollständiges Verzeichnis der Spezialliteratur gegeben. Hier ist dies schlechterdings nicht durchführbar. Ich mußte mich daher auf das äußerste beschränken, da eine einigermaßen zu rechtfertigende Grenze nicht gezogen werden konnte.

Aber umgekehrt würde es mich freuen, wenn so mancher der angehenden Ingenieure an das zurückdenken würde, was er an und neben diesem Buch erlebt hat, vielleicht auch mitten aus der Praxis heraus darnach greifen würde, um noch einmal das seinerzeit Durchgearbeitete sich zu vergegenwärtigen und die für die Praxis erforderliche Grundlage von neuem aufzufrischen.

Um auch dem Bedürfnis der Praxis entgegenzukommen und zugleich damit dem Studierenden bereits während seiner Laboratoriumstätigkeit und bei seinen sonstigen konstruktiven Übungen (Entwerfen von Anlagen, Fabriken u. dgl.) die Arbeit zu erleichtern, habe ich dem Werkchen durch Einstellen von Tabellen und Zahlenmaterial, das alles in erster Linie vom betriebstechnischen Standpunkte aus gewählt wurde, bereits den Charakter eines praktischen Nachschlagebuches gegeben.

Nachtrag:

Zu Seite 130:

Um die Anzeigen des Verbundzugmessers Abb. 30 besser zu verstehen, darf man nicht vergessen, daß die Beanspruchung auf die Dampfentwickelung bezogen ist. Bei konstanter Dampfentwikkelung entsteht ein großer Luftüberschuß, wenn der Rost schwächer bedeckt, der Widerstand in der Brennstoffschicht geringer ist, und Luftmangel, wenn der Rost zu hoch bedeckt, der Widerstand in ihm groß ist. Dies sieht man deutlich an der Stellung des ersten Zeigers (Abb. 30).

Zu Seite 291 (Übergangsaufgabe):

Da die Lokomobile in Ermangelung eines Wasserwiderstandes nur kurze Zeit und nur schwach belastet werden konnte, waren die Versuchsergebnisse nicht genau genug, um sie hier im einzelnen anführen zu können. Es ergab sich jedoch folgendes ungefähre Bild: Verdampfungsziffer 5, Belastung der Heizfläche 6,2, Belastung der Rostfläche 66, indizierte Leistung der Dampfmaschine 27 PS, Dynamoleistung 8,8 Kilowatt, Dampfverbrauch 7,7 kg/PS/st, CO_2-Gehalt der Rauchgase 10,5, Temperatur 234°, CO-Gehalt ca. 1%, Dauer 1,75 st. Das gibt folgende annähernde Energieverteilung:

Als elektrische Energie gewonnen	2,5%
Mechanische und elektrische Verluste in Aggregat Dampfmaschine-Dynamo	3,0 „
Wärmeverluste der Dampfmaschine und im Kondenswasser	39,5 „
Im Kessel durch Leitung und Strahlung	29,0 „
In den Herdrückständen	4,0 „
Durch unvollkommene Verbrennung	7,0 „
Abgastemperatur-Verluste	15,0 „

Die schlechten Resultate nehmen nicht wunder. Es handelt sich hier um eine Anlage, welche vor kurzem veräußert werden sollte, jedoch auf meine Anregung beibehalten wurde, um sie zu einem Objekt im Praktikum auszugestalten. Die hohen Verluste durch unvollkommene Verbrennung scheinen durch eine zu schnell entgasende Kohle (schlesische Kohle) veranlaßt zu sein. Durchaus verdächtig sind die hohen Restverluste. Eine Überprüfung unter Benutzung eines Wasserwiderstandes ist natürlich unvermeidlich.

Zu Seite 311:

Mein Versprechen, im Nachtrag eine Auswahl aus den letzten Heften der Zeitschriftenliteratur zu geben, bin ich leider nicht in der Lage zu halten. Das „Leider" bezieht sich auf mich, nicht auf die Literatur. Ich habe das rasch pulsierende technische Leben unterschätzt. Es geht so schnell vorwärts und ein jedes neue Heft bietet eine solche Fülle von Material, daß ich mich nur auf eine flüchtige Hindeutung beschränken muß.

In den letzten Heften der „Feuerungstechnik" sind folgende Aufsätze erwähnenswert, deren Überschrift ich nicht voll anführe: S. 304: Gwozd über den hohen Druck des Vergasungsmittel im Generator (zu S. 174 des vorliegenden Buches): S. 306: Über Quecksilberdampf-Kraftwerke (zu S. 258); S. 316: Beckmann über die Praxis der Wärmewirtschaft in Eisenhüttenwerken (zu S. 264 f.); S. 325: Raisch über die Fortschritte der Wärmeschutztechnik (zu S. 94); S. 328: Rohr über Brennstoffersparnisprämien (zu S. 301); S. 332: Ersparung durch Flammrohreinbauten (zu S. 92).

In dem „Archiv für Wärmewirtschaft" finden wir folgende Aufsätze:

S. 229: Forschungen über Wärmekraftmaschinen (zu S. 233f); S. 233: Stender über Luftüberschußregelung bei Kohlenstaubfeuerungen (zu S. 65 u. 84); S. 255: Jakob über Gasfernversorgung (zu S. 166); S. 265: Herberg über die wärmewirtschaftliche Umstellung einer chemischen Fabrik (zu S. 264f.); S. 271: Stumper über die Theorie der Kesselsteinbildung (zu S. 145f.); S. 279: Fromm über Abhitzekesselanlagen an keramischen Öfen (zu S. 264f.); S. 285: Niederstrasser über Versuche an einer Zugregleranlage an einem Dampfkessel (zu S. 280); S. 287: Günther über Wärmespeicherung in Dampfkraftwerken (zu S. 270); S. 293: Weltkraftkonferenz (zu S. 228); S. 304: Pflaum über Untersuchung eines Siemens-Kesselgasprüfers (zu S. 308); S. 309: Melan über den Wirkungsgrad von Dampfturbinen (zu S. 262); S. 321: Über den Parallelbetrieb von Wasser- und Dampfkraftwerken (zu S. 227). Das Novemberheft ist der Werkstofftagung, das während der Korrektur erschienene Dezemberheft den Wärmespeichern gewidmet.

„Die Wärme" brachte folgende Arbeiten: In Nr. 43 findet sich auf S. 719 ein Aufsatz von Doevenspeck „Zur Systematik der Dampfkesselfeuerungen", in welchem die auf S. 87 angegebene Systematik von Blacher weiter ausgebaut wird. (Leider verläßt D. das Prinzip der Gleichmäßigkeit vollkommener technischer Prozesse.) Die übrigen Aufsätze sind alle der Staubkohlenfeuerung und den mechanischen Feuerungen gewidmet. S. 761: Klein über Speisewasser für Hochdruckdampfkessel (zu S. 145); S. 766: Gropp über Wanderrostfeuerungen (zu S. 86f.); S. 768: Selbsttätige Feuerungsregelung (zu S. 280); S. 773: Peters über Verschmutzung der bestrahlten Heizfläche v. Wasserrohrkesseln (zu S. 92f.); S. 789: Kirst über Wirkungsgrade von Dampfturbinen (zu S. 262).

Die „Chemiker-Zeitung" bringt nachstehende Abhandlungen: S. 766: Uhlman über den estländischen Ölschiefer (zu S. 40); S. 853: Dyes über Verflüssigung von Braunkohle und Steinkohle (zu S. 201); S. 913: Kehren und Stommel über die Sulfatbestimmung im Wasser nach Bahrdt (zu S. 149); S. 133: Löffler, Nekrolog für Strache.

Zeitschrift für angew. Chemie: S. 799: F. Fischer über Chemie und Kohle (zu S. 201); S. 1176: Sauer und Fischer über Kolloide zur Kesselsteinverhütung (zu S. 162); S. 1254: Oelschläger über neuzeitliche Energiemessung (zu S. 215f.); S. 1265: Stäger und Zschokke über nichtrostende Stähle (zu S. 147).

Zeitschrift des Vereins deutscher Ingenieure S. 1576: Benedicks und Löfquist über das System Eisen-Sauerstoff (zu S. 147); S. 1601: Kluitmann über die Kolbendampfmaschine als neuzeitliche Kraftmaschine (zu S. 262); S. 1609: Sachsenberg, Osenberg, Gruner über Messung von Arbeitswiderständen (zu S. 215f.); S. 1619: Dunkmann über Theorie der Technik (zu S. 17); S. 1729: Stromversorgung Moskaus (zu S. 227); S. 1710: Günther über die Diesellokomotive (zu S. 215f).

Man sieht, was der wissenschaftliche Techniker zu leisten hat, um diesem rasenden Puls des technischen Fortschritts folgen zu können. Ohne gründliches Eindringen in das Wesen der Prozesse ist das Arbeiten Zeitverschwendung und Sisyphusarbeit.

In diesem Zusammenhange sei noch auf zwei soeben im Verlage Spamer erschienene Werke aufmerksam gemacht: Jüptner. Wärmetechnische Grundlagen der Industrieöfen 1927.

Schwab, Physikalisch-chemische Grundlagen der chemischen Technologie 1927.

Zu S. 244: Literaturnachtrag zur Tabelle siehe S. 321.

Literaturverzeichnis.

1. a) Blacher: Über chemisch-technische Laboratoriumsarbeit. Chem. Ind. 1898, Nr. 20.
   b) Derselbe: Beiträge zu einem chemisch-technischen Praktikum. Chem. Ind. 1899, Nr. 19.
   c) Derselbe: Die praktischen Übungen in der chemischen Technologie. Ztschr. angew. Ch. 1900, Nr. 45.
   d) Derselbe: Die praktischen Übungen in der chemischen Technologie (russisch). „Westnik chimitscheskoi Technologii", Kiew-Riga 1912. — Teil I. Technologie der Wärme. — Teil II. Wasser und Abwasser (russisch). Iwanowo-Wosnessensk 1920.
   e) Derselbe: Die pädagogische Systematisierung der feuerungstechnischen Einrichtungen. Acta Univ. Latviensis IV, 1922. Feuerungstechnik Jahrg. XII, S. 81. 1924.
   f) Derselbe: Die Dampfkesselfeuerungen und ihre Systematisierung in praktischer und prinzipieller Beziehung. Rigaer Ztschr. f. Handel u. Industrie 1925, Nr. 6.
   g) Derselbe: Das Konvektionsmaximum, ein pädagogischer Hilfsbegriff für die Feuerungstechnik. Acta Univ. Latviensis XV, S. 479. Feuerungstechnik XV, S. 253. 1927.
   h) Derselbe: Die Aufgaben und Ziele der chemischen Technologie und die philosophische Vertiefung der technischen Wissenschaften. Acta Univ. Latviensis XVI, S. 579. 1927.
   i) Derselbe: Über die Organisierung des chemisch-technischen Unterrichts im allgemeinen und über das Programm der chemischen Technologie an der lettländischen Universität im besonderen. Acta Univ. Latviensis 1928.
   k) Derselbe: Theorie und Praxis. Eine Studie zum Thema: Die Aufgaben der angewandten Wissenschaften. Festschrift zum fünfzigjährigen Jubiläum des Rigaschen Polytechnischen Instituts 1862—1912. Riga 1912.
2. Blacher: Die Wärme im Fabrikbetriebe. Ein Lehrbuch (russisch). Riga 1905.
3. a) Goldschmidt: Die Not der jungen Chemiker. Ztschr. angew. Ch. 1925, S. 357.
   b) Sitzung der Fachgruppe des VDI. für Unterricht und Wirtschaft. Ztschr. VDI. 1927, S. 661.
   c) Tagung des Vereins deutscher Chemiker in Kiel. Ztschr. angew. Ch. 1926, S. 933 und 969.
   d) Dr. Wolf Johannes Müller: Unterrichtsprobleme in Chemie und chemischer Technologie in Hinblick auf die Anforderungen der Industrie. (Antrittsvorlesung.) Julius Springer. Wien 1927.
4. a) Jüptner: Allgem. Energiewirtschaft. Verlag Otto Spamer. 1927.
   b) Binz: Chemie, Technik und Weltgeschichte. Ztschr. angew. Ch. 1927, S. 453.

316   Literaturverzeichnis.

5.   Walden: Die Chemie der Gegenwart und die Kulturaufgaben der Zukunft. Ztschr. angew. Ch. 1924, S. 609; Ch.-Ztg. S. 421; Ztschr. VDI. 1924, S. 764.

6. a) Fritsche: Die systematische Untersuchung fester Brennstoffe mit besonderer Berücksichtigung der direkten Bestimmung der flüchtigen Bestandteile. Brennstoff-Chemie 1921, S. 337 und Sonderdruck.

   b) Lunge-Berl: Chemisch-technische Untersuchungsmethoden.

7.   Blacher: Die rationelle analytische Klassifizierung der Brennstoffe. Acta Univ. Latviensis IX, S. 209, 1924. Feuerungstechnik XII, S. 69. 1925.

8. a) Aufhäuser: Brennstoff und Verbrennung. Ztschr. VDI. 1917, S. 266.

   b) Derselbe: Brennstoff und Verbrennung. Verl. Jul. Springer. I. T. 1926.

9. a) Hinrichsen u. Taszak: Chemie der Kohle. 1916.

   b) Hans: Rationeller Kohleneinkauf. 1913.

   c) Dillner: Englische Kohlen (schwedisch).

   d) De Grahl: Wirtschaftliche Verwertung der Brennstoffe. München u. Berlin 1923.

   e) Der feuerungstechnische Wert der Brennstoffe im Brennstoffkaufvertrag. Brennstoff-Chemie 1922, S. 139; Fuel Economie Revue 1921, Nr. 2.

   g) Blacher: Brennstoffkaufvertrag, Durchschnittsprobe und Analyse. Rigasche Ztg. f. Handel u. Ind. 1924, Nr. 9.

10. a) Wa. Ostwald: Beiträge zur graphischen Feuerungstechnik. Monographien zur Feuerungstechnik. Verlag Otto Spamer. Leipzig 1920.

   b) Derselbe: Weitere Aufsätze. Ch.-Ztg. 1918, S. 365; 1919, Nr. 31 u. 52; Stahl u. Eisen 1919, Nr. 23; Ztschr. f. Elektrochemie 1919, Nr. 15/6; Ztschr. VDI. 1919, S. 411; Ztschr. angew. Ch. 1919.

   c) Derselbe: Rechentafeln für Verbrennung beliebiger Brennstoffe. Feuerungstechnik IX, S. 173, 1921.

11. a) Seufert: Berechnung von Schaubildern zur Abgasanalyse. Ztschr. VDI. 1920, S. 506. Sonderdruck: Berliner Stelle für Wärmewirtschaft.

   b) Kraemer: Bilanzen für technische Gasanalysen. Feuerungstechnik X, S. 41. 1921.

   c) Szende: Hyperbeln der Rauchgasbestandteile. Feuerungstechnik XI, S. 73. 1923.

   d) Derselbe: Zur räumlichen Darstellung von Verbrennungsvorgängen. Feuerungstechnik XII, S. 1. 1923.

   e) Helbig: Die Verbrennungsrechnung. Berlin 1926.

12.   Bunte: Zur Beurteilung der Leistung von Dampfkesseln vom chemischen Standpunkt aus. Ztschr. VDI. 1900, S. 669.

13.   Blacher: Feuerungstechnisches. Kymmel, Riga 1909. Sonderdruck a. d. Rigaschen Industriezeitung 1908/9. Ztschr. f. Dampfkesselbetrieb 1910, S. 64.

14.   Blacher: Elemente der Feuerungstechnik und der Wärme-Kraft-Wirtschaft (russisch). Walter & Rapa, Riga 1926.

15. a) Schulte: Neue Erkenntnisse und Richtlinien der Feuerungstechnik. Arch. f. Wärmew. 1925, S. 161.

16.   Ten Bosch: Die Wärmeübertragung. 1922, neue Auflage 1927.

17. Gröber: Grundgesetze der Wärmeleitung und des Wärme-
      überganges. 1926.
18. a) Gumz: Die Luftvorwärmung im Dampfkesselbetrieb. Mono-
      graphien zur Feuerungstechnik Bd. 9. 1927.
    b) Bergmann: Der rotierende Ekonomiser. Der Papier-Fabri-
      kant Jg. 25, 1927. Fest- und Auslandsheft.
19. Hausbrand: Verdampfen, Kondensieren, Kühlen 1924.
20. a) Strache: Gasbeleuchtung und Gasindustrie. 1913.
    b) Lummer: Ziele der Leuchttechnik. 1903; Journ. f. Gasbe-
      leuchtung 1903.
21. Schack: Neue Erkenntnisse auf dem Gebiet der Wärmestrah-
      lung. Ztschr. VDI. 1924, S. 1017.
22. Spalckhaver: Die Dampfkessel. 1924.
23. Lang: Der Schornsteinbau. 1896, Heft 1.
24. Dosch: Dampfkesselfeuerungen. 1907, S. 124.
25. Schüle: Leitfaden der technischen Wärmemechanik, 1925.
26. a) Hildebrand: Bestimmung des Strahlungsfehlers bei der Tem-
      peraturmessung mit Thermoelementen in Gasen. Arch. f.
      Wärmew. 1926, S. 319.
    b) Reiher u. Kleve: Temperaturmeßfehler in Gasen und über-
      hitzten Dämpfen durch Wärmeableitung von der Meßstelle.
      Arch. f. Wärmew. 1926, S. 273.
    c) Knoblauch: Wissenschaftliches Denken in der Heizungs-
      technik. Gesundheitsing. 1925, Nr. 49.
27. a) Blacher: Das Wasser in der Dampf- und Wärmetechnik.
      Monographien f. Feuerungstechnik Bd. 6. Verlag Otto
      Spamer. Leipzig 1925.
    b) Speisewasserpflege. Herausgegeben von der Vereinigung
      der Großkesselbesitzer. 1926.
28. Trenkler: Die Gaserzeuger. 1923.
29. Hoffmann: Gasanalytische Sperrflüssigkeiten. Feuerungs-
      technik XIV, S. 98. 1926.
30. Menzel: Die Theorie der Verbrennung. Verlag Steinkopff,
      1924.
31. a) Neumann: Die Vorgänge im Gasgenerator auf Grund des
      zweiten Satzes der Thermodynamik. Ztschr. VDI. 1913;
      Forschungsarbeiten. 1912.
    b) Derselbe: Die Veränderlichkeit der Gasphase im Gasgenerator.
      Ztschr. VDI. 1914, S. 1481.
32. a) Franz Fischer: Die Verwandlung der Kohle in Öle. 1924.
    b) Entgasen und Vergasen. Sonderheft der Ztschr. VDI. 1926.
    c) Gerdes: Urteergewinnung in Dampfkesselfeuerungen und Be-
      deutung des Urteers für die deutsche Wirtschaft. Brennstoff-
      Chemie 1922, S. 1139.
33. a) Ferd. Fischer: Kraftgas. 2. Aufl. Bearb. von Gwosdz. Verlag
      Otto Spamer. Leipzig 1921.
34. Starke: Großgasversorgung. Monographien zur Feuerungs-
      technik. Heft 6. Verlag Otto Spamer. Leipzig 1924.
35. Haber: Thermodynamik technischer Gasreaktionen. Verl.
      Oldenburg 1925.
36. Nernst: Theoretische Chemie.
37. Quantz: Wasserkraftmaschinen. Verl. Springer 1922.
38. Lehmann: Die Elektrotechnik und die elektromotorischen
      Antriebe. Verl. Springer 1922.

39.   Oelschläger: Der Wärmeingenieur. 2. Aufl. Verl. Otto Spamer.
          Leipzig 1925.
40.   Güldner: Entwerfen und Berechnen von Verbrennungs-Kraft-
          maschinen und Kraftgasanlagen, Verl. Springer 1922.
41. a)   Dallwitz-Wegener: Kreisprozeßkunde. Ziemssen-Verlag.
          Wittenberg 1926.
    b)   Bräuer: Das Meereswasser als Energiequelle (Vortrag).
          Ztschr. angew. Ch. 1927, S. 384.
42.   Tetzner: Die Dampfkessel. Verl. Springer 1923. (S. auch S. 321.)
43.   Bürk: Entropie des Wasserdampfes. Verlag Otto Spamer.
          Leipzig 1925.
44. a)   Pohlhausen: Die Kolbendampfmaschinen. Verlag Otto
          Spamer. Leipzig 1925.
    b)   Derselbe: Die Dampfturbinen. Verlag Otto Spamer. Leipzig
          1922.
    c)   Wilke: Indikator und Indikatordiagramm. Verlag Otto
          Spamer. Leipzig 1916.
45.   Tejessy: Die Wärmewirtschaft in der Lederindustrie. Verlag
          Höfels. Wien-Klosterneuburg 1920.
46.   Englert: Der Ruths-Wärmespeicher, sein Wesen, seine Be-
          deutung für die dampfverbrauchenden Industrien. Die Wärme
          1922, S. 170.
47.   Philipp: Dampfspeicher und Produktionserhöhung. Arch.
          f. Wärmew. 1926, S. 187.
48.   Niethammer: Die Energiewirtschaft in der Nestomitzer
          Zuckerraffinerie A.-G. Arch. f. Wärmew. 1924, S. 81.
49. a)   Reutlinger-Gerbel: Kraft- und Wärmewirtschaft in der
          Industrie. Verlag Julius Springer. Berlin 1927.
    b)   Pfützner, Naegel u. Paun: Wärmelehre und Wärmewirt-
          schaft in Einzeldarstellungen. Verlag Steinkopff. — Möller:
          Die Wärmewirtschaft in der Textilindustrie 1926. — Schiebl:
          Die Wärmewirtschaft in der Zuckerindustrie. 1926. — Schlip-
          köter: Die Wärmewirtschaft im Eisenhüttenwesen. 1926. —
          Steger: Die Wärmewirtschaft in der keramischen Industrie
50.   Regeln für Abnahmeversuche an Dampfanlagen. VDI.-Verlag.
          Berlin 1925.
51.   Wärmestrombilder aus dem Eisenhüttenwesen (Wärmestelle
          Düsseldorf). Verlag Stahl u. Eisen 1922.
52. a)   Die feuerungstechnische Betriebsüberwachung im Kesselhaus
          nach den Angaben des Vereins für Feuerungsbetrieb und Rauch-
          bekämpfung (Hamburg 8, Neue Gröningerstr. 10). — Merk-
          blatt des Vereins.
    b)   Finska ångpaneföreningen. Berättelse öfver föreningens
          verkhsamhet under år 1912, S. 73.
53.   Freud: Über Psychanalyse. Fünf Vorlesungen, gehalten zur
          20 jährigen Gründungsfeier der Clark University in Worcester
          Mass. September 1909. Verlag Deuticke. 1922.
54. a)   Brandt: Technische Untersuchungsmethoden für die Be-
          triebskontrolle. 1921.
    b)   Literatur verstreut in Handbüchern und Zeitschriften.
55. a)   Bach: Moderne Abrechnung. Selbstverlag. 17. Aufl. 1913.
    b)   Schmalenbach: Der Kontenramen. Verlag Kestner. 1927.

Verzeichnis der Abbildungen.

Literatur zur Tab. XXI, S. 244/7.

1. Foreningen för Kraft- och Bränsleekonomi (Helsingfors) 1923, S. 41. — 2. Dorts. — 3. Dorts. 1924, S. 40. — 4. Dorts. 1923, S. 51. — 5. Die Wärme 1923, S. 412. — 6. Dorts. S. 413. — 7. Dorts. S. 420. — 8. — L. 13, S. 15, Rig. Industrie-Ztg. 1905, S. 178. 9. Dorts. S. 33, RIZ 1905, S. 208. — 10. Dorts. S. 31, RIZ 1905, S. 206. 11. Dorts. S. 53, RIZ 1907, S. 283. — 12. Die Wärme 1926, S. 387, Nr. 22. — 13. Archiv f. Wärmewirtsch. 1925, Nr. 10, S. 278. — 14. Ber. d. Moskauer Wärmetechn. Inst. 1925, Nr. 4 (6), S. 45. — 15. Die Wärme, 1926, Nr. 21, S. 363. — 16. Nach gefl. Mitteilung des Estl. Techn. Überwachungsvereins (Obering. Mehmel).

Sachverzeichnis.

BRENN-STOFF-AUS-NUTZUNG

Betriebs-Kontrolle

Um Brennstoffe zu sparen, kommt es darauf an, sie mit denkbar geringem Luftüberschuß in den Feuerstätten zu verbrennen, ohne daß unverbrannte Gase in den Schornstein entweichen. Der beste und genaueste Kontrolleur von Abgasen ist der Duplex-Mono. — Abarten des Duplex-Mono untersuchen mit konkurrenzloser Genauigkeit alle Arten Industriegase auf CO_2, O_2, CO, H_2 fortlaufend und registrieren die Ergebnisse zwecks nachträglicher Kontrolle der Fabrikationsvorgänge. Verlangen Sie kostenlos und unverbindlich Fragebogen nebst Heft „Spart Kohlen".

MONO G. M. B. H., HAMBURG 39

DER WÄRMEINGENIEUR.

DER WÄRMEINGENIEUR. Führer durch die industrielle Wärmewirtschaft, für Leiter industrieller Unternehmungen und den praktischen Betrieb dargestellt. Von Dipl.-Ing. Julius Oelschläger. Zweite vervollkommnete Auflage. Mit 364 Figuren im Text und auf 9 Tafeln. Geheftet RM 21.—; gebunden RM 24.—

Glasers Annalen: ... Das umfangreiche Werk gibt einen vorzüglichen Überblick über die verschiedenen Gebiete der Wärmewirtschaft. Der reiche Inhalt ist wie folgt gegliedert: Umfang der Wärmewirtschaft und ihre Grundlagen. Brennstoffe und ihre Verbrennung. Anlagen zur Verbrennung, Entgasung und Vergasung. Verwertung der Wärme zu Heizzwecken. Verwertung der Wärme zu Kraftzwecken. Abwärmeverwertung. Wärmebilanzen. Energiemessung bei der Wärmewirtschaft. Verbindung verschiedener Energiequellen. Forderungen. Sachregister. Das vorzüglich ausgestattete Werk ermöglicht an jeder Stelle die Prüfung der Energie- sowie besonders der wärmetechnischen Verhältnisse und ist berufen, den zahlreichen Interessenten einer rationellen Wärmewirtschaft ein zuverlässiger Berater zu sein.

Tonindustrie-Zeitung: ... In ganz hervorragendem Maße kann das Lehrbuch „Der Wärmeingenieur" dem werdenden Techniker Lehrer, Führer und Berater sein, denn es erschließt die gesamte Wärmelehre als auch deren Anwendung in mustergültiger Weise. Daß die Anschaffung des Werkes, die nicht dringend genug empfohlen werden kann, in kürzester Zeit eine Kapitalanlage mit glänzender Verzinsung darstellt, leuchtet bei oberflächlichem Durchblättern des Buches ohne weiteres ein.

Wochenblatt für die Papierfabrikation: Endlich ist ein Buch erschienen, welches wie kein zweites bisher geeignet ist, als Nachschlagewerk für den Betriebswärmeingenieur zu dienen. Noch größeren Wert aber hat dieses Buch meiner Ansicht nach als kurzgefaßtes Lehrbuch für die Ausbildung der Wärmetechniker an allen technischen Lehranstalten. — Das Werk enthält, fundamental entwickelt, eine zusammengefaßte Übersicht über die gesamte Wärmetheorie einschließlich der neuesten Forschungen mit allen notwendigen Formeln, Tabellen und Schaubildern und eine folgerichtige Zusammenstellung aller in der Praxis zur Wärmeerzeugung oder Wärmeverwendung dienenden Apparate und Hilfsmittel nebst knapper, aber leichtverständlicher Beschreibung und Anwendungserklärung. Ich habe bis jetzt kein Buch gefunden, welches wie das vorliegende geeignet wäre, in geradezu idealer Weise dem angehenden Techniker die gesamte Wärmelehre und Anwendung zu erschließen, und ich kann allen Lehranstalten nur dringend raten, ihren Lehrplan diesem vorzüglich aufgebauten Buche anzupassen.

DER INDIKATOR UND DAS INDIKATORDIAGRAMM.

DER INDIKATOR UND DAS INDIKATORDIAGRAMM. Ein Lehr- und Handbuch für den praktischen Gebrauch. Von W. Wilke. Mit 203 Figuren im Text. Geheftet RM 4.50; gebunden RM 6.—

Zeitschrift des Vereins Deutscher Ingenieure: Das Werk von Wilke enthält Geschichtliches über die Entwicklung des Indikators, kritische Betrachtungen der Vor- und Nachteile sämtlicher gebräuchlicher Sonderausführungen von Indikatoren, Anweisungen über Gebrauch und Pflege des Indikators, Betrachtungen über das indizierte und das wahre Druckdiagramm und über die Ermittlung der indizierten Leistung, eingehende Erörterungen über den Verlauf der einzelnen Phasen von Diagrammen der verschiedensten Maschinen und eine Reihe von anderen Abhandlungen. Das Buch kann jedem empfohlen werden, der im Laufe seiner Tätigkeit mit dem Indikator arbeiten muß oder sich mit dessen Arbeiten vertraut machen will. Für den Studierenden wird es ein Lehrbuch sein. Der junge Ingenieur, der hinausgeschickt wird, um Indizierungen vorzunehmen, findet eine Fülle von Erfahrungen in dem Buch niedergelegt, die er sich erst nach jahrelanger Tätigkeit, und zwar oft erst als Folge von Mißgriffen, aneignen würde; mit einer Ausführlichkeit, die ihm besonders wertvoll sein wird, ist das Lesen von Diagrammen behandelt, und zwar an Hand von Beispielen aus der Praxis, sowohl für Dampfmaschinen als auch für Verbrennungs-Kraftmaschinen, Kompressoren und Pumpen. Der Konstrukteur erhält reiche Anregung; u. a. findet er in dem Kapitel über Hubverminderer eine Darstellung von deren richtiger Anordnung in verschiedensten Ausführungen, wobei sowohl auf proportionale Übertragung des Kolbenweges auf den Indikatorweg als auch auf sichere Einhängung der Indikatorschnüre bei hoher Umdrehungszahl Rücksicht genommen wird. Der im tätigen Leben stehende Betriebs- und Montageingenieur findet seine Erfahrungen übersichtlich zusammengestellt und in manchen Punkten bereichert, und es wird ihm das Buch von Fall zu Fall als Nachschlagebuch dienen.

MONOGRAPHIEN ZUR FEUERUNGSTECHNIK

Bisher erschienene Bände:

Band 1: DIE CHEMIE DER BRENNSTOFFE VOM STANDPUNKT DER FEUERUNGSTECHNIK. Von Hugo Richard Trenkler. 2. Auflage. Mit 2 Figuren im Text und 2 Tafeln. Geheftet RM 1.—

Band 2: BEITRÄGE ZUR GRAPHISCHEN FEUERUNGSTECHNIK. Von Wa. Ostwald. Mit 39 Abbildungen im Text und 3 Tafeln. Geheftet RM 3.50; gebunden RM 4.—

Glückauf: Die Sammlung der in Zeitschriften verstreuten Aufsätze wird freudig begrüßt werden und wertvolle Anregungen zur Anwendung schaubildlicher Verfahren auch in solchen Fällen geben, in denen bisher ausschließlich rechnungsmäßig gearbeitet worden ist.

Band 3: VEREINFACHTE SCHORNSTEINBERECHNUNG. Von O. Hoffmann. Geheftet RM 0.75

Band 4: TROCKENE KOKSKÜHLUNG MIT VERWERTUNG DER KOKSGLUT. Von L. Litinsky. Mit 18 Abbildungen und 7 Tabellen im Text. RM 1.—

Chaleur et Industrie: M. Litinsky expose très complètement l'état actuel de la question. Après avoir évalué la quantité d'énergie disponible sous forme de chaleur sensible dans le coke il passe en revue tous les procédés qui ont été employés pour refroidir le coke sans perdre cette chaleur. Il décrit avec détails ceux qui ont été effectivement utilisés avec succès.

Band 6: GROSSGASVERSORGUNG. Technik und Wirtschaft der Fernleitung der Gase unter hohem Druck als Grundlage für eine Großgasverwertung der Kohlenenergie in Deutschland mit zentraler Gaserzeugung in den Steinkohlen- und Braunkohlen-Revieren. Von Rich. F. Starke. Mit 6 Abb. im Text und auf 1 Tafel. Geheftet RM 10.—; gebunden RM 11.50

Das Gas- und Wasserfach: ... Die Starkesche überaus fleißige und dankenswerte Arbeit ...

Zeitschrift für angewandte Chemie: Das verdienstvolle Werk Starkes gibt in theoretischer, technischer und wirtschaftlicher Hinsicht unter Anlehnung an die bisherigen Erfahrungen und Fortschritte der Praxis grundlegende Werte und Rechnungsbeispiele für den Bau und Betrieb, die Ausgestaltung und Unterhaltung sowie die Wirtschaftlichkeit der Großgasversorgung. Ausführliche Behandlung typischer Förderfälle unter Berücksichtigung aller für den Einzelfall maßgebenden Verhältnisse gibt einfache Vergleiche für die Praxis an die Hand. Wenn auch die Großgasfernversorgung in Deutschland heute noch vereinzelt dasteht, bietet für ihren zukünftigen Großausbau das Starkesche Buch einen zuverlässigen Führer und die theoretische wie praktische Grundlage. Dem Gasfachmann wie dem Leitungskonstrukteur, dem Kokerei- und Hütten-Ingenieur, dem Werksleiter, überhaupt allen Betrieben und Unternehmungen, die mit großer Gaserzeugung, großem Gasbedarf oder -verbrauch zu rechnen haben, wird das besprochene Werk vielfache Anregung und Ausblicke auf ein neues Gebiet zukünftiger Energieversorgung Deutschlands durch Großgaswerke geben.

DIE KOLBENDAMPFMASCHINEN. Ein Lehr- und Handbuch für Studierende, Techniker und Ingenieure. Von Dipl.-Ing. A. Pohlhausen. Fünfte, vermehrte und vollständig umgearbeitete Auflage. Geheftet RM 25.—; gebunden RM 28.—

Zeitung des Vereins Deutscher Eisenbahnverwaltungen: Die klare, bei aller Knappheit ausführliche Darstellung des Buches ist sehr ansprechend, die zahlreichen durchgerechneten Beispiele erhöhen seinen Wert für den selbständig schaffenden Techniker und den Studierenden, ohne daß das Werk zu einer Rezeptansammlung wird. Es kann zur Benutzung beim Studium und auf dem Arbeitstisch nur empfohlen werden, zumal Druck und Ausstattung vorzüglich sind.

DIE DAMPFTURBINEN. Ein Lehr- und Handbuch für Studierende, Techniker und Ingenieure. Von Dipl.-Ing. A. Pohlhausen. Zweite, unveränderte Auflage. Mit 18 Tafeln und 251 Textfiguren. Gebunden RM 12.—

Stahl und Eisen: ... sorgfältig bearbeitet und klar dargestellt. Die ein- und mehrstufigen Turbinen für Gleichdruck und Überdruck, desgleichen die Turbinen für Niederdruckdampf und Heizdampfabgabe werden zunächst theoretisch erörtert und dann, durch Zeichnungen ausgeführter Turbinen unterstützt, näher beschrieben. Ebenso werden die Kondensationsanlagen für Turbinen beschrieben und berechnet. Zum Schluß wird ein kurzer Vergleich zwischen Kolbendampfmaschinen und Dampfturbinen gezogen. Beinahe in jedem Abschnitte sind Versuchsergebnisse aus der Praxis aufgeführt. Wesentlich sind die vielen rechnerischen Beispiele, die dem Studierenden und später dann dem nachschlagenden Ingenieur sofort den richtigen Weg zeigen. Die 251 Textfiguren und die 18 Tafeln ausgeführter Turbinen mit Maßangaben, von ersten Firmen stammend, sind besonders wertvoll.

ENTROPIE DES WASSERDAMPFS IN ELEMENTARER ABLEITUNG.

Von Fritz Bürk. Mit 11 Figuren und 4 Tabellen im Text. Geheftet RM 2.—; gebunden RM 2.60

Braunkohle: In den meisten Lehrbüchern über Entropie wird dieser Begriff, der als der schwierigste der Wärmelehre gilt, nicht einfach genug entwickelt und erläutert und ist infolgedessen oft unverständlich geblieben. Zweck des vorliegenden Schriftchens, das die Grundzüge der Thermodynamik als bekannt voraussetzt, ist, den Begriff Entropie in leichtverständlicher Form abzuleiten, was als gelungen bezeichnet werden muß.

ELEMENTE DER FEUERUNGSKUNDE. Von Dr. Hugo Hermann. Geheftet RM 3.—; gebunden RM 4.—

Montanistische Rundschau: In einer außerordentlich übersichtlichen Art werden alle einschlägigen, theoretischen und praktischen Fragen erörtert. Einen besonderen Vorzug des Werkes stellen die zahlreichen Beispiele dar, die jedem Abschnitt beigegeben sind. Durch diese Beispiele werden die verwickelten Vorgänge der Verbrennung, sowie insbesondere die Aufstellung der Stoffbilanzen bei den verschiedenen Arten der Feuerungen in einer Weise erläutert, daß Fachmann und Laie dieses Werk nur mit großem Vorteil lesen und als Nachschlagebuch ständig verwenden werden.

ALLGEMEINE ENERGIEWIRTSCHAFT. Eine kurze Übersicht über die uns zur Verfügung stehenden Energieformen und Energiequellen, sowie die Möglichkeit, sie in Privat- und Volkswirtschaft, im Gemeinde- und Staatsleben auszunützen. Mit 22 Abbildungen im Text. Geheftet RM 10.—; gebunden RM 12.50

Auto-Technik: Das nicht umfangreiche Buch des ungemein geistvollen, längst nicht genügend bekannten österreichischen Forschers und Lehrers liest sich so leicht und flüssig wie Wiener Essays, und mahnt so ernst und weitschauend wie ein Testament. Im Grunde enthält es einen Spaziergang durch die heutige technische, wirtschaftliche und politische Welt an Hand des Wilhelm Ostwaldschen energetischen Imperativs: „Vergeude keine Energie, sondern verwerte sie." Sinngemäß führt uns der Verfasser durch die vorhandenenen Energiequellen (Kapitel 5—7) und beschaut sich diese sowohl hinsichtlich allgemeiner Gesichtspunkte (Kapitel 1—4) wie auch hinsichtlich der unmittelbaren Anwendung (Kapitel 8—10).